职业本科建筑设计专业“互联网＋”创新规划教材

建筑施工图设计

主　编◎肖晓苗　刘杜娟
冯万鑫
参　编◎万丰登　李　颜
主　审◎古日新

北京大学出版社
PEKING UNIVERSITY PRESS

内 容 简 介

本书从实际工程项目管理工作经验出发，共包括 3 个部分和 1 个附录。

第一部分施工图设计的基本知识及过程控制：主要包含了建筑施工图的内容、建筑施工图设计标准、建筑施工图设计准备工作、施工图设计管理及现场服务等，力图厘清建筑施工图的基本逻辑和程序。

第二部分精细化的建筑专业施工图设计：针对建筑施工图从封面及目录、设计说明、总平面设计、平面图设计、立面图设计、剖面图设计、详图设计等进行详细的讲解，并强调了各分项图纸的绘制要点，使学生明确如何绘制施工图；第二部分还介绍了施工图计算书及与施工现场的各专业配合内容，明确施工图对工程项目的实际影响，以建立学生在施工图设计中的责任感和使命感。

第三部分建筑施工图实训：包含了线型、字体、图框的设置，出图比例及布局，施工图的排版与优化等内容，可规范施工图出图及图面表达的控制，还附带一份建筑施工图设计实训，方便学生和教师进行实际的施工图实训。

附录包含了正文配套用图、施工图常见错误汇总表和某项目建筑施工图图纸，有利于学生在建筑施工图设计中随时查漏补缺，知道一份优秀的施工图纸应如何表达得清晰美观，符合行业标准规定。

本书配套了数字化课件与材料，读者即使是自学也能掌握建筑施工图的全部设计内容。本书适用于职业本科的施工图实训教学，也可用于建筑行业企业的人才培训，以便更好地服务于相关专业岗位。

图书在版编目（CIP）数据

建筑施工图设计 / 肖晓苗，刘杜娟，冯万鑫主编 . —— 北京 ：北京大学出版社，2025. 7（职业本科建筑设计专业“互联网 +”创新规划教材）. —— ISBN 978-7-301-36267-9

Ⅰ . TU204.2

中国国家版本馆 CIP 数据核字第 2025CD8778 号

书　　名　建筑施工图设计
JIANZHU SHIGONGTU SHEJI
著作责任者　肖晓苗　刘杜娟　冯万鑫　主编
策划编辑　刘健军
责任编辑　于成成
数字编辑　蒙俞材
标准书号　ISBN 978-7-301-36267-9
出版发行　北京大学出版社
地　　址　北京市海淀区成府路 205 号　100871
网　　址　http://www.pup.cn　新浪微博：@ 北京大学出版社
电子邮箱　编辑部 pup6@pup.cn　总编室 zpup@pup.cn
电　　话　邮购部 010-62752015　发行部 010-62750672　编辑部 010-62750667
印 刷 者　河北博文科技印务有限公司
经 销 者　新华书店
889 毫米 ×1194 毫米　16 开本　17.25 印张　452 千字
2025 年 7 月第 1 版　2025 年 7 月第 1 次印刷
定　　价　49.00 元

序 1
Prolusion

建筑作为人类文明的重要载体，是技术与艺术的深度结合，也见证了社会发展的历程。

从业数十载，我深知建筑施工图设计的复杂性与挑战性。在实际工作中，建筑施工图设计既是技术实现的基石，也是多方诉求平衡的艺术。面对设计理念与工程实践的协同难题，掌握一套系统、科学的建筑施工图设计方法，方能真正实现图纸向建筑的完美转化，其对每一位建筑设计师来说都至关重要。

《建筑施工图设计》这本教材正蕴含解决这一难题的方法论，它是一本具体的实践指南。教材中不仅系统阐述了建筑施工图设计的基本原理和方法，还通过丰富的实训案例，有效培养学生的实践能力和创新意识。这种理实一体化的教学模式，正是当前建筑设计高等教育所需要的。

作为行业发展的见证者，我欣喜于这本教材中所蕴含的工程思维与实践智慧。在此，我谨向广州科技职业技术大学智慧城市工程学院编写团队致以敬意，是他们严谨的治学态度和丰富的实践经验，才使得这本教材得以问世。期待这本凝聚精工精神的教材能成为人才的孵化器，并激励新一代建筑人以匠心筑梦、以家国为怀，在建筑行业的广阔天地中书写属于自己的灿烂篇章。

让我们以建筑为笔、以匠魂为墨，共同描绘建筑与城市发展的美好蓝图。这些蓝图，不仅是现代建造技艺的集中体现，更是城市与自然的和谐共生实践；不仅是功能空间的精心营造，更是文化传承的时代答卷；不仅是工程技术的推陈创新，更是对人类幸福生活的永恒追求。

广东省建筑设计研究院集团股份有限公司首席总建筑师

全国工程勘察设计大师

2025-3-22 于广州

序 2
Prolusion

建筑，是人与自然、人与社会的对话，是功能与美学的融合，更是多学科协作的结晶。从一片空地到一座建筑的诞生，不仅需要建筑师的创意与构思，还需要结构工程师的精准计算、设备工程师的系统规划、室内设计师的空间营造及景观设计师的环境塑造。建筑施工图设计，正是将这些专业领域的智慧凝结于图纸之上的关键环节。它不仅是建筑从概念到落地的桥梁，更是建筑、结构、设备、室内、景观一体化设计的综合体现。

在当代建筑实践中，一体化设计已成为行业发展的必然趋势。建筑不再是一个孤立的个体，而是与各专业紧密相连的有机整体。一座优秀的建筑，不仅需要外观的美感，还需要内部空间的舒适性、结构的稳定性、设备的高效性及景观的协调性。而这些目标的实现，离不开建筑施工图设计的精细表达与统筹协调。

《建筑施工图设计》这本教材的出版，正是顺应了这一行业趋势。它不仅系统地梳理了建筑施工图设计的全流程，还特别强调了建筑、结构、设备、室内、景观等多专业的协同设计。教材从施工图设计的基本知识入手，逐步深入各专业图纸的配合要点，并通过实际工程案例，展示了多专业一体化设计的具体实践，不仅能够帮助学生掌握建筑施工图设计的基本技能，更能培养他们的系统思维与协作能力。

希望这本教材能够成为学生们的良师益友，帮助他们在建筑设计的道路上不断精进；更希望，每一位读者都能从这本教材中汲取力量，在设计实践中，既追求技术的精准与卓越，又心怀人文的温暖与关怀，用建筑的语言回应时代的呼唤，用设计的智慧创造更美好的人居环境。

愿这本教材成为你们设计生涯中的一块基石，助力你们在建筑的道路上走得更远、更稳、更坚定。

华南理工大学建筑学院教授

博士生导师

2025-3-22 于广州

前　言

Preface

"建筑施工图设计"是职业本科教育建筑设计专业的核心课程，这一课程涵盖了设计管理工作的整体流程，其具体的图纸内容也是复杂而精微的。建筑施工图设计要求学生们在绘图实践中掌握施工图设计准备、施工图设计、施工图审查、施工图出图及交底配合等的逻辑和程序。由于相关知识系统的庞杂，目前能够完整厘清建筑施工图设计全流程，并结合实践的教材较为缺乏，为更好地贴合职业本科教育建筑设计专业的学科建设，编者特编撰本书。

本书在编写过程中，严格遵照《房屋建筑制图统一标准》（GB/T 50001—2017）、《建筑制图标准》（GB/T 50104—2010）、《建筑工程设计文件编制深度规定（2016 版）》（建质函〔2016〕247 号）等国家标准和规定。在图示中，除大量引用实际工程项目外，还深度结合《民用建筑工程总平面初步设计、施工图设计深度图样》（24J804）、《民用建筑工程建筑施工图设计深度图样》（09J801）等国标图集中的内容。做到与现行国家标准和国标图集呼应结合，是本书的一大特色，有利于学生进一步规范绘图，强化理论知识在实践中的应用。本书以工作手册式教材方式编写，还配套了活页式教材式的图纸夹册，同时具备二者属性，方便教师教学和学生自主学习。

党的二十大报告明确指出，着力推动高质量发展，而建筑行业作为国民经济的重要组成部分，将在这一进程中发挥重要作用。行业的高质量发展离不开高素质、懂实践的建筑设计人才，因此本书强调对学生实践技能和操作能力的培养，通过大量小节实训练习辅助学生强化理论知识在实践中的应用，提高学生对建筑施工图设计基本方法的掌握和应用能力，培养审美能力、系统思维、逻辑思维等职业素养，使学生成为建筑行业高质量发展所需要的高层次技术技能人才。

本课程建议的教学内容及学时分配如下。

周次	教学内容	学时
1~2	任务书讲解及前置任务布置	2
	实训周：优化居住区建筑方案及结构	6
3	施工图设计的基本知识及过程控制	4
4~5	施工总平面图设计及优化	3
	实训周：居住区建筑施工总平面图绘制	5
6~8	施工图设计深度的平面图纸	4
	施工图屋面平面——排水	2
	实训周：居住区建筑施工平面图绘制	6

续表

周次	教学内容	学时
9~10	施工图设计深度的立面、剖面图纸	4
	实训周：居住区建筑施工立面、剖面图绘制	4
11~12	施工图设计阶段详图设计及绘制——概述、楼梯、墙身	4
	实训周：居住区建筑施工楼梯、墙身详图绘制	4
13~14	施工图设计阶段详图设计及绘制——厨房、卫生间、门窗	3
	实训周：居住区建筑施工厨房、卫生间、门窗详图绘制	5
15~16	实训周：居住区建筑施工图绘制完成	8
合计		64

本书的编写团队具有丰富的一线从业经验和教学经验，并邀请了广州大学 / 广州大学建筑设计研究院有限公司、华南理工大学历史环境保护与更新研究所的老师合作完成。本书配套视频来自广州科技职业技术大学彭孝乾老师。此外，本书在编写中还得到了广东省建筑设计研究院集团股份有限公司首席总建筑师陈雄老师及华南理工大学建筑学院郭谦教授的悉心指导，在此致以诚挚的谢意！具体作者分工见下表。

工作组成	作者姓名	所属院校	编写章节
主编	肖晓苗	广州科技职业技术大学	第一部分 模块 1~4 第二部分 模块 5~7 第三部分 模块 17~19
	刘杜娟	广州科技职业技术大学	第二部分 模块 11 第三部分 模块 14~16 附录 3
	冯万鑫	广州科技职业技术大学	第二部分 模块 8~10、12~13 附录 1
参编	万丰登	广州大学 / 广州大学建筑设计研究院有限公司	第二部分 模块 8~11 的技术图纸 附录 2
	李颜	华南理工大学历史环境保护与更新研究所	第二部分 模块 8~11 的技术图纸 第二部分 模块 13
主审	古日新	广州科技职业技术大学	
序言	陈雄	广东省建筑设计研究院集团股份有限公司	
	郭谦	华南理工大学	

由于建筑行业在智能化、可持续性等方面正飞速发展，国家标准、国标图集也在不断更新和进步，因此本书在编撰中难免有疏漏之处，恳请广大师生在教材的使用过程中不吝赐教。

资源索引

编　者

2025 年 2 月

建筑施工图设计管理工作流程

阶段	流程图	操作要点	教材章节
施工图设计准备	施工图设计准备：甲方需要明确的条件；各专业互提资料；确定绘图标准	与业主明确施工图设计的法律依据和重点部位区域的材料做法；各专业初步开始密切配合；明确出图基本格式	第一部分 模块 3
施工图设计	施工图设计：施工图封面及目录；施工图设计说明；施工图总平面设计；施工图平面图设计；施工图立面图设计；施工图剖面图设计；施工图详图；施工图计算书	应先列图纸目录；注意图纸内容的完整性、规范性、可行性及经济性	第二部分 模块 5~12 第三部分 模块 14~18
施工图审查	施工图审查：内部校对校审 — 图纸确认无误加盖公章 → 送外部审查；审查无误，下发施工图审查合格证 → 施工图出图	送外审前应严格内审	第一部分 模块 4
施工图出图及交底配合	施工图出图：正式出图下发项目现场；施工图设计交底 施工配合及现场服务：确认施工标准及样板；现场定期巡查；设计变更管理；竣工验收	建立良好的设计变更管理流程及图纸归档习惯；重视现场定期巡查及竣工验收	第一部分 模块 4 第二部分 模块 13

目　录

Contents

第一部分　施工图设计的基本知识及过程控制

第二部分　精细化的建筑专业施工图设计

01

第一部分
施工图设计的基本知识及过程控制

第一部分模块 1 ～ 3 首先是对施工图设计的整体内容进行框架搭建，力图使未接触过施工图的学生理解“什么是施工图、施工图的内容、施工图的编制深度、绘制施工图的准备工作”等基本知识，以便在思维中形成一个整体的施工图设计概念，以指导具体的施工图设计。

模块 4 则侧重于介绍施工图设计管理及现场服务的内容，有助于学生理解施工图准确性和规范性的重要意义，以及建筑师在施工过程中沟通和协作的桥梁作用，建立学生在施工图设计中的责任感和使命感。

模块 1　建筑施工图的内容

1.1　什么是施工图

施工图，顾名思义是工程建设施工所依据的图纸，是一种重要的设计文件。它详尽地表示出工程项目的总体布局，含有合同要求所涉及的全部专业设计图纸及图纸封面；项目如涉及建筑节能设计专业，还应配有建筑节能设计专项内容；如涉及装配式建筑设计专业，还应配有装配式建筑设计专项内容。

施工图还包括合同要求的工程预算书，以及各专业计算书。

总结来说，施工图是由全专业图纸、工程预算书、各专业计算书所构成的，可以帮助各参与方理解施工建设的完整内容并对该活动进行指导。

要理解施工图的作用，就必须知道施工图在工程项目建设中所处的阶段。工程项目建设的基本流程可以大致分为四个阶段，包括投资决策阶段、工程设计阶段、施工阶段及交付使用阶段，如图 1-1 所示，并按时序推进。其中，施工图设计及审批，处在工程设计阶段的后期，建立在初步设计或方案设计的基础之上。

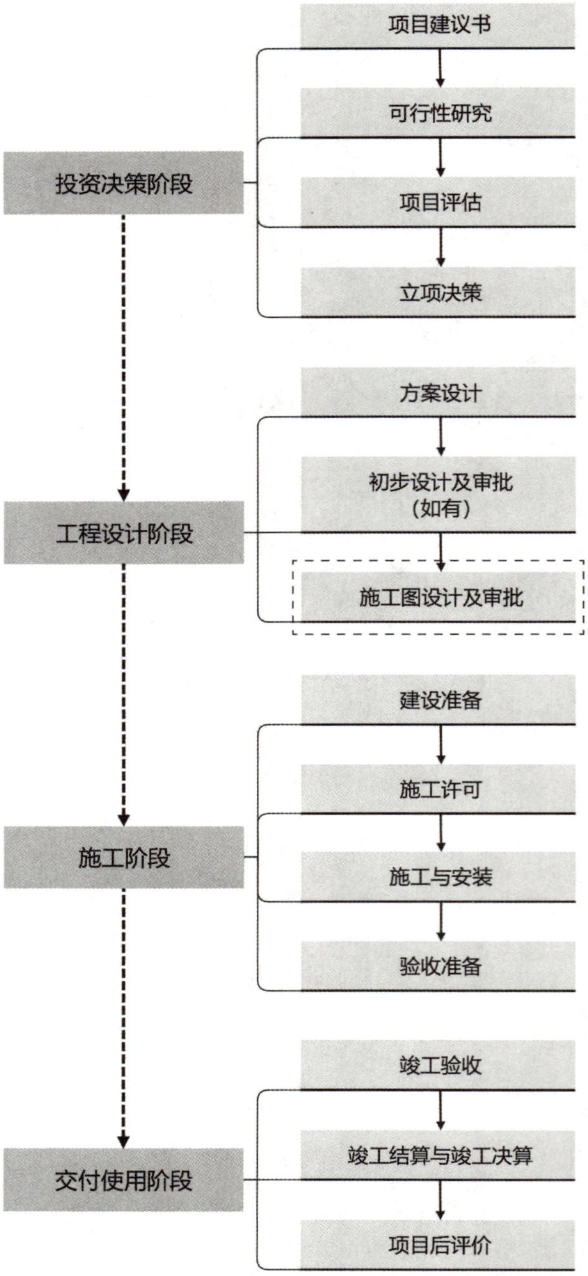

图 1-1　工程项目建设的基本流程

二维码 1-1
施工图设计的基本知识及过程控制课件

二维码 1-2
建筑施工图文件示例

课堂拓展

一套完整的施工图包括多个专业，主要有建筑（含节能、绿建、幕墙、内装等）、结构、给排水、电气（强电及弱电）、暖通等，各专业还应有详细的计算书。

1.2 建筑施工图内容及编排次序

在施工图设计阶段，建筑专业所需的文件有封面、目录、设计说明、设计图纸及计算书，并且应按该顺序进行编排，不得随意打乱。施工图文件简表见表 1-1。

二维码 1-3
建筑施工图内容及编排次序示例

表 1-1 施工图文件简表

设计阶段	文件	
施工图设计	封面	项目名称
		设计阶段
		兴建单位
		项目设计编号
		设计专业
		设计单位名称
		设计单位资质证号（加盖公章）
		编制单位法定代表人、技术总负责人和项目总负责人的姓名及签字或授权盖章
		设计日期（即文件交付日期）
	目录	先列绘制图纸，后列选用的标准图或重复利用图
	设计说明	依据性文件名称及编号
		项目概况
		设计标高
		用料说明和室内外装修
		对采用新技术、新材料和新工艺的做法说明，以及对特殊建筑造型和必要的建筑构造的说明
		门窗表及门窗性能
		幕墙工程（玻璃、金属、石材等）及特殊屋面工程（金属、玻璃、膜结构等）的特点及技术要求，并明确与专项设计的工作及责任界定
		电梯（自动扶梯）选择及性能说明
		建筑防火设计说明
		无障碍设计说明
		建筑节能设计说明
		根据工程需要采取的安全防范和防盗措施
		需要专业公司进行深化设计的部分，对分包单位明确设计要求，确定技术接口的深度
		当项目按绿色建筑、装配式建筑要求建设时，应有绿色建筑、装配式建筑设计说明
	设计图纸	总平面图、平面图、立面图、剖面图
		详图
	计算书	建筑节能计算书
		根据工程性质特点进行视线、声学、防护、防火、安全疏散等方面的计算

模块 2 建筑施工图设计标准

2.1 建筑施工图常用标准及图集

建筑施工图是建筑工程施工的重要依据，为了保证施工图的质量和可实施性，在建筑施工图的绘制过程中，应当按照国家、地方及行业相关的法律法规进行设计；同时为了统一行业标准，使建设过程更加经济可行，还可以从国标图集、地方图集中选用标准做法。

1. 建筑施工图常用标准分类

标准按区域基本可分为国家标准、行业标准、团体（协会）标准、地方（省、市）标准，见表 2-1。一般国家标准、行业标准为通用标准，地方颁布的标准则适用于该地方管辖范畴。

表 2-1 常用标准分类

标准分类	标准举例	
国家标准	GB 系列：国家工程建设标准（50000 号以后）	如《建筑防火通用规范》（GB 55037—2022）、《建筑设计防火规范（2018 年版）》（GB 50016—2014）、《民用建筑通用规范》（GB 55031—2022）
行业标准	CJJ 系列：城镇建设行业工程建设标准	如《城市公共厕所设计标准》（CJJ 14—2016）、《城市绿地分类标准》（CJJ/T 85—2017）
	JGJ 系列：建筑工程行业工程建设标准	如《托儿所、幼儿园建筑设计规范（2019 年版）》（JGJ 39—2016）、《车库建筑设计规范》（JGJ 100—2015）、《办公建筑设计标准》（JGJ/T 67—2019）、《商店建筑设计规范》（JGJ 48—2014）
团体（协会）标准	CBDA 系列：中国建筑装饰协会	如《幼儿园室内装饰装修技术规程》（T/CBDA 25—2018）
	CECS 系列：中国工程建设标准化协会	如《城市地下综合管廊管线工程技术规程》（T/CECS 532—2018）
地方（省、市）标准	DB44 系列：广东省地方标准	如《建设工程绿色施工管理与评价规程》（DB4401/T 154—2022）

国家标准、行业标准封面编号示意如图 2-1 所示。

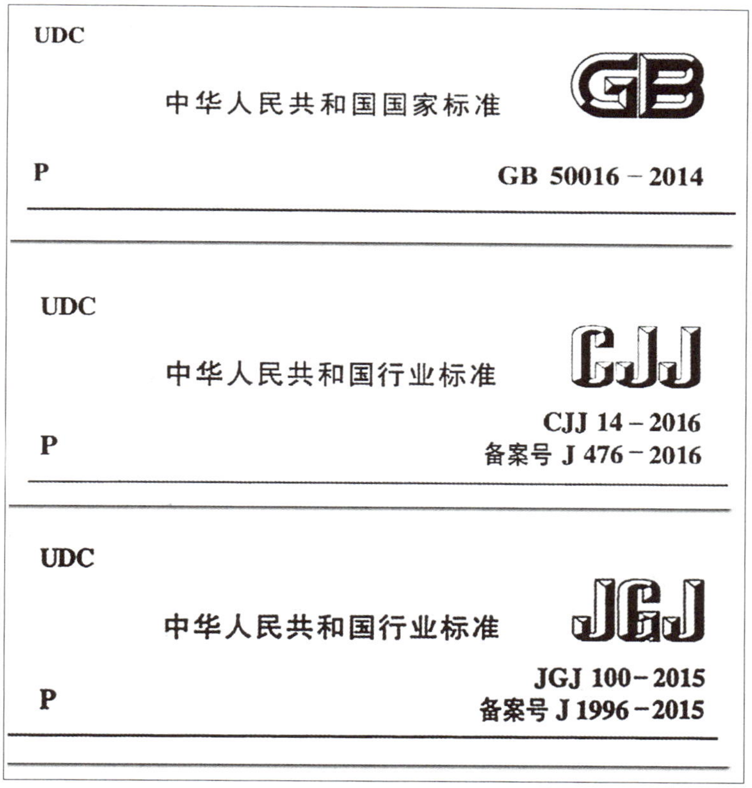

图 2-1　国家标准、行业标准封面编号示意

二维码 2-1
中国建筑标准设计网

二维码 2-2
相关建筑专业规范（规定）网

2. 建筑施工图图集的定义

建筑施工图图集是针对建筑专业构造做法的通用图集，由权威部门（如中华人民共和国住房和城乡建设部、中国工程建设标准化协会、各省建设厅等）颁布，可在中国建筑标准设计网上查询到。在建筑施工图设计的过程中，设计人员可以依据实际工程的需要，参考或直接引用图集的做法以规范设计做法及减少工作量。

国家建筑标准设计图集（简称国标图集）的编号由批准年代号、建筑专业代号、类别号、顺序号、分册号组成。以《坡屋面建筑构造（一）》（09J202—1）为例，图集编号所代表的含义如图 2-2 所示。

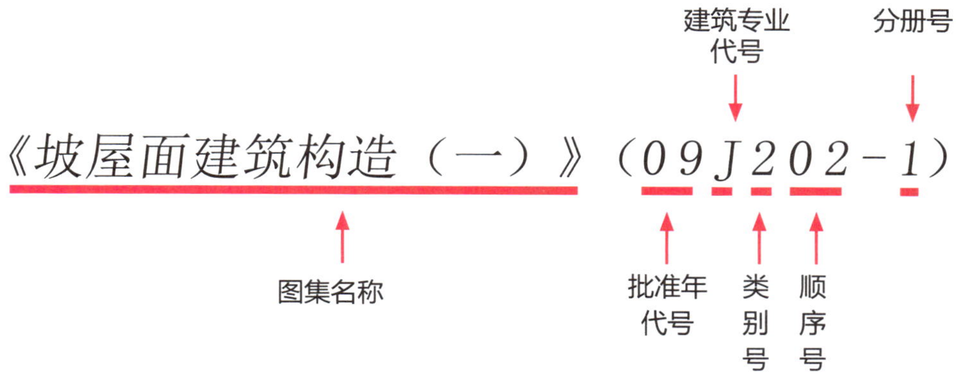

图 2-2　图集编号含义示例

3. 建筑施工图图集分类

和建筑施工图标准一样，图集也分区域，图集的数量非常多，本书主要关注的是一般建设中常用的国标图集。根据图集针对建筑构造部位或功能的不同，将常用国标图集分为通用、墙体、屋面、楼地面、装修、楼梯、门窗及其他 8 个类型，见表 2-2。

表 2-2 常用国标图集目录

图集类型	内容分类		图集名称	图集编号	备注
通用	室外与室内		《工程做法》	23J909	
	室外		《室外工程》	12J003	
	防火		《〈建筑设计防火规范〉图示》	18J811—1	
墙体	外墙	按保温做法分类	《外墙外保温建筑构造》	10J121	
			《外墙内保温建筑构造》	11J122	
			《夹心保温墙建筑与结构构造》	16J107、16G617	
		按材质分	《蒸压加气混凝土砌块、板材构造》	13J104	
			《烧结页岩砖、砌块墙体建筑构造》	14J105	
			《预制混凝土外墙挂板》	16G333、16J110—2	
	内墙	/	《轻钢龙骨内隔墙》	03J111—1	有合集《内隔墙建筑构造（2012 年合订本）》（J111 ～ 114）
			《预制轻钢龙骨内隔墙》	03J111—2	
			《中空内模金属网水泥内隔墙》	03J112	
			《轻集料空心砌块内隔墙》	03J114—1	
			《内隔墙－轻质条板（一）》	10J113—1	
			《轻钢龙骨石膏板隔墙、吊顶》	07CJ03—1	
屋面	平屋面及坡屋面		《平屋面建筑构造》	12J201	
			《平屋面改坡屋面建筑构造》	03J203	
			《坡屋面建筑构造（一）》	09J202—1	
			《种植屋面建筑构造》	14J206	
	金属屋面		《单层防水卷材屋面建筑构造（一）——金属屋面》	15J207—1	
楼地面	《地下建筑防水构造》			10J301	
	《楼地面建筑构造》			12J304	
	《窗井、设备吊装口、排水沟、集水坑》			24J306	

续表

图集类型	内容分类	图集名称	图集编号	备注
装修	外装修	《外装修（一）》	06J505—1	包括女儿墙、挑檐、外墙等 18 个细部
	内装修	《内装修－室内吊顶》	12J502—2	
		《内装修－楼（地）面装修》	13J502—3	
		《内装修－墙面装修》	13J502—1	
楼梯	按材质分	《楼梯 栏杆 栏板（一）》	22J403—1	
		《钢梯》	15J401	
	其他	《电梯 自动扶梯 自动人行道》	13J404	施工图设计需与厂家配合
门窗	按材质分	《木门窗》	16J601	
		《不锈钢门窗》	13J602—3	
		《铝合金门窗》	22J603—1	
		《塑料门窗》	16J604	
	按功能分	《建筑节能门窗》	16J607	
		《防火门窗》	12J609	
其他		《无障碍设计》	12J926	
	建筑类型	《住宅建筑构造》	11J930	包含住宅室内、室外工程做法，查找选用方便
		《木结构建筑》	14J924	
		《老年人居住建筑》	15J923	
		《幼儿园建筑构造与设施》	11J935	
	建筑性能	《防火建筑构造（一）》	07J905—1	
		《建筑隔声与吸声构造》	08J931	
		《既有建筑节能改造》	16J908—7	

二维码 2-3 《〈建筑设计防火规范〉图示》(18J811—1)

课堂拓展

国标图集分有不同的专业，不同的专业有不同的代号。

J——建筑专业图集；G——结构专业图集；S——给水排水专业图集；D——电气专业图集；X——弱电专业图集；K——暖通空调专业图集；R——动力专业图集；M——市政给排水专业图集；F——人防专业图集。

4. 建筑施工图标准与图集的区别

建筑施工图标准与图集是两个不同的概念，前者是建筑施工图设计的依据，分为强制性标准和推荐性标准两大类，强制性标准不得违反，推荐性标准也应尽量满足；图集则是具体的工程做法，一般是参照标准进行编写，是在满足标准要求的前提下给出具体做法示例。

二维码 2-4 《建筑设计防火规范（2018 年版）》

小节实训

（1）实训内容：扫描二维码 2-4，浏览《建筑设计防火规范（2018 年版）》（GB 50016—2014）的封面及目录，找出以下内容。

① 该标准编号在封面的位置，并回答该标准的编制年是什么？

② 浏览“建筑分类和耐火等级”相关章节，回答住宅建筑、公共建筑如何按照高度、使用功能和建筑面积来划分类型？

③ 在《〈建筑设计防火规范〉图示》（18J811—1）中，找到问题②的图示，并根据图示准确地将相关规范条款口述出来。

（2）实训目标：通过学习，掌握建筑施工图标准及图集的查找与使用。

（3）实训要求：能够独立查找建筑施工图常用标准及图集。

2.2 建筑施工图文件编制

1. 建筑施工图文件编制顺序

按一般建筑施工图设计的内容，可将图纸文件分为 9 部分，按照编排顺序分别是：封面、目录、设计说明、平面图、立面图、剖面图、详图（也称大样图）、门窗立面图及门窗表、计算书，本书的模块设计也以该顺序为依据。

2. 建筑施工图文件编制深度

建筑施工图文件编制时主要依据的标准和规定有：《房屋建筑制图统一标准》（GB/T 50001—2017）、《建筑制图标准》（GB/T 50104—2010）、《建筑工程设计文件编制深度规定（2016 版）》（建质函〔2016〕247 号）。

本书将依照上述国家标准和规定，结合实际项目案例，为国内民用建筑工程建筑施工图文件的编制提供示例画法，学生在学习当中也要勤加翻阅。

小节实训

（1）实训内容：扫描二维码 2-5，浏览《房屋建筑制图统一标准》（GB/T 50001—2017）的封面及目录，找出以下内容。

①“图纸幅面规格与图纸编排顺序”的内容，并回答尺寸代号 a、b、c 的含义分别是什么？

②“索引符号与详图符号”相关章节，并画出索引剖视详图的索引符号，表示其剖视方向。

（2）实训目标：通过学习，掌握建筑施工图文件编制时依据标准的查找与使用。

（3）实训要求：能够熟练运用建筑施工图常用图幅、索引符号。

二维码 2-5
《房屋建筑制图统一标准》

模块 3　建筑施工图设计准备工作

3.1　施工图设计前需明确的事项

二维码 3-1《建筑工程设计文件编制深度规定（2016 版）》

在施工图设计开始前，需要甲方提供表 3-1 中所列资料，以明确设计的法律依据，并明确建筑专业相关的具体要求，避免在施工图设计阶段出现不可逆的错漏。

表 3-1　建筑施工图设计开始前需甲方明确事项

项目	子项	说明
当工程有初步设计文件时	经主管部门审查批准的初步设计文件和审查意见	
	当地规划、消防、人防、供电、电信、有线电视等主管部门对该工程初步设计文件的审查意见	
	工程地质勘察资料	
	经市政、交通、园林、人防、环保等部门审查并盖章同意的总平面（定位）图	
	特殊使用荷载及相关工艺设备的要求	
	特殊的建筑结构使用耐久年限要求	
	特殊用房的工艺设计图	
	冷热源、燃气的外部条件	
当某些工程规模较小，有方案无初步设计文件时	建设单位的设计任务书，包括用地范围及周边地形图、设计要求、设计范围、对方案的审核意见等	
	当地规划、市政、交通、园林、环保、供电、人防、消防、电信、有线电视等主管部门对该工程方案的审查意见	
	当地给水、排水、供电、供气等有关资料	
建筑专业需要明确的其他问题	墙体材料	包括地上外墙和内墙、地下外墙和内墙
	建筑外立面材料	
	主要功能区的建筑面层厚度	明确结构板标高
	重点区域的装修做法	如大堂、电梯厅、公共卫生间、楼梯间等
	电梯参数	提供具体的电梯载重、速度、井道尺寸、机房尺寸、开门尺寸、底坑深度、顶层高度等

3.2 各专业互提设计条件的作用

各专业互提设计条件是在工程设计的整体要求下，协调各专业深入开展施工图设计工作的依据。在施工图设计阶段，建筑专业与其他专业之间的配合会比前期阶段更为密切，此时各专业之间需要深入的协调沟通，以保证项目的顺利进行和完成。

互提设计条件的内容和深度对保证各专业设计和整体设计的质量至关重要。由此，项目总负责人、各专业负责人及设计人员在正式施工图图纸绘制前，需要召开项目协调会。会议中，各专业必须互相提供已有的条件，并列出需要其他专业提供的条件的清单，以确保各自的设计能有序地衔接。

1. 建筑专业向其他专业提供资料的时段

建筑专业向其他专业提供资料一般分为三个时段。

（1）第一时段。建筑专业在初步设计或方案设计的基础上向各专业提供资料，明确施工图设计时需要补充或调整的内容。各专业设计人员根据建筑专业提供的资料，了解工程概况和设计要求等，并进行专业确认，通过各专业间的配合，及时提出补充或调整意见，并反馈给建筑专业。

（2）第二时段。建筑专业依据各专业的反馈设计资料，完善施工图（平、立、剖面图等）图纸设计，并提供给各专业，各专业接到资料后，复核设计条件是否满足设计要求。各专业同时也进行施工图设计工作，并将反馈资料分批（次）提供给建筑专业。

（3）第三时段。建筑专业主要是根据工程的需要，就在配合过程中需要各专业进行深化、细化等部分的施工图内容，与各专业进行沟通配合。

2. 各专业需要提供的资料内容

1）建筑专业需要向各专业提供以下资料（包括但不限于这些内容）

（1）总平面（定位）图及竖向设计图。

（2）各层平面图：首层、各楼层、地下室、设备机房、设备夹层、屋顶、天窗等。

（3）结构布置：柱网、剪力墙、防火墙、变形缝位置。墙体如由承重墙、轻质墙等不同材料组成时，应按图例表示清楚，并注明不同墙体厚度。

（4）悬挑部分的位置、尺寸：阳台、雨篷、挑檐、挡风板等。

（5）洞口尺寸：管道井、通风道、垃圾道、烟囱、预留洞、设备搬运井道、窗井、电梯井。

（6）设备与机房的位置、尺寸：电梯机房（应注明电梯型号、速度）、卫生设备、有上下水或蒸汽和电气要求的设备、水池、台、厨、柜、阁楼、隔板等，当另行绘制放大平面图或有大样图时则可不标注尺寸。有吊车的建筑应注明吊车型号、吨位、跨度、轨顶标高、行驶范围。

（7）注明房间名称，当有特殊要求（如防火、防爆、恒温、无菌及较重荷载时）或室内有较重设备时，相关要求及设备的位置、重量应同时注明。

（8）门窗编号，门的开启方向，门洞宽和高。

（9）室内外标高，各层标高，阳台、外廊、浴厕、地坑等标高，窗井、楼地面局部降低处的标高。

（10）当建筑预留扩建条件时应予注明（或以文字资料提供给其他专业，其中不包括基础预留条件），当与旧建筑物或构筑物衔接时应表明彼此关系。

二维码 3-2
《民用建筑工程设计互提资料深度及图样—建筑专业》

（11）屋顶平面的排水方式、排水方向、坡度、雨水口（斗）的位置、上人孔位置。当为上人屋面时应注明。

（12）建筑剖、立面图中需提供室内外地面高差尺寸，各层之间的高度尺寸，门框洞口高度尺寸，总高度尺寸(或标高)，女儿墙高度尺寸等。

2）结构专业需要向各专业提供以下资料（包括但不限于这些内容）

（1）结构选型及结构选材。

（2）各层结构平面布置图及构件截面尺寸，梁、柱、板、墙的具体尺寸也应明确标注出来。

（3）洞口及预埋件位置，并要求各专业进行复核反馈。

结构专业向各专业提供的资料举例——某项目二层梁配筋图如图 3-1 所示。

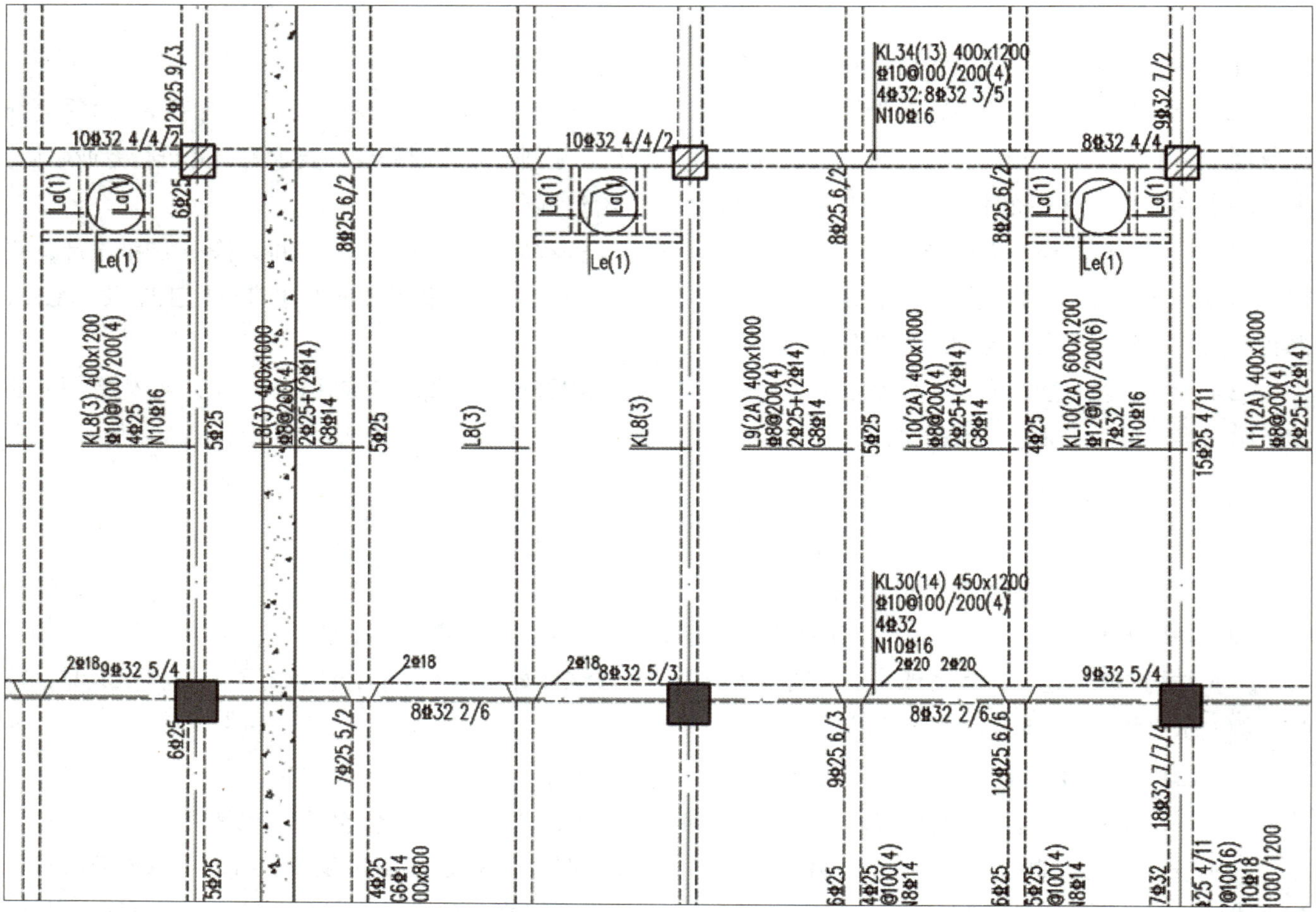

图 3-1 某项目二层梁配筋图

二维码 3-3
某项目二层梁配筋图

课堂实训

（1）实训内容：扫描二维码 3-3，浏览某项目二层梁配筋图，找出以下内容。

① 图上任意位置某一梁，指出其高度和宽度分别是多少？

② 图上楼板任意一处洞口的位置在哪里，洞口尺寸是多少？

（2）实训目标：通过学习，初步掌握结构图的识读。

（3）实训要求：能够读懂结构图中的构件尺寸，识别出洞口位置。

3）给排水专业需要向各专业提供以下资料（包括但不限于这些内容）

（1）给排水设备用房的平面布置图及设备具体位置、尺寸、标高。

（2）给排水设备基础的尺寸及设备荷载、功率等。

（3）管井、管廊、管沟、集水坑的平面布置、尺寸及标高，吊顶距结构板底的高度要求。管道穿梁、板、墙时预留的位置、尺寸及标高。

（4）生活水池、消防水池、化粪池的尺寸、水位高度，冷却塔的位置和标高等。

（5）雨水排水天沟中雨水口的位置、标高及雨水管管径。

4）电气专业需要向各专业提供以下资料（包括但不限于这些内容）

（1）变配电所、备用柴油机房及控制室的设备平面布置图及设备具体位置、尺寸、标高。

（2）电气设备基础的尺寸及设备荷载、功率等。

（3）消防控制中心位置及平面布置图。

（4）设备吊装口、电缆桥架预留洞等洞口的位置及尺寸。

（5）高层建筑竖井位置、尺寸及层间封闭要求，楼面预留洞口位置及尺寸。

（6）灯光、音效控制室（影剧院、体育馆）及通信设备平面布置图、剖面图及地沟位置、尺寸。

（7）照明灯具类型、预埋件布置定位。

5）暖通专业需要向各专业提供以下资料（包括但不限于这些内容）

（1）各种设备用房（包括冷冻机房、空调机房、通风机房、新风机房、空调水泵房或平台、控制室、技术设备管道层等）的平面布置图及设备尺寸、净高需求。

（2）竖井、空调管井、机房水沟、吊顶内风道位置及断面尺寸，管道穿越墙、板预留洞孔的平面位置、尺寸及标高。

（3）设备基础的尺寸及设备荷载。

（4）外墙面上或屋面上的进排风口、百叶的位置、尺寸及标高（需注明对造型的影响。设计完善的百叶造型如图 3-2 所示）。

图 3-2 花都空港国际中心空调百叶造型

（5）屋顶冷却塔的位置和重量，明确是否做隔振隔声处理，不同形态的冷却塔如图 3-3 所示。

图 3-3 不同形态的冷却塔

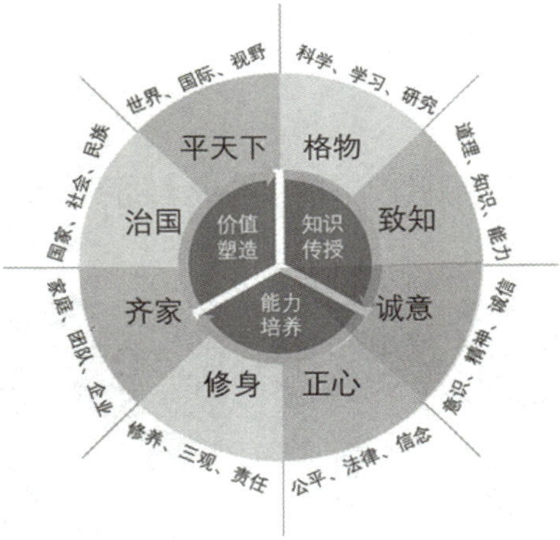

拓展讨论

（1）内容引导：仔细研读第一部分模块 3 中的 3.1 ～ 3.2 节内容。

（2）展开研讨：尝试阐述建筑专业与其他专业之间是如何协调配合开展施工图设计的？

（3）素质落脚点：团队精神、包容、尊重。

3.3 建筑施工图绘制的准备工作

建筑施工图绘制是施工图设计中的重要环节，其绘制往往起到统摄各专业的作用。在实际建筑工程当中，建筑施工图的设计人员可能会与初步设计或方案设计的人员不同，因而进行建筑施工图绘制的准备工作是十分必要的。

1. 确定绘图内容

在正式的图纸绘制之前，应先列好建筑施工图目录。建筑施工图目录是整个施工图设计内容的纲领性文件，通过对建筑施工图目录的组织和确认，可以明确需要绘制的内容，并合理地分配设计人员的工作量，从而有效地管理建筑施工图的后续工作。建筑施工图目录的推荐格式见表 3-2。

表 3-2 建筑施工图目录的推荐格式

建筑施工图目录					
序号	图纸名称	图纸编号	图纸规格	出图日期	备注
01	建筑设计统一说明	JS—01	A1	2024.11.23	
02	总平面图	JS—02A	A2	2024.11.23	
03	一层平面图	JS—03	A1	2024.12.25	替换 2024.11.23 版本
……	……	……	……	……	……
……	……	……	……	……	……
……	《工程做法》	23J909	/	/	国标图集

2. 确定绘图标准

1）绘图比例

一般来说，建筑施工图包含了总平面（定位）图、平面图、立面图、剖面图和详图，不同的图纸类型应按照合适的比例进行绘制，比例越大，绘制出来的图纸就越详细、精确。建筑专业常用的各图纸比例为：总平面（定位）图采用 1 ∶ 500，平面图（立面图、剖面图与平面图比例一致）采用 1 ∶ 100、1 ∶ 150、1 ∶ 200，详图采用 1 ∶ 20、1 ∶ 30、1 ∶ 50。

2）轴线和定位

在确定好图纸内容后，需要复核和确定建筑物的轴线和定位。轴线是建筑主要结构的定位线，通常用点划线表示，并在轴线末端编上轴号，如图 3-4 所示，整体就构成了轴网。定位则是需要明确建筑轴网与用地红线的关系，应将最外侧的轴线套进总图，并标注其在总图坐标体系下的具体 x、y 坐标。

二维码 3-4 某项目轴网定位图

3）绘图标准和打印样式

在正式开始绘制施工图之前，还需要确定所采用的绘图标准和打印样式。这些标准通常由设计单位自行规定，主要包括图层名称、图层说明、线型（粗细和颜色）、文字大小、符号示意，以及对应这些图层设置要求的图纸打印样式等。某设计院建筑专业图层标准如图 3-5 所示。

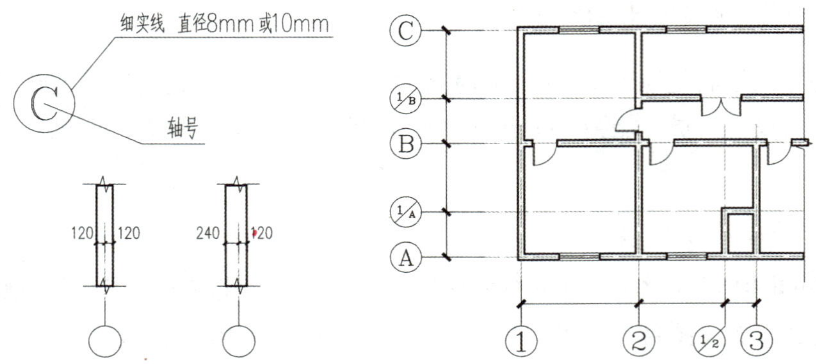

图 3-4　轴线和轴号

二维码 3-5
某小区住宅施工图

小节实训

(1) 实训内容：扫描二维码 3-5，浏览某小区住宅施工图，详细阅读其图签栏，尝试在表 3-3 中，列出该套图纸包含的图纸名称及图纸编号，并写出该图纸规格及比例。回答该套图纸缺少了哪些项目。

(2) 实训目标：通过学习，基本了解建筑施工图目录的内容及排列顺序，熟悉常见施工图的图纸尺寸，掌握常见图纸的比例。

(3) 实训要求：能够按常用建筑施工图目录顺序列出图纸目录。

二维码 3-6
某设计院建筑专业图层标准

建筑专业图层统一要求

序号	图层名称	图层说明	笔宽(1:100)	颜色编号	颜色	线型
1	J-TK1	图框、图签（固定部分）	0.25	14		
2	J-TK2	图框、图签（可编辑部分）	0.25	2		
3	J-AXIS	轴号，平面第一、二道尺寸线	0.25	3		
4	J-DOTE	轴线	0.15	1		
5	J-PUB_DIM	除AXIS外的尺寸标注线、弧度和角度标注	0.25	3		
6	J-PUB_TEXT	说明文字	0.25	7		
7	J-PUB_TBA	表格	0.25	7		
8	J-DIM_IDEM	大样索引（引线和文字）	0.25	3		
9	J-DIM_LEAD	引出索引（引线和文字）	0.25	3		
10	J-DIM_SYMB	箭头索引、剖切号、构造做法索引、图名、指北针等（引线和文字）	0.25	3		
11	J-DIM_ELEV	标高（引线和文字）	0.25	3		
12	J-DIM_COOR	坐标标注（引线和文字）	0.25	3		
13	J-HATCH	填充图案	0.15	253		淡显90%
14	J-DEFPOINTS	图纸空间视口		7		不打印
15	J-建筑修改（日期）	修改云线		6		不打印
16	J-校审意见（日期）	校审意见		203		不打印

注：不限于以上图层，除0图层，其余所有天正默认图层统一加前缀"00－"。

图 3-5　某设计院建筑专业图层标准

表 3-3 某小区住宅建筑施工图目录

建筑施工图目录					
序号	图纸名称	图纸编号	图纸规格	出图日期	图纸比例
01					
02					
03					

模块 4　施工图设计管理及现场服务

4.1　施工图设计管理的意义

施工图设计管理对于建筑工程项目的顺利进行具有重要的意义。在实际工作中，施工图绘制的结束往往意味着工程项目才真正开始，施工图绘制结束后流程如图 4-1 所示，而且建筑师还要参与工程项目的建设施工阶段及竣工验收过程中。

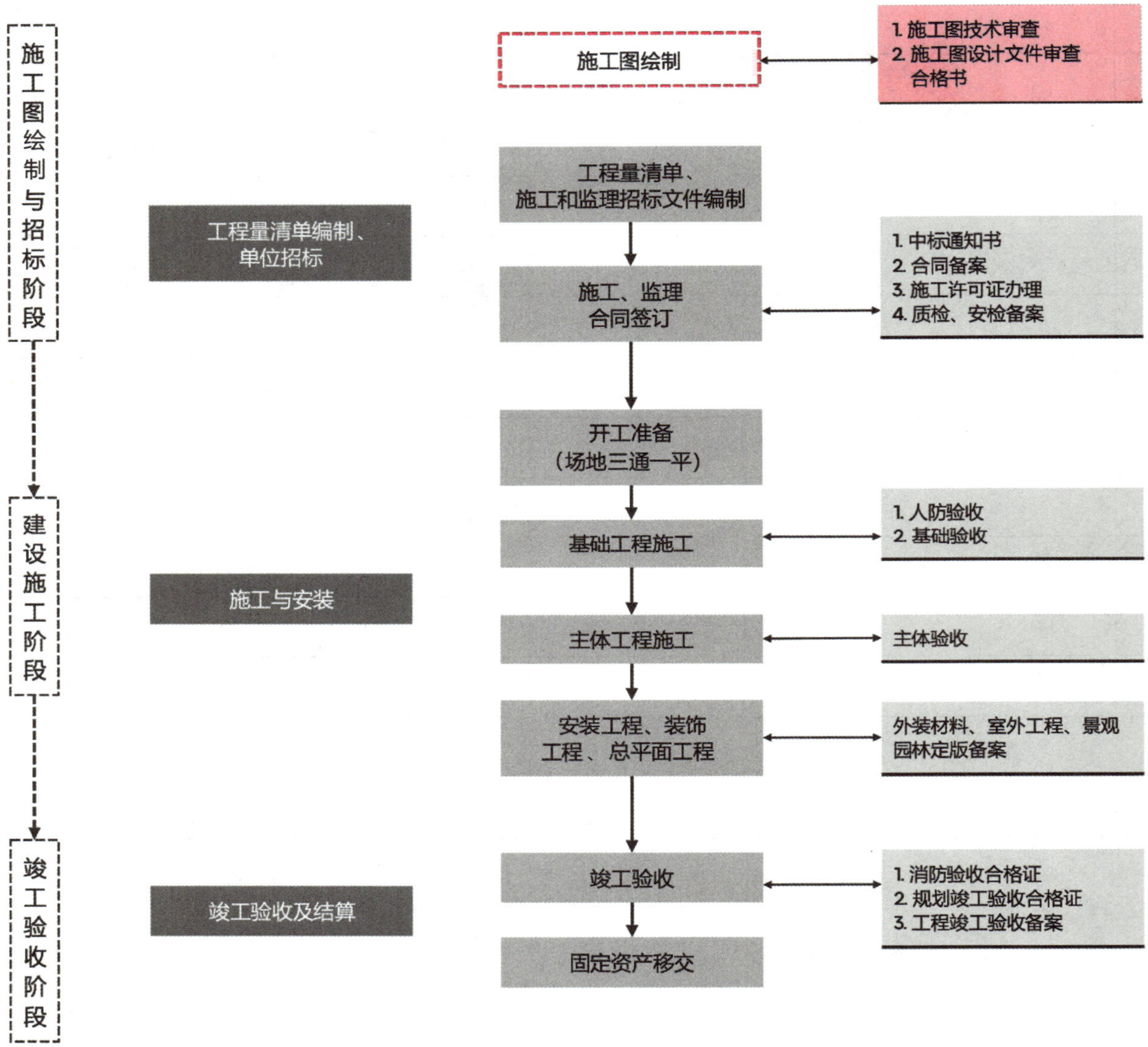

图 4-1　施工图绘制结束后流程

好的施工图设计管理能够保障施工质量、提高施工效率、促进施工现场协调、便于施工监理和验收，主要表现在以下几个方面。

1）保障施工质量

施工图是施工单位进行工程施工的依据，同时也是质量控制手段。通过对施工图的设计管理，设计师可以确保施工图的准确性和完整性，并与施工单位配合及时发现和纠正设计中的问题，避免因设计错误而导致的施工质量问题，从而保障施工质量。

2）提高施工效率

良好的施工图设计管理可以明确施工任务的先后顺序，从流程上规范施工作业，优化施工时序，从而减少施工时间和成本，提高工程施工效率。

3）促进施工现场协调

施工图设计管理可以帮助施工团队更好地理解设计意图，协调各施工专业间的关系，避免施工现场的冲突和矛盾，保证施工的协调性和一致性。如图 4-2 所示，通过设计管理可确定水电、空调专业管线的入场时序。BIM 是常用的帮助施工图设计管理的手段，可以检验建筑、结构、设备专业间是否有矛盾。

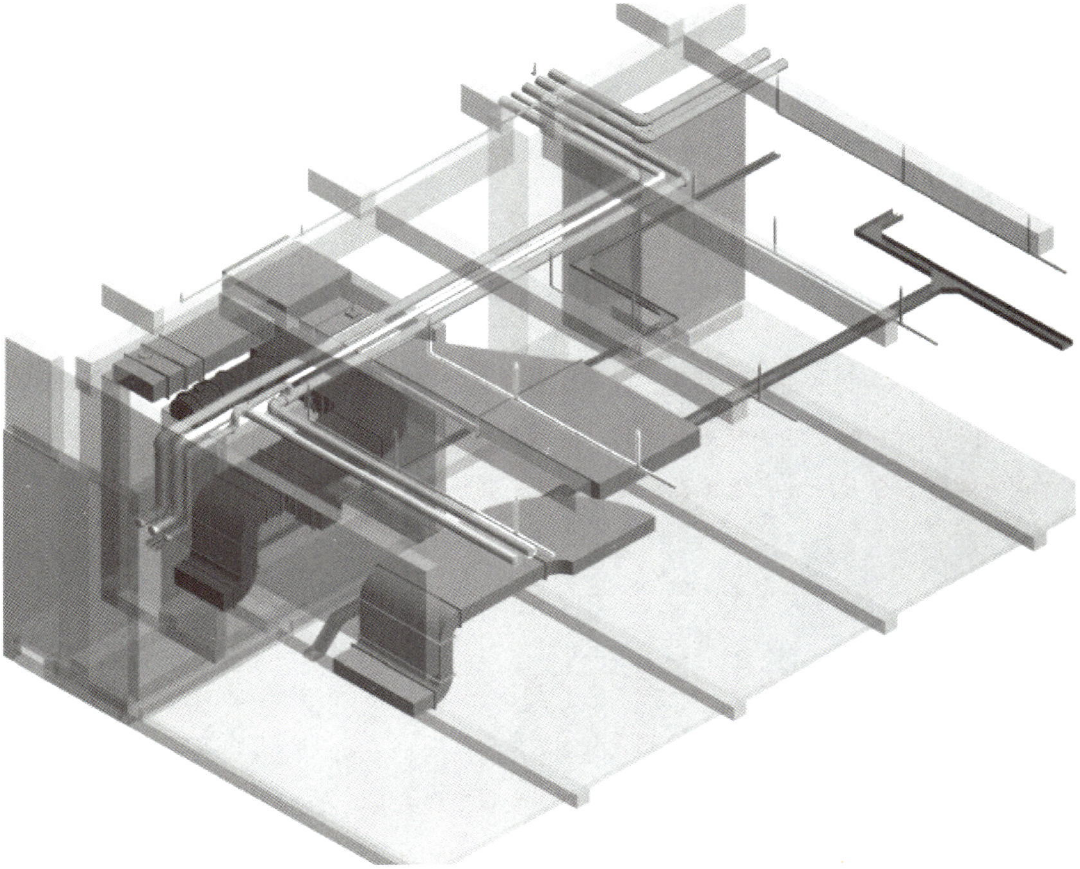

图 4-2　通过设计管理可确定水电、空调专业管线的入场时序

4）便于施工监理和验收

良好的施工图设计管理可以为施工监理提供有效的参考依据，方便监理单位对施工过程进行监督和检查，从而保证工程质量和安全。此外，施工图也是项目完工时，设计、施工、监理等单位进行工程验收的依据，良好的施工图设计管理也有利于竣工验收顺利进行。

总的来说，建筑施工图设计管理为工程项目的顺利实施和成功竣工提供着有力的支持。因此，施工图设计管理应得到重视，通过建立科学的管理制度和流程，确保施工图设计的质量和有效实施。

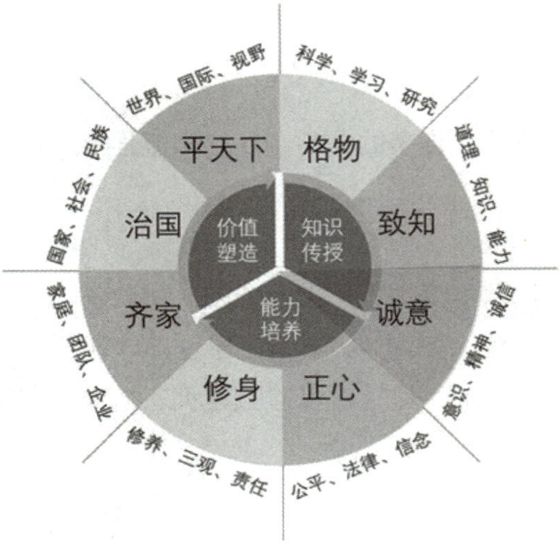

拓展讨论

（1）内容引导：研读第一部分模块4中的4.1节内容。

（2）展开研讨：谈谈你所了解的，在施工图设计管理中需要互相配合的专业有哪些？这些专业间的协调配合由哪个专业主导？

（3）素质落脚点：诚信、友善、谦逊。

党的二十大报告提出，弘扬诚信文化，健全诚信建设长效机制。在施工图设计管理中各专业应有诚信的意识，按规定的时间提交相关施工图文件，并对施工图文件内容的真实性负责。例如，勘察单位提交的工程地质勘察报告应是经过实地勘察，而不是复制其他类似工程的。

小节实训

（1）实训内容：仔细浏览图4-1，请回答以下问题。

① 施工图设计的后期阶段有几个？分别是什么？

② 施工图设计阶段完成后，施工图是否可以直接下发至工地施工？认为不可以这样操作的依据是什么？

（2）实训目标：通过学习，了解施工图设计的后期阶段，对各专业的协调配合有初步的概念，了解建筑专业在施工图设计的后期阶段中的作用。

（3）实训要求：熟练掌握施工图设计管理的几个主要阶段。

4.2 施工图设计质量控制

控制施工图的设计质量是确保建筑工程项目顺利进行和成功完工的关键环节，设计公司在控制施工图的设计质量方面通常会采取以下一些措施。

1）设立质量管理部门

设计公司通常会设立专门的质量管理部门或质量管理团队，负责监督和管理施工图的设计质量。管理团队会定期开展项目施工图质量的抽查，对正在进行或已完成的设计文件进行全面检查和评估，确保设计文件符合相关标准和规范。

2）制定质量管理制度

设计公司会建立完善的施工图质量管理制度和审批流程，规定施工图文件的编制、审批、变更等程序的固定格式，明确责任分工和工作要求，将施工图的各部分内容责任明确到个人，因而可以保证设计质量的规范化和可控性。

3）提升设计人员素质

设计公司会定期组织培训和学习活动，以提升设计人员的专业水平和素质，使其能够更好地掌握施工图设计技术和规范要求，提高设计质量。

4）强化设计控制

设计公司会建立设计控制机制，确保设计文件的审批和变更经过严格的审核和批准程序。设计公司内部各专业之间也会在各个阶段加强沟通与协调，确保各专业之间的施工图设计协调一致，避免专业间的冲突和偏差。

5）配备专业设计软件和工具

在数字信息化渗透生活方方面面的当下，大部分设计公司都十分重视数字技术在工程项目中的应用，会为设计人员提供专业的设计软件和工具，提高施工图设计效率和质量。

在建筑施工图设计领域，常用的软件主要有 AutoCAD、Revit、SketchUp、Rhino 等。这些软件在建筑工程中被广泛应用，各自具有独特的优势和适用场景。建筑专业常用的施工图平面绘制工具是 Revit（BIM 正向设计，图 4-3）和 AutoCAD（常配合天正系列软件，图 4-4）。

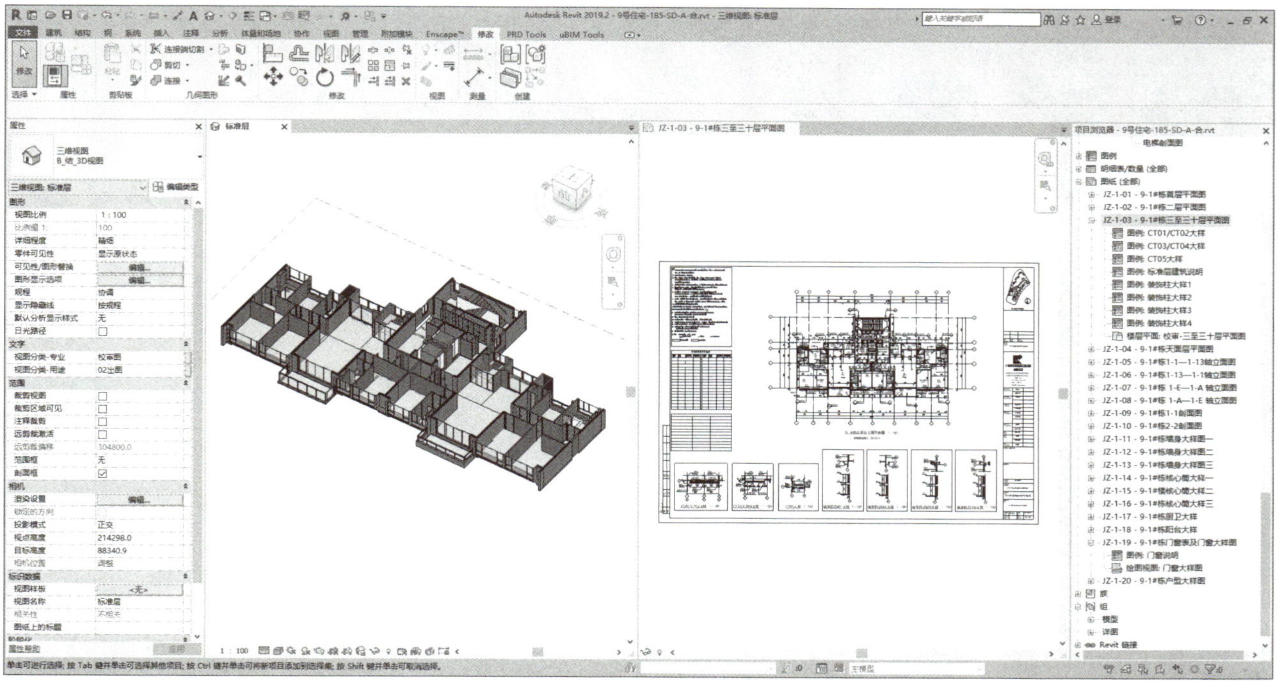

图 4-3 Revit

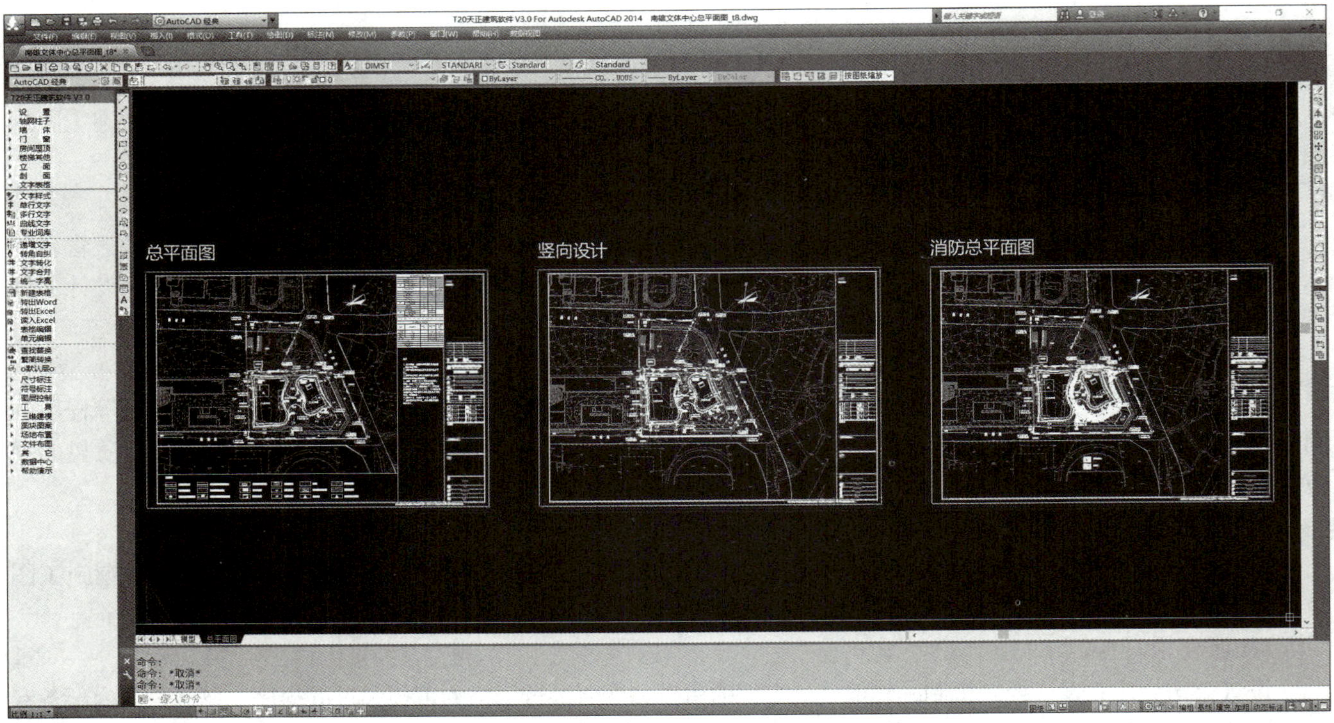

图 4-4 AutoCAD

课堂拓展

Revit 和 AutoCAD 都是常用的建筑设计软件，各适用于不同的设计需求和工作流程。

Revit 的特点如下。

(1) BIM 技术支持：Revit 是一种基于 BIM（Building Information Modeling）技术的软件，能够实现建筑模型的全方位建模和数据管理，提高设计效率和准确性。

(2) 三维建模和参数化设计：Revit 是基于三维建模功能的软件，能够实时反映设计局部修改对整体的影响；Revit 支持参数化设计，能够方便地进行施工图设计的修改和调整。

(3) 自动生成图纸：Revit 可以在三维模型建立的基础上自动生成平面图、立面图、剖面图等施工图纸；但同时也对建模的精细、精准程度有较高要求。

AutoCAD 的特点如下。

(1) 灵活性和通用性：AutoCAD 是一款通用 CAD 软件，配合不同专业的天正设计软件，能够满足不同专业施工图设计需求。但 AutoCAD 对三维建模和参数化设计支持较弱，不适合需要大量三维建模的设计任务。

(2) 熟练度高，自定义性强：AutoCAD 在建筑行业应用广泛，设计师普遍熟悉和掌握该软件。AutoCAD 支持用户自定义命令和功能。

(3) 烦琐的绘图过程：相比 Revit 自动生成图纸的功能，AutoCAD 需要手动绘制二维图纸，工作量较大且容易出现错误。

综合而言，Revit 适合需要进行三维建模和正向设计的项目，能够提高设计效率和质量；而 AutoCAD 适合需要进行大量二维绘图工作的项目，具有灵活性和通用性。

6）送外审前严格内审

在施工图设计完成后，送外审机构审图前，设计公司要进行严格的内部质量检查和校审，确保设计文件满足工程要求，符合相关标准和规范，满足施工和使用的需要后，方可签字及加盖设计单位出图章。设计公司内审主要分为四个阶段。

（1）阶段一：设计人自校，专业负责人复校。校对人、审核人、审定人校审施工图纸并填写“校审意见书”（举例如图 4-5 所示），设计人改正后签署复核意见，完善图纸。

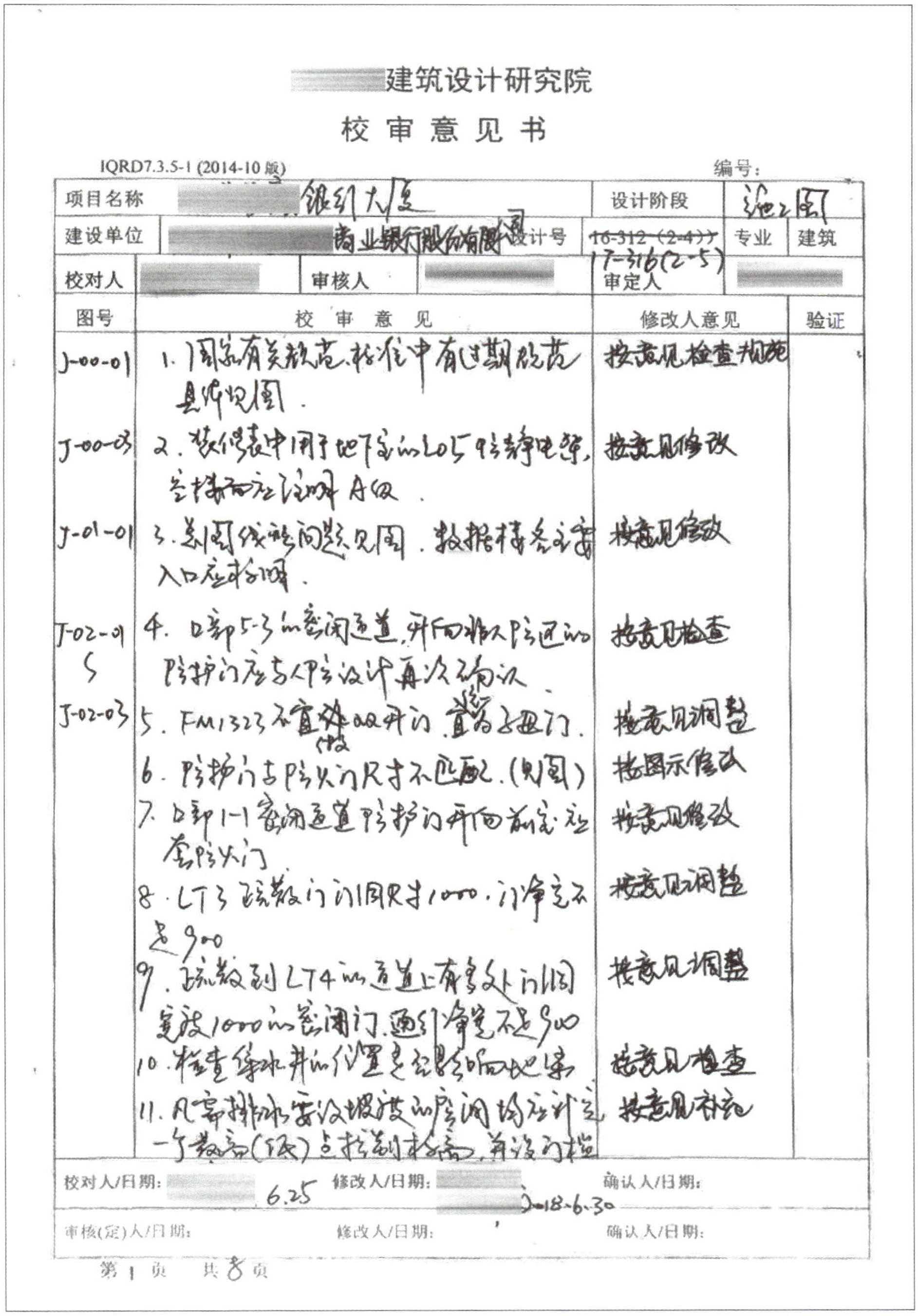

[redacted]建筑设计研究院

校 审 意 见 书

IQRD7.3.5-1 (2014-10 版)　　编号：

项目名称	[redacted]银行大厦		设计阶段	施工图	
建设单位	[redacted]商业银行股份有限公司		设计号	~~16-312（2-4）~~ 17-316（2-5）	专业 建筑
校对人	[redacted]	审核人 [redacted]	审定人	[redacted]	

图号	校审意见	修改人意见	验证
J-00-01	1. 国家有关规范、标准中有过期规范，具体见图。	按意见检查规范	
J-00-03	2. 装修表中用于地下室的LO5防静电漆，宜按规范注明A级。	按意见修改	
J-01-01	3. 总图线形问题见图，数据标注不全；出入口应标明。	按意见修改	
J-02-01 ～ J-02-03	4. 口部5-5的密闭通道，开向非人防区的防护门应与人防设计再次确认。	按意见检查	
	5. FM1323不宜做双开门，宜为子母门。	按意见调整	
	6. 防护门与防火门尺寸不匹配（见图）	按图示修改	
	7. 口部1-1密闭通道防护门开向前室应套防火门	按意见修改	
	8. LT3疏散门门洞尺寸1000，门净宽不足900	按意见调整	
	9. 疏散到LT4的通道上有多处门洞宽仅1000的密闭门，通行净宽不足900	按意见调整	
	10. 检查集水井的位置是否影响地梁	按意见检查	
	11. 风亭排水沟设坡度的房间均应补充一个找坡（标）点控制标高，并设门槛	按意见补充	

校对人/日期：[redacted] 6.25	修改人/日期：[redacted] 2018-6-30	确认人/日期：
审核(定)人/日期：	修改人/日期：	确认人/日期：

第 1 页　共 8 页

图 4-5　某项目内部校审意见书

（2）阶段二：项目工程主持人对各专业图纸进行质量保证检查并确认。

（3）阶段三：设计单位技术负责人、项目经理、主管院长对归档前的施工图进行审批。

（4）阶段四：确认图纸无误，填写出图单、盖章、出图、归档。

通过以上内部施工图设计质量控制措施的实施，可以确保设计文件的准确、完整和规范，为建筑工程项目顺利通过外部施工图审查提供有力支持。

小节实训

（1）实训内容：仔细阅读本节的课堂拓展内容，并回答以下问题。

① BIM 正向设计的全称是什么？

② BIM 设计与 AutoCAD 设计的最主要区别是什么？如果选取你的某个方案设计作业进行施工图深化设计，你更偏好用哪一种软件？原因是什么？

③ 你是否了解建模软件 Rhino 和 SketchUp 的主要功能和区别？

（2）实训目标：通过学习，了解施工图设计主要使用的软件，并清楚地知道施工图设计软件的主要特点和区别，确定本课程施工图设计软件。

（3）实训要求：掌握施工图设计使用的相关软件。

4.3 施工图审查及图纸交底

1. 施工图审查

二维码 4-1
某项目审查
意见及回复

通常工程项目中所说的施工图审查，是指建设单位将设计单位确认好的施工图报送建设行政主管部门，然后由建设行政主管部门委托相关审查机构对施工图进行审查。审查机构一般是第三方机构，其不得与所审查项目的建设单位、勘察单位、设计单位有隶属或者其他利害关系。施工图审查机构负责对施工图的结构安全、强制性标准和规范执行情况等内容进行审查。

收到建设单位提供的施工图之后，审查机构的专业人员会对施工图进行逐项审查，包括结构设计、建筑布局、消防设计、设备设置等内容，确保施工图设计符合相关标准和规范。审查机构会将审查结果以书面形式反馈给设计单位，审查结果应列出存在的问题和建议改进的意见。设计单位根据审查意见进行相应的修改和调整，对施工图进行修订。设计单位将修订后的施工图重新提交给审查机构进行再次审查，直至达到审查要求。

审查机构确认施工图符合要求后，会出具审查通过的合格证（图 4-6）或意见书，工程各方可以继续后续的施工准备工作。设计单位通过审查后，还要将审查文件和审查意见归档保存，作为项目施工的参考依据。

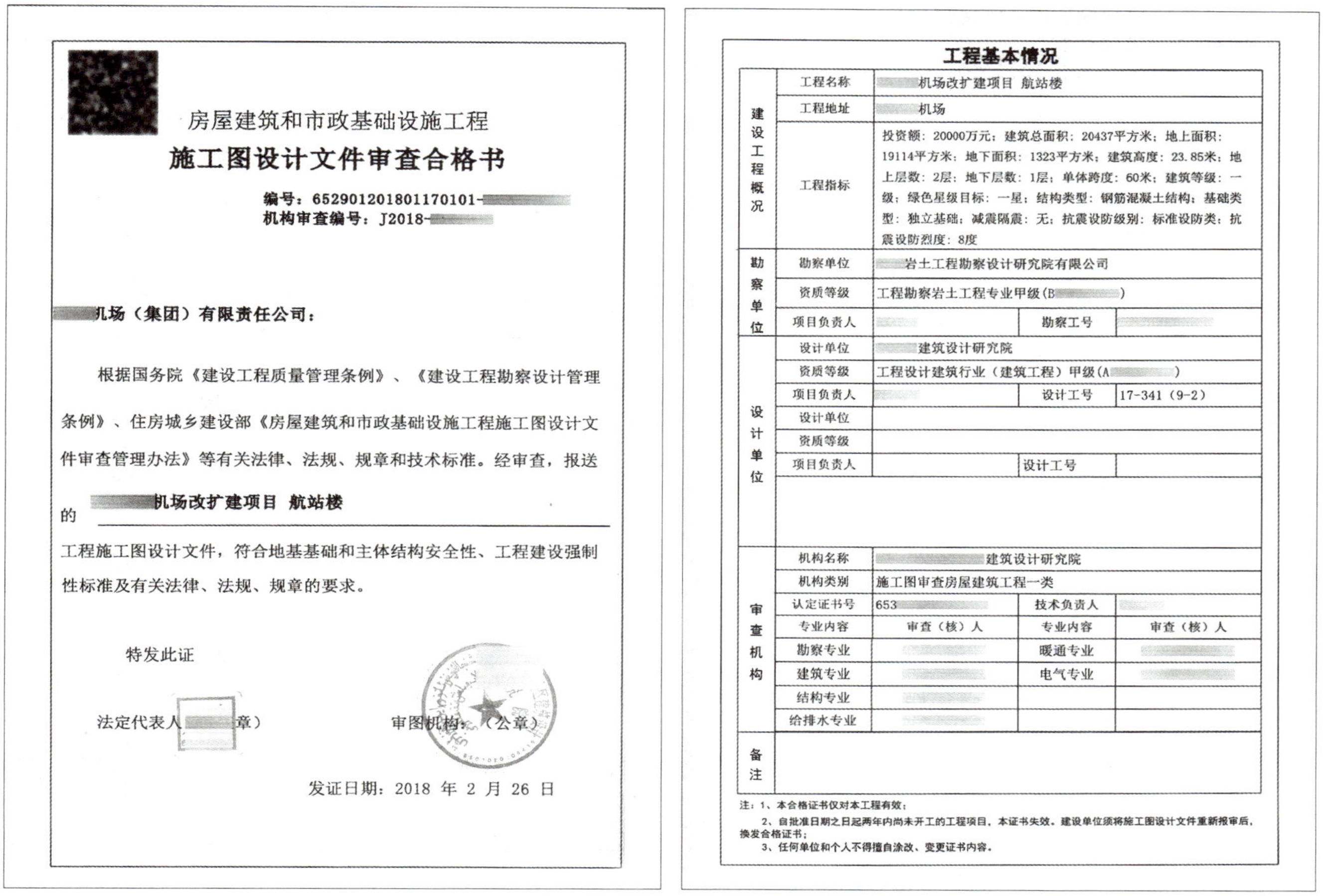

房屋建筑和市政基础设施工程

施工图设计文件审查合格书

编号：652901201801170101-[redacted]

机构审查编号：J2018-[redacted]

[redacted]机场（集团）有限责任公司：

根据国务院《建设工程质量管理条例》、《建设工程勘察设计管理条例》、住房城乡建设部《房屋建筑和市政基础设施工程施工图设计文件审查管理办法》等有关法律、法规、规章和技术标准。经审查，报送的[redacted]机场改扩建项目 航站楼工程施工图设计文件，符合地基基础和主体结构安全性、工程建设强制性标准及有关法律、法规、规章的要求。

特发此证

法定代表人[redacted]章）　　审图机构：（公章）

发证日期：2018 年 2 月 26 日

工程基本情况

建设工程概况	工程名称	[redacted]机场改扩建项目 航站楼		
	工程地址	[redacted]机场		
	工程指标	投资额：20000万元；建筑总面积：20437平方米；地上面积：19114平方米；地下面积：1323平方米；建筑高度：23.85米；地上层数：2层；地下层数：1层；单体跨度：60米；建筑等级：一级；绿色星级目标：一星；结构类型：钢筋混凝土结构；基础类型：独立基础；减震隔震：无；抗震设防级别：标准设防类；抗震设防烈度：8度		
勘察单位	勘察单位	[redacted]岩土工程勘察设计研究院有限公司		
	资质等级	工程勘察岩土工程专业甲级（B[redacted]）		
	项目负责人	[redacted]	勘察工号	[redacted]
设计单位	设计单位	[redacted]建筑设计研究院		
	资质等级	工程设计建筑行业（建筑工程）甲级（A[redacted]）		
	项目负责人	[redacted]	设计工号	17-341（9-2）
	设计单位			
	资质等级			
	项目负责人		设计工号	
审查机构	机构名称	[redacted]建筑设计研究院		
	机构类别	施工图审查房屋建筑工程一类		
	认定证书号	653[redacted]	技术负责人	[redacted]
	专业内容	审查（核）人	专业内容	审查（核）人
	勘察专业	[redacted]	暖通专业	[redacted]
	建筑专业	[redacted]	电气专业	[redacted]
	结构专业	[redacted]		
	给排水专业	[redacted]		
备注				

注：1、本合格证书仅对本工程有效；

2、自批准日期之日起两年内尚未开工的工程项目，本证书失效。建设单位须将施工图设计文件重新报审后，换发合格证书；

3、任何单位和个人不得擅自涂改、变更证书内容。

图 4-6　某项目审查合格证

2．图纸交底

图纸交底是指在施工图审查合格后，设计单位在交付施工图文件时，依据法律规定的义务就施工图文件向施工单位和监理单位进行详细的说明和答疑，其目的是将设计意图进行准确地传达和贯彻，确保所有相关方对设计方案和施工图纸有清晰的理解，从而统一思想，达成共识，保证施工的高质量和顺利进行。

图纸交底通常按顺序包括以下步骤：项目介绍、施工图纸说明、技术细节说明、合作分工要求及问题解答和沟通。通过图纸交底，设计单位与其他相关方可以建立良好的沟通和合作关系，以保证项目的顺利进行和质量控制。设计交底过程中要注意记录沟通内容和达成的共识，以备日后参考和查证。某项目地下室施工交底文件如图 4-7 所示。

[redacted]建 筑 设 计 研 究 院
THE ARCHITECTURAL DESIGN AND RESEARCH INSTITUTE OF [redacted]
Add: 5F NO. 117 LIUHUA ROAD GUANZHOU Fax:020-[redacted] Postalcode:510010
[redacted]

[redacted]银行大厦

地下室施工交底文件

注意事项：

1. 施工单位、监理单位必须逐一核对各专业相关图纸无误后方可施工，严禁在施工前仅看单一专业图纸。

2. 设计与施工不得危及结构安全、影响水电系统及空调方式，并满足消防要求。

3. 室外工程如雨水沟、管井盖板、道路、铺地和绿化等参见构造做法表及大样图，并结合相关分包专业深化图纸。

4. 所有与空调专业有关的设备机房（如风机房、空调机房、制冷机房等），留一面砖墙待设备安装后再砌。

5. 本项目有专项节能设计专篇。

6. 本工程施工及验收应严格执行国家现行的有关施工验收规范、规定。

7. 涉及特殊施工工艺的做法，或对施工员可能造成安全隐患的施工措施，需提前制定施工方案，报监理及建设单位审查备案，获通过后方可施工。

8. 本施工图未经本院同意不得擅自修改。

9. 电梯施工时需结合厂家深化图纸施工（特别注意**电梯井道圈梁**位置，**剪力墙上电梯按键盒预留洞位置尺寸**）。

10. 土建风道转换。广东省工程勘察设计行业协会关于印发《建筑防烟排烟系统技术标

[redacted]建 筑 设 计 研 究 院
THE ARCHITECTURAL DESIGN AND RESEARCH INSTITUTE OF [redacted]
Add: 5F NO. 117 LIUHUA ROAD GUANZHOU Fax:020-86[redacted] Postalcode:510010
[redacted]

准》问题释疑的通知中明确，*“加压风机入口至室外段、排烟风机出口至室外段可以采用土建风道，但应密闭不漏风、光滑。”* 负一层上地面土建管道内衬金属管道大样，直接去掉金属内衬管，内界面抹水泥砂浆按“建施 M-2，建筑设计统一说明（二）”第十一条第 6 点。具体可以不做金属内衬管的管井，待设计院明确后提资。

> **问题 25：加压送风系统负压侧、排烟系统正压侧能否采用土建风道？**
>
> 加压风机入口至室外段、排烟风机出口至室外段可以采用土建风道，但应密闭不漏风、光滑。

11.地下室的顶棚、内墙、地面按构造做法表施工即可，疑问的回复详见列次施工疑问回复表。

其他

（1）关于影响地下室净高的变更的纸质版，若条件成熟，尽快下发正式纸质版。

（2）西区部分电梯有报消防版与实践施工版，应注意区分。

（3）金库区亦有报消防版与安防版（实践施工版）。金库的消防版要求金库侧墙多开门洞，金库安防版要求金库侧墙少开门洞。在金库绑扎钢筋时安防便要验筋。消防与安防的矛盾，需业主协调。

2019 年 07 月 08 日

图 4-7 某项目地下室施工交底文件

小节实训

（1）实训内容：仔细阅读本节所学内容，并回答以下问题。

① 设计单位内审结束出图后，是否可以将图纸直接下发至施工单位？为什么？

② 图 4-6 某项目审查合格证中，第一页体现了项目的哪些信息？第二页体现了项目所包含的哪些单位？

（2）实训目标：通过学习，了解施工图图纸内外审查和图纸交底的重要性。

（3）实训要求：通过阅读实际项目的施工图审查合格证，了解施工图设计阶段完成后可以明确的各项内容。

4.4 施工配合及现场服务

1. 施工标准及样板的确认

一般在大面积施工开始前，施工单位需要联合设计单位确认施工标准及重要的样板做法（某项目屋面样板做法如图 4-8 所示），通过确认施工标准及样板，可以明确规定工程质量要求、施工工艺标准、材料规格等内容，为施工过程提供具体的指导和要求，施工标准及样板也可作为验收标准及施工的依据。

图 4-8 某项目屋面样板做法（图片源自网络）

施工标准及样板的确认为设计单位、监理单位、建设单位等监督和管理施工过程提供了明确的依据和参照标准，有利于监督施工单位按照规定进行施工，确保工程质量和安全，其是建筑工程管理中不可或缺的一环，各方都要适时参与施工标准及样板的确认。

工程样板的确认流程一般包括以下几个环节。

（1）对实施内容和计划进行审核：监理单位首先对工程样板的实施内容和计划进行审核，确保其符合设计要求和施工标准。

（2）确定施工地点：根据工程进展情况，确定合适的施工地点，以便进行工程样板的搭建和展示。

（3）监督检查：各专业设计师、承建方驻场工程师以及监理人员共同对工程样板的实施过程进行监督检查，确保施工过程符合标准和要求。

（4）验收和确认：设计方、承建方的各专业工程师和监理人员一同对完成的工程样板进行验收。最终由各方共同确认工程样板是否符合设计要求和标准，确认无误后封板定样，形成验收单。

2. 现场定期巡查

在现场施工过程中，各专业设计师都会有需要到现场解决问题的情况，也就是通常说的要下现场。那么在现场如何进行记录才能做到有效指导施工呢？我们可以采用现场巡查表（表 4-1）的方式。定期的整改，会大大提高现场产品控制的精细程度。

表 4-1　现场巡查表

<table>
<tr><th colspan="7">现场巡查表</th></tr>
<tr><th>填表人</th><th>× × ×</th><th>填表原因</th><th>工地巡查</th><th>时间</th><th>× 年 × 月 × 日</th><th>备注</th></tr>
<tr><td>项目</td><td colspan="3">× × × 项目</td><td>相关专业</td><td>建筑、幕墙</td><td>附图</td></tr>
<tr><td>范围</td><td colspan="3">一期 2 栋</td><td>位置</td><td>2 ～ 4 层通高幕墙</td><td rowspan="4">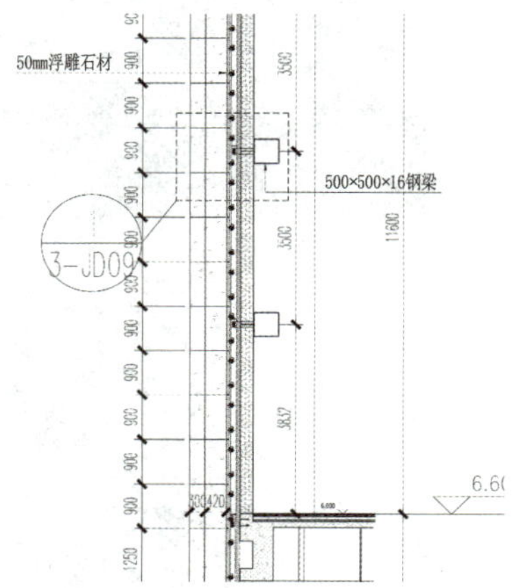
</td></tr>
<tr><td>存在问题</td><td colspan="5">钢梁是否预留足够的荷载支撑浮雕（浮雕有可能改变样式）？是否考虑过墙体如何固定在钢梁上？以及此处钢梁位置的防火如何处理？</td></tr>
<tr><td>解决方案</td><td colspan="5">……</td></tr>
<tr><td>效果</td><td colspan="5">……</td></tr>
<tr><td>……</td><td colspan="5">……</td><td>……</td></tr>
</table>

3. 设计变更管理

工程设计变更是在工程项目实施过程中，由于各种原因导致设计方案需要进行修改或调整的情况。一般由施工单位或监理单位提出工程设计变更的申请，说明变更的原因、内容、影响范围和必要性等信息，设计单位对变更申请进行评估，根据评估结果决定是否批准变更，并将审批结果通知相关单位和人员。如果设计单位同意变更，则会对设计文件进行相应的调整和修改，确保新设计方案符合变更要求，并下发工程变更通知单。

1）设计变更的定义

设计变更是指对原有设计内容，特别是设计图纸进行修改、完善或优化的过程。设计变更通常需要设计单位的签字和盖章，以确认变更内容的合法性和有效性。设计变更可能是由工程实际情况发生变化、设计方案需要优化或调整、施工问题需要解决等原因引起的。设计变更的目的是确保工程质量和安全，满足项目需求，同时尽量避免对工程进度和成本造成不必要的影响。设计变更的过程应当经过相关单位和人员的审批和确认，确保变更内容符合设计要求和规范，避免出现设计与实际施工不符的情况。

2）设计变更的管理要求

同一项目中的所有设计变更必须使用统一规定的标准表格，并明确以下内容：变更编号、工程名称、设计号、主送与抄送、签收人、签收日期、变更原由、变更的内容、增加 / 减少的工程量（如有）、相关图纸说明等。某项目变更通知书如图 4-9 所示。

[redacted]建 筑 设 计 研 究 院

项目设计联系(通知)书

IQRD7.3.7

编号：建改-001

工程名称	[redacted]机场二期扩建工程航站楼设计 详	设 计 号	17-341(9-2)	文件类别	联系☐ 变更☑
主　送	[redacted]机场二期扩建领导小组办公室	签 收 人		签收日期	年　月　日
抄　送	监理公司　施工单位	附件(附图)	附图一、附图二、附图三		

原　由：　☐设计自查　☑业主使用需求　☐业主专业需求　☐方案深化修改

根据《关于[redacted]机场二期扩建工程航站楼设计调整的函》调整相应设计

内　容：

平面：

1.所有M2063改为铝合金断桥隔热门

2.卫生间填充陶粒混凝土，改为发泡混凝土

3.所有设置X光机的部位增加防爆罐

4.一层修改安检大厅、安检通道及安检配套用房

5.一层Ⓓ-Ⓔ交⑮-⑯轴操作间、二层Ⓔ-Ⓕ交⑬-⑭轴操作间增加吊柜详 W-05/DE-03 W-16/DE-03

6.二层商铺防火玻璃，调整为防火卷帘加疏散门;同时取消门窗大样中FMLC5

7.二层头等舱候机室，坐便器改为蹲便器，相应卫生间大样修改详 W-13/DE-03

8.二层Ⓑ-Ⓒ交⑫-⑬轴贵宾区公共卫生间坐便器改为蹲便器，取消小便斗，相应卫生间大样修改详 W-9/DE-03

9.二层Ⓒ-Ⓓ交③-④轴男女卫生间分别取消一侧4个洗手盆，相应卫生间大样修改详 6/DE-02

10.二层CIP候机室自助服务台，大理石台面，台面下设置储物柜；二层头等舱候机室最后一排沙发改为自助服务台，大理石台面，台面下设置储物柜

11.二层贵宾安检通道前增加门

12.完善航站楼与陆侧车道边的无障碍设计

（章）

设计人	肖晓苗	[redacted]	校对人	[redacted]	项目负责人	[redacted]
专业负责人	肖晓苗		审核人	[redacted]	审定人	[redacted]

第 1 页　　共 1页　　　　2019 年　06 月 10 日

图 4-9　某项目变更通知书

4. 施工项目的验收

施工项目的验收通常有以下几项专项验收：节能验收、规划验收、人防验收、消防验收、竣工验收。建筑师常接触到的验收内容主要是人防验收、消防验收和竣工验收。

一般来说，人防验收是在人防工程完工后进行的，以验证人防设施的完整性和功能性。相比之下，消防验收则是在建筑施工完成后进行的，主要目的是检查建筑的消防设计与消防设施是否符合国家消防安全标准。人防验收通常在消防验收之前进行，因为人防工程是建筑功能的一个局部，其主体结构和人防设计必须符合相关规定，以确保在战时或紧急情况下能够发挥防护作用，而消防验收则用以确保建筑整体的消防安全性能。

竣工验收是指建筑工程项目竣工后，由建设单位组织设计、施工单位及工程质量监督部门，对建筑工程的设计、施工、质量等方面进行全面检查和评定，并取得竣工合格资料、数据和凭证的过程。

竣工验收管理程序主要包括提交申请、预验收、正式验收、签发证书和竣工决算，如图 4-10 所示。

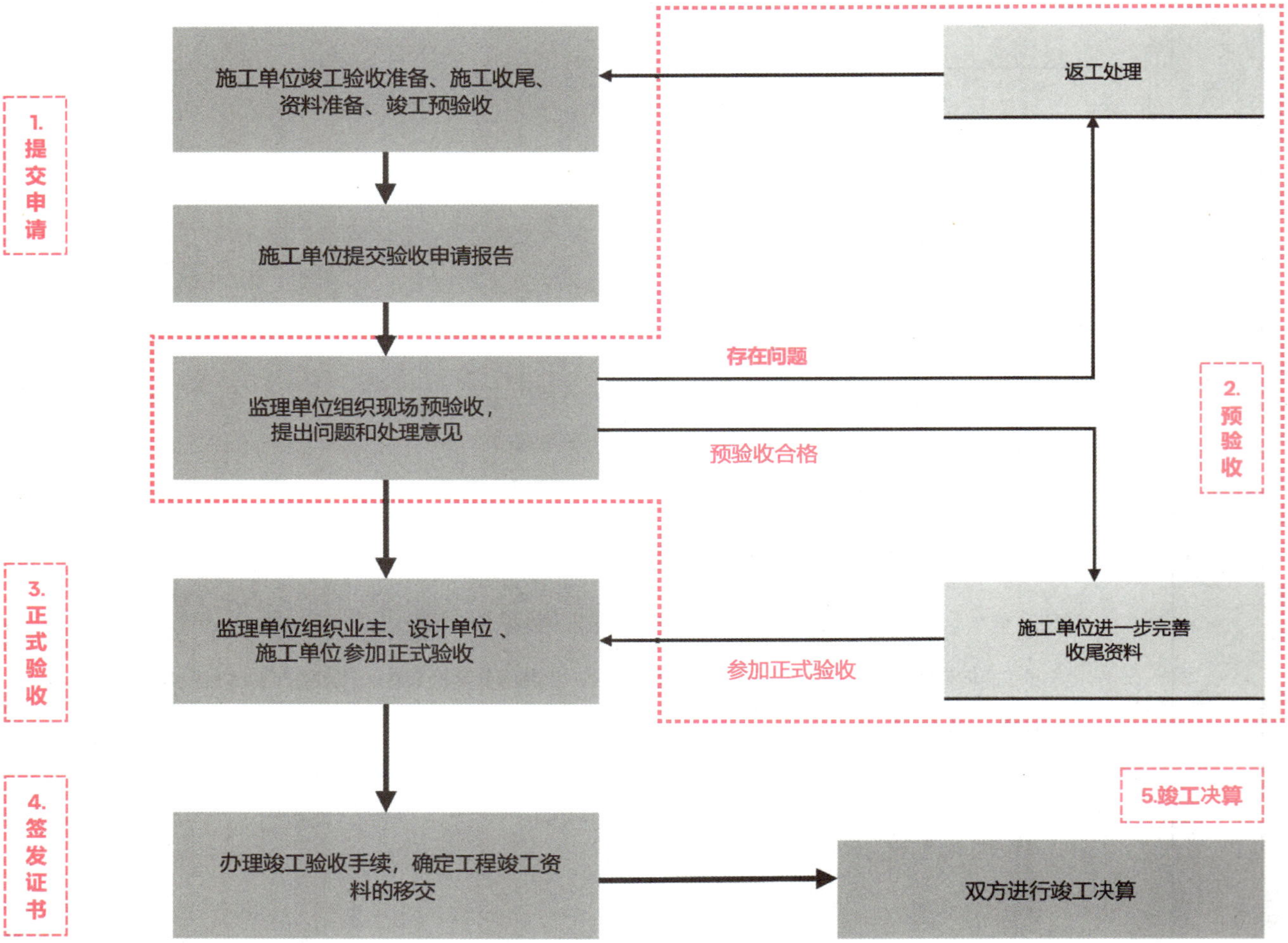

图 4-10 竣工验收管理程序

以上是项目竣工验收的一般管理程序，具体的流程和要求可能因地区和项目类型而有所差异。

总的来说，施工项目的验收对于保障项目质量、安全、合规性以及促进经验积累具有重要意义，是施工图设计管理中不可或缺的一环。

竣工文件包括竣工验收记录等内容，竣工验收记录范例如图 4-11 所示。

单位（子单位）工程质量竣工验收记录

GD-E1-913□□□

工程名称	[illegible]机场迁建工程航站区工程	结构类型	混凝土框架结构	层数/建筑面积	2层 / 74018.3m²
施工单位	[illegible]工程局有限公司	技术负责人		开工日期	2019年 10月 19 日
项目负责人	[illegible]	项目技术负责人	[illegible]	竣工日期	年 月 日

序号	项 目	验 收 记 录	验 收 结 论
1	分部工程	共 10 分部，经查 符合标准及设计要求 10 分部	验收合格
2	质量控制资料核查	共 48 项，经审查符合要求 48 项， 经核定符合规范要求 48 项	验收合格
3	安全和主要使用功能核查及抽查结果	共核查 30 项，符合要求 30 项， 共抽查 30 项，符合要求 30 项， 经返工处理符合要求 0 项	验收合格
4	观感质量验收	共抽查 26 项，达到“好”和“一般”的 26 项，经返修处理符合要求的 0 项。	好
综合验收结论		符合设计及施工质量验收规范要求。 同意验收	

	建设单位	监理单位	施工单位	设计单位	勘察单位
参加验收单位	单位名称： 单位(项目)负责人： [illegible] 年 月 日	单位名称： 总监理工程师： [illegible] 年 月 日	单位名称： 项目负责人： [illegible] 年 月 日	单位名称： 项目负责人： 年 月 日	单位名称： 项目负责人： [illegible] 年 月 日

注：本单位工程验收时，验收签字人员应由相应单位的法人代表书面授权。

GD-E1-913

图 4-11 竣工验收记录范例

4.5 施工完成后期跟踪

工程项目施工完成后，设计单位还需要完成的内容主要有：配合施工单位完成竣工图、工程质量分析及施工图纸存档管理。

1. 配合施工单位完成竣工图

竣工图是真实地记录建筑工程情况的重要技术资料，是建筑工程完成竣工验收后保养、维护、改建、扩建的主要依据，是工程使用单位长期保存的技术档案，同时还是国家的重要技术档案。因此，竣工图必须做到准确、完整、真实，符合长期保存的归档要求。

竣工图的绘制可分为以下四种情况。

（1）第一种情况：在施工过程中未发生设计变更，按原施工图纸进行施工的建筑工程，可在原施工图纸上标注“竣工图”标志，作为竣工图使用（这种情况较为罕见）。

（2）第二种情况：在施工中虽然有一般性的设计变更，但没有较大的结构性或重要管线等方面的设计变更，且可以在原施工图纸上进行修改或补充，则此时不需重新绘制新图纸，施工单位可在其上清晰注明修改后的实际情况，并附上设计变更通知书、设计变更记录和施工说明后，在原施工图纸上标注“竣工图”标志即可作为竣工图使用。

（3）第三种情况：建筑工程的结构形式、标高、施工工艺、平面布置等发生重大变更，原施工图纸无法再适用，此时需重新绘制新图纸，新图纸应标注“竣工图”标志。新竣工图必须真实反映出变更后的工程情况。

（4）第四种情况：改建或扩建工程，若涉及原有建筑工程并导致原有工程部分发生变更，则应整理与原有工程相关的竣工图资料，并在原竣工图上增补变更情况和必要说明。

除上述四种情况外，竣工图绘制还必须满足以下要求。

（1）与竣工工程实际情况完全一致。

（2）确保绘制质量高，符合规格统一、字迹清晰、技术档案保存归档的各项要求。

（3）应由施工单位主要技术负责人审核并签字。

竣工图样式（A3 图纸）如图 4-12 所示。

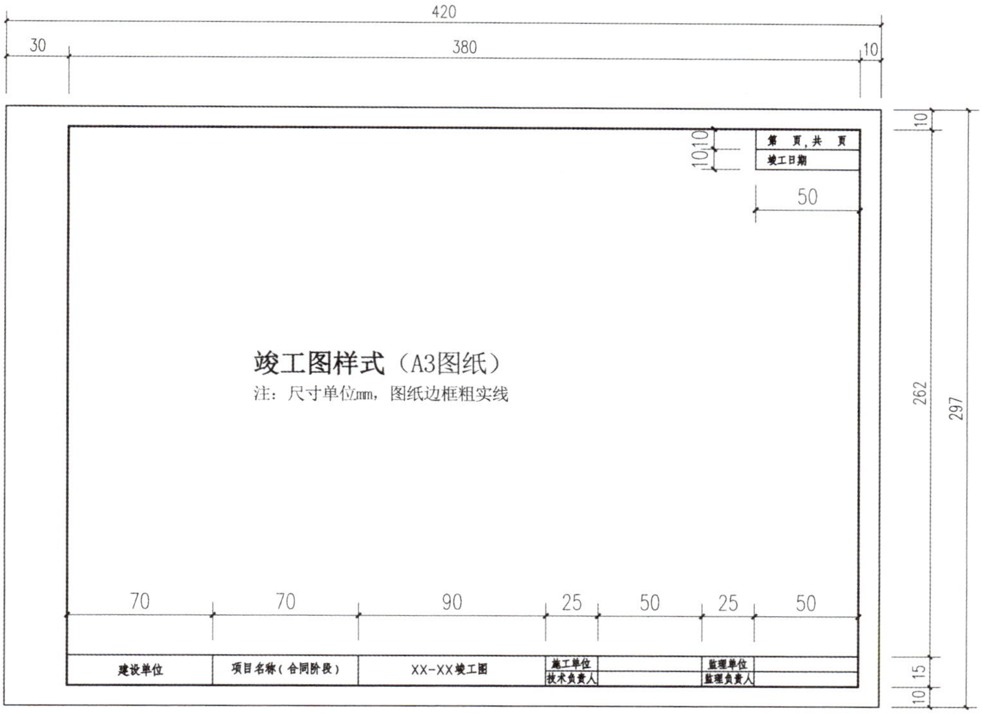

图 4-12 竣工图样式（A3 图纸）

2. 工程质量分析

对设计单位来说，施工项目工程质量分析是指对已经实施和完成的施工项目的目标、执行情况、效益和影响进行系统、客观地分析和总结，以确定设计目标是否实现，检验项目管理是否合理有效，并为未来的决策提供经验和教训。

施工项目工程质量分析实际上是对整个工程项目管理作全面回顾和总结，提出应该加强和改善的具体内容，主要包括以下内容。

1）质量控制分析

施工项目质量控制分析的主要依据是工程项目的设计要求和国家规定的质量检验评定标准。施工项目质量控制分析的内容如下。

（1）施工项目质量评定等级是否实现了控制目标。

（2）各项保证工程质量措施的实施情况是否得力。

（3）施工项目质量责任制的执行情况。

（4）重大质量事故的分析及预防措施。

2）进度控制分析

施工项目进度控制分析的主要依据是工程项目合同和进度计划，对比分析施工项目各个阶段进度计划的实施情况是否存在滞后，以及应该如何确保工程进度。

3）成本控制分析

施工项目成本控制分析的主要依据是工程项目合同、有关成本核算制度和管理办法等，进行计划成本和实际成本的比较分析有助于加强未来在施工图预算上的精确控制。

3. 施工图纸存档管理

工程施工图纸通常会有多个版本，在设计施工过程中可能会进行多次修订。因此在存档时，需要将各种版本的图纸进行区分和归档。一般情况下，施工图纸可以分为施工图、招标图、竣工图等不同版本，每个版本都具有特定的用途和价值。

工程施工图纸的存档内容包括：施工图纸的原始版本、修订版本，设计变更记录，会议纪要，设计联系通知书，验收报告等关键性过程资料。在存档时需要将这些资料进行整理和归档，以保证施工图纸的完整性和可追溯性。

施工图纸的存档管理是一个需要长期进行的工作，需要配备专门的工作人员来进行管理和维护。在存档管理过程中需要做好存档目录的编制，建立施工图纸的档案系统，明确各种施工图纸的存档位置和责任人，确保施工图纸的存档管理工作能够持续有效地进行下去。

小节实训

(1) 实训内容：阅读图 4-10 ～图 4-12 的内容，并回答以下问题。

① 图 4-10 中，预验收中发现施工质量问题，应如何处理？

② 图 4-11 中某工程竣工验收时应包含哪些内容？需要在验收报告上签章确认的单位有哪些？

③ 图 4-12 中所体现的相关责任单位与责任人都有谁？

(2) 实训目标：通过学习，了解施工项目的验收及竣工图的绘制要求。

(3) 实训要求：掌握工程竣工验收的管理程序，能清楚区分施工图、竣工图的差异。

02

第二部分
精细化的建筑专业施工图设计

第二部分中，模块 5 ～ 11 对全套建筑施工图的各分项图纸内容进行了详细的讲解，并强调了各分项图纸的绘制要点，力求让未接触过施工图的学生了解“每一张施工图需要表达什么内容 ,以及这些内容的正确表达方式”。通过本部分的学习，学生能够充分掌握施工图设计的详细内容，并能独立完成具体的施工图设计。

模块 12 介绍了施工图中除技术图纸外的计算书内容，本模块仅作为了解内容，有助于让学生明晰完整的施工图所包含的内容。

模块 13 说明了施工图与现场建设以及建筑最终完成品质的紧密关系，并再次强调了建筑师在施工过程中沟通和协作的桥梁作用，以建立学生在施工图设计中的责任感和使命感。

模块 5 施工图封面及目录

5.1 施工图封面作用及编制

施工图封面的作用主要是简明地呈现工程项目的基本信息，以便施工人员和相关方快速了解工程的基本情况。封面包含的信息不应少于以下 7 项内容。

（1）项目名称（图 5-1 中的①）：封面会明确标注工程项目的名称。

（2）设计阶段（图 5-1 中的②）：明确为施工图设计阶段。

（3）兴建单位（图 5-1 中的③）：明确工程项目建设的主体。

（4）项目设计编号（图 5-1 中的④）：在设计单位，每个工程项目都会有一个独立的设计编号，用于标识和管理工程文件，封面上会显示该设计编号以便识别工程项目。

（5）设计单位名称及资质（图 5-1 中的⑤）：封面会标明承担设计工作的设计单位名称及资质，以确保项目的设计方具有相应的设计资质。

（6）设计单位的法定代表人、技术总负责人和项目总负责人的姓名及签字（图 5-1 中的⑥）：技术总负责人由单位法定代表人指定，一般为设计单位的总建筑师（工程师）或副总建筑师（工程师）。这些姓名的确认是为了确保工程设计的责任主体清晰可查，签字代表责任人对设计文件的认可。

（7）设计日期（图 5-1 中的⑦）：施工图文件交付的日期。

某项目施工图封面如图 5-1 所示。

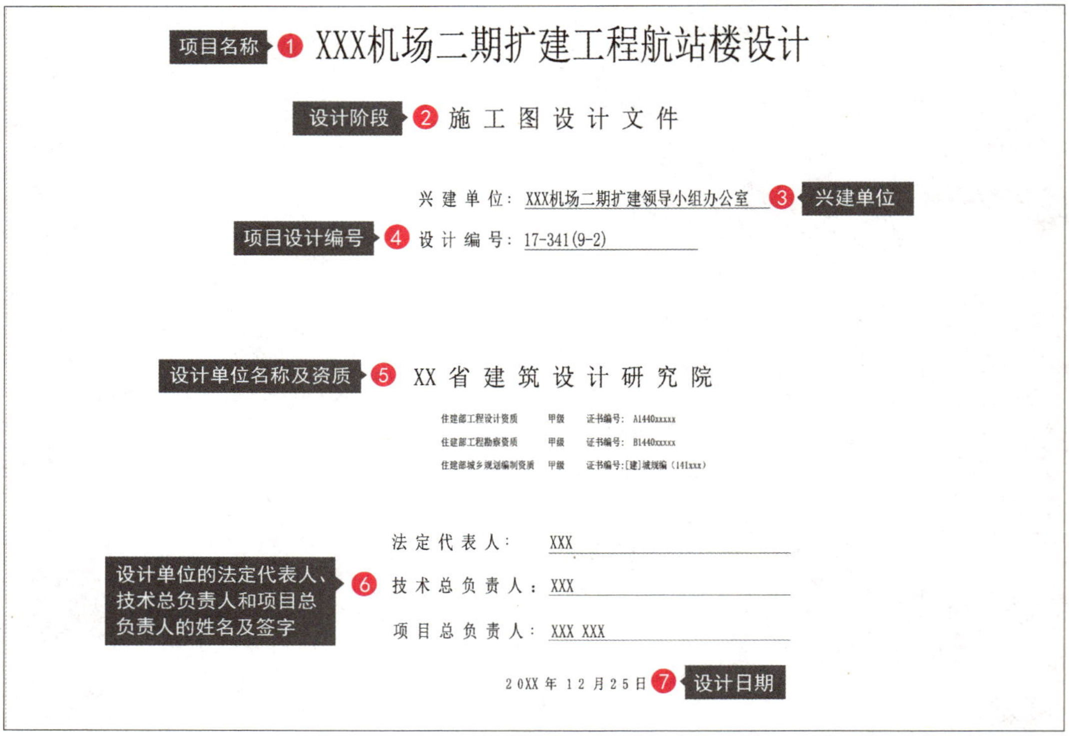

图 5-1 某项目施工图封面

二维码 5-1 施工图封面、目录及说明课件

施工图封面的内容应不少于上述 7 项内容，并允许根据工程实际情况增加项目，封面的大小应与装订图册大小一致，并采用标准图幅（A0、A1、A2、A3、A4）的形式，字体大小应与图幅尺寸相协调。

5.2 施工图目录编制

施工图目录在模块 3 中提到过，应在正式绘制施工图前列好，对图纸绘制的内容和数量有指导作用，类似我们在写作时先列的提纲。各专业图纸目录应放在图纸之前，也便于在后期查阅图纸。

建筑施工图目录编制顺序一般是：建筑设计说明、建筑构造用料做法表、总平面图、各层平面图、屋顶平面图、立面图、剖面图、放大平面图、各类详图等，如图 5-2 所示。详图一般包括：房间平面详图，如卫生间、设备间、变配电间平面详图等；交通空间平面、剖面详图，如楼电梯间平面详图、电梯机房平面详图等；还有墙身剖面详图、立面详图，门窗详图等。

目录中，序号的排列为流水号，不得空缺或重复，目的是反映项目施工图纸的实际自然张数。图号应从“1”开始编号，不得从“0”开始，如“建施—01”“JS—01”。当图纸仅是局部有修改时，原图号不变，只需在目录上作变更记录，包括变更原因、内容、日期、修改人、审核人和项目总负责人签字。若整张图纸发生变更，可将图纸改为升版图以代替原图纸，如“建施—01A”“建施—01B”（A 代表第一次修改版，B 代表第二次修改版）。

图纸目录
CONTENTS

XX 设计集团有限公司
XXXXXXX DESIGN GROUP Co.,LTD.

业　主 CUSTOMER	XXXXXXXX 政府投资建设项目管理中心				工程名称 PROJECT	XXXXXXXXXX 一期工程			
设计阶段 PHSAE	□方案　□初设　□施工图				子项名称 SUBTITLE	综合驿站			
设计编号 PROJECT NO.		专　业 DISCIPLINE	建　筑	日　期 DATE	2023.11	版本号 VERSION NO		页　码 PAGE	共12页　第 1 页

序 号 NO.	图 号 SHEET NO.	图纸名称 DRAWING	图纸规格 SHEET SIZE	备注 NOTE
01	JS-01	建筑设计说明（一）	A1	
02	JS-02	建筑设计说明（二）	A1	
03	JS-03	建筑构造用料做法表	A1	
04	JS-04	总平面图	A1	
05	JS-05	首层平面图	A1	
06	JS-06	吊层平面图及空调管沟定位图	A1	
07	JS-07	屋顶平面图	A1	
08	JS-08	屋顶仰视图	A1	
09	JS-09	北立面图/南立面图/西立面图	A1	
10	JS-10	东立面图/1-1剖面图/2-2剖面图	A1	
11	JS-11	卫生间大样图/楼梯大样图	A1	
12	JS-12	墙身大样图/南侧台阶放大图/栏杆大样图	A1	

图 5-2 某项目建筑施工图目录

在图纸规格方面，施工图设计时应结合项目具体情况确定大小适当的图幅（图纸不应过于空旷或密集），并尽量减少不同图幅的数量（同一套施工图中，以不超过两种图幅为宜）。除大型工程的平、立、剖面图外，尽量不使用大于 A0 号的图，以便施工现场使用。

小节实训

（1）实训内容：回顾模块 3 中表 3-2 所列出的建筑施工图目录，判断序号、图名、规格等内容是否符合本节所学习的施工图目录编制要求？并根据图 5-2，回答以下问题。

① 序号的起始编号是什么？编号的顺序是什么规律？

② 列在最前面的三类图纸分别是什么？

③ 图号为 JS—02A 的图纸是哪一张，图号中的 A 代表什么意思？

④ 在普通项目中，能否使用 A0 号以上的图幅？为什么？

（2）实训目标：通过学习，基本了解建筑施工图目录的主要内容及排序要求，了解变更图纸序号的规则。

（3）实训要求：能够按顺序准确列出建筑施工图目录中的各项内容。

模块 6　施工图设计说明

施工图设计说明是针对项目工程概况和总体设计要求的总览性说明，其内容主要包括建筑设计统一说明（包含设计依据、工程概况、主要工程做法等）、构造做法表（建筑构造用料做法表、装修做法表）。

（1）设计依据：包括设计任务书、建设主管部门的批文名称和文号，本专业设计所执行的主要设计法规、规范标准等，如图 6-1 所示。

二维码 6-1
某项目建筑设计统一说明

一、设计依据

1. 设计任务书：[redacted]机场二期扩建航站楼设计招标文件、相关会议纪要及业主发出的函件、建设单位确认方案图
2. 建设主管部门的批文：
新发改交通（2017）956号《自治区发展改革委关于[redacted]改扩建项目可行性研究报告的批复》
《关于[redacted]机场（民用部分）总体规划2016年版》的批复
3. 规范标准：
《民用建筑设计通则》　GB50352-2005
《建筑设计防火规范（2018年版）》　GB50016-2014
《无障碍设计规范》　GB50763-2012
《建筑内部装修设计防火规范》　GB50222-1995(2001年修订版)
《公共建筑节能设计标准》　GB50189—2015
《公共建筑节能设计标准》　XJJ034-2017
《民用建筑热工设计规范》　GB50176-2016
《屋面工程技术规范》　GB50345-2012
《建筑工程设计文件编制深度规定（2016版）》
《民用机场工程初步设计文件编制内容及深度要求》MH5016-2001
《房屋建筑制图统一标准》GB/T50001-2010
《民用机场航站楼设计防火规范》　GB51236-2017
《屋面工程技术规范》GB50345-2012
《玻璃幕墙工程技术规范》JGJ102-2003
《建筑幕墙》GB/T 21086-2007
《建筑地面设计规范》GB50037-2013
《地下工程防水技术规范》GB50108-2008
《建筑玻璃应用技术规程》JGJ113-2015
《建筑采光设计标准》GB50033-2013
《IATA机场设计规划标准》（参考）
《民用机场旅客航站区无障碍设施设备配置》MH/T5107-2009
《民用运输机场服务质量》MH/T5104-2013
《民用运输机场安全保卫设施》MH/T7003-2017
《关于加快推进母婴设施建设的指导意见》
国家有关机场建设的其他法规、规范

图 6-1　某项目设计依据

（2）工程概况：包括工程名称、建设地点、各部位建筑面积、建筑基底面积、建筑高度、建筑层数、采用的高程体系及设计标高、建筑工程等级和设计使用年限、主要结构类型、抗震设防烈度及能反映建筑规模的主要设计参数（如旅馆的客房间数和床位数、住宅的套型和套数、医院的门诊人次和住院部的床位数等），如图 6-2 所示。

二、工程概况

1. 工程名称：[redacted]机场二期扩建工程航站楼设计。

2. 建设地点：[redacted]市北偏东、[redacted]县城东偏南方向。

本工程用地总面积由总规划设计单位提供，航站楼总建筑面积 20437 m²，其中地上建筑面积 19114 m²，地下建筑面积 1323 m²。

建筑基底面积 11411 m²；建筑高度为室外地坪至檐口与屋脊平均高度 23.850 m。

建筑层数 3 层，其中地上 2 层，地下 1 层。

3. 本工程采用的高程体系为：黄海高程，设计标高±0.000等于绝对标高值 1165.30m。

4. 建筑工程等级 一 级，设计使用年限 50 年，结构类型 钢筋混凝土框架结构+钢结构网架屋面，抗震设防烈度 8 度。

5. 本工程设计参数及项目特征：本工程为局部地下一层、地上2层机场航站楼交通建筑满足2025年旅客吞吐量300万人次。

图 6-2 某项目工程概况

其他需要体现在施工图设计说明中的工程概况还包括：建筑的消防设计（建筑防火分类和耐火等级）、人防工程设计（如有，包括人防工程类别、防护等级、人防建筑面积和所在位置）。

拓展讨论

（1）内容引导：研读图 6-1 内容。

（2）展开研讨：施工图设计说明中的“设计依据”部分，都包含了哪些内容，这些内容有什么效力，为什么可以作为依据来执行？

（3）素质落脚点：法律与信念、规范与道德。

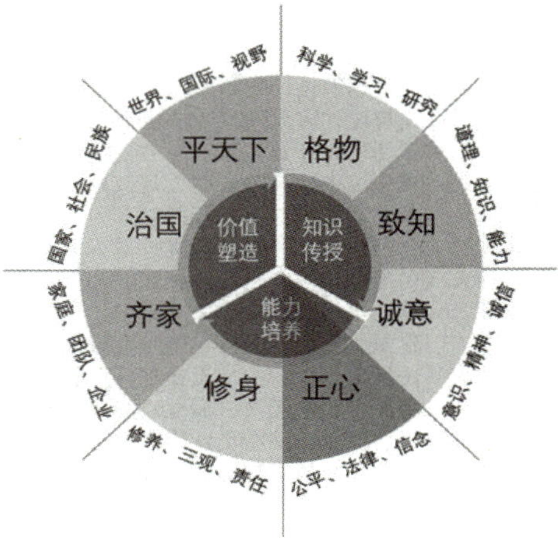

二维码 6-2 某项目建筑构造用料做法表

二维码 6-3 某项目室内装修做法表

（3）主要工程做法：施工图设计说明中还应列出地下室防水工程、砌体工程、屋面工程、门窗工程、玻璃工程、外装饰工程、内装饰工程、油漆涂料工程、建筑设备工程、楼地面工程及其他工程需要说明的基本做法，这些基本做法在设计说明中通常是采用设计单位统一列出的通用做法格式，并设置了可以根据项目具体情况调整的可选项。某项目设计说明中内装饰工程说明如图 6-3 所示。

建筑设计统一说明中虽然已经有了主要工程做法的通用说明，但是还不够详细，因此完整的设计说明当中还会增加表格形式的说明，在表格中会针对不同工程部位示意相应的代号及构造做法。

（4）建筑构造用料做法表（附图 1-1）：主要是室外及主要建筑构件的构造做法，一般包含屋面、顶棚、内墙面、楼面、地面、踢脚、墙裙和外墙面的做法。

（5）装修做法表（附图 1-2）：建筑内所有空间的表面层做法，都应在装修做法表中说明，以满足施工队施工需求。室内装修部分如含有二次装修（精装修）的内容，可不列入装修做法表中，但应在说明中备注：详见二次装修图纸。

十一、 内装饰工程

1. 装饰装修工程所选用“非金属建筑材料”的放射性指标限量，人造木板及饰面人造木板的游离甲醛含量或游离甲醛释放量，涂料、胶粘剂、处理剂等挥发性有机化合物（TVOC）的游离甲醛含量和释放量必须符合相关规范的有关要求。材料的燃烧性能应符合《建筑内部装修设计防火规范》的要求，同时应符合《建筑材料及制品燃烧性能分级》的要求。

☑ 2. 室内混合砂浆抹灰时，其墙、柱面及洞口阳角处均做20mm厚1:2水泥砂浆护角，每侧50mm宽，高度不应低于2m。

☐ 3. 汽车库、仓库等柱子的四角距地1m范围内应作护角，同时涂刷或粘贴警示标志，护角做法：______________________________。

☐ 4. 托儿所、幼儿园、医院儿科诊室及病房等幼儿经常接触的1.3m以下的室内墙角、窗台、暖气罩、窗口竖边等棱角部位必须做出小圆角。

☐ 5. 医院、疗养院、老人公寓等建筑的医疗用房及有洁净要求的厂房、车间、实验室等，其阴阳角应做成圆角或45°斜角。

☑ 6. 凡砖砌的电梯井道、风道、烟道、竖井等内壁砌筑灰缝需饱满，并随砌随用1:3水泥砂浆抹平；钢筋混凝土电梯井道内不做抹灰。

☑ 7. 凡二次装修房间楼地面不做面层，墙面、顶棚抹灰仅做找平层，有防水要求的楼地面、墙面应完成防水层的保护层；有吊顶房间的墙、柱、梁等抹灰或装饰面仅做到吊顶标高以上100mm处。

☑ 8. 凡木料与砌体接触部位均须满涂防腐油，所有木构件均需作防腐及防白蚁处理。

☐ 9. 地下人防工程、高低压变配电房室内不做抹灰顶棚。

☑ 10. 所有下沉楼板的填充层除另有说明外，厚度小于30mm时采用C20细石混凝土回填，超出部分下部采用C15陶粒混凝土（密度≤800kg/m³），上部捣30mm厚细石混凝土至设计标高。

☑ 11. 室内地坪原土或回填土（砂）按相关施工规范平整压实，室内地面混凝土垫层纵横设计伸缩缝（纵向平头缝、横向假缝），分格缝不大于6m×6m，缝宽10mm，建筑油膏嵌缝。

☑ 12. 除另有说明外，凡设有地漏的房间（如厨房、卫生间、茶水间、清洁间、垃圾房、水泵房、空调制冷机房等）及阳台、走廊等，其完成面标高比相邻房间、走道的完成面标高低20mm。防水层设在地面找平（找坡）层上，反起墙面高度≥150mm，遇门洞处水平延伸长度≥150mm，地面与墙体交接处应设附加防水层150mm宽。未注明整个房间做坡度者，在地漏周围1m范围内做1%～2%坡度坡向地漏。

13. 建筑装修设计与施工必须保证建筑物的结构安全和使用安全，不能改变原有安全防护措施，如楼梯栏杆、中庭及阳台等临空处的栏杆、护窗栏杆等。

14. 未经我院同意及消防部门审批，建筑内部装修不应减少、改动、拆除、遮挡消防设施、疏散指示标志、安全出口、疏散出口、疏散走道和防火分区、防烟分区等。

图 6-3　某项目设计说明中内装饰工程说明

小节实训

（1）实训内容：扫描二维码 6-1、二维码 6-2、二维码 6-3，回答以下问题。

① 在建筑设计统一说明中，总共有多少项内容（大标题）？分别都是什么？

② 在建筑构造用料做法表中，楼面、地面各自的编号是什么？施工图大样中，楼面如果采用有地暖的石材地面，在该表中应该索引的构造做法编号是什么？

③ 在装修做法表中，装修的区域分为哪些部分？试着找出公共部分楼梯间的装修做法，并找出其内墙面的编号及做法。

（2）实训目标：通过学习，掌握建筑施工图设计说明所包含的主要图纸及图纸内容，尝试独立编制设计说明图纸。

（3）实训要求：能够清楚施工图设计说明主要阐述的内容，学会在图纸中查询建筑室内外工程的具体编号和做法。

模块 7　施工图总平面设计

7.1　施工图总平面设计内容及其与各专业间的关系

施工图中的总平面设计是指拟建项目施工场地的总体布置图，这些图纸系统规划定位了建筑物、构筑物、道路、工程管线和绿化环境等内容。

其主要包含：总平面（定位）图、竖向布置图、道路设计图及道路详图、管线综合图、绿化布置图（由景观专业完成）、土方平衡图（由结构专业完成，含土石方工程平衡表）等。

1．施工图总平面设计和规划设计的关系

总平面设计与规划设计存在着紧密的关系，并且这种关系贯穿施工图设计的始终。

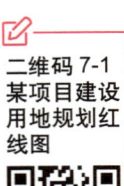

二维码 7-1
某项目建设用地规划红线图

在总平面设计的开始，设计单位会拿到由甲方单位提供的建设用地规划红线图（含周边情况现状条件，简称用地红线图，如图 7-1 所示），其是总平面设计的初始条件依据。用地红线图一般由各地城乡规划部门确定。用地红线图中的征地红线是政府规划部门和国土部门共同批复的用地边界，征地红线所围的范围面积，是用来计算规划指标时最基本、最有法律依据的数据，比如计算容积率、建筑密度等指标。

规划设计和施工图总平面设计都需要考虑场地条件，包括地形、地貌、周边环境等因素，并以此来进行布局和设计，以确保建筑物与周边环境相协调和适应。

2．施工图总平面设计和建筑布局的关系

总平面设计是在规划设计阶段确定的建筑物基本功能分区和布局的基础上进行细化和完善的。施工图总平面设计需要结合规划设计考虑建筑物在场地内的位置、朝向、功能分区等内容，以确保建筑物的整体布局合理、协调。

3．施工图总平面设计和绿化布置的关系

施工图总平面设计和绿化布置都涉及建筑物及其周边环境的整体布局。在实际项目中，绿化布置图往往由景观专业来设计。施工图总平面设计主要关注建筑物的位置、尺寸、结构等，绿化布置则着重考虑建筑物周围的绿化、景观、道路、广场等要素的布局，使建筑物与周边环境相互融合。

在实际设计中，两者需要密切配合，建筑专业尤其要控制好如出入口、消防车道、消防登高操作场地、地下管线位置等有明确设计要求的道路场地，使其和绿化布置内容相协调；绿化布置也要与建筑物的设计风格相统一，如图 7-2 所示。完整的施工图总平面设计与绿化布置的关系如附图 1-3 所示。

4．施工图总平面设计和结构专业的关系

结构专业初看和施工图总平面设计没有太多直接关系，但仔细分析就会发现，总平面设计上的建筑物落脚点必然下至覆土中的结构基础上，尤其是有地下室的建筑，更需要将地下室的范围线标注在总平面设计上，以反映结构范围。

结构安全是第一要素，因此需要在总平面设计中对影响结构安全设计的内容作出明显标注，例如地下室结构顶板上的覆土深度、是否有消防车行走的路线、是否有大型灌木种植等内容都要清楚地示意出来，以便结构专业进行判断并及时反映于结构安全设计当中。

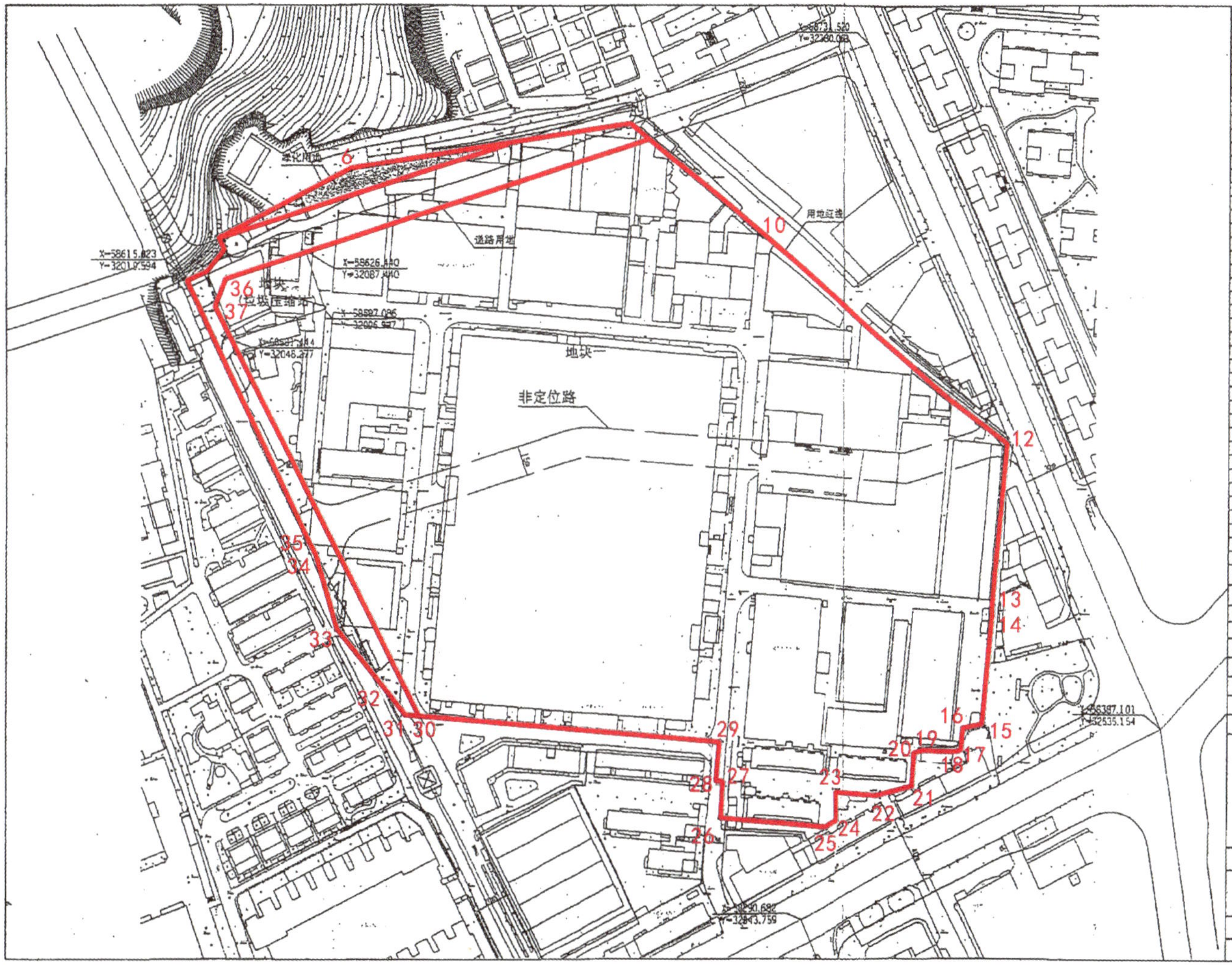

地上桩点表（共 37 个桩点）					
广州市平面坐标系统			1980西安坐标系		
序号	X坐标(米)	Y坐标(米)	序号	X坐标(米)	Y坐标(米)
1	58612.445	32022.909	1	2588455.110	38418661.645
2	58617.119	32033.807	2	2588459.731	38418672.566
3	58628.896	32044.105	3	2588471.458	38418682.923
4	58632.642	32041.594	4	2588475.217	38418680.430
5	58634.244	32040.521	5	2588476.824	38418679.364
6	58667.763	32109.637	6	2588510.007	38418748.649
7	58681.817	32193.753	7	2588523.651	38418832.839
8	58691.776	32253.359	8	2588533.319	38418892.498
9	58683.359	32263.561	9	2588524.852	38418902.659
10	58634.346	32322.968	10	2588475.545	38418961.831
11	58553.012	32421.599	11	2588393.723	38419060.031
12	58530.817	32451.871	12	2588371.379	38419090.236
13	58449.195	32445.581	13	2588289.782	38419083.547
14	58443.440	32445.138	14	2588284.029	38419083.075
15	58387.908	32440.859	15	2588228.514	38419078.525
16	58385.619	32430.415	16	2588226.276	38419068.069
17	58375.862	32428.585	17	2588216.527	38419066.191
18	58374.579	32425.212	18	2588215.261	38419062.811
19	58375.434	32407.934	19	2588216.200	38419045.536
20	58373.807	32405.105	20	2588214.587	38419042.699
21	58356.540	32403.653	21	2588197.426	38419041.163
22	58353.070	32385.538	22	2588193.944	38419023.130
23	58354.355	32363.760	23	2588195.336	38419001.256
24	58340.364	32363.791	24	2588181.344	38419001.219
25	58336.676	32357.341	25	2588177.687	38418994.751
26	58341.312	32301.922	26	2588182.594	38418939.351
27	58359.557	32303.486	27	2588200.833	38418941.004
28	58359.830	32300.219	28	2588201.122	38418937.738
29	58379.829	32301.877	29	2588221.114	38418939.494
30	58392.789	32146.130	30	2588234.837	38418783.800
31	58393.447	32138.224	31	2588235.533	38418775.897
32	58407.552	32127.207	32	2588249.693	38418764.948
33	58437.203	32104.049	33	2588279.459	38418741.933
34	58474.739	32092.358	34	2588317.055	38418730.425
35	58475.032	32092.267	35	2588317.348	38418730.335
36	58612.773	32045.152	36	2588455.329	38418683.891
37	58598.654	32039.350	37	2588441.237	38418678.020
地上弧段表（没有弧段）			地上弧段表（没有弧段）		

地上面积表（以广州市平面坐标系统数据计算）	
用地面积	99868.603 平方米
其中：地块一用地面积	98283.633 平方米
道路用地面积	6977.763 平方米
城市绿地面积	1072.318 平方米
净面积	90233.552 平方米
地块二用地面积	1584.970 平方米
净面积	1584.970 平方米

收案号	2013078001-1406
发文、发证编号	穗规函[2014]381号
核发单位	广州市规划局
核发日期	

附注：本图采用广州市平面坐标系统和高程系统；图中地上桩点表之1980西安坐标系数据供国土等部门参考使用。

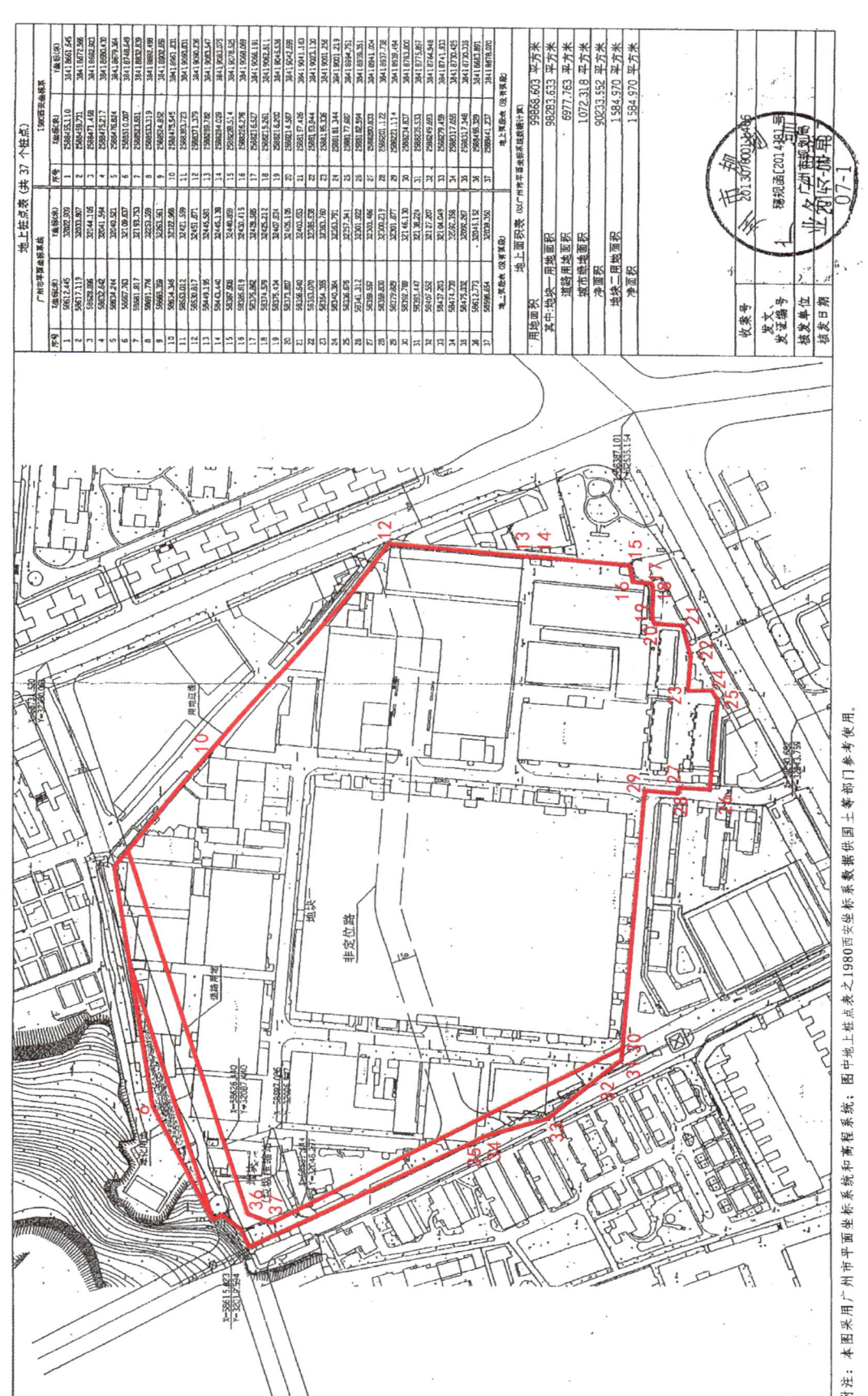

图 7-1 某项目用地红线图

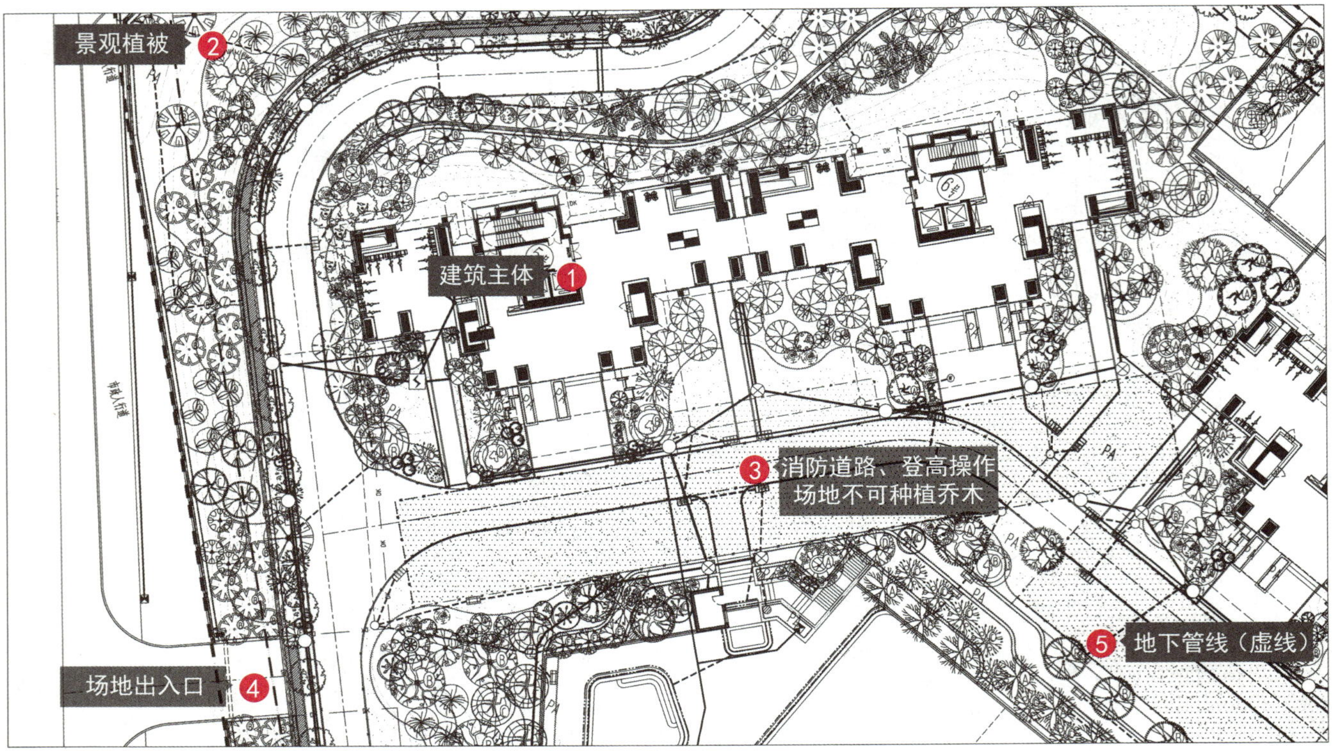

图 7-2　施工图总平面设计和绿化布置的关系

5. 施工图总平面设计和设备专业的关系

设备专业对施工图总平面设计的影响主要体现在室外工程管线的布置上。管线需要具有一定深度的覆土，而且与设备相关的工程设施（管道井、化粪池、独立设备站）的布局等因素都会对总平面设计造成一定的影响。

总的来说，如何统筹规划建筑布局在总平面设计中的统一协调，同时还兼顾景观种植和设备设施之间的关系，都需要在施工图总平面设计中深入推敲。

小节实训

（1）实训内容：仔细阅读图 7-1、扫描二维码 7-1，回答以下问题。

① 在所示的用地红线图中，找到序号为 12 的桩点，并读出其广州市平面坐标系统坐标和 1980 西安坐标系坐标。

② 地块一的用地面积是多少？其中道路用地面积、城市绿地面积、净面积分别是多少？

③ 尝试在图中找出绿化面积和道路面积的范围。

（2）实训目标：通过学习，掌握施工图总平面设计的内容，以及其与各专业之间的关系，学会阅读用地红线图，并清楚其在施工图总平面设计中的重要性。

（3）实训要求：能够在用地红线图中清楚地识别用地红线及明白红线内包含的内容。

7.2 总平面（定位）图

总平面（定位）图是主要表示建筑物或构筑物的层数、高度、尺寸、位置、坐标、朝向、场地内部及外部周边环境、道路情况等内容的综合性图纸，也是施工图总平面设计中排在最前的图纸。该图纸不仅用于项目现场的施工，还用于施工图的报建审查，因此涵盖的内容最为丰富，其内容可归纳为两大方面。

（1）用地红线图中所包含的建设用地及相邻地带的现状。其反映了原始条件和具有法律依据的红线、坐标等核心内容，是顺利进行施工报建的前提条件。

（2）建设项目规划布局及工程概况。其反映了建筑各专业工程设计的具体内容。

两方面的内容在总平面（定位）图中均应表达严谨、正确、全面，建筑师在总平面（定位）图的设计当中需要综合考虑各方面规划因素，例如用地红线的坐标定位要与用地红线图给出的数据一致，不得擅自调整挪动红线；用地红线四周退界，其退让距离应由当地城市规划管理技术规定及用地规划条件图控制；合理设置场地道路交通及主要出入口；明晰建筑轮廓与用地红线、建筑控制线的关系，从而使总平面布局设计具备最佳的合理性。

总平面（定位）图具体需要表达的内容如下。

（1）测量坐标网及坐标值，地形测量情况（图 7-3 中的①、②）。

二维码 7-2
施工图总平面设计课件

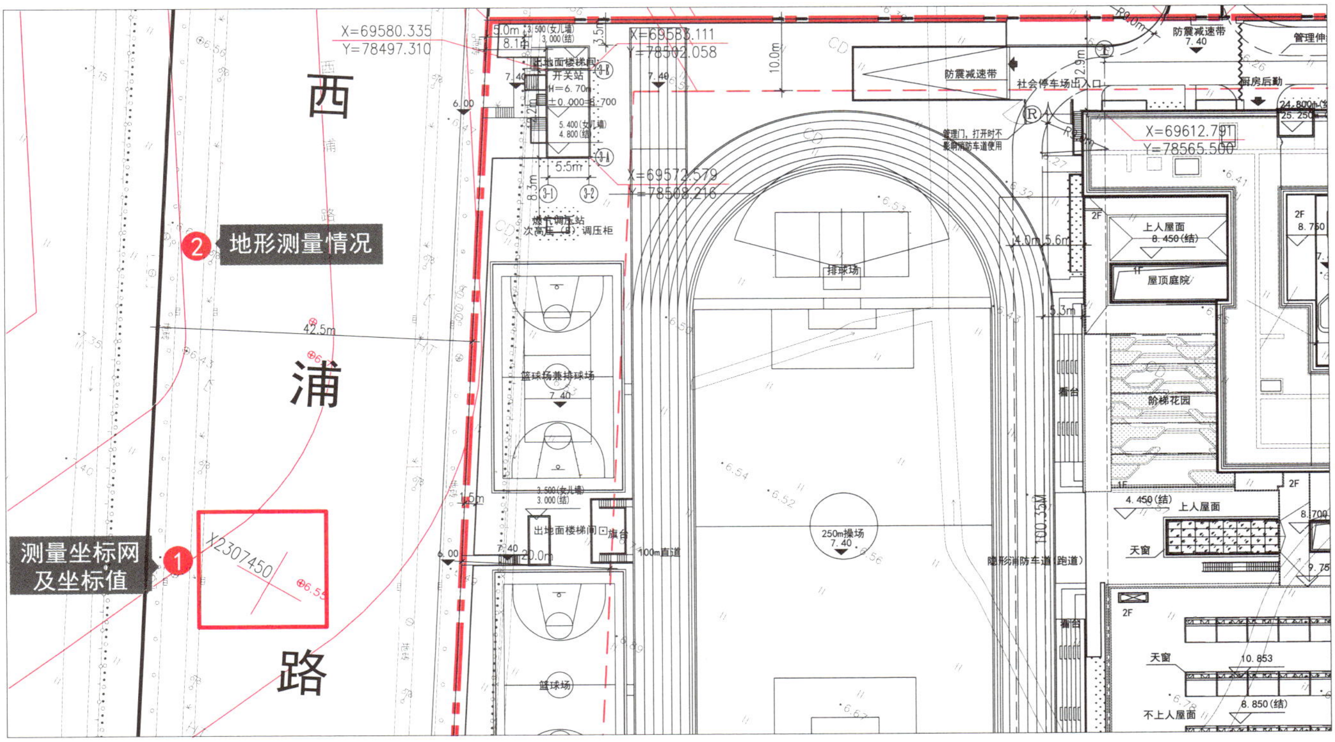

图 7-3 总平面（定位）图中的地形测量概况

（2）保留的地形、植被、地物的位置、坐标或建筑物、构筑物的相对尺寸及保护范围（图 7-4 中的①～③）。

（3）用地红线、建筑红线四界的测量坐标，场地相邻原有道路红线的位置（相邻道路中心线交叉点的测量坐标或定位尺寸）（图 7-4 中的④、⑤）。

（4）场地及四周原主要建筑物和构筑物的坐标或相对尺寸、名称、层数（图 7-4 中的⑥、⑦）。

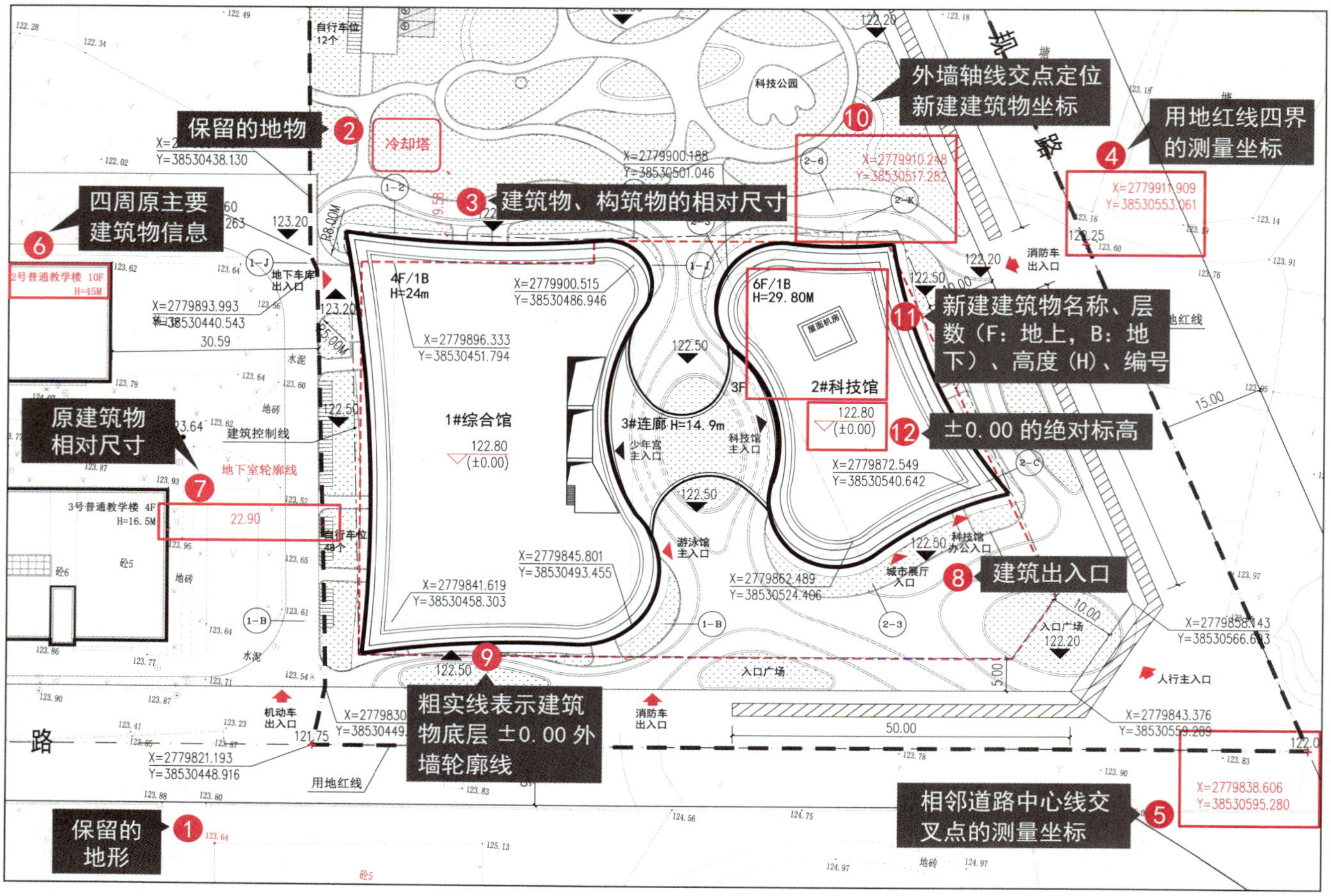

图 7-4 总平面（定位）图中的保留物及红线定位等

（5）场地内新建地上、地下建筑物和构筑物（人防工程、地下车库、油库、贮水池等隐蔽工程以虚线表示）。

① 新建地上建筑物和构筑物应标明出入口位置，以粗实线表示建筑物底层 ±0.00 外墙轮廓线（图 7-4 中的⑧、⑨），并标注其坐标定位（一般以建筑外墙轴线交点或外墙完成面的角点定位新建建筑物坐标，图 7-4 中的⑩），以及建筑物名称、层数、高度、编号和 ±0.00 的绝对标高（图 7-4 中的⑪、⑫），如单幢建筑的高度变化时应以细线标出建筑物不同檐口高度。

② 地下建筑物以粗虚线表示其最大范围，地下建筑物的地面出入口坡道或楼梯间以实线表示（图 7-5 中的①）。

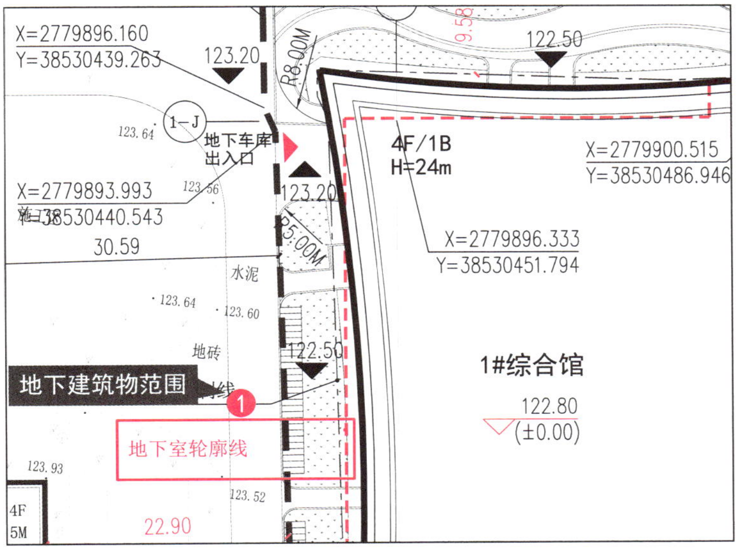

图 7-5　地下室轮廓线在总平面（定位）图中的表达

（6）广场、地上停车场、运动场地、无障碍设施、排水沟、挡土墙、护坡的定位（坐标或相互关系）尺寸（图 7-6 中的①～③）。如有消防车道和扑救场地，需注明。

（7）场地内道路系统，应分别表示车行道、人行道，并标明道路中心线交叉点坐标，以及场地机动车道、人行道与外部交接处的主、次出入口位置及标高（图 7-6 中的④～⑧）。

（8）指北针或风玫瑰图，宜放置在图纸右上角，尽量正南北放置（图 7-7 中的①）。环境景观绿化设计仅表示重点景观如水景、水系等的控制性示意图。

（9）说明（图 7-7 中的②），其应注明总平面（定位）图的设计依据、标注尺寸单位、坐标及高程系统；技术经济指标表（图 7-7 中的③）；图例（图 7-7 中的④）和其他需要特别说明的问题等。

从以上总平面（定位）图的内容中可以看出，其在建筑项目中具有重要的作用，它可以指导施工，协调各专业工作，控制施工质量，提高施工效率，是建筑项目施工过程中的重要依据和工具。因此，在建筑项目中，总平面（定位）图的准确性和完整性对于项目的顺利进行和质量保障具有重要意义。

二维码 7-3
某项目总平面（定位）图

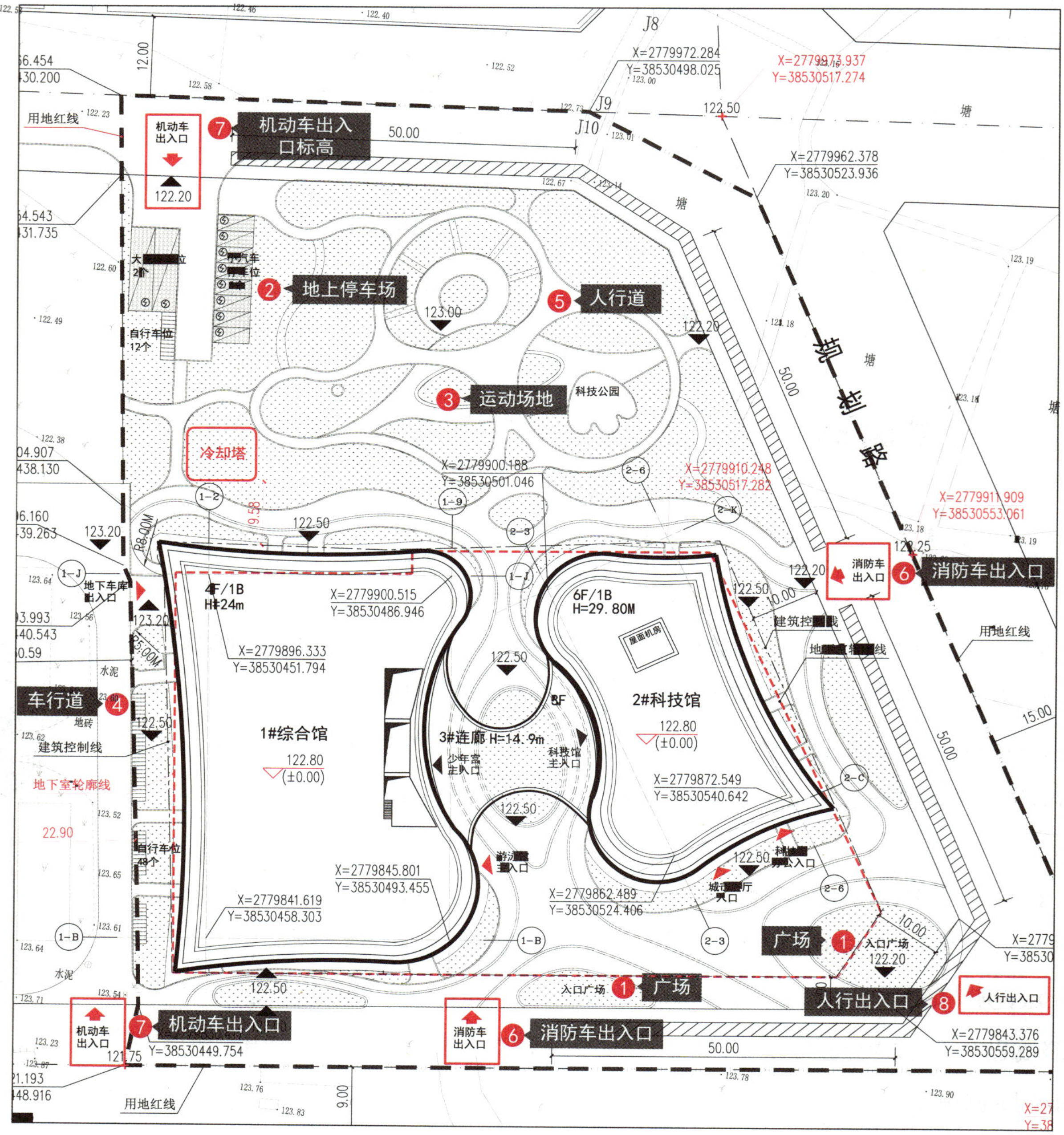

图 7-6 总平面（定位）图中的广场、停车场等

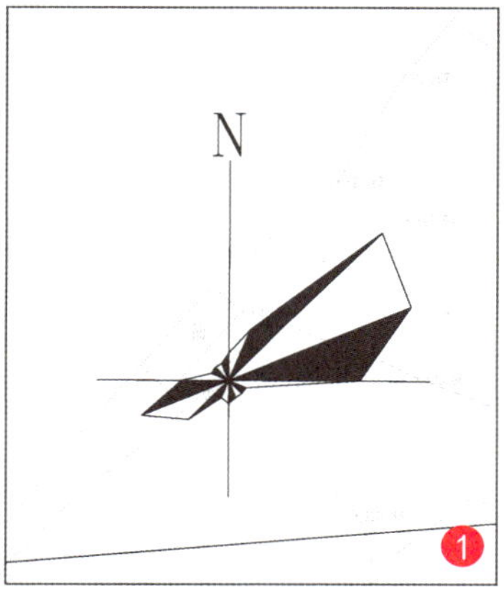

说明：

1.设计依据：建设单位提供的用地红线、坐标及地形图。
2.图为建筑物的屋顶外轮廓平面。
3.图中标注的尺寸均为建筑外墙之间或建筑物退让用地红线的距离。
4.坐标：采用2000国家坐标系统；高程：采用1985国家高程基准。
5.图中±0.00标高相当于1985国家高程基准标高122.80，H代表用地内建筑物从室外地坪至屋面建筑完成面的高度（建筑高度）。
6.图中尺寸、坐标均以“米”为单位。
7.园林设计仅作示意，具体详园林图纸深化设计。

技术经济指标表

项目		计量单位	指标	备注
总用地面积		m²	10683.75	/
总建筑面积		m²	21982.03	/
其中	地上建筑面积	m²	16103.65	/
	地下建筑面积	m²	5878.38	/
不计容总建筑面积		m²	6122.98	地下室及首层架空处
计容总建筑面积		m²	15859.05	/
容积率			1.48	/
建筑占地面积		m²	3827.3	/
建筑密度		%	35.8	/
绿化面积		m²	3817.95	/
绿地率		%	35.7	/
最大层数		层	6	/
最高建筑总高度		m	29.8	/
总停车位数		个	101	/
其中	地面停车位	个	91	/
	地下停车位	个	10	/

分栋面积统计表

名称	建筑高度	地上(下)层数	建筑面积（m²）	计容建筑面积（m²）
少年宫及游泳馆	24m	4	8990	8990
科技馆	29.8m	6	6240.05	6240.05
连廊	14.9m	1	873.6	629
地下室	6m	1	5878.38	0
合计		/	21982.03	15859.05

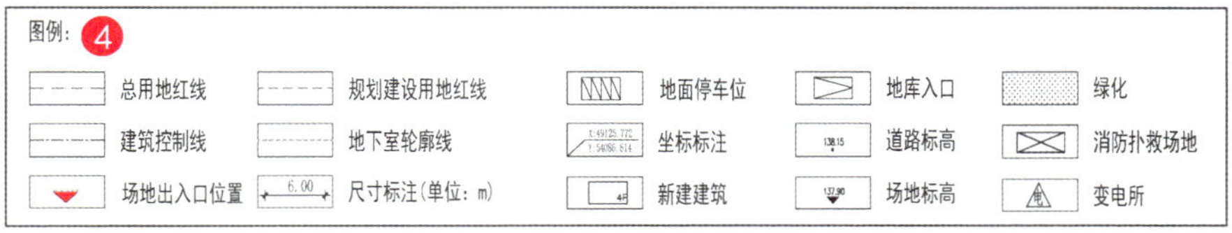

图 7-7　总平面（定位）图需要表达的其他内容

完整的总平面（定位）图如附图 1-4 所示。

小节实训

（1）实训内容：仔细阅读图 7-4、图 7-6，并扫描二维码 7-3，阅读完整的总平面（定位）图，回答以下问题。

① 在图 7-4 中，找到建筑外墙轮廓线定位坐标点，数一数图上共示意了几个外墙轮廓线定位坐标点？它们分别是什么线的交点？

② 在图 7-6 中，试着标示出其他的机动车及人行出入口，它们分别位于什么方位？

③ 在二维码 7-3 完整的总平面（定位）图中，找到指北针的位置。

（2）实训目标：通过学习，掌握总平面（定位）图需要表达的主要内容。

（3）实训要求：能够初步设计小住宅的建筑总平面（定位）图，并对照图纸内容要点，落实其表达深度。

7.3 竖向布置图

竖向布置图是施工图总平面设计中不可或缺的重要内容，主要展现了场地在垂直高度方向上的变化，其元素主要是场地的标高和坡度。通过确定高程基准，可以确定场地的垂直关系；如果未明确高程基准，则垂直关系将失效。在进入施工图设计阶段后，各专业在竖向布置方面需要密切合作，共同考虑实施方案的可行性。

在进行竖向布置设计时，应充分考虑地形、地貌特征，特别是在地形高差变化大、构成复杂的区域，需要结合场地地势、主要人流来向及主要交通特征来综合考虑室内外的高差、场地排水坡度，从而选择合适的高程。建筑与不同场地的关系如图 7-8 所示。

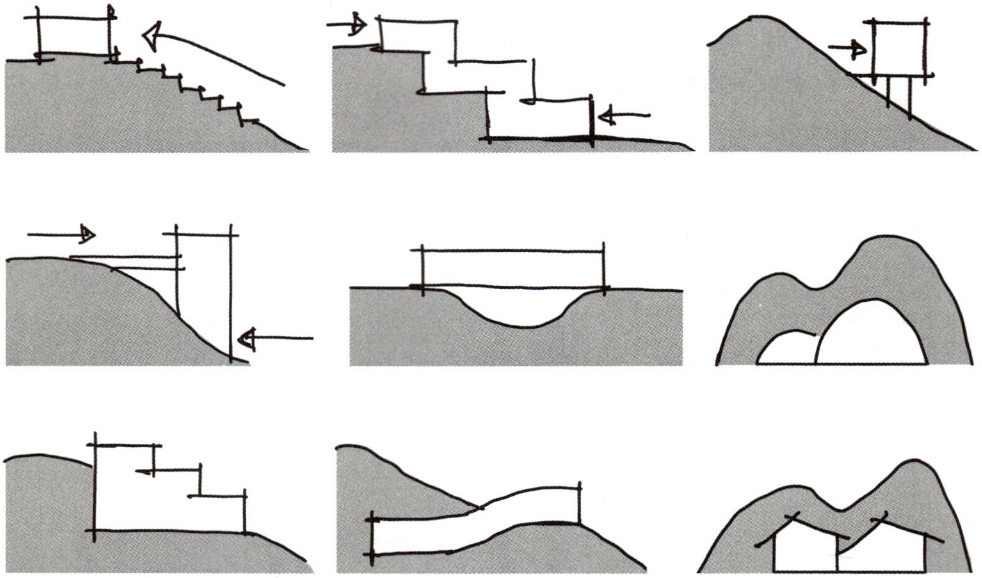

图 7-8 建筑与不同场地的关系

在竖向布置设计中，还需要考虑场地上各种连接的问题，比如场地整体标高是否与用地规划条件图中的标高一致，各个出入口与周边市政道路在竖向高度上能否顺利连接，以及场地内和市政道路的工程管线是否可以连接等。

课堂实训

（1）实训内容：回忆之前所学过的总平面（定位）图，尝试写出以下内容的标准格式。

① 建筑物室内（±0.00）地坪绝对标高。

② 建筑物室外场地绝对标高。

③ 道路的设计标高、纵坡坡度与坡长。

（2）实训目标：通过复习，基本了解与竖向布置设计相关的指标的规范表达方式。

（3）实训要求：能够大致写出相应的竖向布置设计指标，明确总平面（定位）图中的各种设计标高为绝对标高。

竖向布置设计中常用的图例格式如图 7-9 所示。

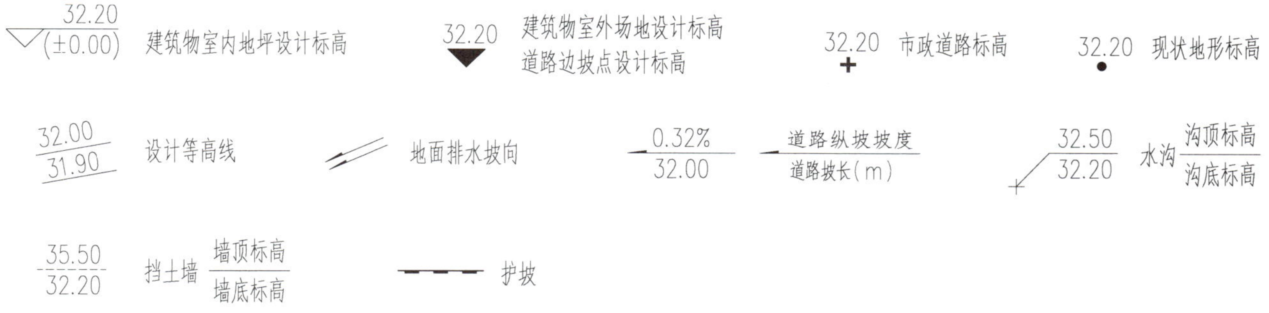

图 7-9 竖向布置设计中常用的图例格式

竖向布置图具体需要表达的内容如下。

（1）地形测量图。地形测量坐标、场地现状标高（图 7-10 中的①）。

（2）场地四邻的道路、水面、地面的关键性标高（如水面的正常水位、最高洪水位等）（图 7-10 中的②）。

（3）新建建筑物名称或编号、层数、高度、±0.00 的绝对标高，室外设计标高（包括主要出入口室外标高及出入口台阶下标高、其他重点部位标高、地下室顶板面标高、覆土厚度限制，图 7-10 中的③～⑤）。

（4）广场、停车场、运动场地设计标高（图 7-10 中的⑥）。

（5）用地出入口与市政道路接口处的设计标高；道路及排水沟的起点、变坡点、转折点和终点的设计标高（标注在道路中心线和排水沟沟顶及沟底）、纵坡坡度、坡长、关键性坐标（图 7-10 中的⑦、⑧）。道路上应标明双面坡或单面坡，必要时标注道路平曲线和竖曲线要素。此外，还可表达人行道和无障碍坡道的起点、变坡点的设计标高。

（6）挡土墙、护坡或土坎顶部和底部的主要设计标高、护坡坡度。

（7）场地坡向（图 7-10 中的⑨）。对场地平整要求严格或地形起伏较大时，可用等高线表示地形，有要求时应用场地断面图来表达复杂地形。

（8）指北针或风玫瑰图。

（9）施工中需注意的问题说明，如标注尺寸单位、比例及补充图例等。

当工程设计内容较简单时，竖向布置图可与总平面（定位）图合并。

课堂拓展

绝对标高亦称海拔高度，我国把青岛附近黄海的平均海平面定为绝对标高的零点，全国各地的标高均以此为基准。相对标高是以建筑物的首层室内主要房间的地面为零点（±0.00），表示某处距首层地面的高度。

小节实训

(1) 实训内容：根据所学内容，重写课堂实训中的练习，并回答总平面（定位）图中的设计标高是什么标高？总平面（定位）图中各种标注尺寸的单位是什么？

(2) 实训目标：通过学习，掌握竖向布置设计中常用指标的规范表达方式。

(3) 实训要求：能够正确写出相应的竖向布置设计指标。

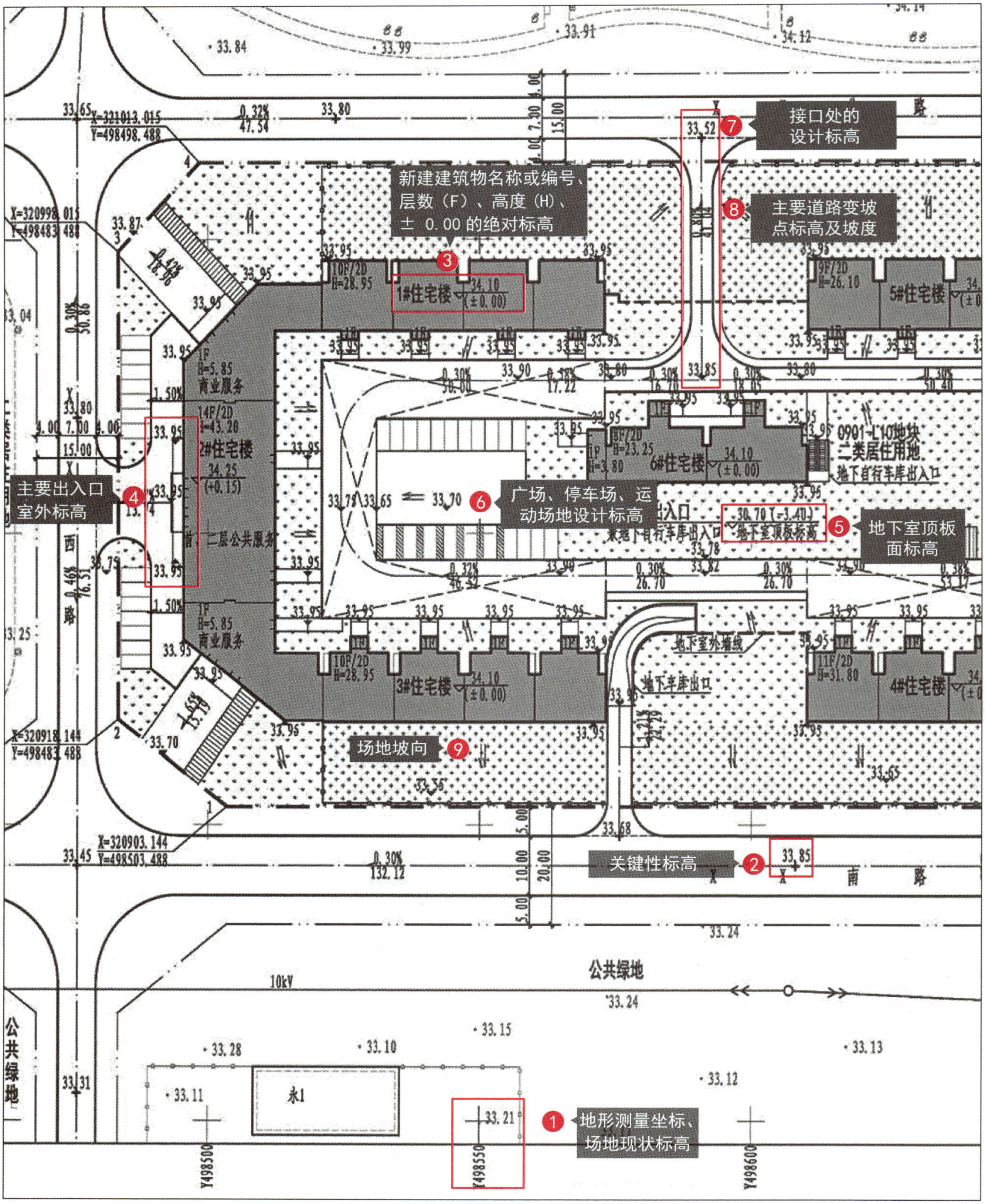
接口处的
设计标高
新建建筑物名称或编号、
层数（F）、高度（H）、
± 0.00 的绝对标高
主要道路变坡
点标高及坡度
主要出入口
室外标高
广场、停车场、运
动场地设计标高
地下室顶板
面标高
场地坡向
关键性标高
地形测量坐标、
场地现状标高
1#住宅楼
2#住宅楼
3#住宅楼
4#住宅楼
5#住宅楼
6#住宅楼
公共绿地
南
路
西
路
0901-L10地块
二类居住用地
地下自行车库出入口
地下车库出口
地下室外墙线
商业服务
10kV
永1

图 7-10 竖向布置图

7.4 道路设计图及道路详图

道路设计图一般会与总平面（定位）图或者竖向布置图合并，工程较为复杂时可单独出图。大部分工程项目的道路按使用功能至少分为人行道路和车行道路两个道路等级；按消防功能则分为专用消防道路、兼用消防道路两类；按路面材料可分为沥青路面、水泥混凝土路面、粒料路面、块料路面等。因此建筑工程中要想清晰明确地表达以上内容，还应详细绘制道路详图。

道路设计图主要包含道路坐标定位、道路宽度、转弯半径、道路的单面坡或者双面坡和不同道路面层做法的指示等。

道路详图主要包含道路横断面、路面结构、挡土墙、护坡、排水沟、池壁、广场、运动场地、活动场地、停车场地面、围墙等详图。

7.5 管线综合图

管线综合图是在总平面（定位）图的基础上，根据要求确定各管线平面和竖向位置的图纸，属于总平面布置的重要组成部分。通过管线的合理布置，可以具体确定出各专业管线在平面和竖向的走向、铺设顺序、管线间距和埋深等内容，避免管线间的干扰。

管线综合图除包含总平面（定位）图的基础内容外，还包含以下内容。

（1）保留、新建的各管线（管沟）、检查井、化粪池、储罐等的平面位置，注明各管线、检查井、化粪池、储罐等与建筑物、构筑物的距离和管线间距。

（2）场外市政管线接入点的位置。

（3）管线密集的区域应增设断面图，以明确主要管线交叉点上下管线的间距，以及管线和建筑物地下部分、绿化根系等之间的控制距离。

这些内容主要由设备专业设计，并由建筑专业统一协调，管线综合是建筑专业与设备专业之间协调和组织工作的重要环节。管线综合需要从整体出发，统筹兼顾，合理安排，以确保各种管线的安全运行。

小节实训

(1) 实训内容：读图 7-11，对应图例找出各专业管线所在的位置，并思考问题——给水管和电力管如果交叉，应该谁在上、谁在下？

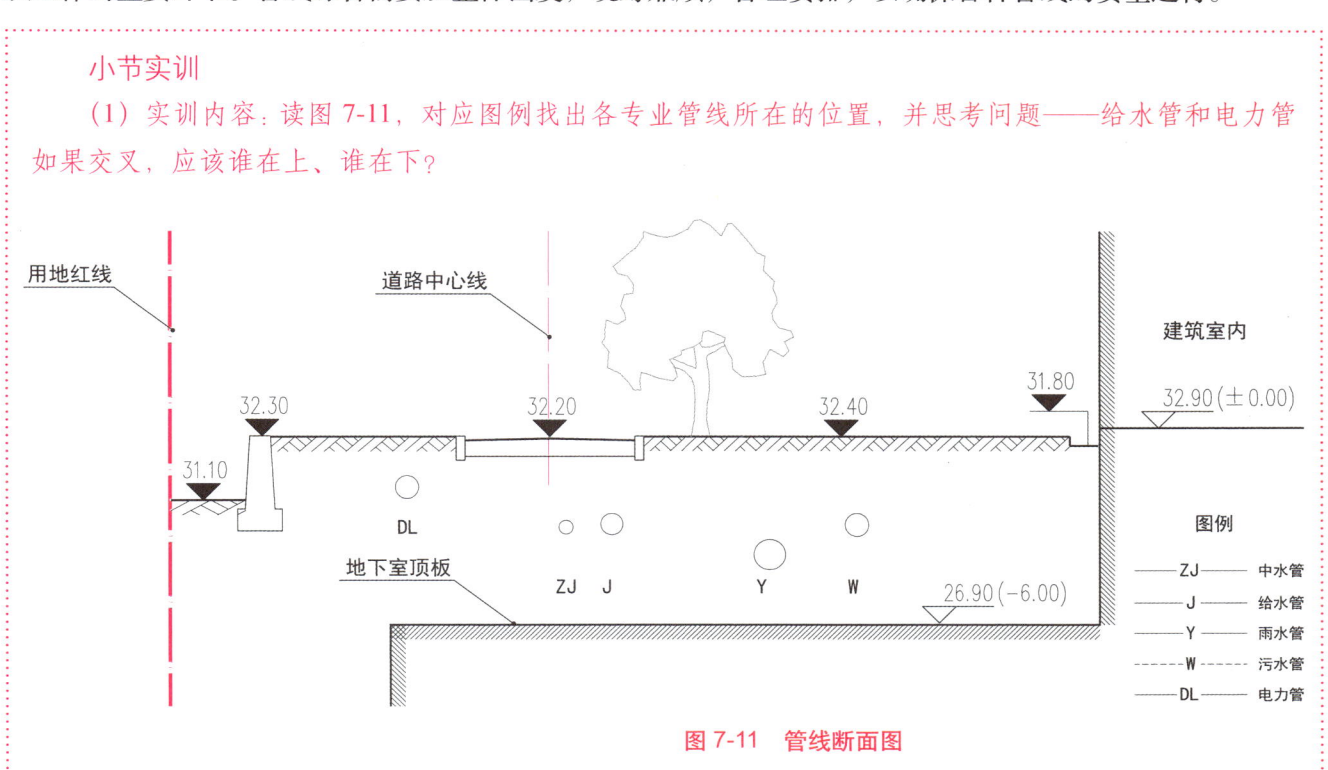

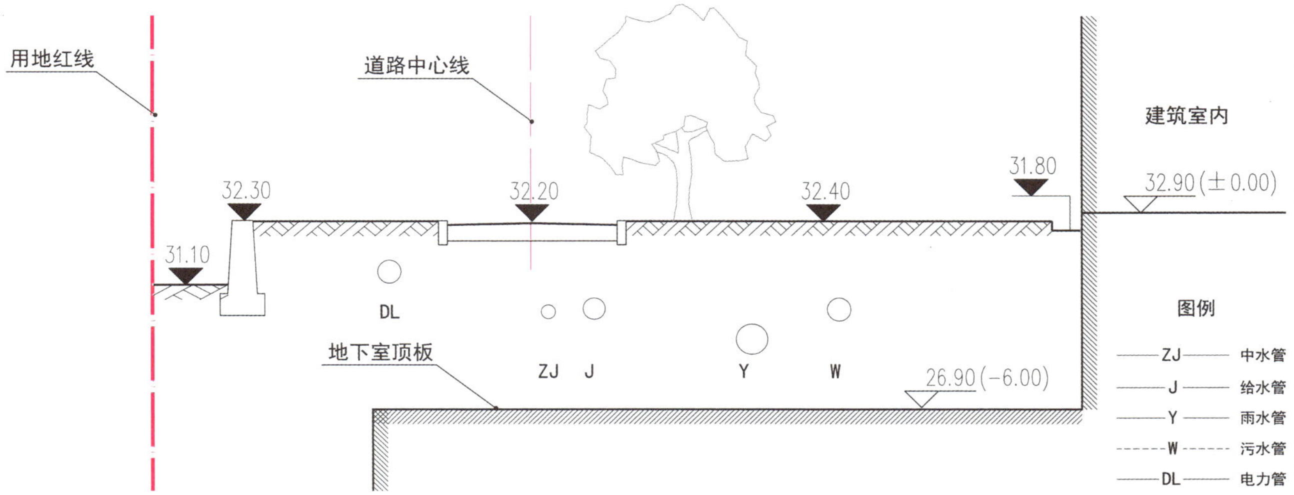

图 7-11 管线断面图

二维码 7-4
管线综合图

（2）实训目标：通过学习，了解管线综合图中有哪些专业管线，初步认识各专业管线的避让原则。

（3）实训要求：能够正确对应各专业管线，了解其作用。

7.6　绿化布置图

绿化布置图往往由景观专业完成，总平面（定位）图与绿化布置图有着共通之处，即都属于室外工程的范畴。从两者的名称上可以看出，绿化布置图更侧重于营造怡人舒适的室外景观环境，总平面（定位）图则更加综合地考虑整体室外场所的功能性及安全性，绿化布置图也是在总平面（定位）图的基础上进行设计深化的，两者需要密切配合。

总平面（定位）图和绿化布置图容易产生冲突的地方主要在于消防设计及地下管线的避让。关于消防设计方面，《建筑防火通用规范》(GB 55037—2022) 对消防车道与消防车登高操作场地有明确的规定。

课堂拓展

1．消防车道或兼作消防车道的道路应符合的规定

（1）道路的净宽度和净空高度应满足消防车安全、快速通行的要求。

（2）转弯半径应满足消防车转弯的要求。

（3）路面及其下面的建筑结构、管道、管沟等，应满足承受消防车满载时压力的要求。

（4）坡度应满足消防车满载时正常通行的要求，且不应大于 10%，兼作消防救援场地的消防车道，坡度尚应满足消防车停靠和消防救援作业的要求。

（5）消防车道与建筑外墙的水平距离应满足消防车安全通行的要求，位于建筑消防扑救面一侧兼作消防救援场地的消防车道应满足消防救援作业的要求。

（6）长度大于 40m 的尽头式消防车道应设置满足消防车回转要求的场地或道路。

（7）消防车道与建筑消防扑救面之间不应有妨碍消防车操作的障碍物，不应有影响消防车安全作业的架空高压电线。

2．消防车登高操作场地应符合的规定

（1）场地与建筑之间不应有进深大于 4m 的裙房及其他妨碍消防车操作的障碍物或影响消防车作业的架空高压电线。

（2）场地及其下面的建筑结构、管道、管沟等应满足承受消防车满载时压力的要求。

（3）场地的坡度应满足消防车安全停靠和消防救援作业的要求。

地下管线和绿化的关系则是需要注意乔木、灌木等景观种植根系对管线敷设的影响，景观种植的浇灌等配套设施也需要和管线综合图密切配合。为避免绿化及景观小品（如亭、台、廊、榭、桥、伞、架、花池等）与管线交叉冲突，可以将绿化及景观小品的方案控制部分示意在管线综合图上，作为底图条件。

绿化布置图主要包含以下内容。

（1）总平面（定位）图（作为基础）。

（2）绿地、水体、步行道及硬质广场的定位尺寸。

（3）景观（建筑）小品的坐标或定位尺寸、设计标高及详图做法索引。

（4）注明尺寸单位、比例、图例及施工要求等说明性内容。

课堂实训

阅读《建筑防火通用规范》及图 7-12、图 7-13，并分析上述消防条款对绿化设计有什么影响？请具体阐述。

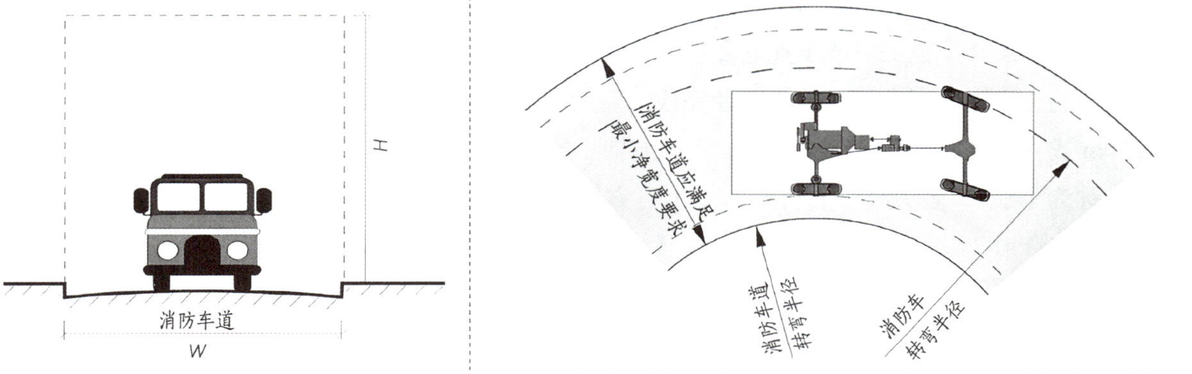

消防车道的净宽度（W）和净空高度（H），均不应小于4.0m。

注1：消防车转弯半径参考值如下，普通消防车为9m，登高车为12m，一些特种车辆为16～20m。
注2：消防车道的转弯半径，宜参考上述消防车转弯半径确定，对于确有困难的特殊场所，可依据《车库建筑设计规范》(JGJ100—2015)等相关规范复核消防车道转弯半径。

图 7-12 消防车道及转弯半径图示

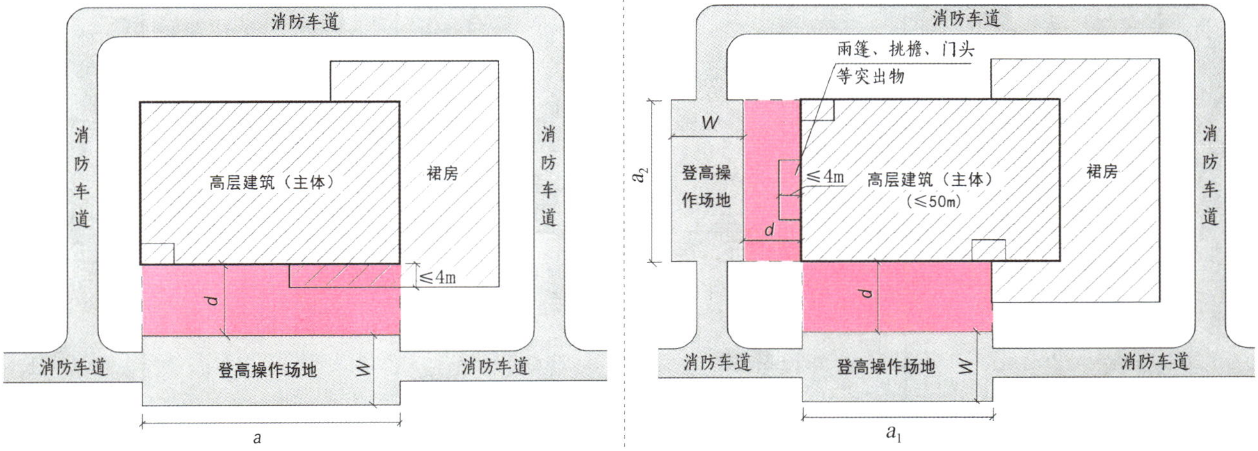

注1：消防车登高操作场地的长度和宽度分别不应小于15m和10m（a、a_1、a_2均≥15m，W≥10m），对于建筑高度大于50m的建筑，场地的长度和宽度分别不应小于20m和10m（a≥20m，W≥10m）。
注2：消防车登高操作场地的坡度不宜大于3%，坡地等特殊情况，允许采用5%的坡度，对应的坡度角分别为1.72°和2.86°。
注3：消防车登高操作场地边缘距建筑外墙（救援面外墙）的距离(d)，不宜小于5m，且不应大于10m。
注4：消防车登高操作场地与救援面外墙之间（紫色阴影区域），不应设置妨碍消防车操作的树木、架空管线等障碍物和车库出入口。
注5：消防车登高操作场地与救援面外墙之间（紫色阴影区域），裙房、雨篷、挑檐、门头等的进深不应大于4m。

图 7-13 消防车登高操作场地要求

小节实训

（1）实训内容：扫描二维码 7-5，找出消防车道、消防车登高操作场地及地下管线的示意位置。

（2）实训目标：通过学习，了解绿化平面与消防、设备管线的配合。

（3）实训要求：能够正确找出消防及设备管线在绿化布置图中的位置。

二维码 7-5
主入口铺装
平面图

7.7 土方平衡图

通过土方平衡图计算出场地内高处需要挖出的土方量和场地内低处需要填平的土方量，以及两者之间的差距，就知道场地计划运出或运进的土方量。设计的时候应该尽量减少土方差距，因为会涉及土方的施工费用，并且对总平面设计及施工现场布置也会有较大影响。

施工图中的土方平衡图一般由结构专业完成，一般采用方格网法，将场地划分为数个等面积的网格（常用 20m×20m 或 40m×40m）并定位网格，将各方格点的原始地面标高、设计标高、施工高度、填区和挖区的分界线（称为零线），各方格土石方量、总土石方量等内容标注在图上。填方高度、填方量用“+”表示，挖方高度、挖方量用“–”表示，零线用中粗点划线表示，如图 7-14 所示。

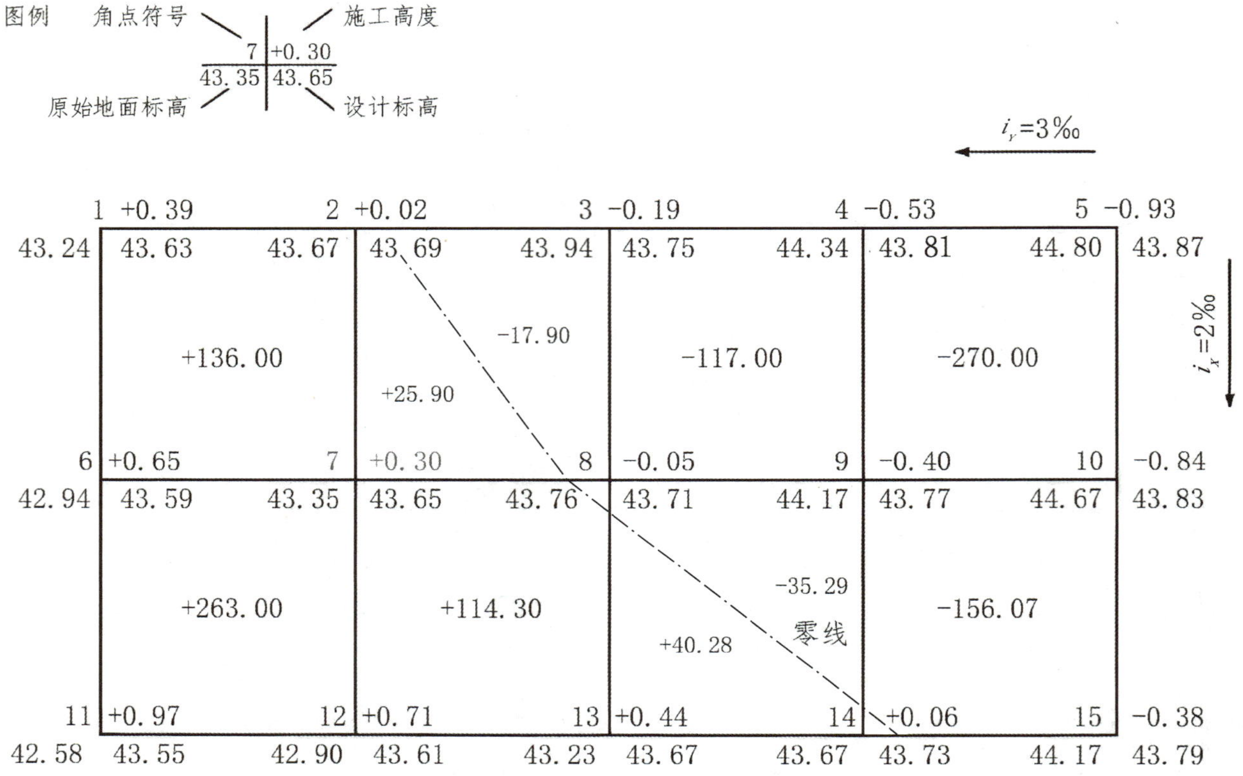

图 7-14 土方平衡图

土方平衡图上还应有土石方工程平衡表（表 7-1），其应清楚示意总土石方量。

表 7-1 土石方工程平衡表

序号	项目	土石方量 / m³		备注
		填方	挖方	
1	场地平整			
2	室内地坪填土和地下建筑物、构筑物挖土，房屋及构筑物基础			

续表

序号	项目	土石方量／m^3		备注
		填方	挖方	
3	道路、管线地沟、排水沟			包括路堤填土、路堑和路槽挖土
4	土方损益			指土壤经过挖填后的增加或减少量
5	合计			

综上所述，施工阶段的施工图总平面设计是涉及全专业彼此关联的内容，综合性极强。各个专业在制图时应统一制图格式，并建立协同工作的良好习惯，局部做出修改要充分考虑是否影响其他专业，并主动充分告知相关专业修改的内容，从而为施工图的顺利完成和施工现场的顺利进行打下充分的基础。

二维码 7-6
土方平衡图

小节实训

(1) 实训内容：阅读图 7-14、扫描二维码 7-6，回答下述问题。

① 在图 7-14 中找到角点符号为“7”的角点，请回答该处场地原始地面标高是多少？设计标高是多少？土方变化量是多少？是挖方还是填方？

② 扫描二维码 7-6，判断最终场地土方是填方还是挖方？数值是多少？

(2) 实训目标：通过学习，了解土方平衡图的基本内容，可以初步认知土方平衡图。

(3) 实训要求：能够按照图例解读土方平衡图上的标注，厘清填方和挖方符号的表达区别。

模块 8　施工图平面图设计

8.1　平面图绘制的目的和要求

1. 平面图绘制的目的

平面图是建筑施工图中最主要、最基本的图纸之一，常用比例为 1∶100、1∶150 或 1∶200，其他图（如立面图、剖面图及部分详图）多是以其为基础深化而成的，它是用水平投影的方法和特定的图例绘制建筑中各种构件的图纸。

绝大部分的标注信息及各种构件的位置都应在平面图上表示，如建筑物的墙体、门、窗、楼梯、地面和空间布局等。平面图将会把这些构件的平面位置表示出来并通过标注尺寸予以确定。在施工时，工人会依据平面图上的构件位置和尺寸，在施工现场把这些构件建造出来。

平面图除了表达各种平面构件的位置和尺寸信息，同时需要标注楼面的标高以表达不同空间地面的高低关系。同时，平面图也是其他专业进行相关设计的重要依据，其他专业关注的重要信息（如结构尺寸、管道井、洞口等）也要表达出来。

2. 平面图绘制的要求

绘图标准和图例是设计图纸的语言，是为了正确传达信息而规定的。就像语言的交流要有统一的文字、语法、发音等规范，人们才能顺利交流和理解对方。平面图中的每一种符号都有其固定的表达含义，所以必须使用正确的符号和图例以准确传达设计意图。建筑平面图中所有的表达元素与实际项目中的构件都有一一对应的关系，如图 8-1 ～图 8-3 中的①、②、③、④所示。

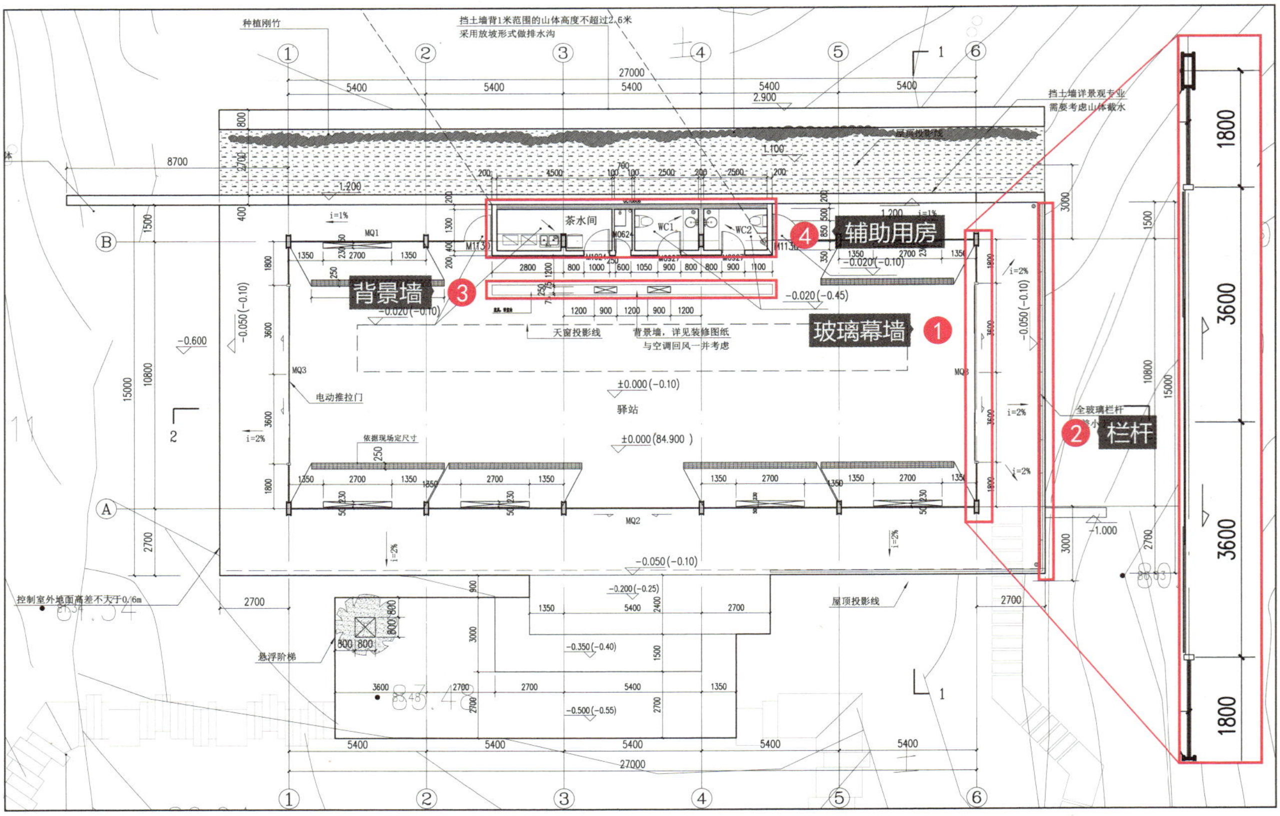

图 8-1　某茶室建筑平面图

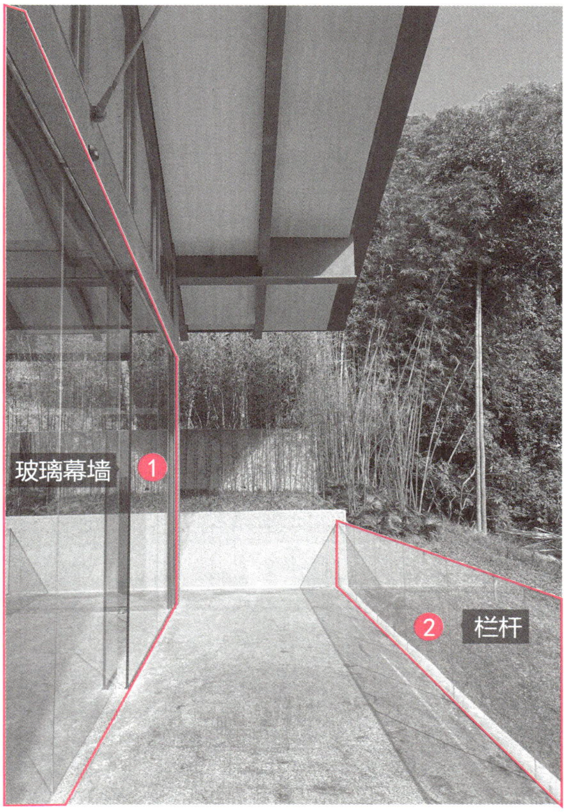

图 8-2　某茶室建筑实景照片（一）

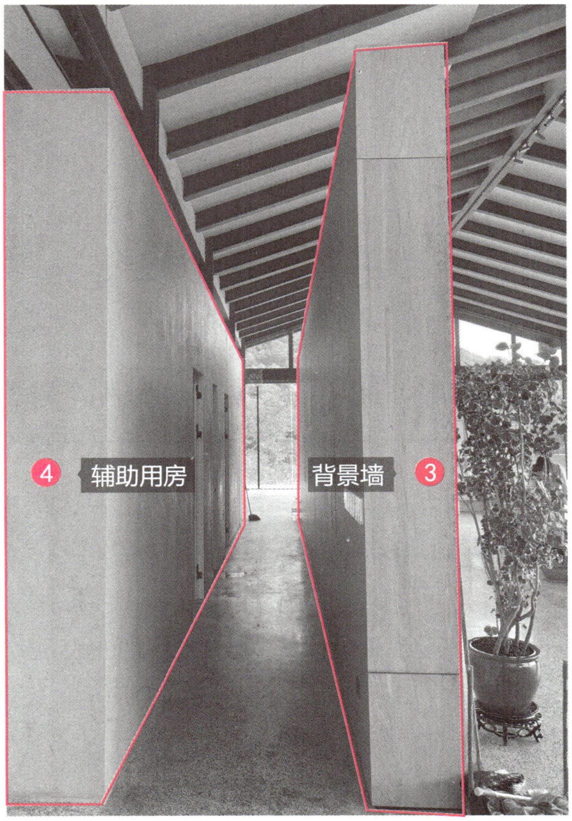

图 8-3　某茶室建筑实景照片（二）

二维码 8-1
某茶室建筑
平面图

二维码 8-2
某住宅建筑
首层平面图

8.2 平面图的绘图规范

1. 平面图中的基本元素

平面图需要表达出所有的基本建筑构件和构造，如墙、柱、门、窗、楼梯、变形缝等。每种构件和构造在平面图中均有特定的表达样式。在施工图绘制中需要熟练掌握它们的相似点和不同点，并能清晰准确地将其特点绘制出来。

一些常见的建筑构件表达方式见表 8-1。

表 8-1 一些常见的建筑构件表达方式

构件名称	表达方式	构件名称	表达方式
墙体	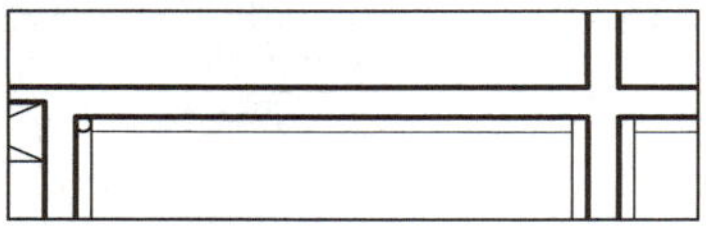	结构柱	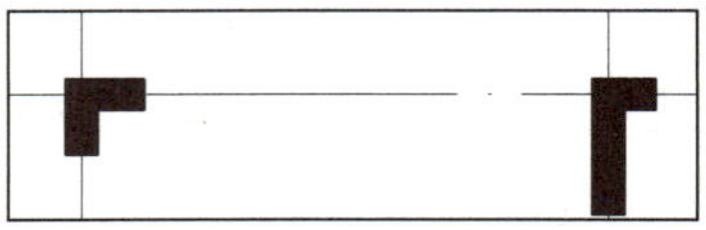
门	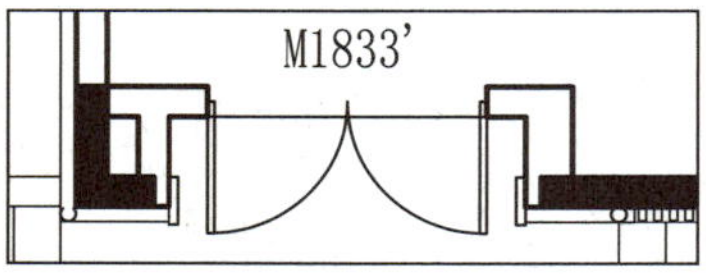	洁具	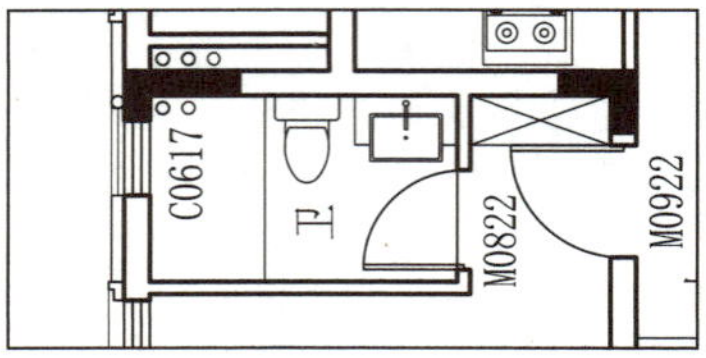
窗		花池	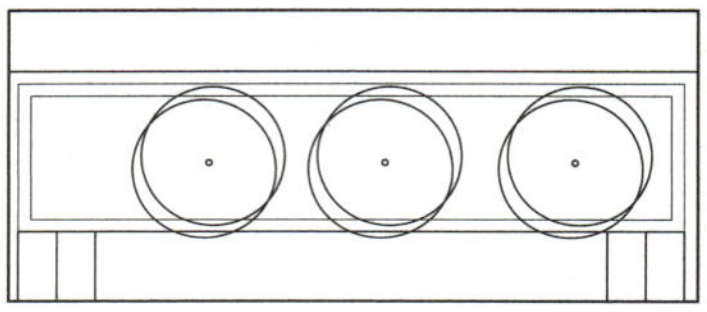
台阶	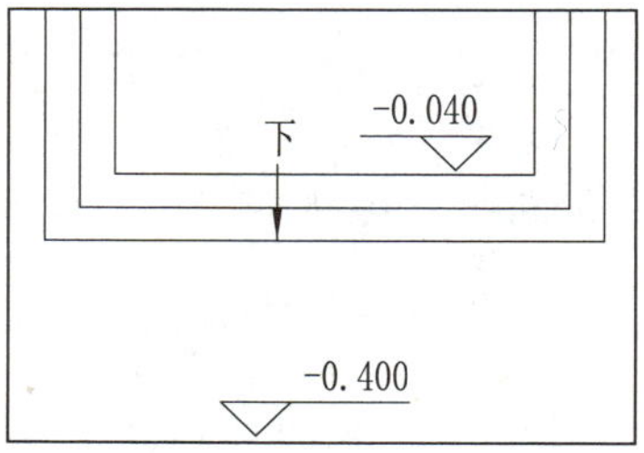	楼梯	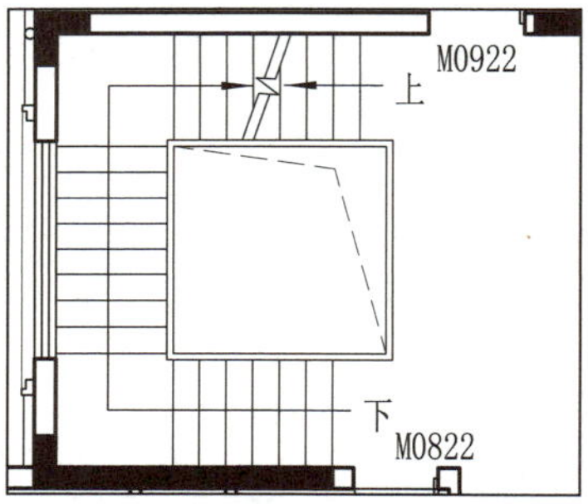

2. 轴线和柱网

轴线和柱网是平面图的基本框架和尺寸标注的基准。轴线一般是根据建筑与基础连接的竖向承重结构构件来设置的，常见的竖向承重结构构件有柱、剪力墙、承重墙等，非承重的隔墙是不需要设置轴线的。轴线设置在没有特定说明时，一般应设在竖向承重结构构件的正中或者一侧的外表面，如设在非居中位置或一侧时，需要标注相应的尺寸来表达轴线与构件的相对位置。

竖向承重结构构件和轴线形成的网状形态称为柱网。

轴号与轴线应一一对应，水平方向从左往右一般以数字从小到大表示，如 1、2、

3…。竖直方向从下往上一般以大写英文字母表示，如 A、B、C…。字母中的 I、O、Z 不做轴号使用，编号时应跳过。当有多栋建筑时轴号前可加栋号，如图 8-4 中的轴号，其中 13 为栋号。

轴线和柱网在平面图中的应用举例如图 8-4 所示。

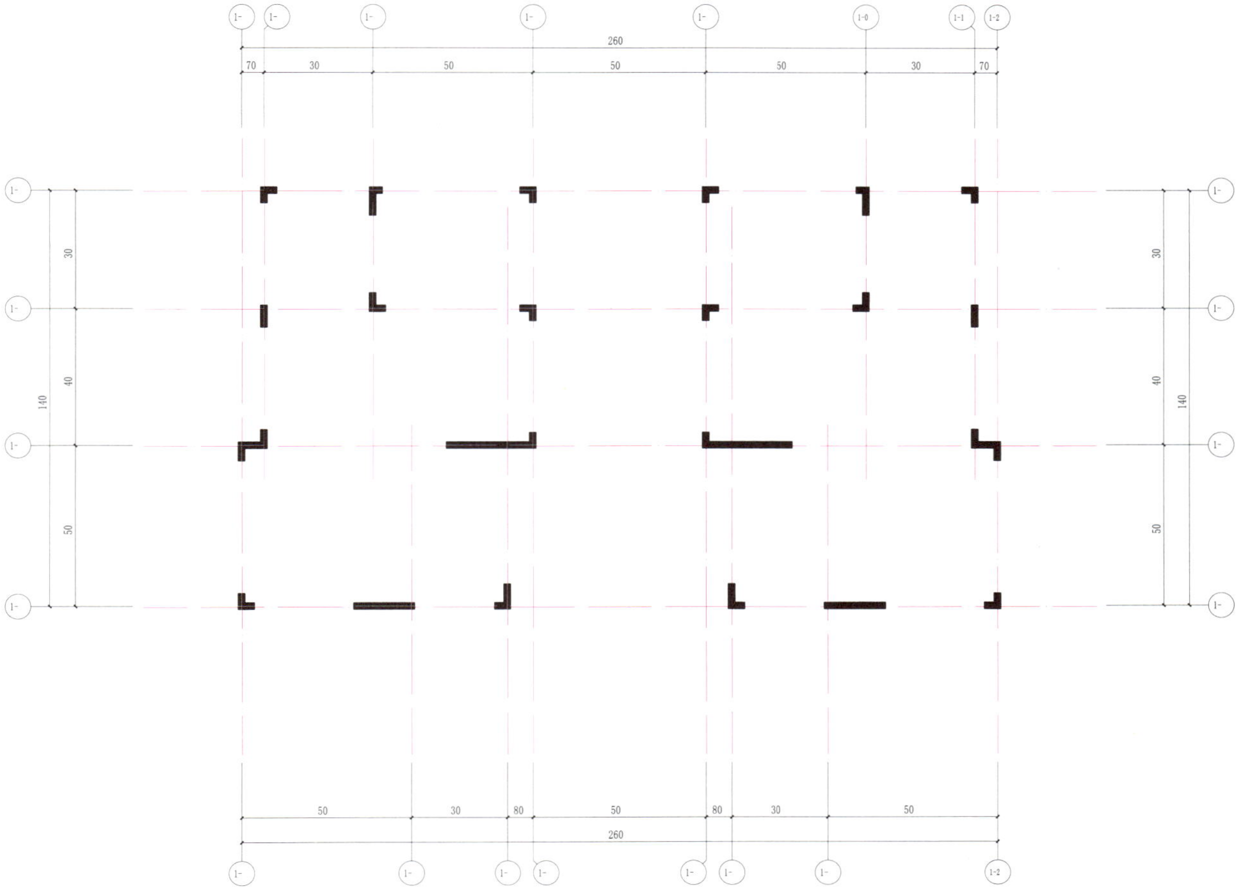

图 8-4 某住宅建筑平面图中的轴线和柱网

> 课堂拓展
>
> 竖向承重结构构件是指建筑中用来承受建筑荷载的构件。框架结构中，楼面荷载通过楼板传给梁，梁再传给柱，柱将其传给基础，则柱作为竖向承重结构构件支撑了整个建筑。

3. 尺寸标注和标高

1）尺寸标注（图 8-5 中的①、②、③、④）

建筑施工图平面图中一般要求至少标注三道尺寸线，分别是：第一道门窗洞口及隔墙定位尺寸线，第二道轴线间距尺寸线，第三道建筑总尺寸线。当建筑较为复杂，三道尺寸线不能完全标注清楚时，可以根据需要在建筑内部或其他地方标注附加尺寸线。

2）标高（图 8-5 中的⑤、⑥）

平面图中的标高均为相对标高，通常将首层主入口进入的建筑室内空间地坪设为 ±0.000。在一个平面图内，所有不同标高的位置均需要标注，如标高不同的楼板、卫生间、阳台、露台、设备房等均应有相应的标注。

对于有楼板下沉或升起的位置，如图 8-5 中阴影部分，需额外标注结构标高。标高数值加括号或在标高数值后加（结）以表示结构标高。

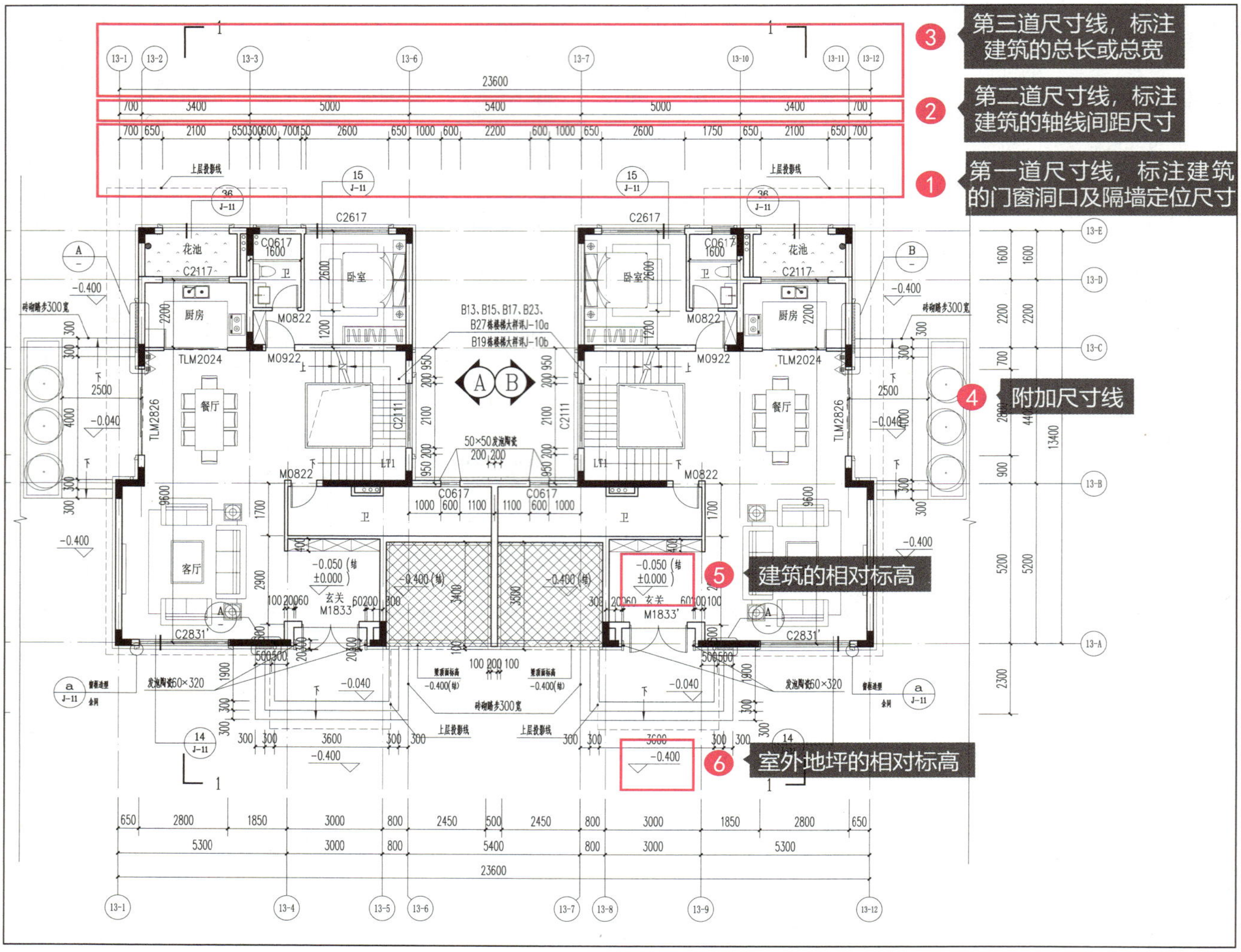

图 8-5 建筑平面图中的尺寸标注和标高

课堂拓展

相对标高为不同空间与首层平面 ±0.000 基准标高的高度差数值。

4．墙体标注

平面图中墙体标注是为了定位，定位需要以平面图的轴网为基准，所有建筑隔墙的定位尺寸，均需要表达与最近轴网的尺寸关系。当有特殊内部空间的具体要求时，还需要标注建筑墙体表面的净空尺寸。

当墙体中轴线刚好位于墙体正中或某一侧的外表面时，不需要特别标注（图 8-6 中的①），但应在平面图说明中说明，其他情况都需要标注，通常标注墙体中线到最近轴线的距离（图 8-6 中的②、③）。

墙体的厚度一般可通过说明来表示（图 8-7 中的①），当说明无法表达清楚时，需在平面图中单独标注其厚度。除了墙体，还应标注内外墙保温层厚度，以及幕墙与轴线的关系。

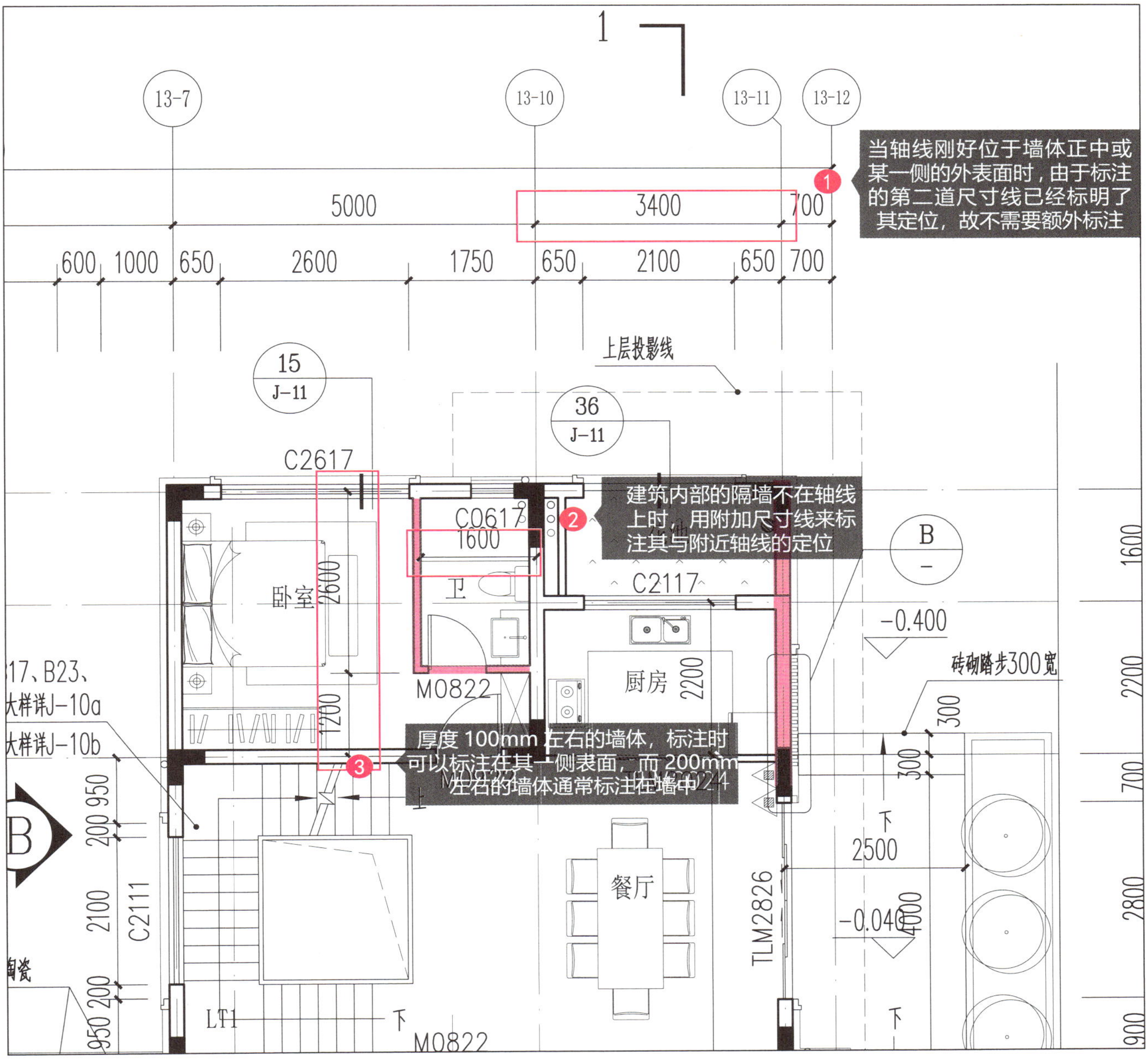

图 8-6 建筑平面图中的墙体

5. 门窗标注

1）门

门的标注一般可分为以下两种。

（1）对于大多数有相同门垛宽度的门可以在统一说明中写明标注内容，而不需要在图纸中另外标注门洞位置（图 8-7 中的②）。当图纸上有该说明时，所有墙垛为 120mm 的门窗都不需要再标注定位尺寸，通过这种方式可以显著降低图纸上的标注密度，让图纸更加清晰。

（2）其他的非标准门垛，门洞尺寸和与轴线之间的距离定位都需要明确标注出来。

说明：

(1) 外墙、分户墙、梯间墙厚为180，其余内墙为120；柱子定位、构造柱配置参照结施图。

(2) 除注明外，门窗靠墙柱边开洞或居中或留墙垛120。

(3) 所有室内标高为H(建筑标高)，除注明外，卫生间沉箱结构标高降板0.350、结构外阳台和结构外露台结构标高降板0.050，露台下方为室内，结构标高降板0.150，找坡1%坡向地漏。地漏口标高应低于地面20。防水做法应按广东省标准《建筑防水工程技术规程》有关要求执行。各层卫生间坑位处待管道及洁具安装后用陶粒混凝土填高至图示标高。卫生间选用之洁具和水暖设备由甲方自理。厨房、卫生间及室外给排水参照水施图。

(4) 填充部分结构标高降板0.350。

(5) 凡窗台高度低于900，加设950高护栏，做法按22J403-1 (H3/C15)。

(6) 地漏、雨水管、污水管详细设计见水施图。

❶ ❷ 当图纸说明中增加类似文字说明时，所有门窗洞口靠边留墙垛120和居中的，均可不在图纸中标注定位尺寸

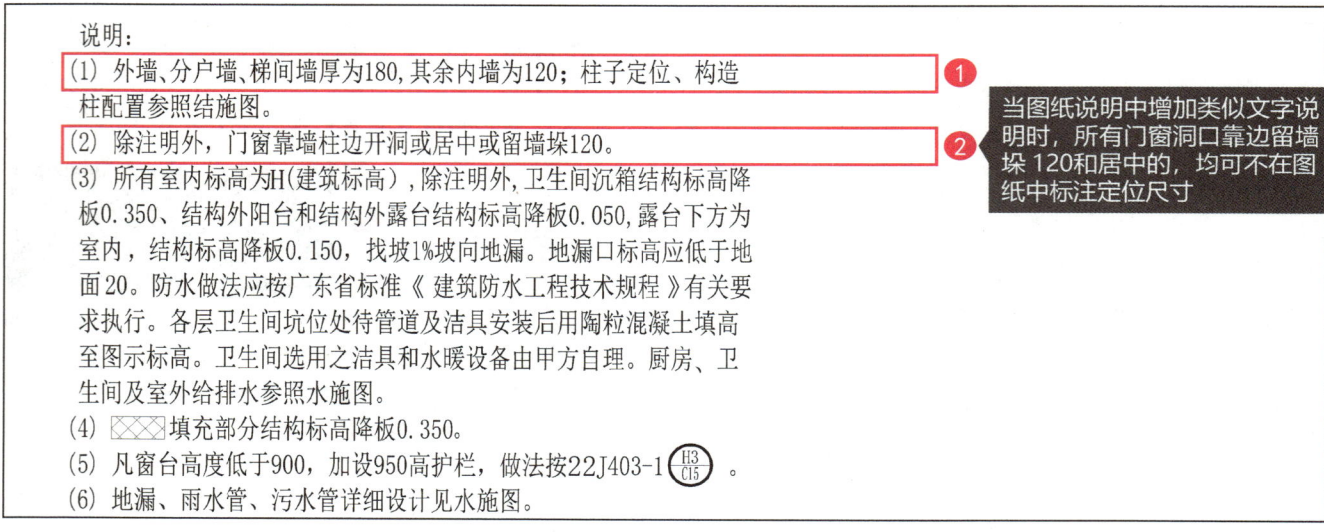

图 8-7　建筑平面图中的说明

2）窗

当窗户是外窗时，其定位尺寸和宽度尺寸一般通过平面图中的第一道尺寸线来标注。对于建筑天井或内凹部分的窗户，不便于用外侧的第一道尺寸线标注时，可以在建筑内部通过附加尺寸线来标注（图 8-8 中的①），同样的方式也经常用于标注室内的门、洞口及隔墙的定位尺寸。当同一位置有上下两樘窗户时，可叠加标注其编号，如上 C1010、下 C1011。

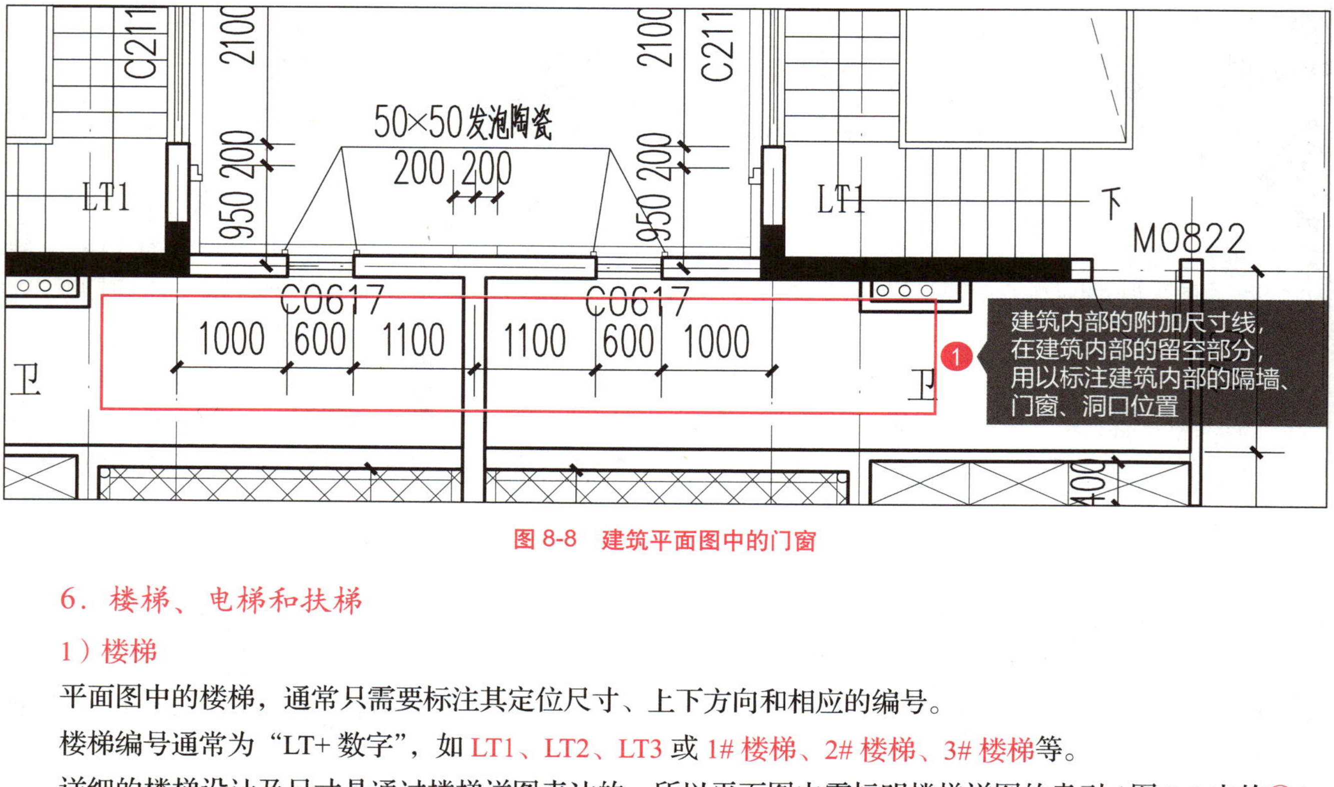

图 8-8　建筑平面图中的门窗

6．楼梯、电梯和扶梯

1）楼梯

平面图中的楼梯，通常只需要标注其定位尺寸、上下方向和相应的编号。

楼梯编号通常为“LT+ 数字”，如 LT1、LT2、LT3 或 1# 楼梯、2# 楼梯、3# 楼梯等。

详细的楼梯设计及尺寸是通过楼梯详图表达的，所以平面图中需标明楼梯详图的索引（图 8-9 中的①）。通常情况下楼梯上下层所处的平面位置一致，楼梯详图的索引只需要在楼梯首层标注，其他各层平面图中可不标；如上下层在平面上有较大偏移时，可在改变的楼层增加索引标注，以方便查看。

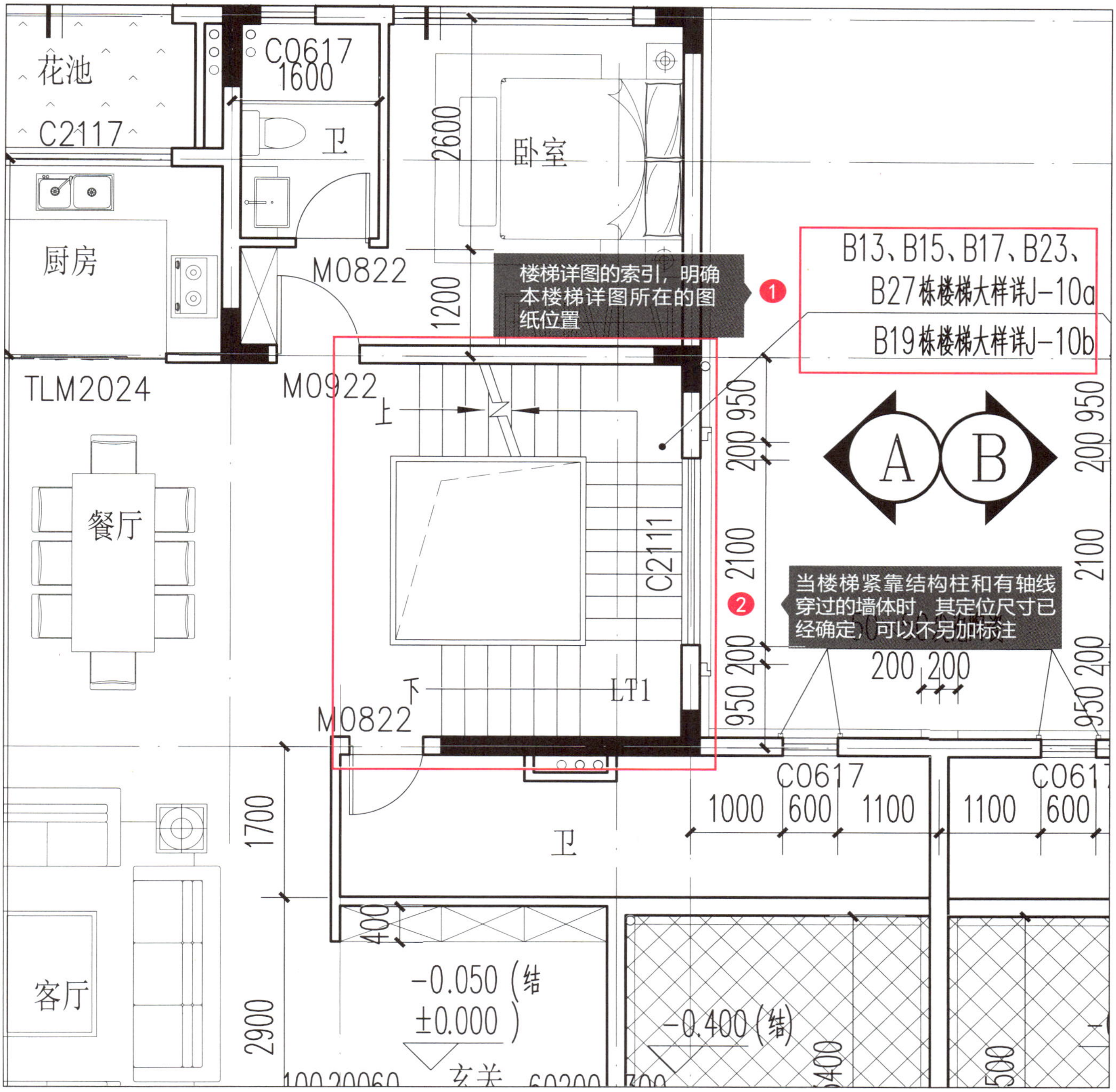

图 8-9 建筑平面图中的楼梯

2）电梯和扶梯

电梯、扶梯与楼梯在平面图上的标注方式类似，通常只需要标注其编号，扶梯还需要标注上下方向，详细的设计及尺寸是通过详图表达的，所以平面图中需要标明电梯和扶梯详图的索引，如图 8-10 中的②、图 8-11 中的③所示。电梯详图索引标注与楼梯类似，一般只在电梯首层标注，但扶梯一般是独立的一组一组设置，故每个扶梯都要单独标注索引。

二维码 8-3
某住宅建筑二层平面图

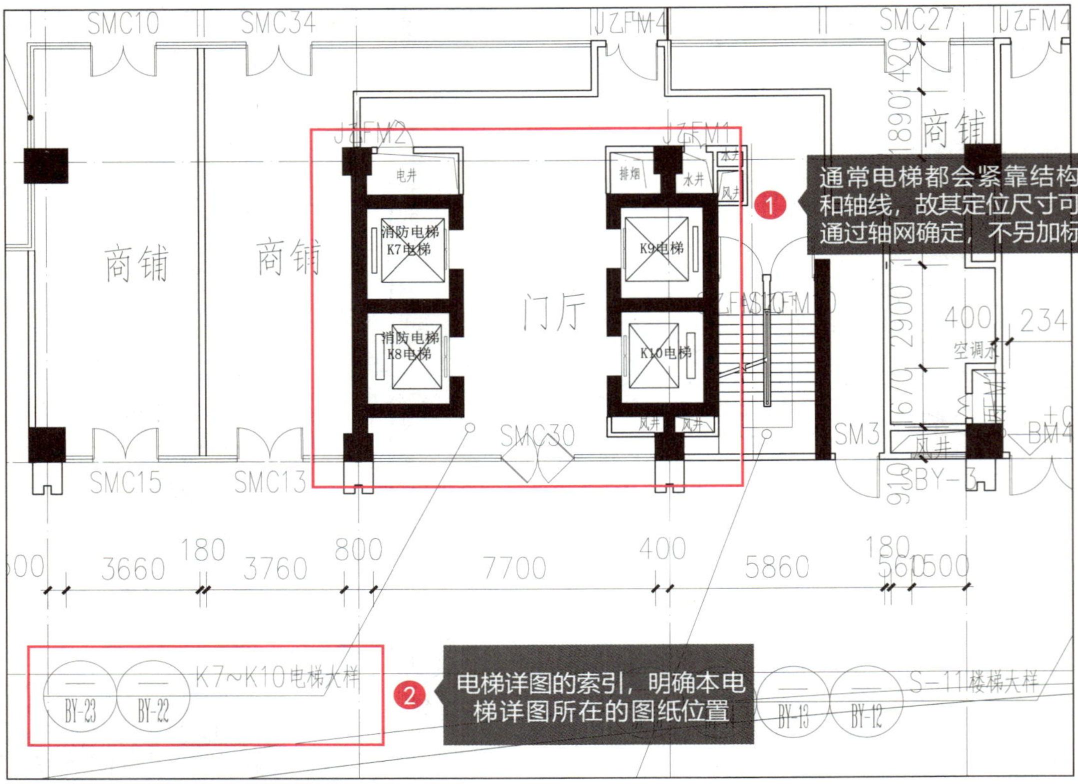

图 8-10 建筑平面图中的电梯

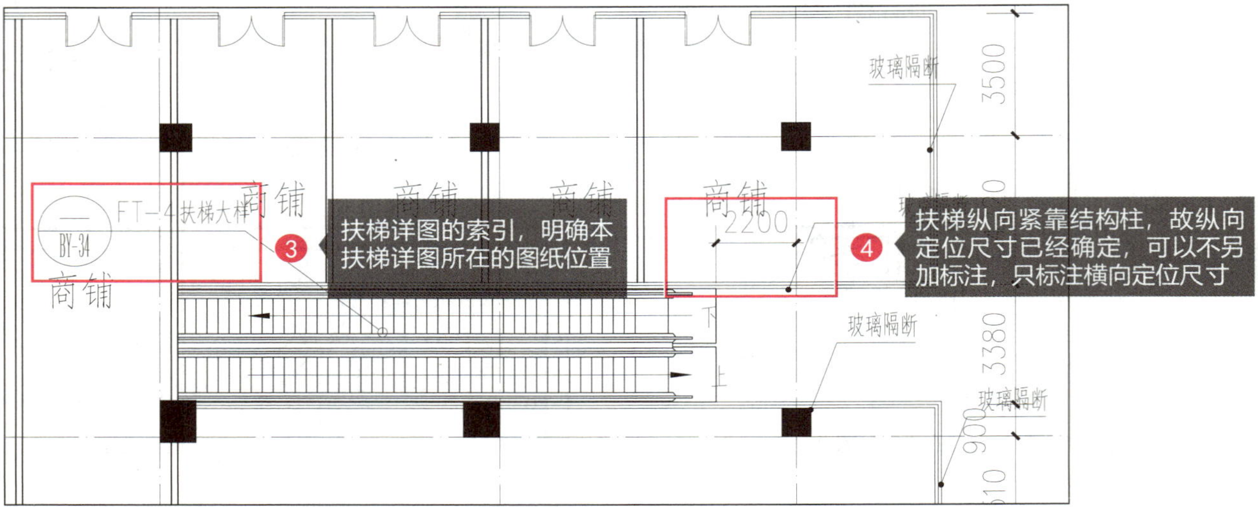

图 8-11 建筑平面图中的扶梯

7. 室外台阶、室外坡道、阳台、露台及栏杆

1）室外台阶

在建筑主入口处，为了防止室外的雨水等倒灌建筑内部，通常会设计为室内地面高于室外地面，室外台阶和室外坡道通常用在此处，以连接室内外交通。室外台阶一般包括一个主入口外的室外平台和 3 ～ 4 步台阶（根据实际高差计算，通常每步不小于 300mm 宽、不大于 150mm 高）。在平面图标注时一般要标明台阶的上下方向（图 8-12 中的③）和材质，平台和台阶的轴线定位、长宽尺寸（图 8-12 中的①、④），还需要标注平台标高和室外地面标高（图 8-12 中的②、⑤）。

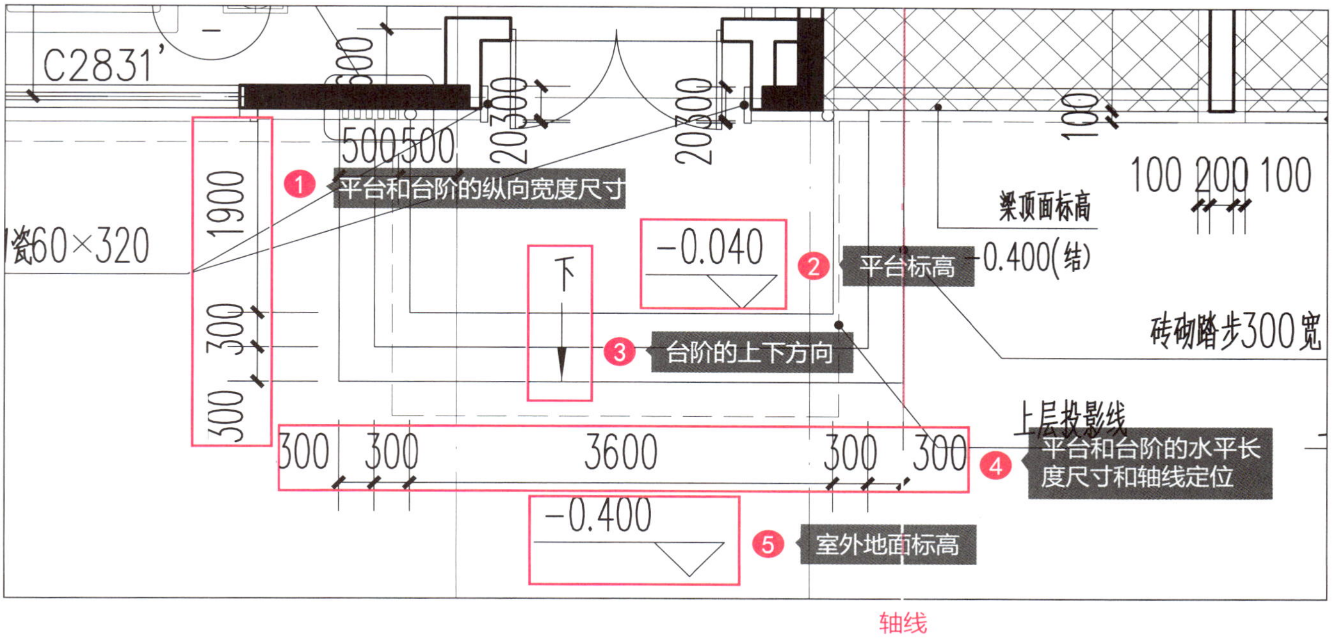

图 8-12 某住宅建筑入口平面图

2）室外坡道

如前所述，在建筑主入口处室内外地面会有高差，公共建筑中除了台阶还会设置坡道以方便出入，坡道应按规范要求的坡度和宽度设置，并有专用的扶手，如图 8-13 中的⑧所示。在平面图标注时一般要标明坡道的上下方向（图 8-13 中的⑦）、坡道起点和室外地面标高（图 8-13 中的⑥），其余与室外平台相关的标注与室外台阶要求一致。

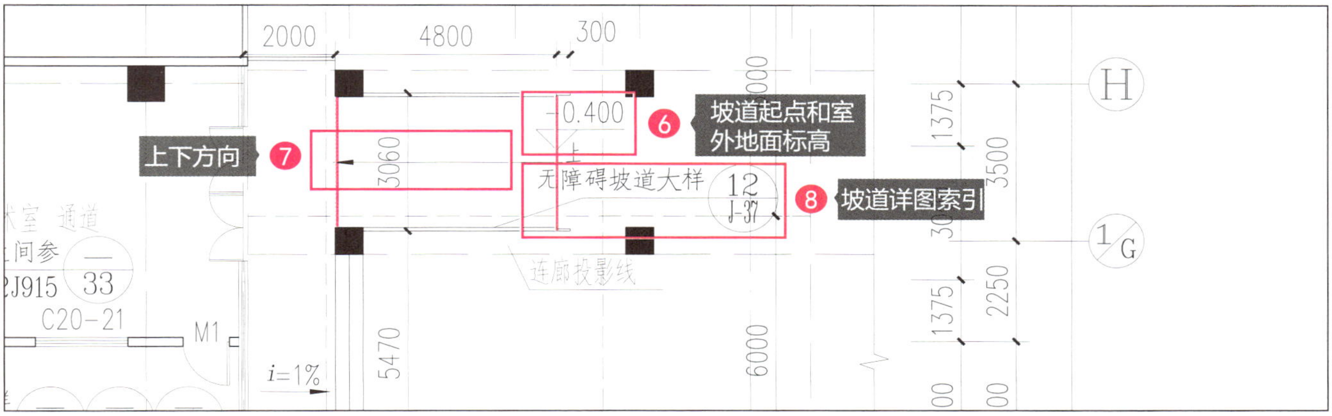

图 8-13 某建筑入口平面无障碍坡道

3）阳台、露台

平面图中的阳台和露台，由于其处于室外的特性，除了要表达宽度和深度尺寸（图 8-14 中的①、③），更重要的是要表达排水相关设计，如地面的排水找坡方向及坡度，雨水口和地漏的设置位置（图 8-14 中的②）。露台由于无顶盖，下雨时水量更大，故必要时应设置排水沟，可以参照屋面排水设计，标注排水沟的坡向、坡度、长度、宽度和起始、结束位置等信息。

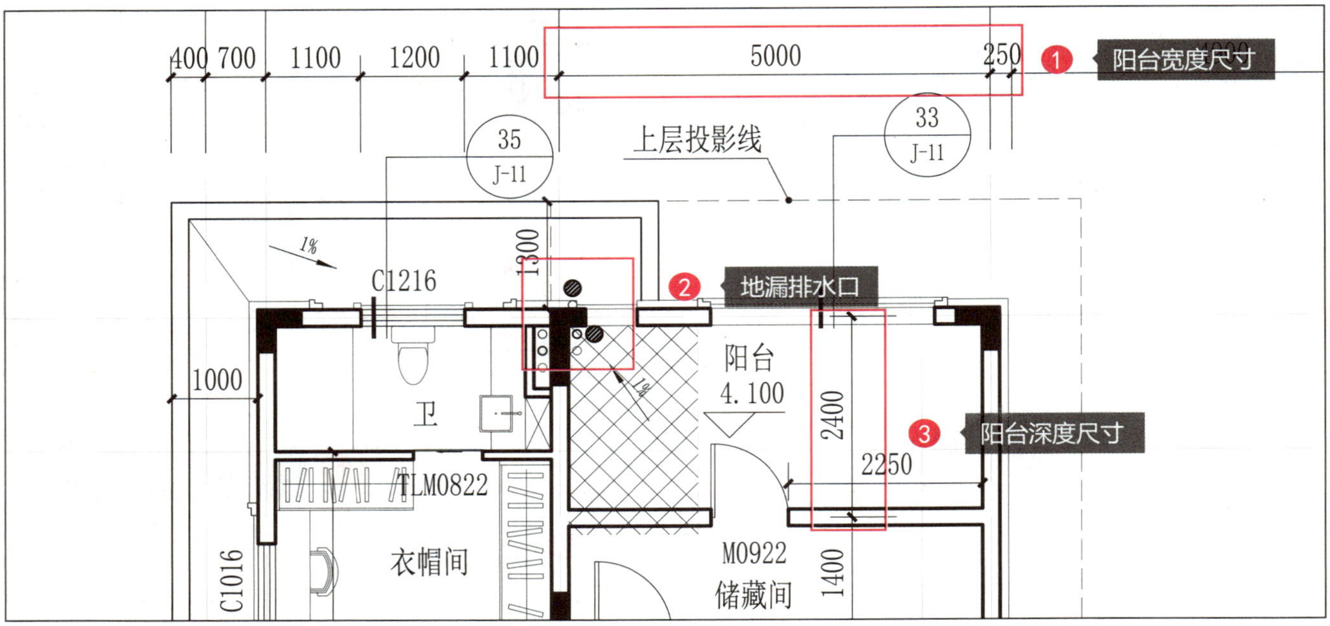

图 8-14　某住宅建筑二层平面图

二维码 8-4
某住宅建筑三层平面图

4）栏杆

栏杆是阳台或露台上保护人员安全的必要设施，材质和形式多种多样，如石材栏杆、玻璃栏杆和金属栏杆等。一般会通过详图去表达其详细做法，其在平面图中用两条细线表示，并通过详图索引表达其详图在施工图中所处的位置（图 8-15 中的④），也可以在图纸的说明中写明其做法和详图索引。

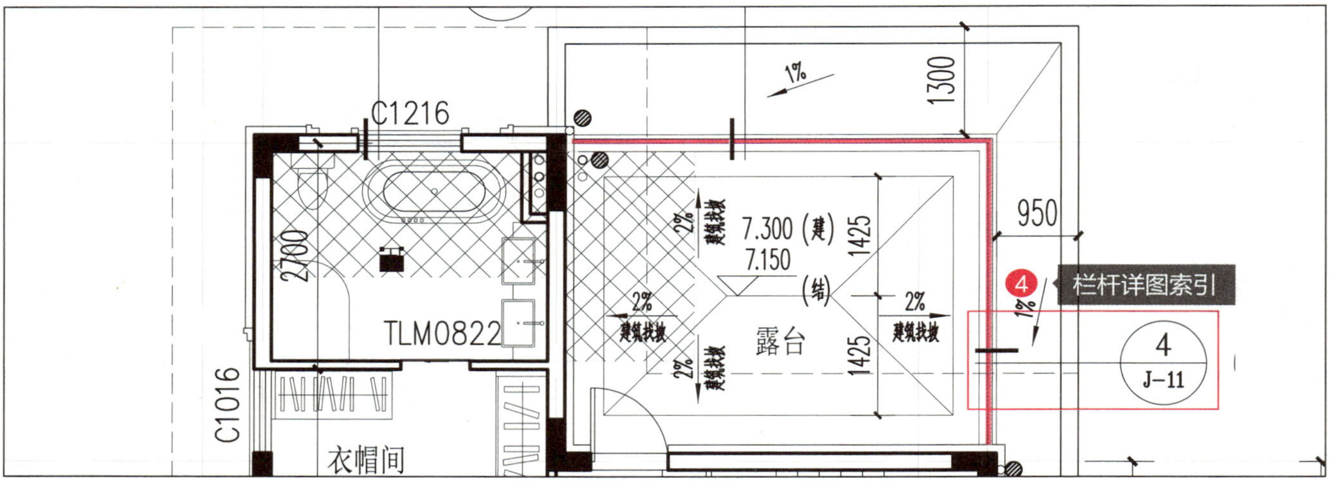

图 8-15　某住宅建筑三层平面图

8．平面图中的文字标注和说明

平面图中的文字标注主要用于标明各个房间或空间的功能，住宅建筑还需要标明房间、阳台等空间的面积。

平面图中的说明常放置于图纸的左下角或右下角，主要内容是将一些统一的或通用性的设计用文字表达出来，这样可以大量减少平面图纸中重复性的标注，如墙垛宽度、墙体厚度等。

图 8-16 的说明解释如下。

（1）外墙、分户墙、梯间墙厚为 180，其余内墙为 120；柱子定位、构造柱配置参照结施图。

墙体厚度

（2）除注明外，门窗靠墙柱边开洞或居中或留墙垛 120。

墙垛尺寸和开洞位置

（3）所有室内标高为 H（建筑标高），除注明外，卫生间沉箱结构标高降板 0.350、结构外阳台和结构外露台结构标高降板 0.050，露台下方为室内，结构标高降板 0.150，找坡 1% 坡向地漏。地漏口标高应低于地面 20。防水做法应按广东省标准《建筑防水工程技术规程》有关要求执行。各层卫生间坑位处待管道及洁具安装后用陶粒混凝土填高至图示标高。卫生间选用之洁具和水暖设备由甲方自理。厨房、卫生间及室外给排水参照水施图。

特殊空间降板及排水找坡做法

明确设备选用责任

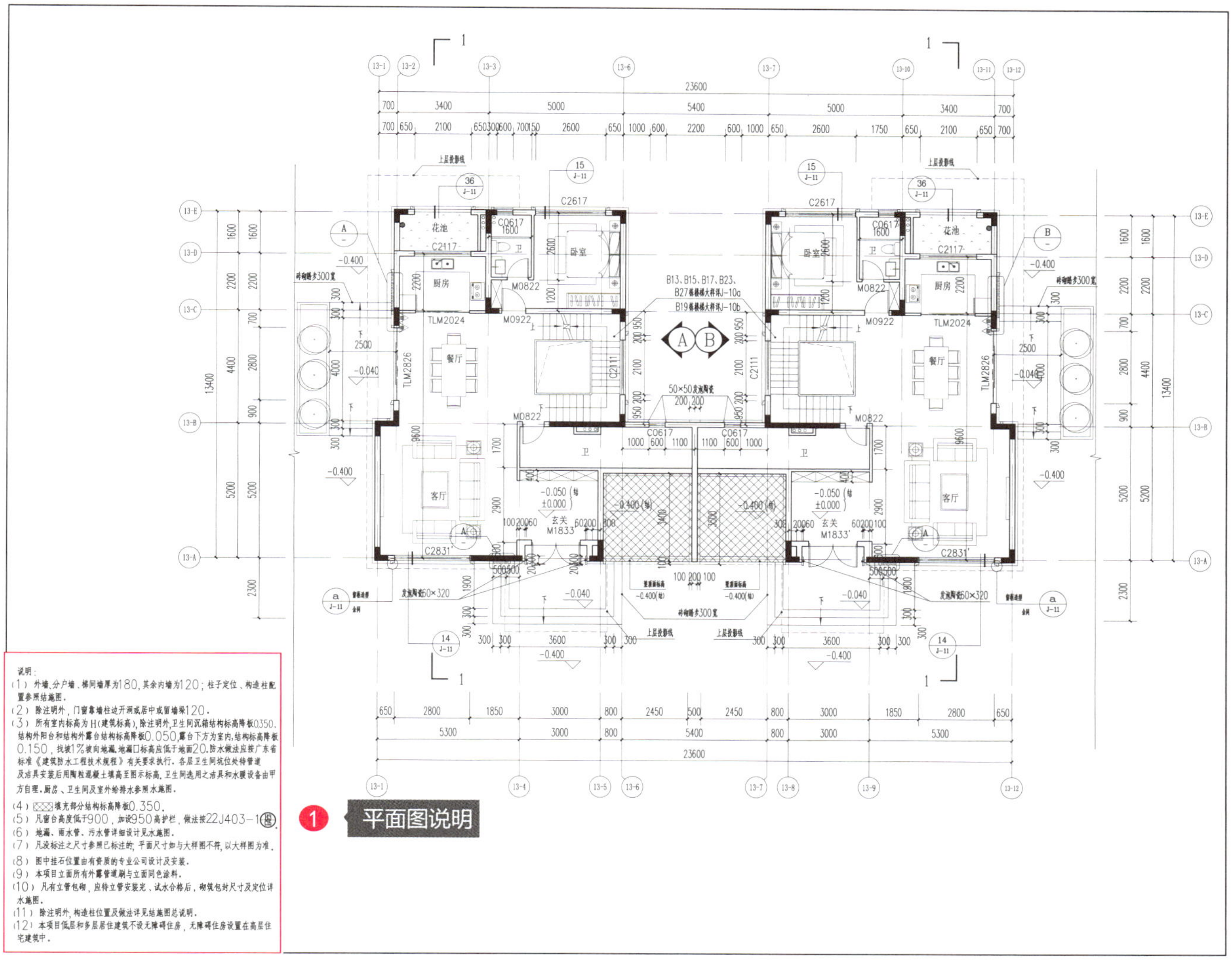

图 8-16　建筑平面图中的说明

（4）▨ 填充部分结构标高降板 0.350。

（5）凡窗台高度低于 900，加设 950 高护栏，做法按 22J403-1 $\frac{H3}{C15}$。

窗台栏杆设置

（6）地漏、雨水管、污水管详细设计见水施图。

（7）凡没标注之尺寸参照已标注的；平面尺寸如与大样图不符，以大样图为准。

明确图纸主次

（8）图中挂石位置由有资质的专业公司设计及安装。

（9）本项目立面所有外露管道刷与立面同色涂料。

明确给排水专业责任

（10）凡有立管包砌，应待立管安装完、试水合格后，砌筑包封尺寸及定位详水施图。

（11）除注明外，构造柱位置及做法详见结施图总说明。

无障碍设计说明

（12）本项目低层和多层居住建筑不设无障碍住房，无障碍住房设置在高层住宅建筑中。

9. 其他的建筑构造

平面图中还有一些在特殊条件下采用的构造，如变形缝（图 8-17 中的①）用于长度过大的建筑中；吊车轨道及吊车梁常见于工业厂房建筑中。

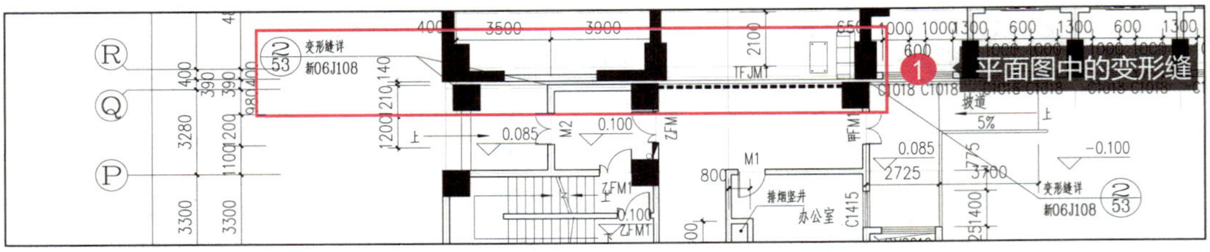

图 8-17 建筑平面图中的变形缝

拓展讨论

（1）内容引导：翻阅《民用建筑工程建筑施工图设计深度图样》（09J801）。

（2）展开研讨：在第 23 页的某工程底层平面图中找到各种建筑设备的相关图例，如消火栓、洗手台等。思考为什么图纸上需要表达这些图例？

（3）素质落脚点：规范、严谨。

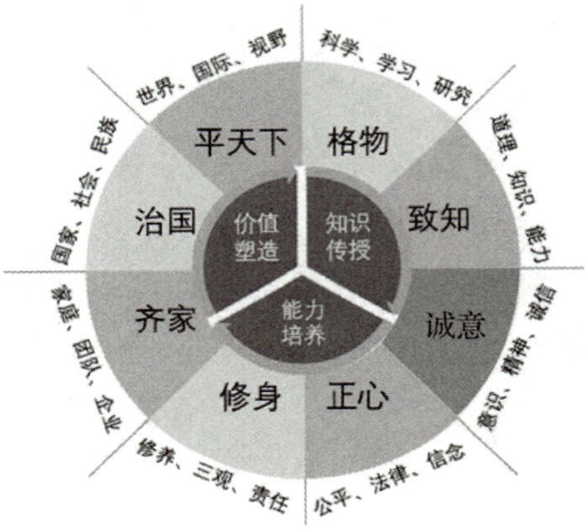

小节实训

（1）实训内容：扫描二维码 8-2，浏览给出的实际项目施工图纸。

① 在二维码 8-2 中，找到基本建筑构件，如墙、柱、门、窗、楼梯、台阶等。同时观察各种建筑构件的绘制方式。

② 观察建筑中各个不同楼层的平面图绘制要点和要求。

③ 根据本模块各节的内容，结合课程设计项目完成相应的平面图设计和绘制工作。

（2）实训目标：通过学习，掌握建筑施工图绘制的要求和方法。

（3）实训要求：能够独立完成建筑施工图平面图的绘制。

8.3 平面图绘制的内容

1. 首层平面图

首层平面图除了需要表达建筑本身的各种基本构件（墙、柱、门、窗、楼梯等），还需要表达毗邻建筑的周边环境、指北针、剖切符号、区位图、详图索引、家具、厨具、洁具、地下室或二层投影轮廓等信息，如图 8-18、图 8-19 所示。

（1）毗邻建筑的周边环境（图 8-18 中的①）。图纸需要表达建筑的出入口与室外道路之间的关系，所以除了绘制建筑本身，同时还会将建筑周边小范围内的环境一同绘制出来，这样能更清楚地表达建筑与周边环境之间的关系和交通联系。必须表达的内容包括：出入口和平台、台阶、坡道、附近室外的标高、建筑周围的绿地、连接的小广场、道路或地面开孔等。

（2）指北针（图 8-18 中的②）。与总平面（定位）图通常要求指北针上北下南正向放置不同，首层平面图为了排版和看图方便，通常会将建筑长边与图纸的长边平行放置，指北针根据建筑旋转的角度，同样旋转后放置，指北针外侧的圆直径为 24mm 左右。

（3）剖切符号（图 8-18 中的③）。其是表示建筑剖面图剖切位置和剖视方向的符号，仅在建筑首层平面图上表示。其编号要求与施工图中的每一张剖面图一一对应。剖切位置应选在层高、层数等空间变化多且具有代表性的地方。

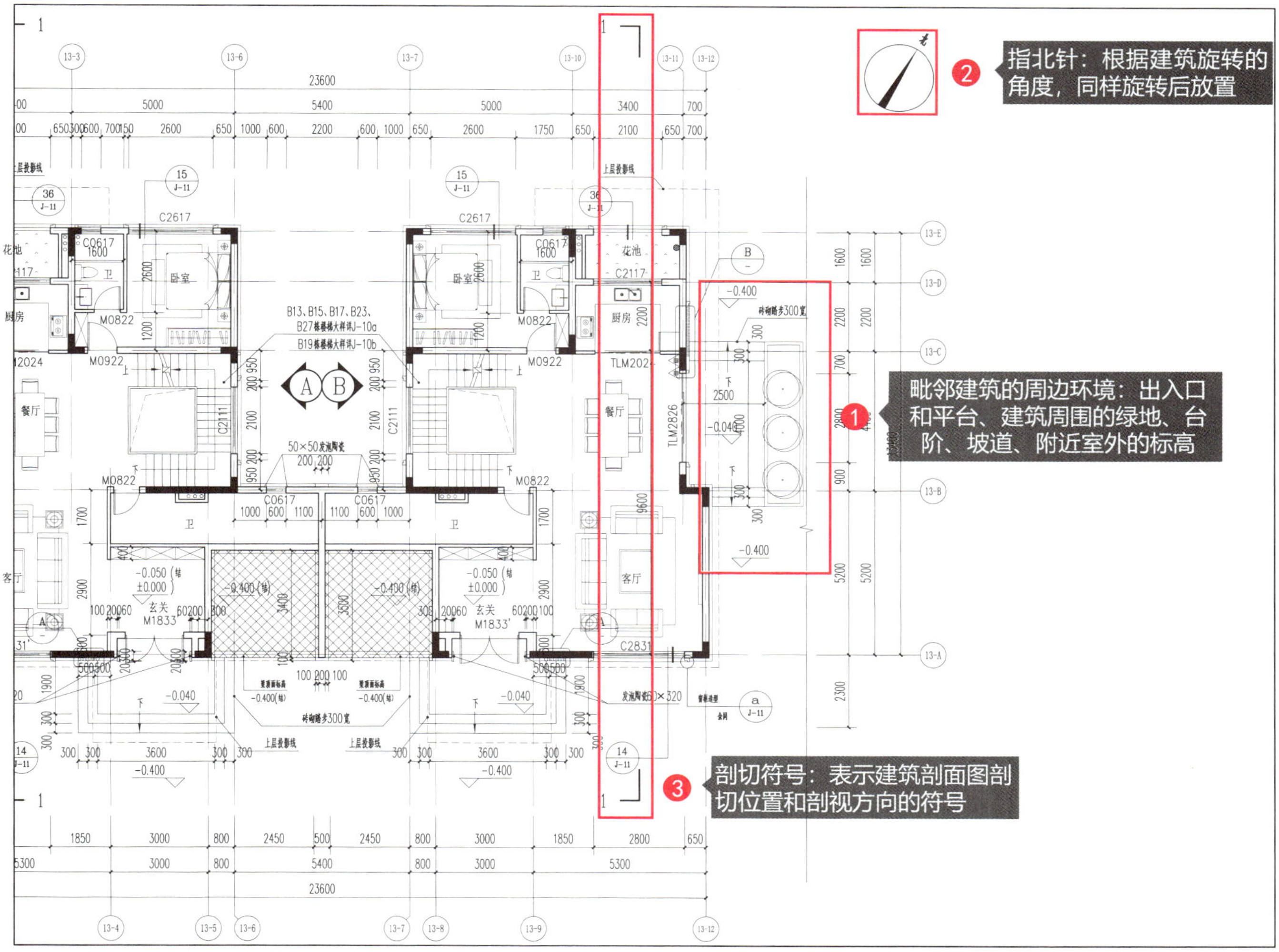

图 8-18 某住宅建筑首层平面图（局部一）

（4）区位图（图 8-19 中的④）。当建筑属于建筑群中的某一栋时，需要将本图纸所表达的建筑位置，在图纸上以小的区位图表示，比如住宅区或别墅区中的一栋。

（5）详图索引（图 8-19 中的⑤）。如果建筑详图表达的内容为各层都包含时，其索引通常只在首层平面图中表示，如楼梯详图、墙身详图等。

（6）家具、厨具、洁具（图 8-19 中的⑥）。建筑施工图中通常不表达家具，但居住建筑除外，而厨具和洁具等都需要表达，如洗手台、坐便器等。

（7）地下室或二层投影轮廓（图 8-19 中的⑦）。建筑如有地下室或二层出挑部分，通常会使用粗虚线在首层表达其轮廓，以反映建筑地下地上之间的关系。

除以上内容外，室外如有散水、排水沟等建筑构造时，也需要标明其位置尺寸并索引相应做法。

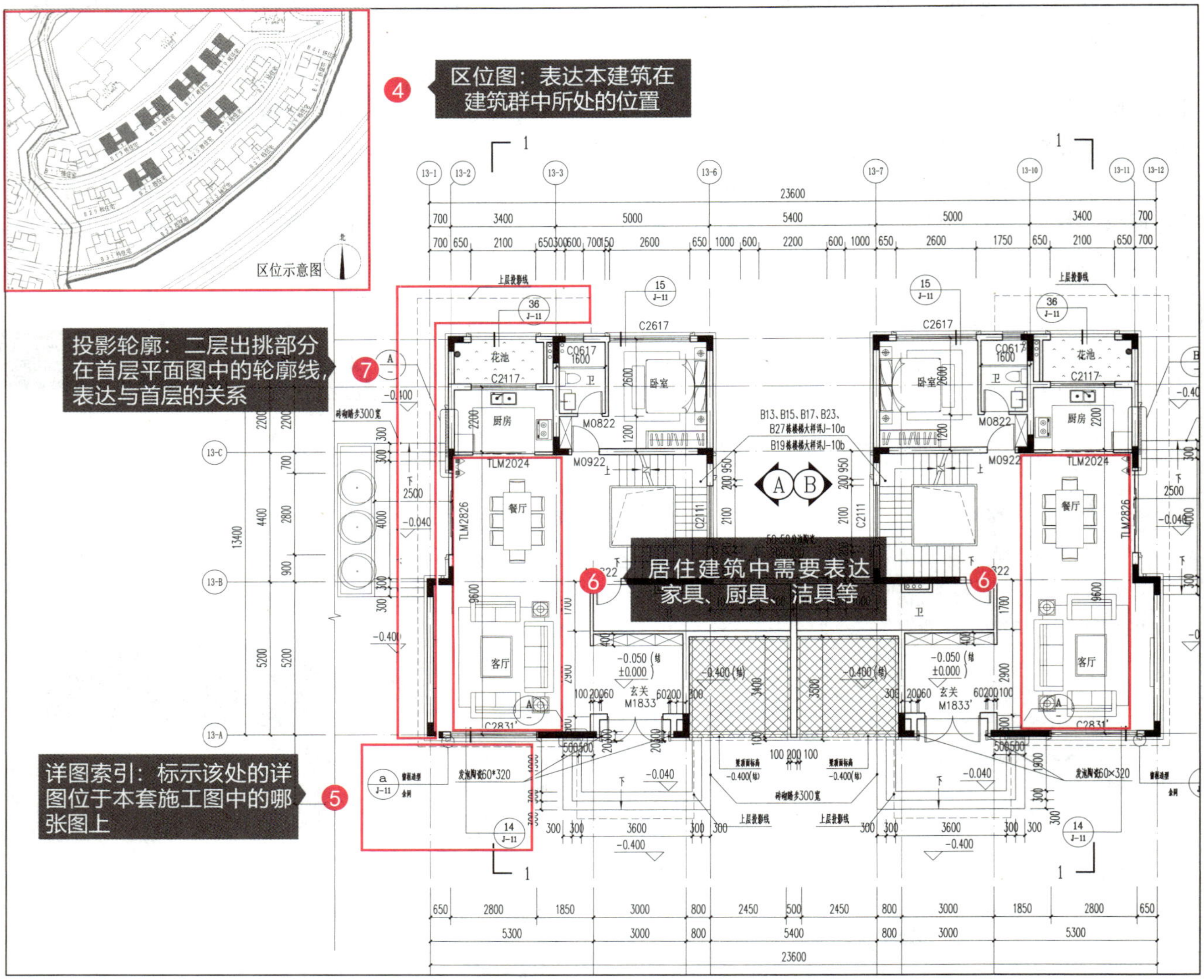

图 8-19　某住宅建筑首层平面图（局部二）

课堂讨论

为何通常除居住属性的建筑外，建筑施工图中不需要表达家具但需要表达厨具和洁具？

2．地下室平面图

地下室由于采光、通风等条件的限制，通常不作为人员长期停留的空间使用，而作为设备房、停车库、储藏室等功能用房。为了满足这些功能的要求，同时为了克服地下室排水、消防等方面的劣势，其会有一些特有的构造做法。

（1）停车库（机动车或非机动车）。其通常需要标注停车位（无障碍停车位）和通行路线。

（2）集水井和排水沟（图 8-20 中的①、②）。由于地下室位于地面以下，当室内有水需要排出时，如自动喷水灭火系统启动、暴雨雨水灌入或墙体、地面由于地下水压较大而产生渗水等，无法自然排出，故一般需要有排水沟和集水井系统，排水沟将水集中到集水井中，再由水泵抽出室外。其长度、宽度和定位尺寸、坡度等应标注齐全，并与设备专业一致。

（3）设备用房。大型公共建筑的主要设备，如发电机、水泵、空调主机等，由于使用时有持续的噪声和振动等不良影响，通常将设备间设于地下，且这些设备间会设置主要设备的基础（图 8-21 中的③）、各种地面管沟、排水沟、集水井和各种管道井。这些建筑构件和构造都需要在平面图中表达出来，与设备专业配合一致，并标注大小和定位尺寸。

二维码 8-5
某医院住院楼建筑地下一层平面图

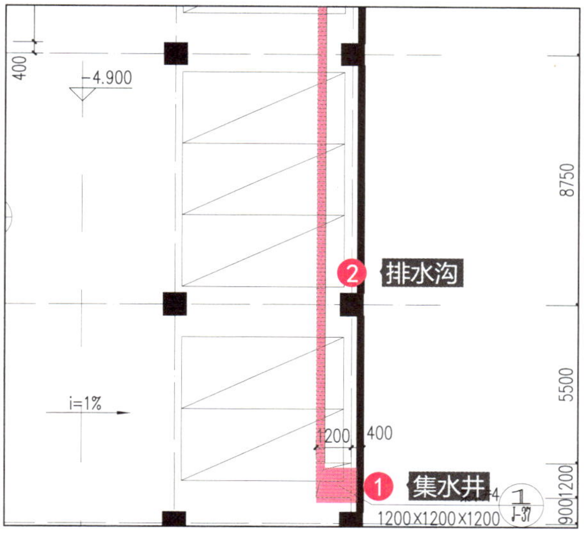

图 8-20 设置于地下室停车库内的排水沟和集水井

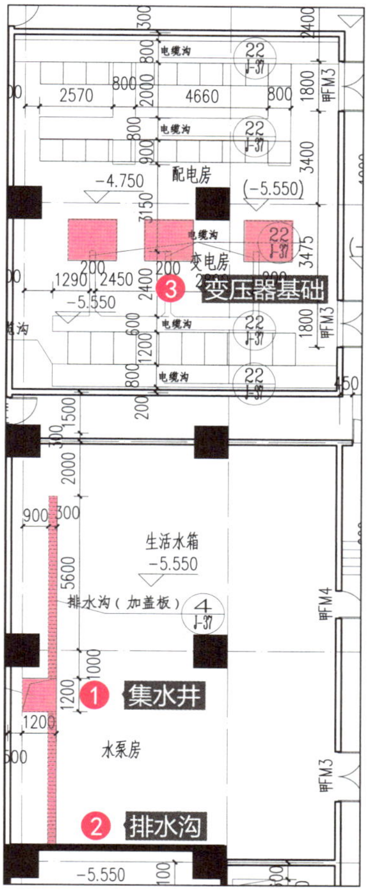

图 8-21 设置于地下室的变配电房等设备用房

课堂讨论

某医院住院楼建筑地下一层平面图如图 8-22 所示。

（1）在图 8-22 中找到图 8-20 所示的停车库位置，观察思考停车位和车道的设计与柱网的关系。

（2）在图 8-22 中找到图 8-21 所示的设备用房，观察思考设备用房的设备布置。

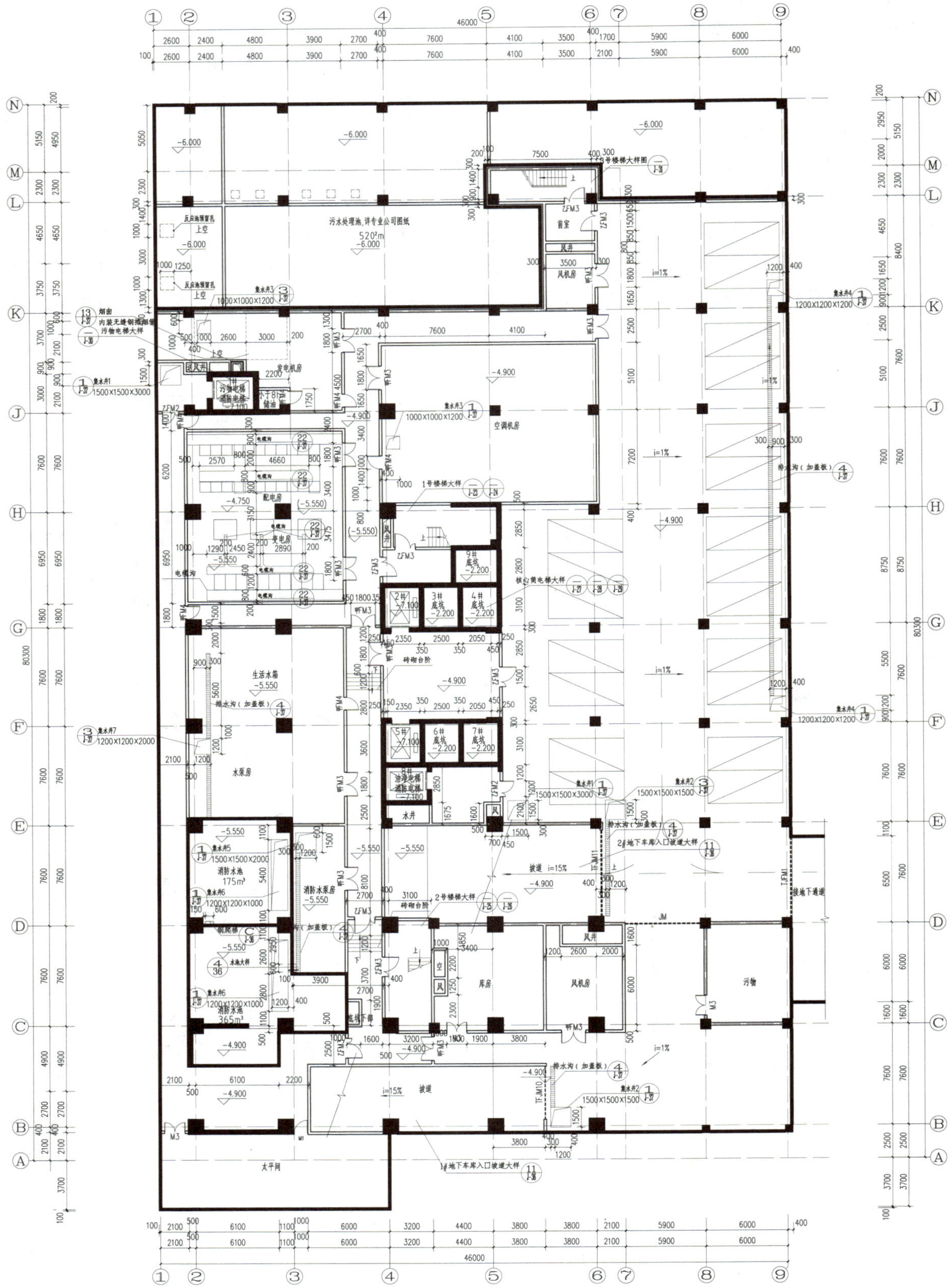

图 8-22 某医院住院楼建筑地下一层平面图

课堂拓展

机房内的设备基础

大型机电设备荷载较大且集中作用于其安装位置上，为了避免自重和使用时的振动对建筑产生不良影响，一般不会将其直接安装于楼板上，而是对安装位置的楼板进行加强，制作一个混凝土基座来安装设备，并做减振措施。

3．二层及标准层平面图

二层及标准层平面图中除了要表达基本的建筑要素，还需要注意以下内容。

（1）标准层的标高和图纸名称（图 8-23 中的①、②）。当建筑为二层以上，有数层平面均一致仅有标高不同时，可将相同的这几层用一个平面图表示，仅需标注多个标高。当局部有少量变动时，可在标准层平面图中就近标注，表示清楚变化的楼层。另外，标准层平面图应清楚写明表示的各个楼层。

二维码 8-6 某医院住院楼建筑标准层平面图

（2）建筑镂空（图 8-24 中的③）。当建筑中的某个区域没有楼板，为镂空空间时，需要用镂空符号表示出来。

（3）雨篷。建筑的出入口上方一般会设置雨篷，需要标注其标高、大小尺寸和定位尺寸。有雨雪时雨篷上会积水，其排水设计可参照之前章节的阳台、露台，通过平面找坡和地漏排水口将雨水排走。

（4）投影轮廓（图 8-24 中的④）。紧邻的上一层的出挑部分，通常会使用粗虚线在本层表达轮廓，以反映建筑上下层的关系。

（5）楼地面预留孔洞。建筑中有各种管道井，给水、电、空调等专业使用，需要在楼板和墙体上预留孔洞，平面图中需要标注其位置、大小尺寸（图 8-24 中的⑥）和编号，编号常为 DK+ 数字。管道井设在卫生间、厨房内时，其大小尺寸及定位尺寸可在卫生间、厨房详图中表示（图 8-24 中的⑤）。

（6）详图索引。各层相同的详图索引，应标注在最初出现的楼层，其后各层则可省略，只标注变化和新出现者。

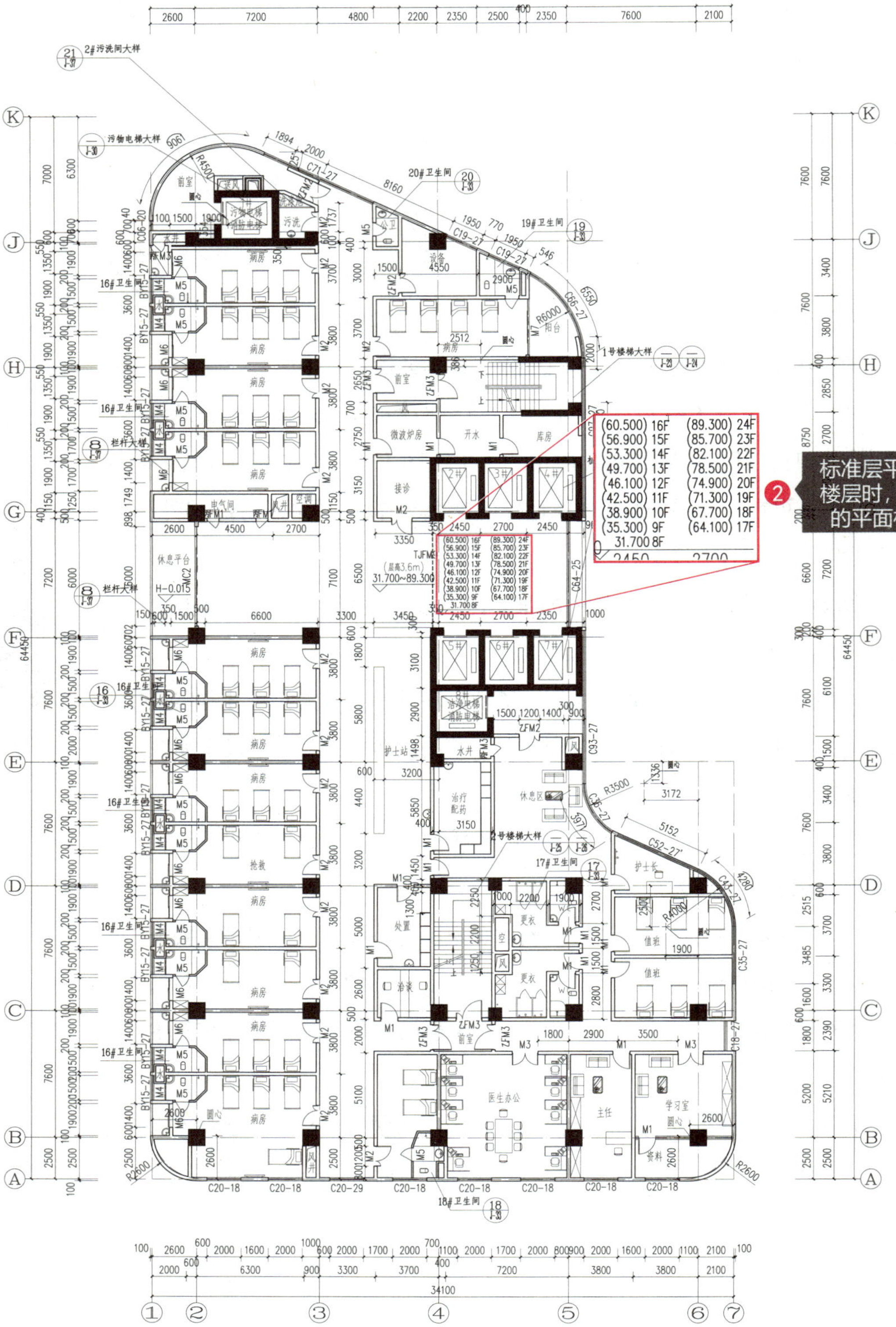

❷ 标准层平面图表示多个楼层时，要将各个楼层的平面标高表示出来

图纸名称要写明标准层平面图所表示的各个楼层 ❶ 标准层（八~十四层，十六~二十四层）平面图

图 8-23 某医院住院楼建筑标准层平面图

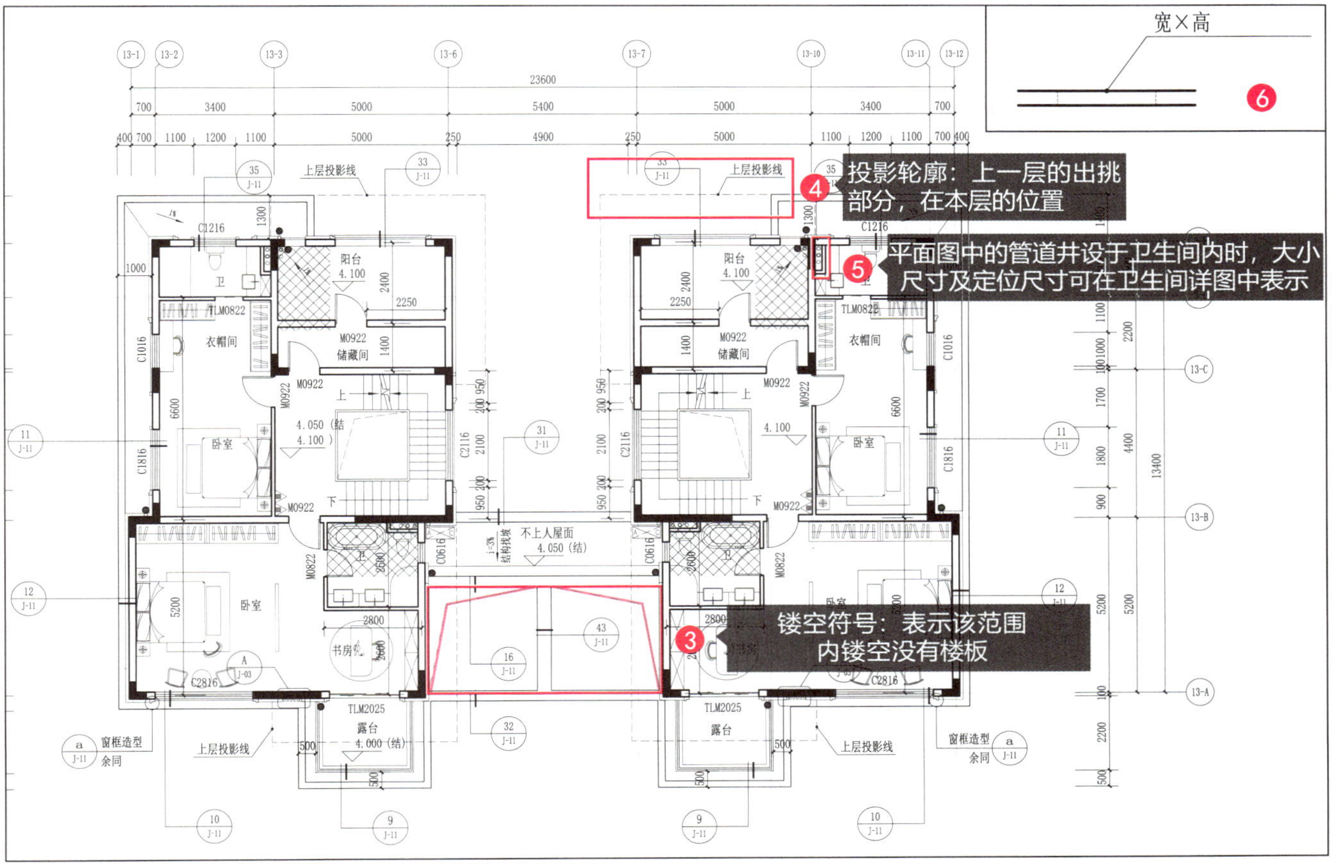

图 8-24　某住宅建筑二层平面图

4．顶层平面图及屋顶平面图

顶层平面图的绘制内容和构件表达方式与二层及标准层平面图类似，如阳台、露台（图 8-25 中的①）、投影轮廓（图 8-25 中的③）等。需要注意顶层楼梯（图 8-25 中的②）的绘制与中间层、首层不同。

课堂拓展

有组织排水和无组织排水

通常把建筑屋面雨水不做任何汇集处理，任其由屋面边缘自由泄水的排水方式称为无组织排水。而有组织排水是指将建筑屋面的雨水通过平面找坡、屋面排水沟等方式，汇集于某些汇水点，并于该处设置屋面雨水口将屋面雨水统一收集后排入市政雨水管的排水方式。一般情况下均按有组织排水设计，只有面积特别小、层数低的或位于常年干旱少雨地区的建筑可以考虑无组织排水。

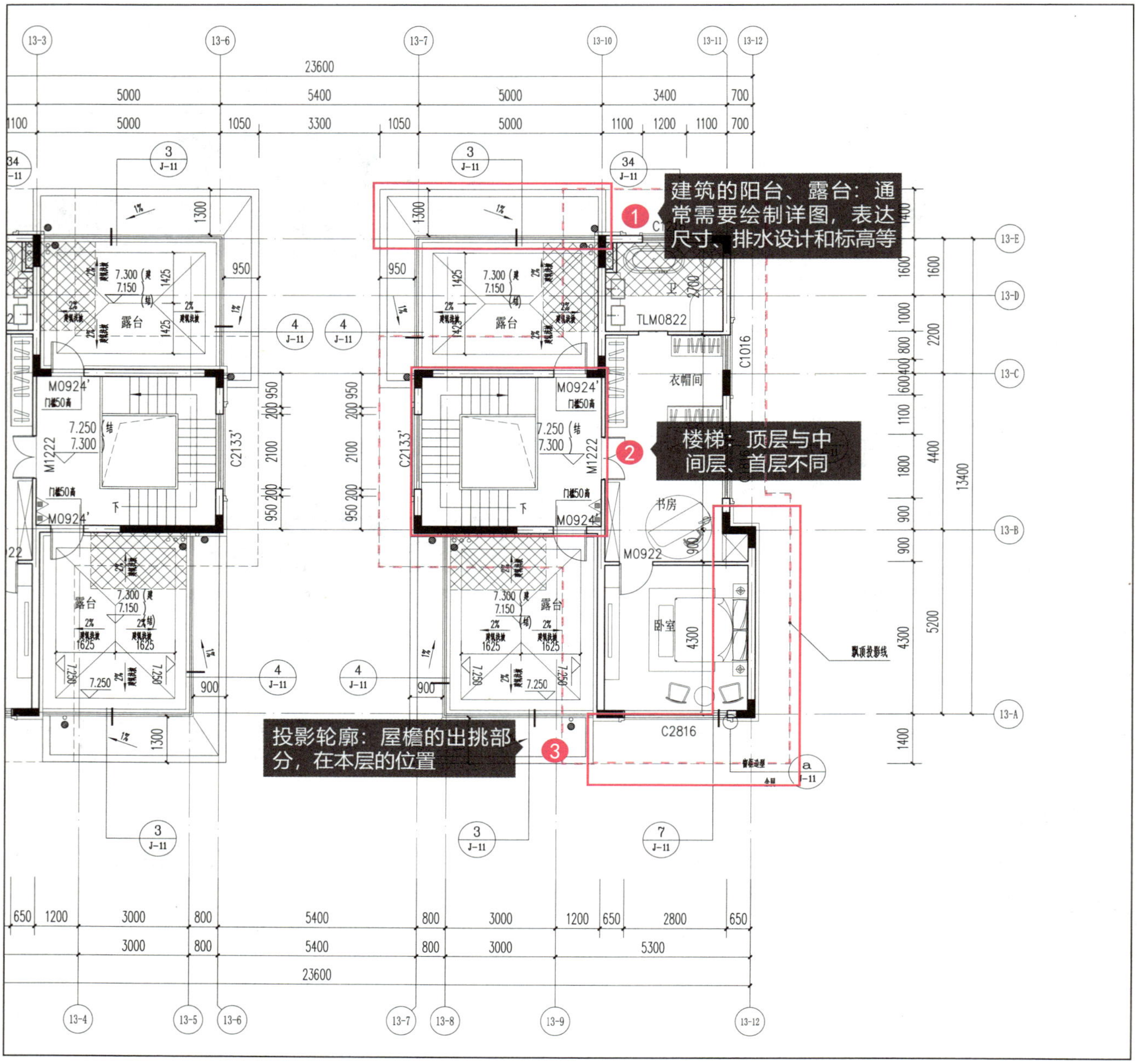

图 8-25 某住宅建筑顶层平面图

二维码 8-7
某住宅建筑屋顶平面图

屋顶平面图是整个屋顶的俯视图，主要表达整个屋面的排水设计，通常会通过建筑找坡（图 8-26 中的④）、排水沟（图 8-26 中的⑤）、排水口（图 8-26 中的⑥）等方式，将整个屋面的雨水组织汇集后，从雨水管统一排入市政雨水管网。

另外屋顶平面图需表达其上的各种构件和构造（如有），如女儿墙、屋脊（分水线）、汇水线、变形缝、楼梯间（上人屋面）、水箱间、电梯机房、天窗及挡风板、屋面上人孔、检修梯、室外消防梯等，并标注定位尺寸和采用的详图索引。

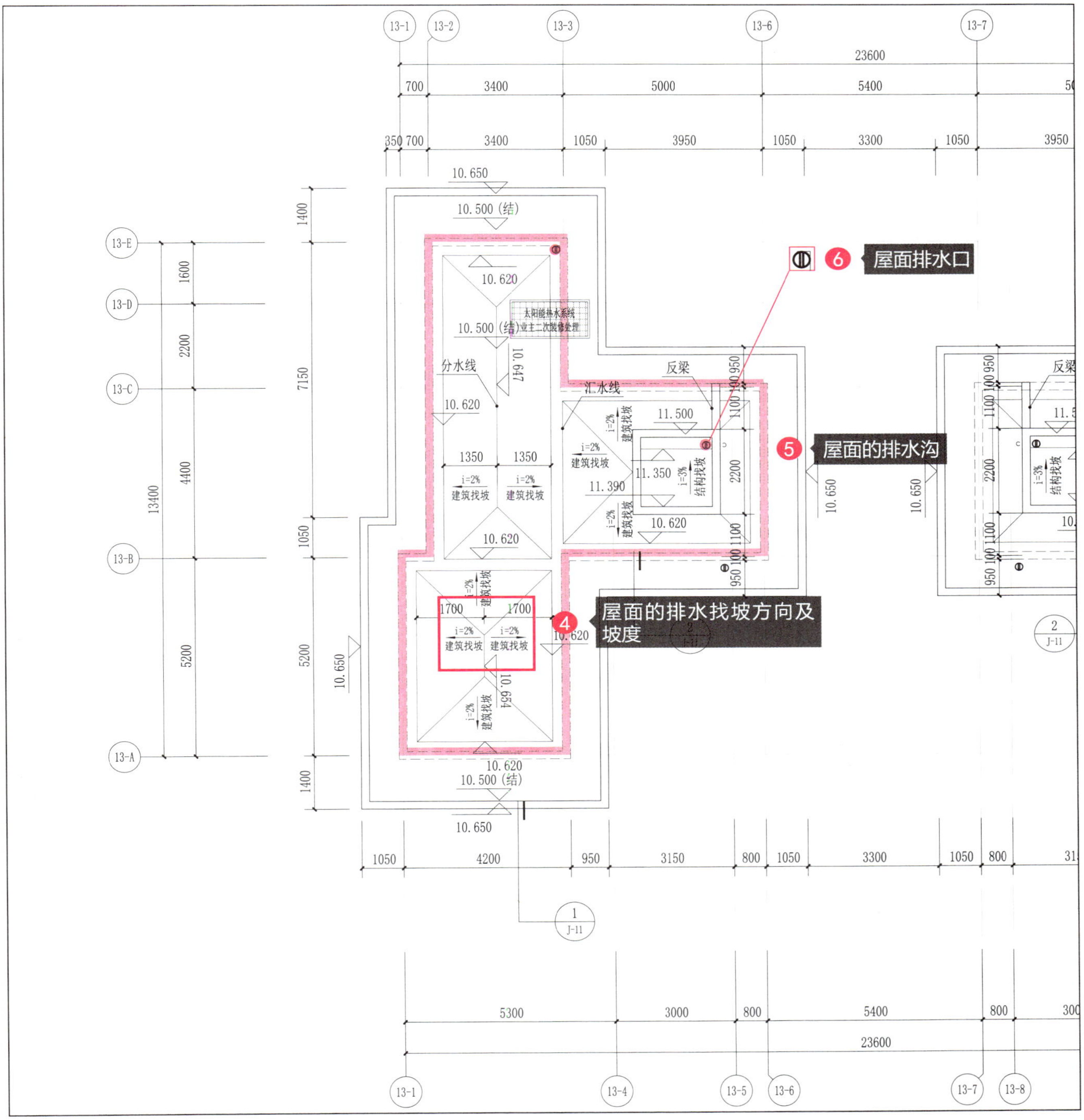

图 8-26　某住宅建筑屋顶平面图

模块 9 施工图立面图设计

9.1 立面图绘制的目的和要求

1. 立面图绘制的目的

立面图是建筑施工图中主要的图纸之一，常用比例为 1∶100、1∶150 或 1∶200，它是把建筑中各立面上的材料和构件绘制出来的图纸。某茶室建筑立面图如图 9-1 所示。

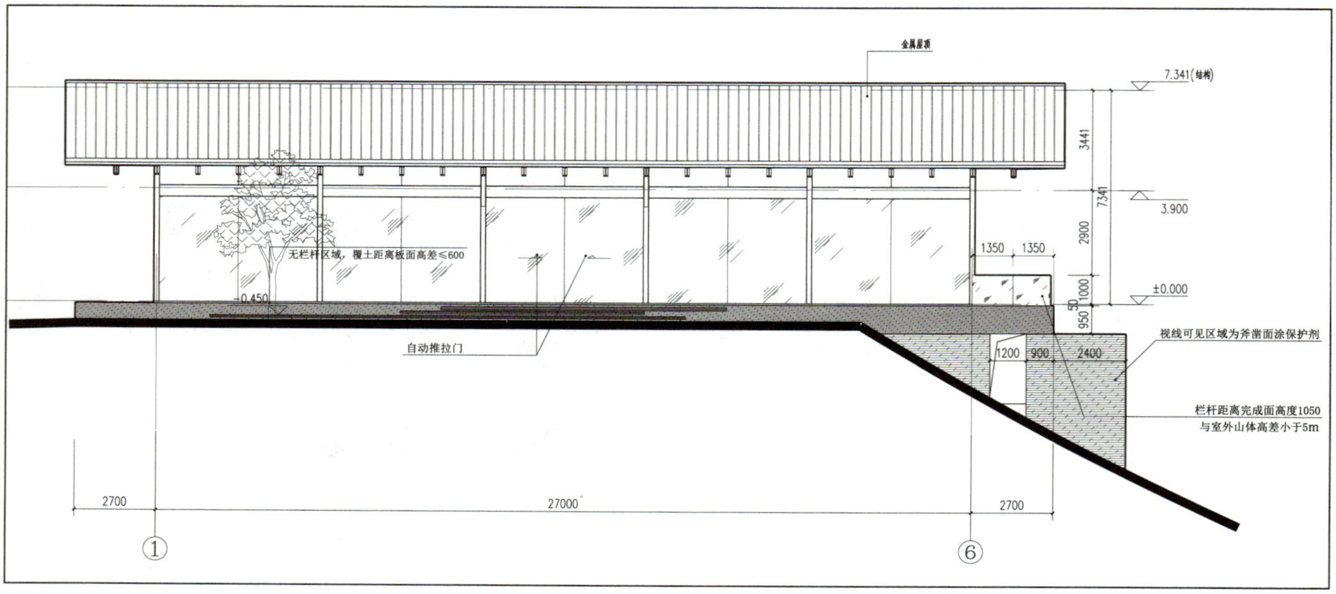

图 9-1 某茶室建筑立面图

大部分构造和构件的材料、颜色和高度信息都应在立面图上表示，如建筑物的外门、窗、百叶、格栅、外墙、变形缝、女儿墙、檐口、线脚、台阶、坡道、室外楼梯、花台、雨篷、阳台、栏杆、室外空调机搁板等。立面图需要把这些构造和构件绘制出来并标注标高尺寸和两端轴线。在施工时，施工单位会依据立面图上的高度和材料信息，在施工现场把这些构造和构件建造出来。

2. 立面图绘制的要求

立面图的绘图标准及图例与平面图有类似的也有不同的地方，绘制时要使用正确的符号和图例。立面图需标注材料，如玻璃、钢材、毛石等。同时，平面图、剖面图上无法表达的构造详图索引，平面图上表达不清的窗编号、屋顶女儿墙、檐口及其他装饰构件等内容，均应表达在立面图上。

二维码 9-1
某住宅建筑立面图

小节实训

（1）实训内容：扫描二维码 9-1，浏览给出的实际项目施工图纸。

① 在图纸的立面图中，找到基本建筑构件，如墙、门、窗、台阶等，并在图 9-1 中找找有没有对应的类似构件，观察并对比绘制方式的异同。

② 观察建筑立面图中各个图例和图标，注意哪些与平面图中的类似，哪些是立面图特有的。

③ 根据本模块各节的内容，结合课程设计项目完成相应的立面图设计和绘制工作。

（2）实训目标：通过学习，掌握建筑施工图立面图绘制的要求和方法。

（3）实训要求：能够独立完成建筑施工图立面图的绘制。

二维码 9-2
别墅照片

9.2 立面图绘制的内容

立面图需要明确表达建筑轮廓，通常建筑外轮廓线需用粗线特别强调，如图 9-2 中的①所示。此外，立面图还需要表达建筑外部的所有可见的建筑构造和构件，如墙顶、檐口、室外楼梯、爬梯、遮阳构件、墙、柱、门、窗、洞口、室外台阶、坡道、变形缝、阳台、雨篷、烟囱、勒脚、雨水管、特殊构件等，主要表达其位置、高度、材料、颜色、粉刷分格线等（图 9-2 中的②、③、④、⑤、⑥、⑦、⑧、⑨、⑩）。

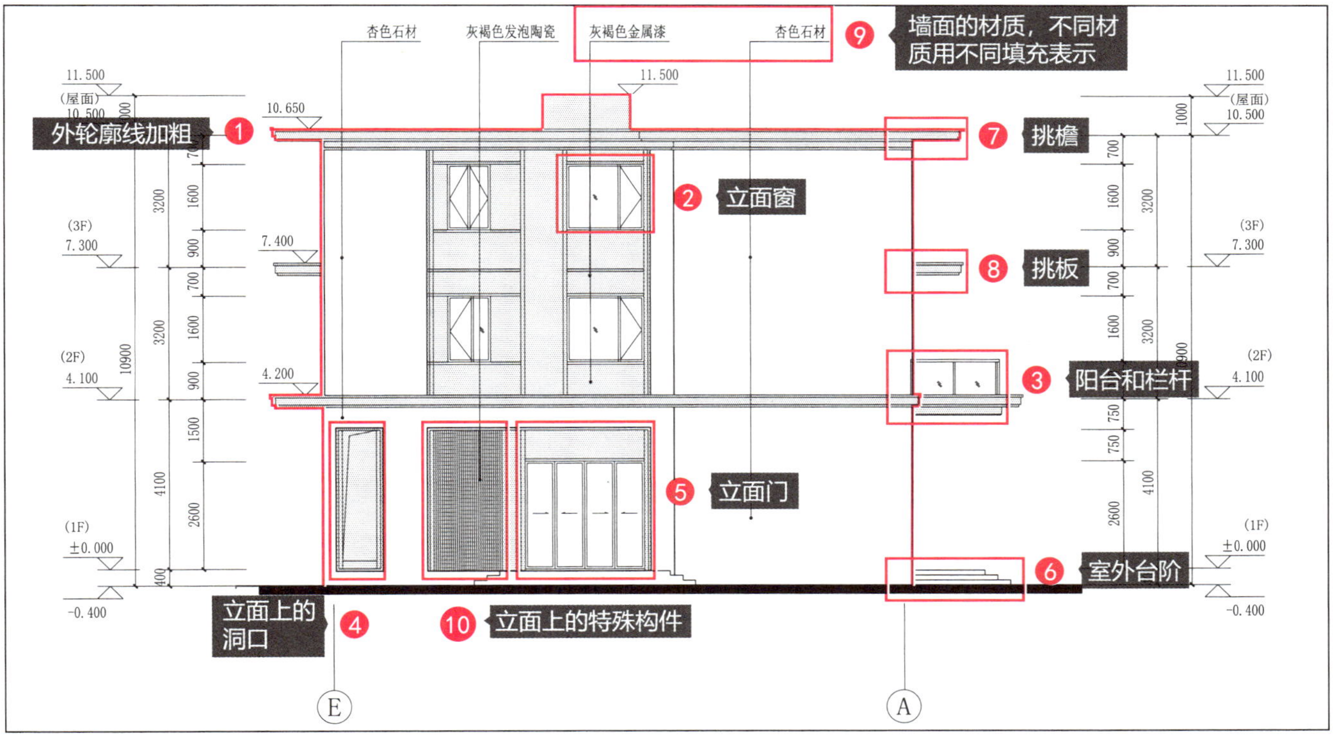

图 9-2 某住宅建筑立面图（一）

9.3 立面图的绘图规范

1. 轴号和轴线

立面图中通常只标注本立面的第一和最后一根轴线及首尾两个轴号，并且以这两个轴号来命名该立面图，如图 9-3 中的④所示。

2. 尺寸标注和标高

1）尺寸标注

立面图通常标注三道尺寸线，如图 9-3 中的①、②、③所示。第一道尺寸线标注门、窗、窗台、窗顶墙的高度，也会标注阳台、栏杆、女儿墙等构件的高度；第二道尺寸线标注楼层高度；第三道尺寸线标注建筑总高度。

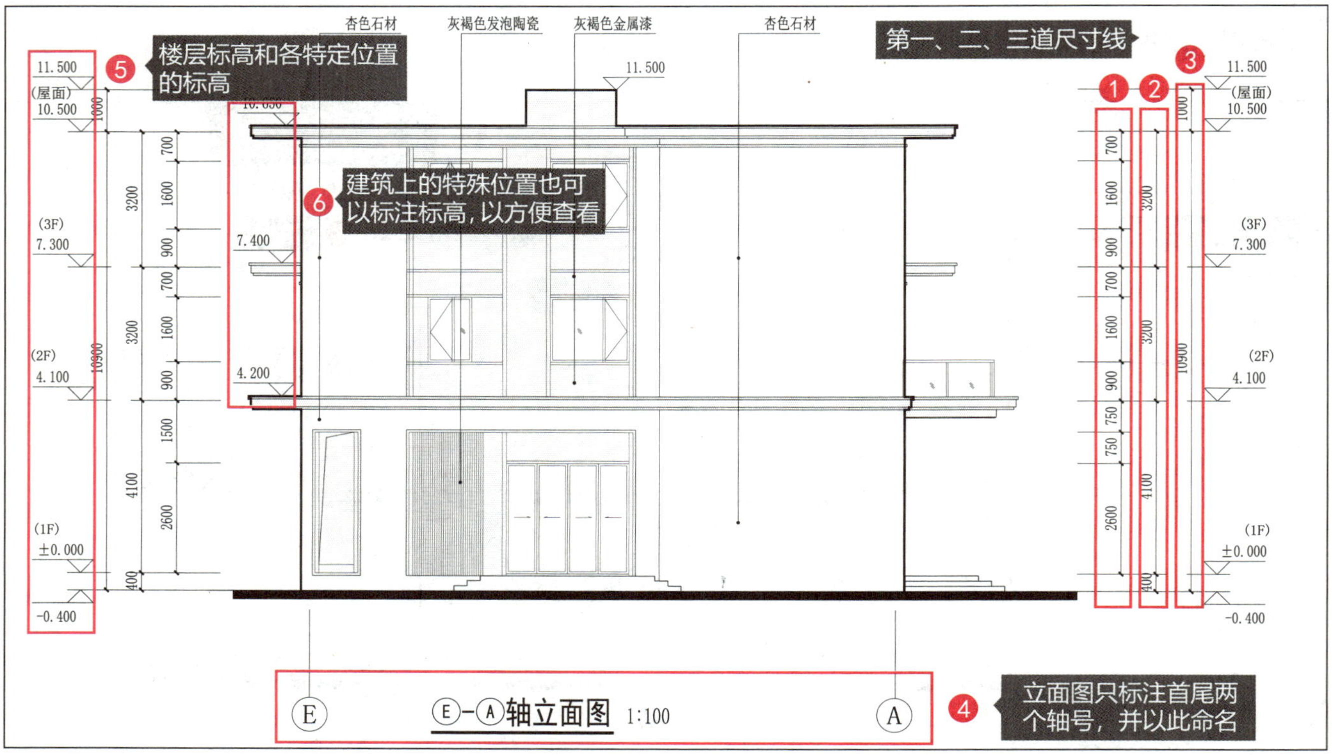

图 9-3 某住宅建筑立面图（二）

2）标高（图 9-3 中的⑤、⑥）

立面图应标注室外地面、首层及其他各层楼面、屋面、女儿墙、檐口、其他凸起部位（如楼梯间、电梯机房、屋面构架）等的标高。

3. 墙面和幕墙

绘制立面图时一个非常重要的目的是要表达外墙面的颜色和材质，且需要明确表达不同材质的分界线。对于外立面材料颜色较多的项目，会专门绘制排砖图，以精确表达立面材料的分块、粉刷分格线位置及大小，保证施工效果与设计图一致。

通常在项目中，会采用不同的填充形式，以表达不同的颜色和材质，如图 9-4 中的①、④所示。

简单的幕墙可在立面图上表示立面分格线、材质及开启的门窗扇等；复杂幕墙应绘制幕墙立面图。

4. 门和窗

立面图上的门如果是玻璃材质，则需要画上表示玻璃的斜线，这点和窗一样，如果是其他材质可留空，另外门和窗都需要标注开启方向和方式，箭头表示推拉门窗，折线表示平开门窗。对平开门窗来说，折线是虚线表示门窗内开，实线则表示门窗外开，如图 9-4 中的②、③所示。

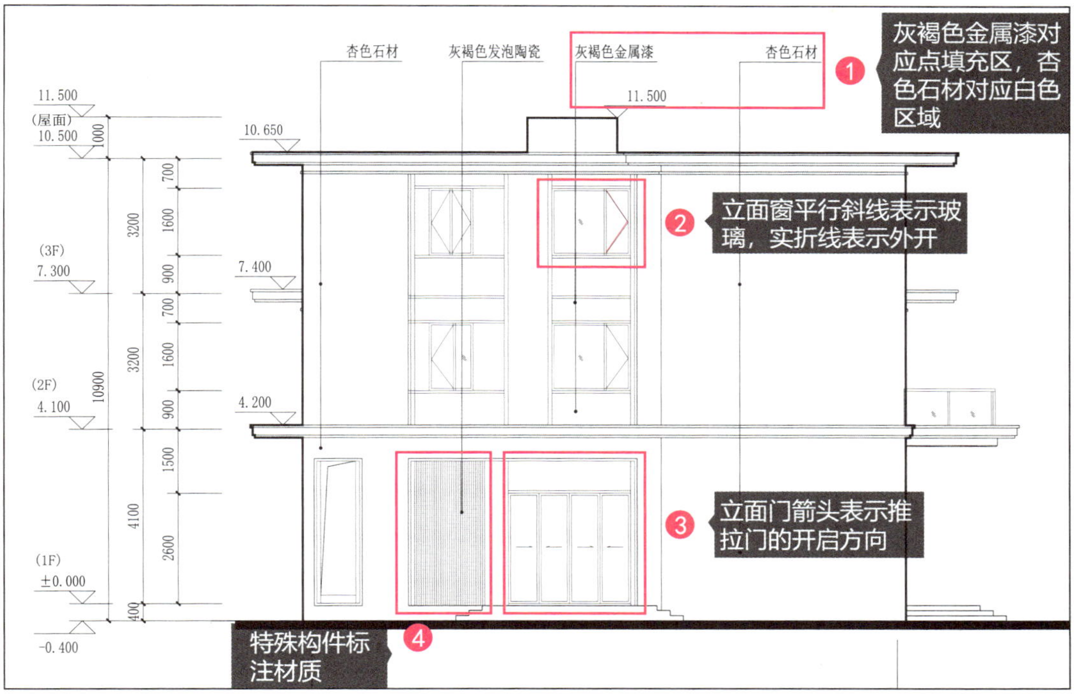

图 9-4 某住宅建筑立面图（三）

5．室外台阶、坡道、阳台、露台及栏杆

立面图需要如实表达建筑出入口附近的室外台阶、坡道等，以反映建筑出入口与室外地面的关系。其余可见的阳台、露台、栏杆高度等也需要表达，如图 9-5 中的①、②、③所示。

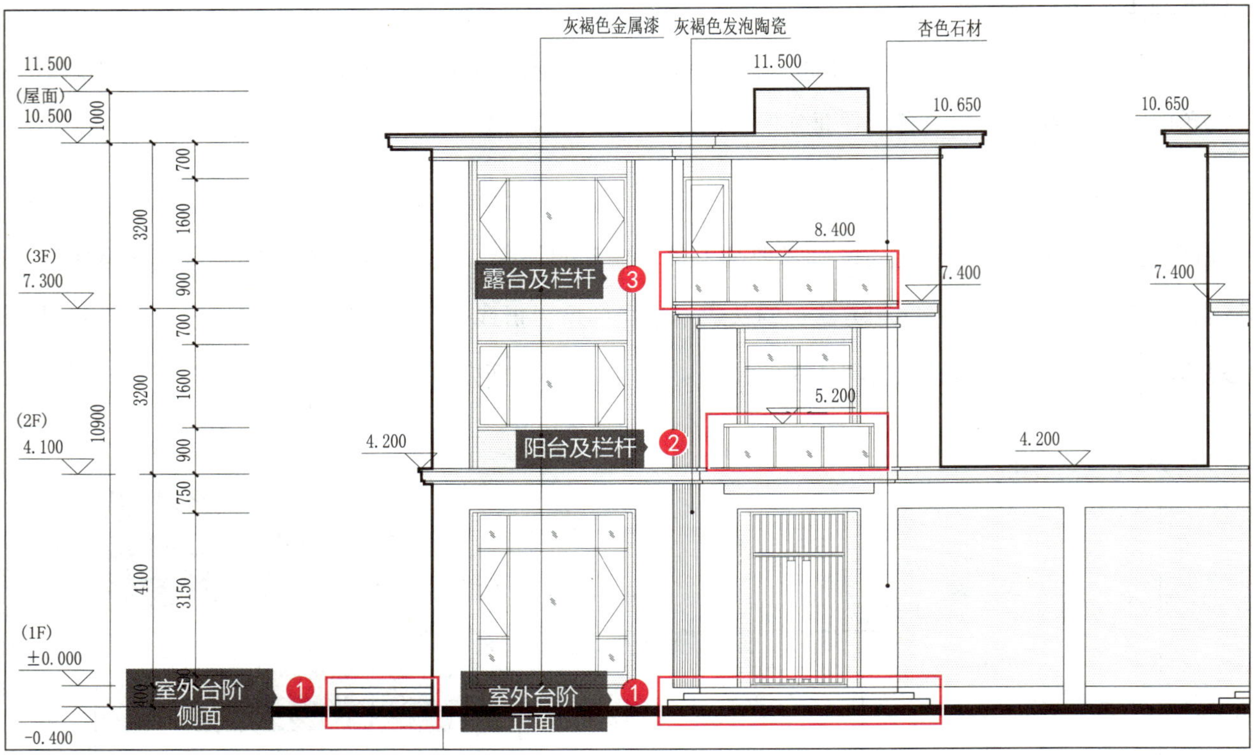

图 9-5 某住宅建筑立面图（四）

模块 10　施工图剖面图设计

10.1　剖面图绘制的目的和要求

1. 剖面图绘制的目的

剖面图是建筑施工图中主要的图纸之一，常用比例为 1∶100、1∶150 或 1∶200，它直观地表达了建筑内部的空间和结构关系，便于施工人员理解，例如某茶室建筑剖面图如图 10-1 所示。

剖面图首先需要正确表达结构关系，比如结构体系中的梁、板、柱；其次会表达各个不同的剖到空间的具体空间形态。一般会选取空间变化比较丰富的位置绘制剖面图，根据剖切位置的不同有时还会表达竖向交通构件，如电梯、楼梯、自动扶梯等。

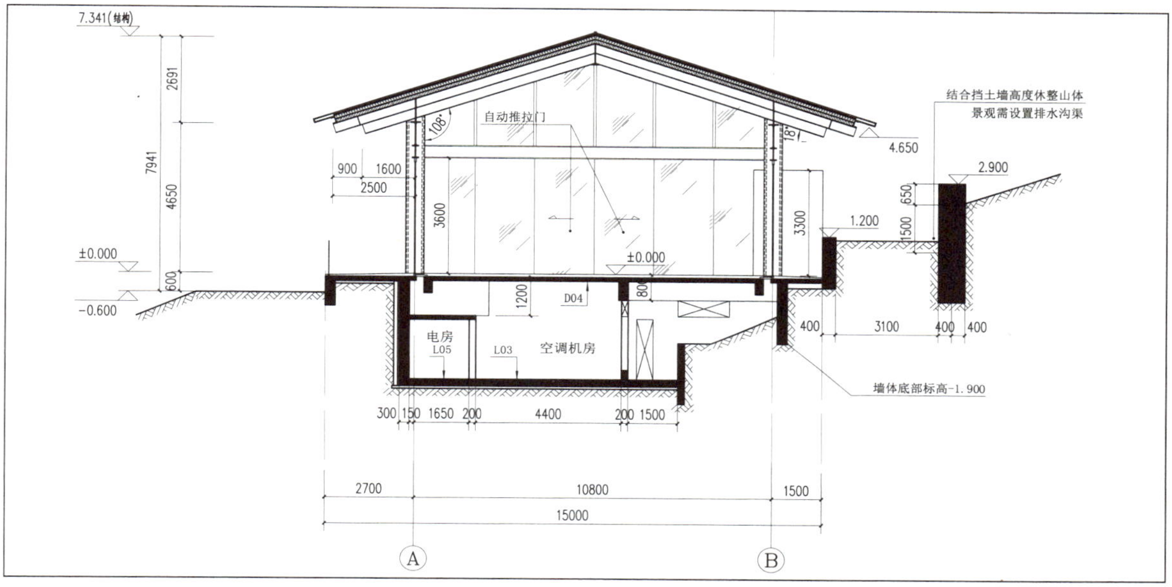

图 10-1　某茶室建筑剖面图

2. 剖面图绘制的要求

剖面图的剖切位置应选在层高变化多、空间形态丰富且具有代表性的地方。绘制时要使用正确的剖面图相关符号和图例。剖到的可见建筑构件和非结构部分，如可见的梁、柱、洞口和玻璃窗等要用细线；剖到的主要结构部分，如墙体要加粗，梁、板和楼梯要涂黑，而地面用特定的图案表示夯实土。

二维码 10-1
某幼儿园建筑剖面图

小节实训

（1）实训内容：扫描二维码 10-1，浏览给出的实际项目施工图纸。

① 在图纸的剖面图中，找到基本建筑构件，如梁、板、柱、墙、门、窗、台阶等，同时观察各种建筑构件的绘制方式。

② 观察建筑剖面图中各个图例和图标，注意哪些与立面图中的类似，哪些是剖面图特有的。

③ 根据本模块各节的内容，结合课程设计项目完成相应的剖面图设计和绘制工作。

（2）实训目标：通过学习，掌握建筑施工图剖面图绘制的要求和方法。

（3）实训要求：能够独立完成建筑施工图剖面图的绘制。

二维码 10-2
某住宅建筑剖面图

10.2　剖面图绘制的内容

剖面图需要表达建筑内部剖到和可见的主要结构、建筑构造和构件，如室外地面、首层地面、各层楼板、屋顶、梁、墙、柱、门、窗、楼梯、台阶、坡道、散水、平台、阳台、雨篷、洞口、地坑、地沟、夹层、吊顶、屋架、天窗、檐口、女儿墙等，如图 10-2 中标注所示。剖面图还应表达建筑内部的结构关系和空间关系，如女儿墙看线（图 10-2 中的⑩），以及结构梁、板与门、窗、墙等建筑构件之间的关系。

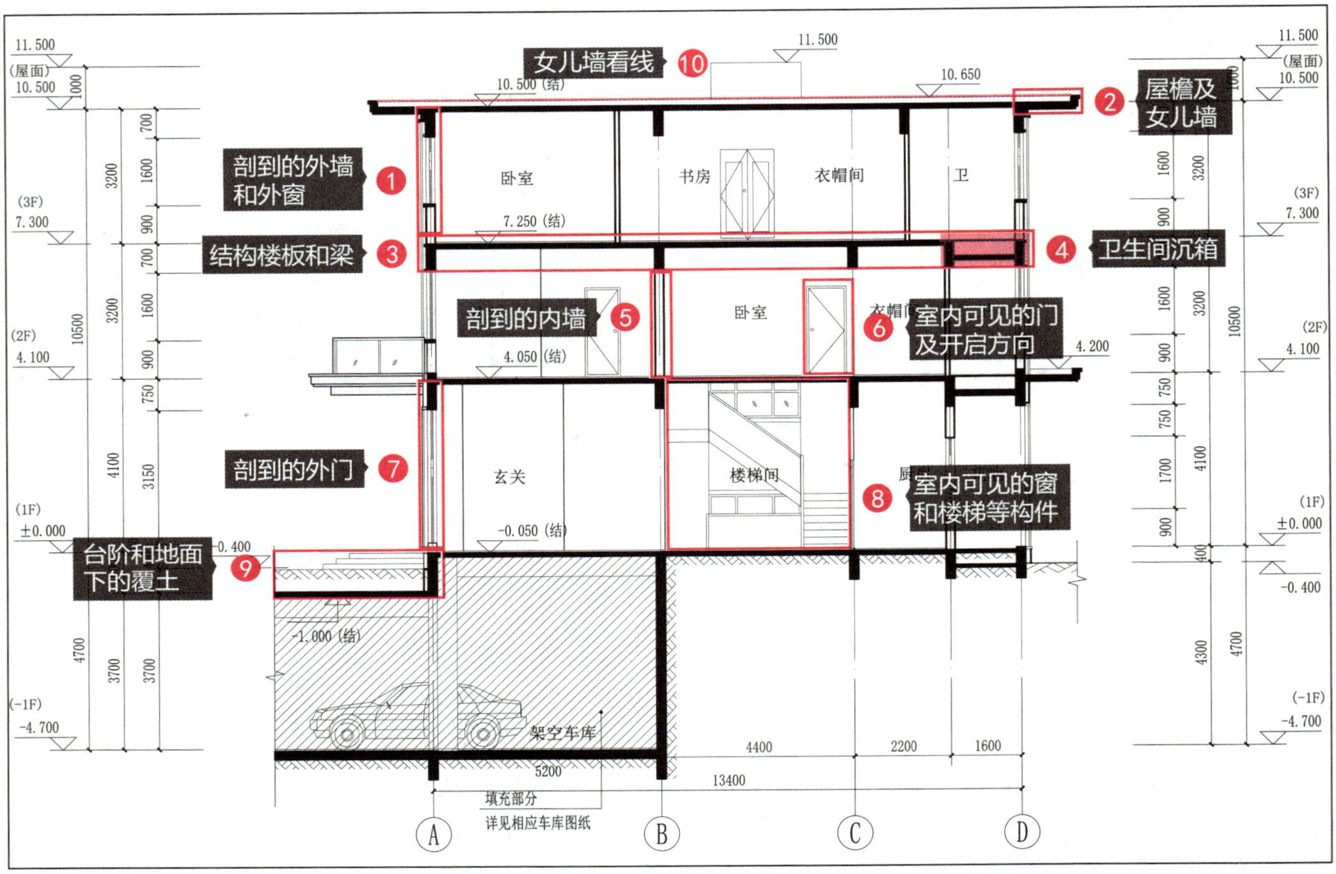

图 10-2　某住宅建筑剖面图

课堂练习

观察图 10-2 中有标注的图例，在图 10-1 中找找有没有对应的类似构件，并观察绘制方式的异同。

10.3 剖面图的绘图规范

1．轴号和轴线

剖面图中通常需要标注剖切方向上的每一条轴线，并标注轴线间距尺寸，有需要时也可再标注一道总尺寸（图 10-3 中的②）。

剖面图的命名要与首层平面图中剖切号的名称一致，常用 1—1、2—2、…… Ⅰ—Ⅰ、Ⅱ—Ⅱ（图 10-3 中的⑤）。

2．尺寸标注和标高

1）尺寸标注

剖面图通常标注三道尺寸线（图 10-3 中的①），第一道尺寸线标注外门、窗高度及与楼面关系尺寸，也会标注阳台、栏杆、女儿墙等构件的高度；第二道尺寸线标注楼层高度；第三道尺寸线标注建筑总高度（高度为由室外地坪至平屋面挑檐口上皮、女儿墙顶面或坡屋面挑檐口上皮，坡屋面檐口至屋脊高度单独标注，屋面上的电梯机房、楼梯间、水箱间等单独标注其高度）。

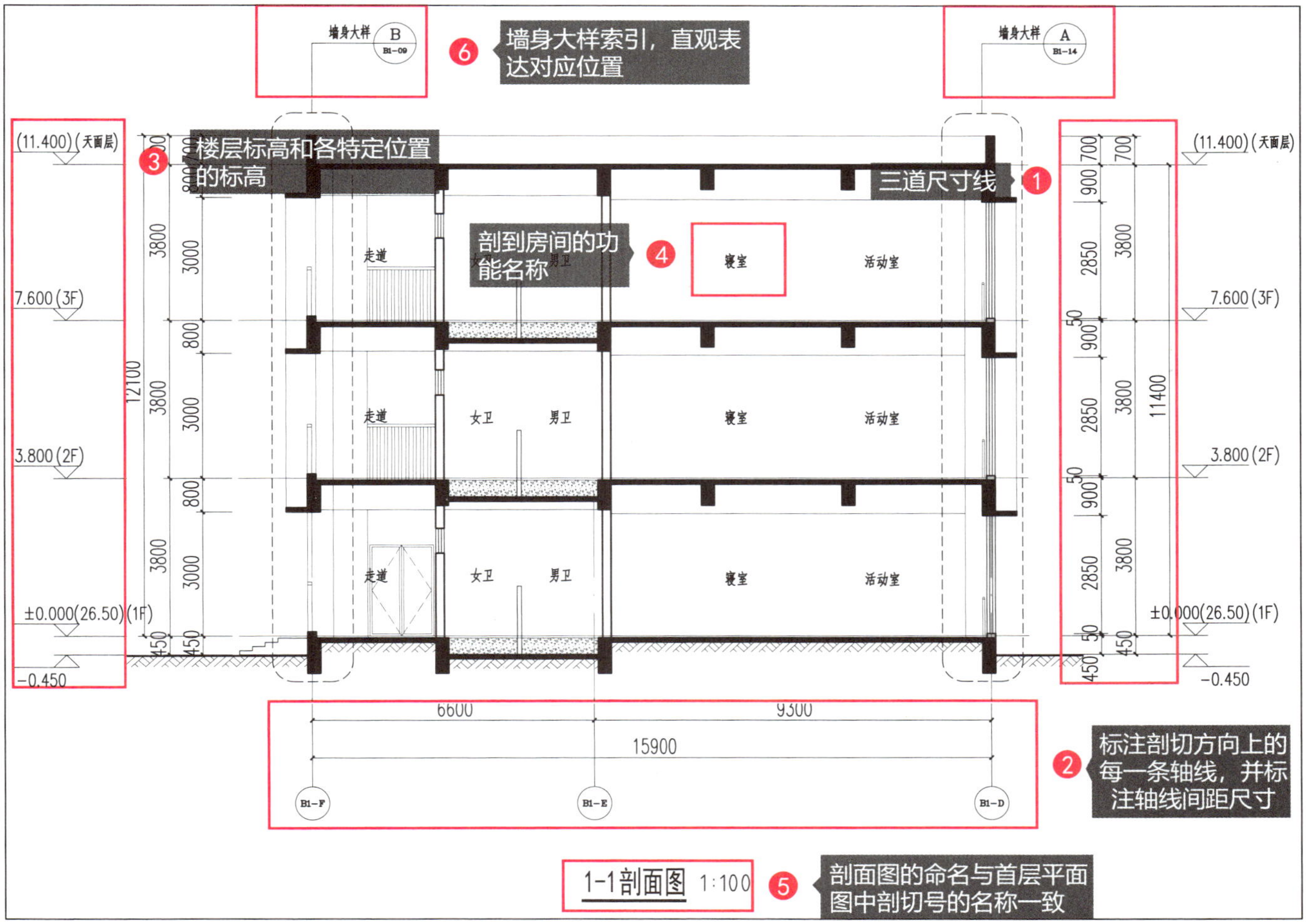

图 10-3 某幼儿园建筑 1—1 剖面图（一）

2）标高（图 10-3 中的③）

剖面图需要标注室外地面、首层及其他各层楼面、女儿墙、屋面、屋顶最高处（如楼梯间、电梯机房、屋面构架）等的标高。剖面图还应标注重点空间的净高。

3．房间功能名称和详图索引

为了方便查看，在图纸上需要将剖到的每一个房间或空间的功能标明，如图 10-3 中的④所示。同时一些墙身、檐口、腰线等详图可以在剖面图中相应位置标注索引，能更加直观地表达详图所对应的具体位置（图 10-3 中的⑥）。

4．梁、板、柱、墙体和沉板

1）梁、板、柱

绘制施工图剖面图时一个非常重要的目的是表达建筑内的结构关系，以及结构梁、板与建筑的墙体、门、窗等的关系（图 10-4 中的①、⑤）。比如梁底与建筑外窗顶是直接衔接还是中间有填充墙，窗台或女儿墙是与梁一起用混凝土浇筑还是采用砌体墙附加压顶做法。柱通常与梁对位，不会直接剖到，而是以可见线的形式出现。

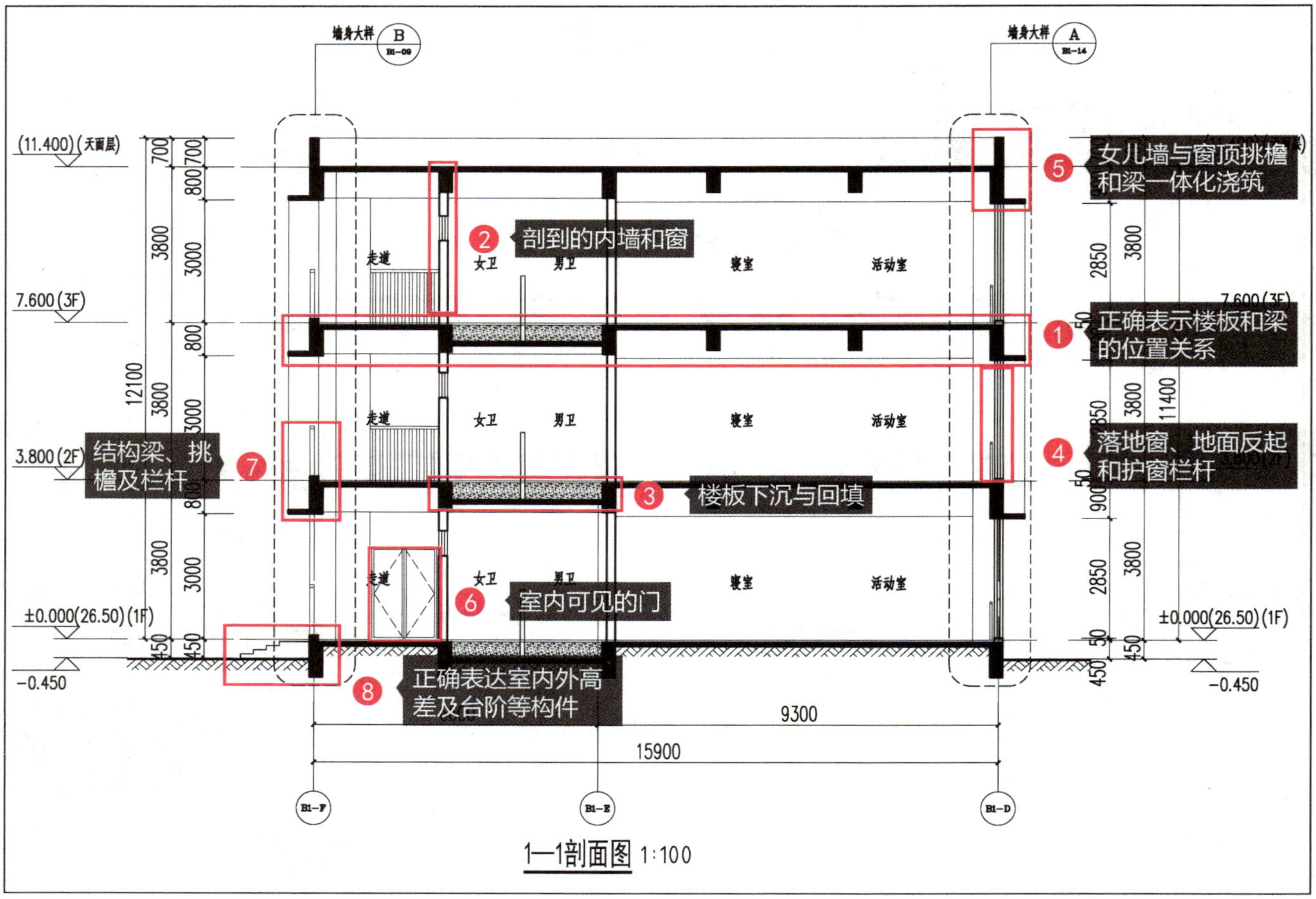

图 10-4　某幼儿园建筑 1—1 剖面图（二）

2）墙体

剖面图同时还要表达出所剖到的内外墙与结构梁、板的关系（图 10-4 中的②），比如内墙是砌到梁底还是板底，是对齐梁中还是平梁边砌筑。

3）沉板

建筑中某些空间的楼板是需要做下沉处理的，最常见的就是卫生间，在剖面图中除了要表示其结构板下沉，还需要表示回填的情况（图 10-4 中的③）。

5．门、窗和栏杆等其他配件

剖面图中剖到的门和窗的表示方法与平面图类似（图 10-4 中的④），可见的门、窗和其他建筑构件如楼梯、栏杆等的表示方法与立面图一致（图 10-4 中的⑥、⑦、⑧）。

模块 11　施工图详图设计

11.1　详图的选取及绘制说明

建筑平面图、立面图和剖面图主要表达建筑的平面布置、外部形状和主要尺寸等信息，但因反映的内容范围大、比例小，故对建筑的细部构造难以表达清楚。为了满足施工及实体定量要求，对建筑的细部构造常用较大的比例(1 ∶ 1～1 ∶ 50)，按正投影图的画法，详细地表达出来，这样的图称为建筑详图，简称详图。详图的特点是比例大，反映的内容详尽，常用的比例有 1 ∶ 50、1 ∶ 25、1 ∶ 20、1 ∶ 10、1 ∶ 5、1 ∶ 2、1 ∶ 1 等，详见模块 17 表 17-1（在特殊情况下，如门窗详图及汽车坡道详图等也可用 1 ∶ 100 的比例）。

详图应表示各个部位的用料、做法、形式、大小尺寸、细部构造等，是建筑平面图、立面图、剖面图的补充。一些详图还应与其他专业密切配合，如墙身详图、厨房详图、卫生间详图等，需和结构、电气、水、暖通等专业密切配合进行深化，以避免专业间发生冲突。

1. 详图的分类

详图大致可划分为三类：构造详图、配件和设施详图、装饰详图。

1）构造详图（图 11-1、图 11-2）

表达建筑物某一局部构造、尺寸和材料的详图称为构造详图，包括墙身、楼梯、电梯、自动扶梯、阳台、门头、雨篷、卫生间、台阶、坡道、散水、楼地面、内外墙面、屋面防水保温、地下防水等构造做法，这些构造做法可引用图集，与图集不同之处需要自行绘制。

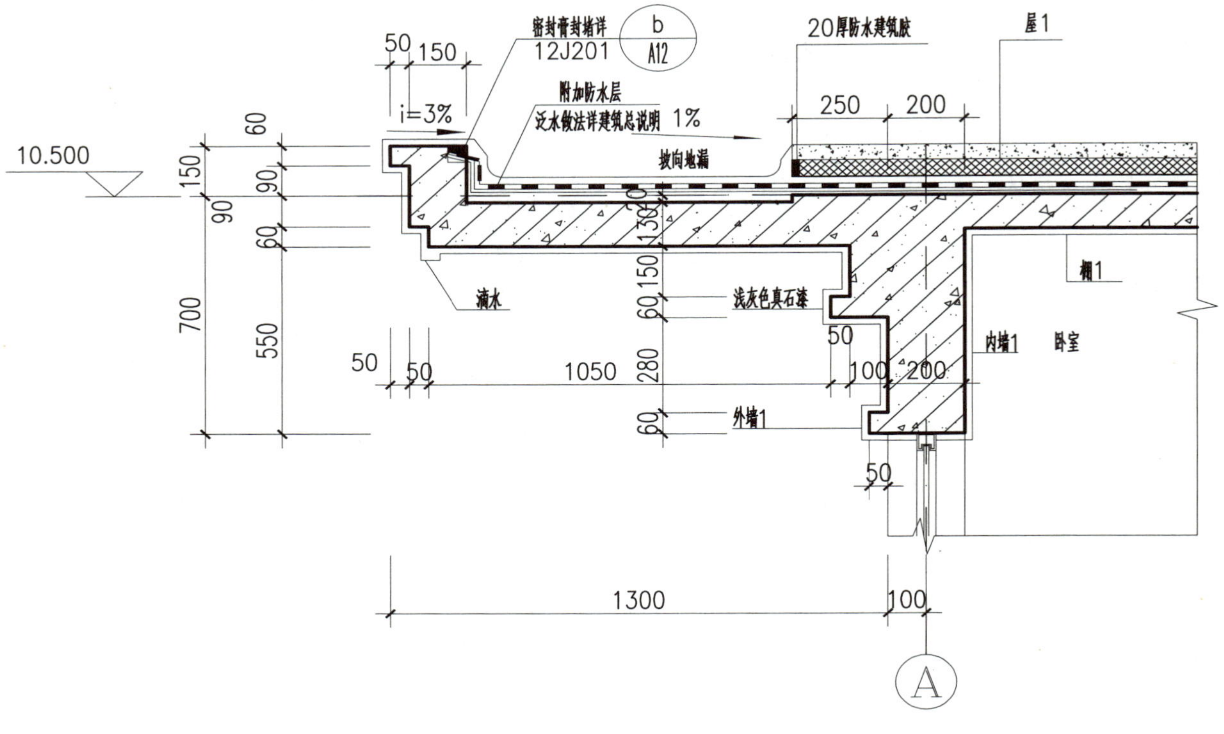

图 11-1　构造详图—檐口墙身

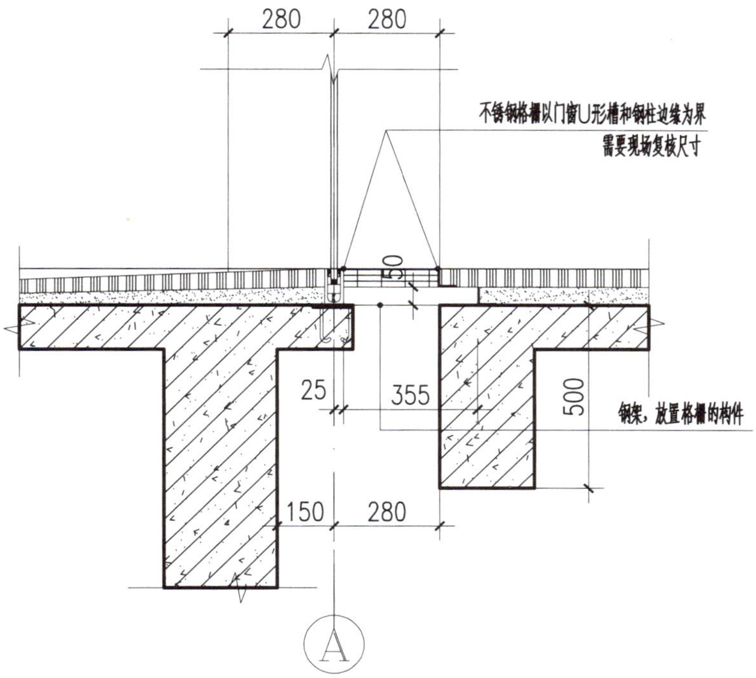

图 11-2　构造详图—墙脚墙身

二维码 11-1
三类建筑详图

二维码 11-2
线形排水沟详图

2）配件和设施详图（图 11-3、图 11-4）

表达构配件本身构造的详图称为配件和设施详图，包括内外门窗、幕墙、栏杆、扶手、固定的洗手台、厨具、格架等构造做法。

3）装饰详图（图 11-5、图 11-6）

某些重要建筑物的内外表面、空间，还需要做进一步的装饰、装修和艺术处理，如外立面上的线脚、柱式、壁饰等，亦要绘制详图才能制作施工。

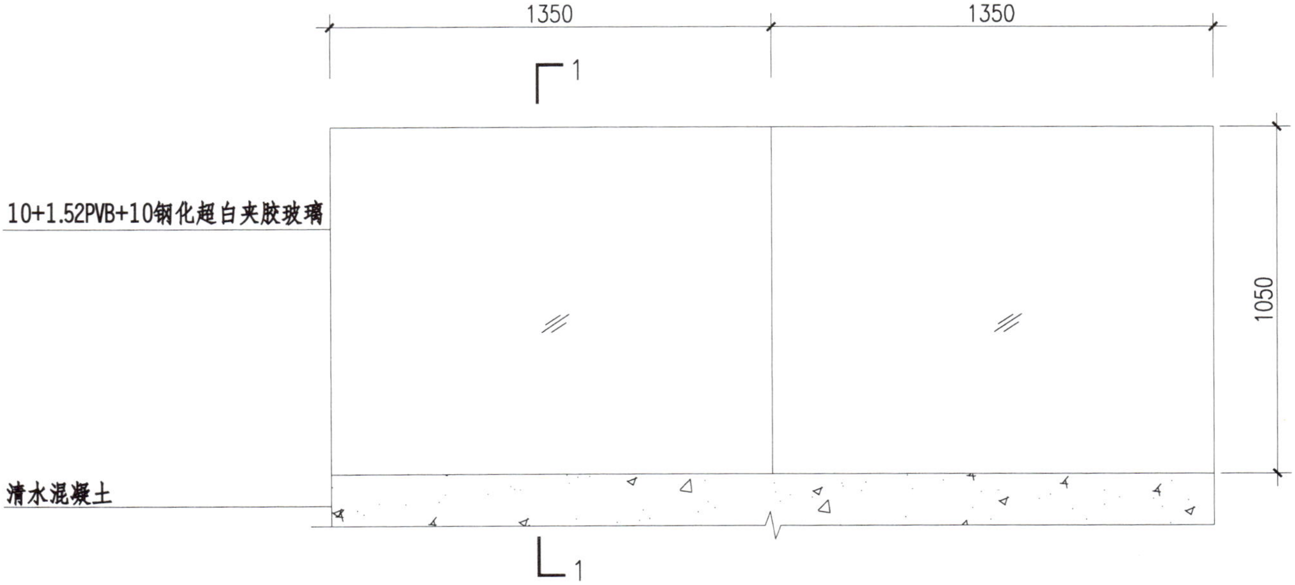

图 11-3　配件和设施详图—栏杆立面详图

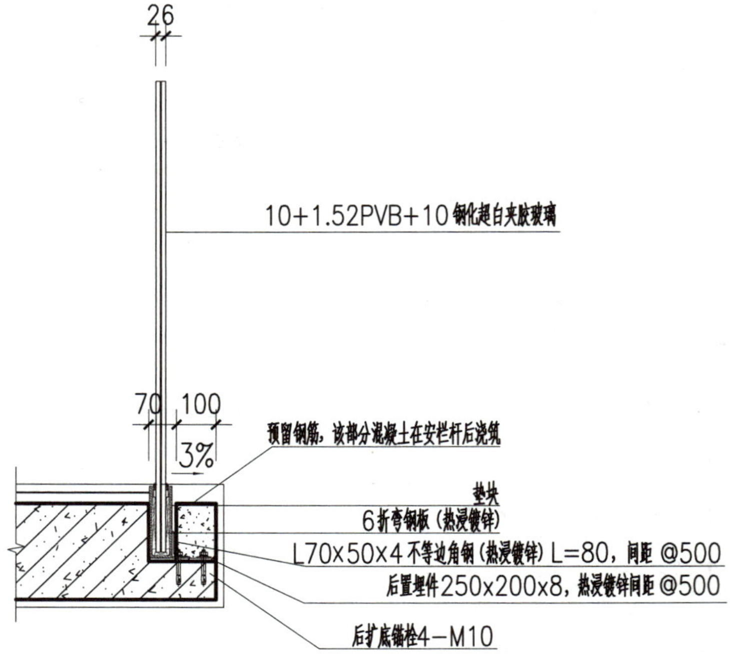

图 11-4 配件和设施详图—1—1 栏杆剖面详图

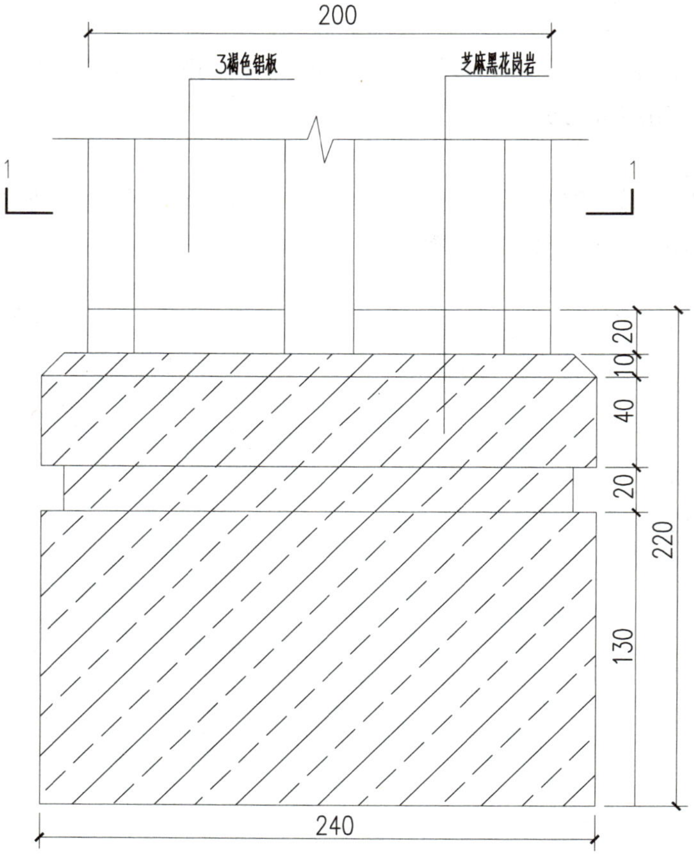

图 11-5 装饰详图—柱子立面详图

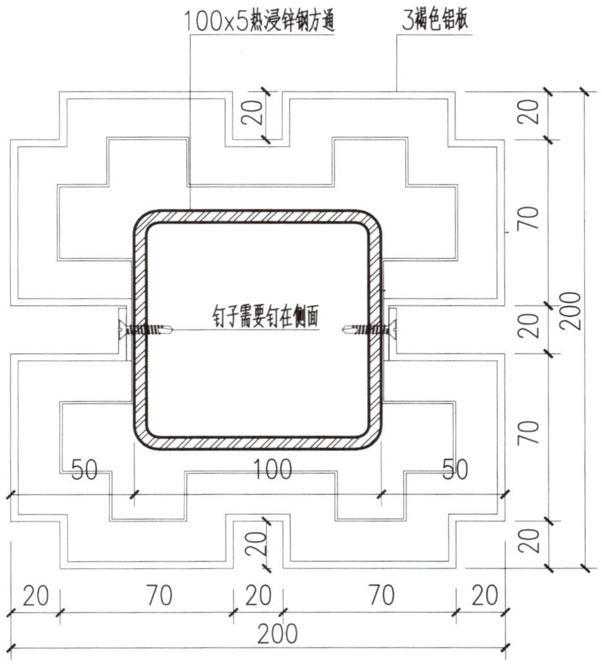

图 11-6　装饰详图—柱子平面详图

2．详图的内容

详图绘制时主要包含如下内容。

（1）注写图名（或详图符号）及比例（图 11-7 中的①）。

（2）表达出构配件各部分的构造连接方法及相对位置关系（图 11-7 中的②）。

（3）表达出各部位和各细部的详细尺寸及标高等（除特殊标注外，所有标高均为完成面的标高）（图 11-7 中的③）。

（4）详细表达构配件或节点所用的各种材料名称、规格或型号（图 11-7 中的④）。

（5）比例大于 1 ： 50 的详图应在图中表达材料图例（图 11-7 中的⑤）。

（6）有关施工要求、制作方法及说明等（部分图纸有）（图 11-7 中的⑥）。

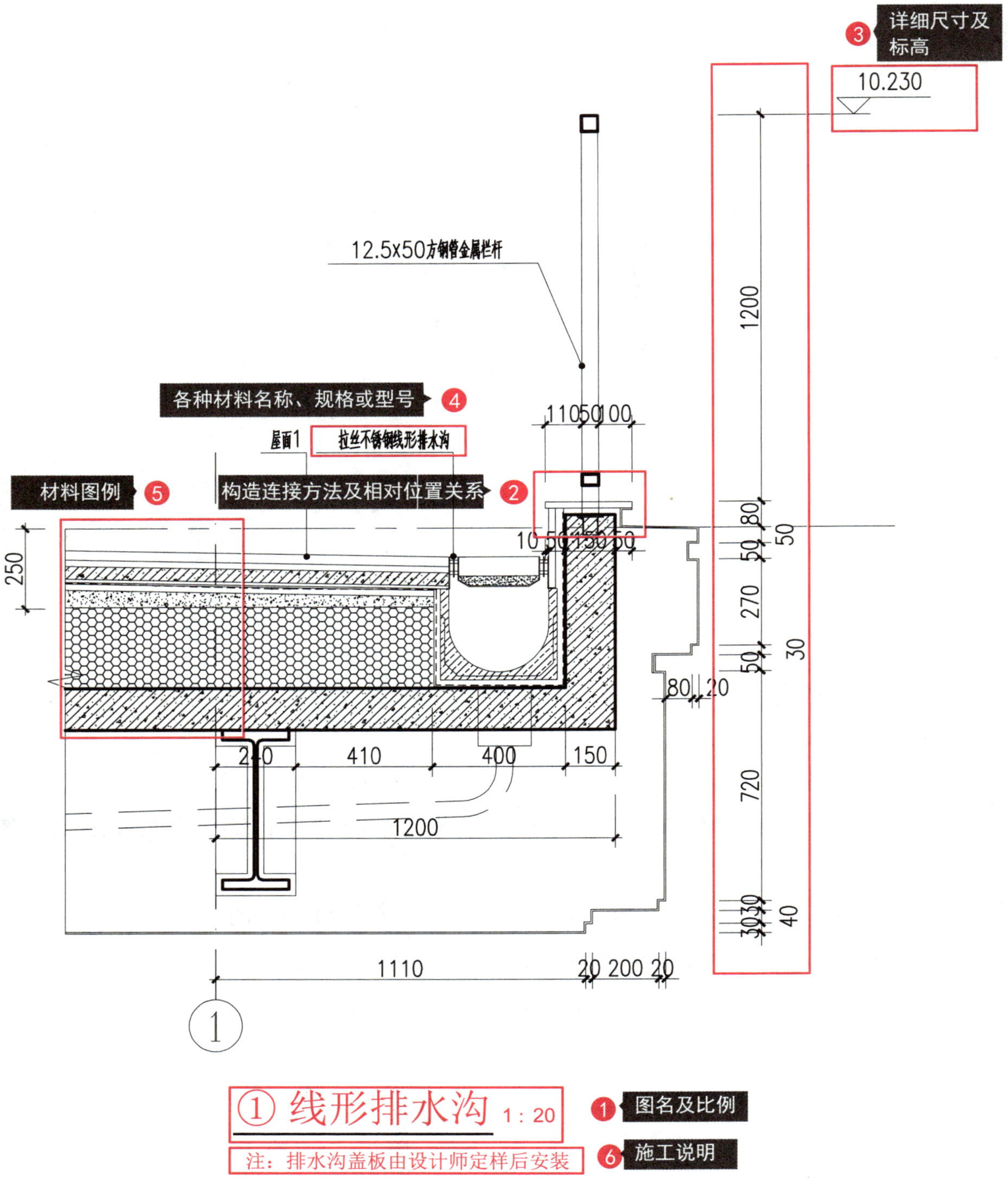

图 11-7　线形排水沟详图

3．详图绘制说明

建筑详图是施工的重要依据，建筑施工图通常需要绘制以下几种详图：墙身详图、核心筒详图（包括楼梯详图、电梯详图）、汽车坡道详图、厨房详图、卫生间详图、门窗详图、幕墙详图、设备间详图、通用详图等。本模块将对墙身详图、楼梯详图、电梯详图、卫生间详图、厨房详图、汽车坡道详图、门窗及幕墙详图、通用详图等进行详细讲解。

对于套用标准图或通用图的构造节点和建筑构配件，不必另画详图，但需要用索引符号注明其引用的图集名称、图集号、页面及图号。

详图常用的材料及其图例见表 11-1。

表 11-1　详图常用的材料及其图例

材料	图例	材料	图例
钢筋混凝土	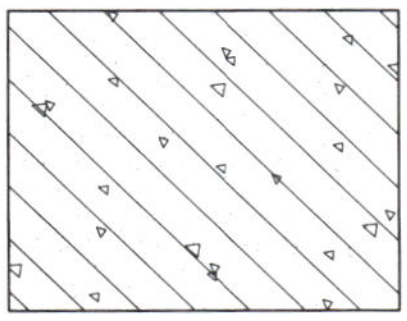	保温材料	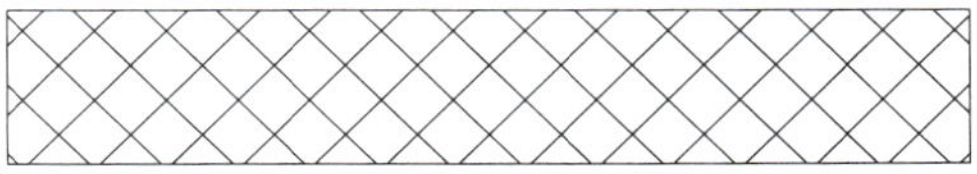
混凝土	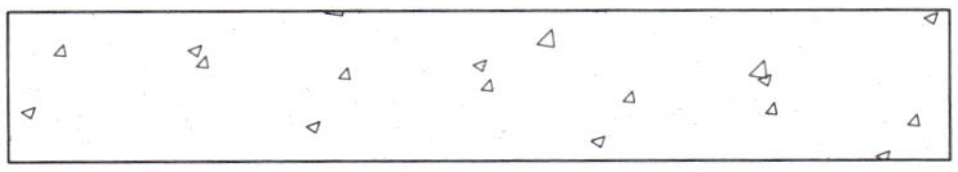	石材	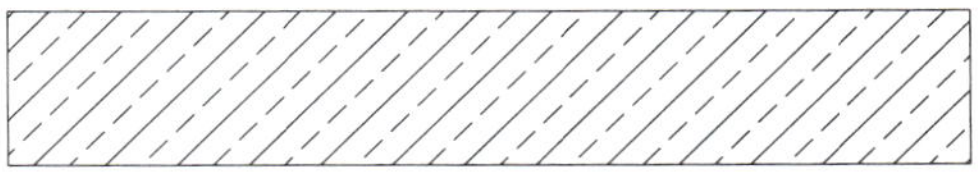
砌体	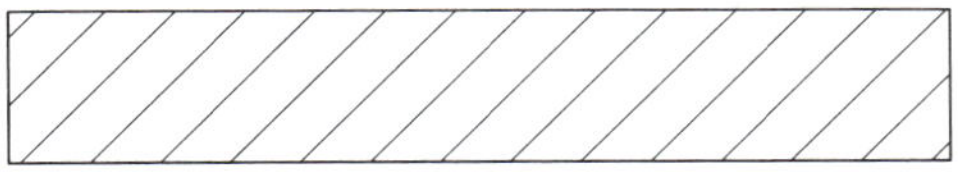	防水材料	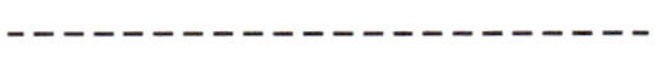
		密封材料	
砂浆		素土夯实	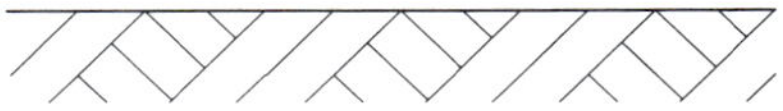

课堂拓展

关于详图的编号

同类的详图有几个就会有几个详图编号，比如一个建筑会有多个墙身、多个楼梯、多个卫生间及门窗等，这些编号在平面图或立面图上都应有相应的表达。编号一般用 1、2、3、4、5…阿拉伯数字表示，大部分编号前面用具体构件名称拼音的首字母来代表构件，比如 LT(楼梯)、C（窗）、M（门）等。

小节实训

(1) 实训内容：仔细阅读本节的内容，并回答以下问题。

① 建筑需要绘制的详图一般有哪些？常用的详图比例是什么？

② 详图的绘制包括哪些基本内容？

(2) 实训目标：通过学习，对详图有基本的认识。

(3) 实训要求：熟练掌握详图的意义，明确哪些位置需要绘制详图。

11.2　墙身详图

墙身详图也叫墙身大样图，是建筑剖面图的局部放大图样。其可表达外墙与地面、楼面、屋面的构造连接情况，檐口、门窗顶、窗台、勒脚、散水、明沟等的尺寸、材料及构造做法；表达建筑防水、保温、防火、防潮等构造层次，节能设计要求及相关的技术要求。墙身详图是砌墙、室内外装修、门窗安装、编制施工预算等的重要依据，也是幕墙专业、室内设计专业、景观专业等相关专业深化图纸的重要依据。

1．墙身详图绘制的注意事项

墙身详图绘制时应注意以下内容。

（1）墙身详图的图名一般按①、②、③、④的顺序编号（图 11-8 中的①），并在平面图和立面图上标注出墙身详图索引。

（2）墙身详图一般用较大的比例绘制，常用比例为 1 ： 10、1 ： 20、1 ： 25 等（图 11-8 中的②）。

（3）墙身详图的线型与剖面图中的相同，即剖到的结构和构件断面用粗实线表示，粉刷层、填充及标注等用细实线表示（图 11-8 中的③）。

（4）墙身详图应如实表达各部分构件所采用的材料，并正确绘制其图例（图 11-8 中的④）。

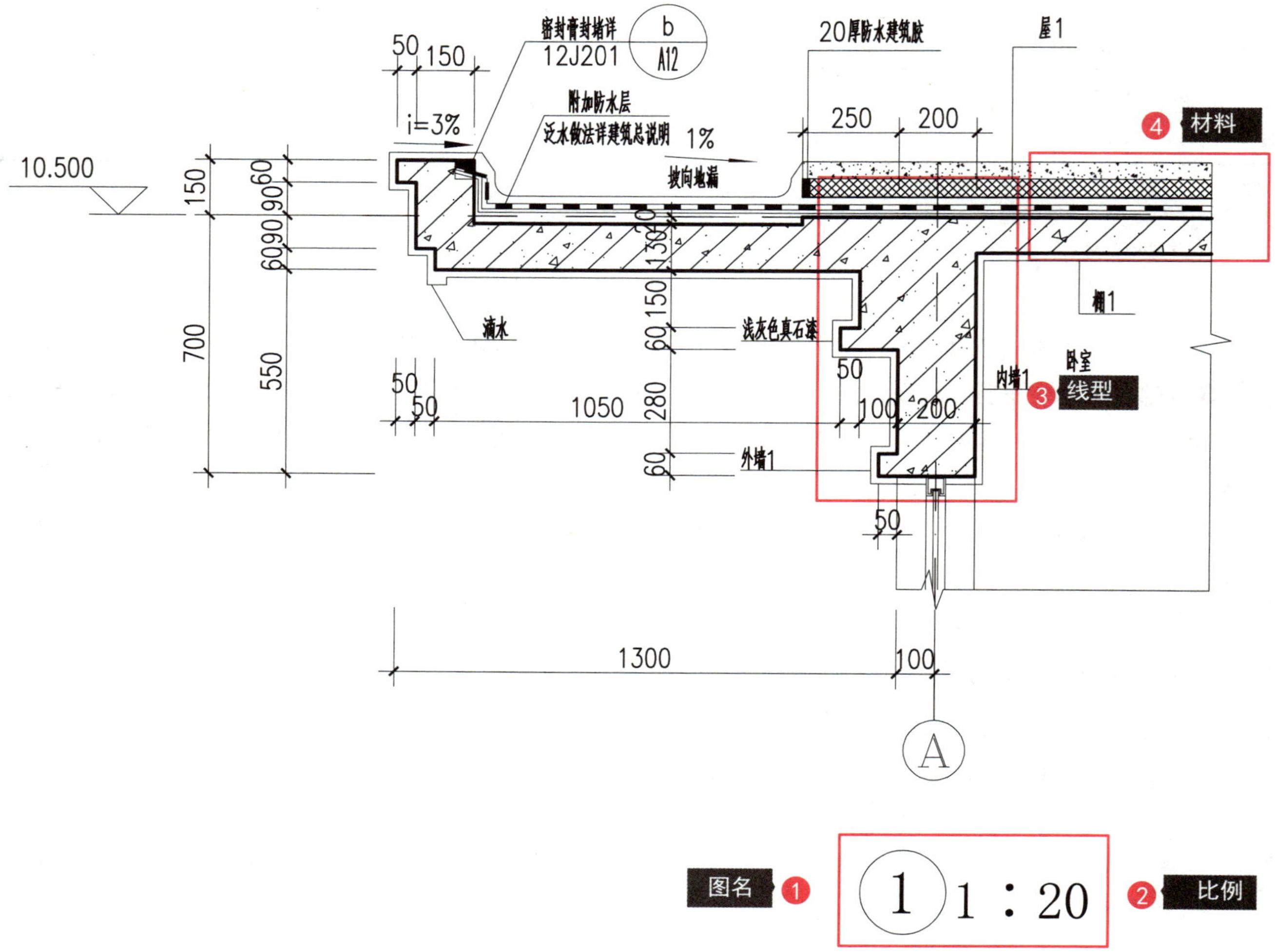

图 11-8　檐口墙身详图（一）

2. 墙身详图标注内容

墙身详图应标注以下内容。

（1）轴线、轴号、标高等，并注意其应与平面图、剖面图中的信息保持一致（图 11-9 中的①）。

（2）与定位轴线的尺寸关系（图 11-9 中的②）。

（3）各部位的尺寸标注及标高（图 11-9 中的③）。

（4）立面面层材料（图 11-9 中的④）。

（5）屋面、楼面、外墙、内墙、顶棚的构造做法（图 11-9 中的⑤）。其一般引用说明中的构造做法表（构造做法表中屋面、楼面、外墙、内墙及顶棚的做法编号为屋 1、楼 1、外墙 1、内墙 1、棚 1 等），也可以在墙身上表达每个位置的构造做法。

（6）局部引注的节点大样（图 11-9 中的⑥）。

（7）标明房间名称，或加“室内”两个字区分室内和室外区域（图 11-9 中的⑦）。

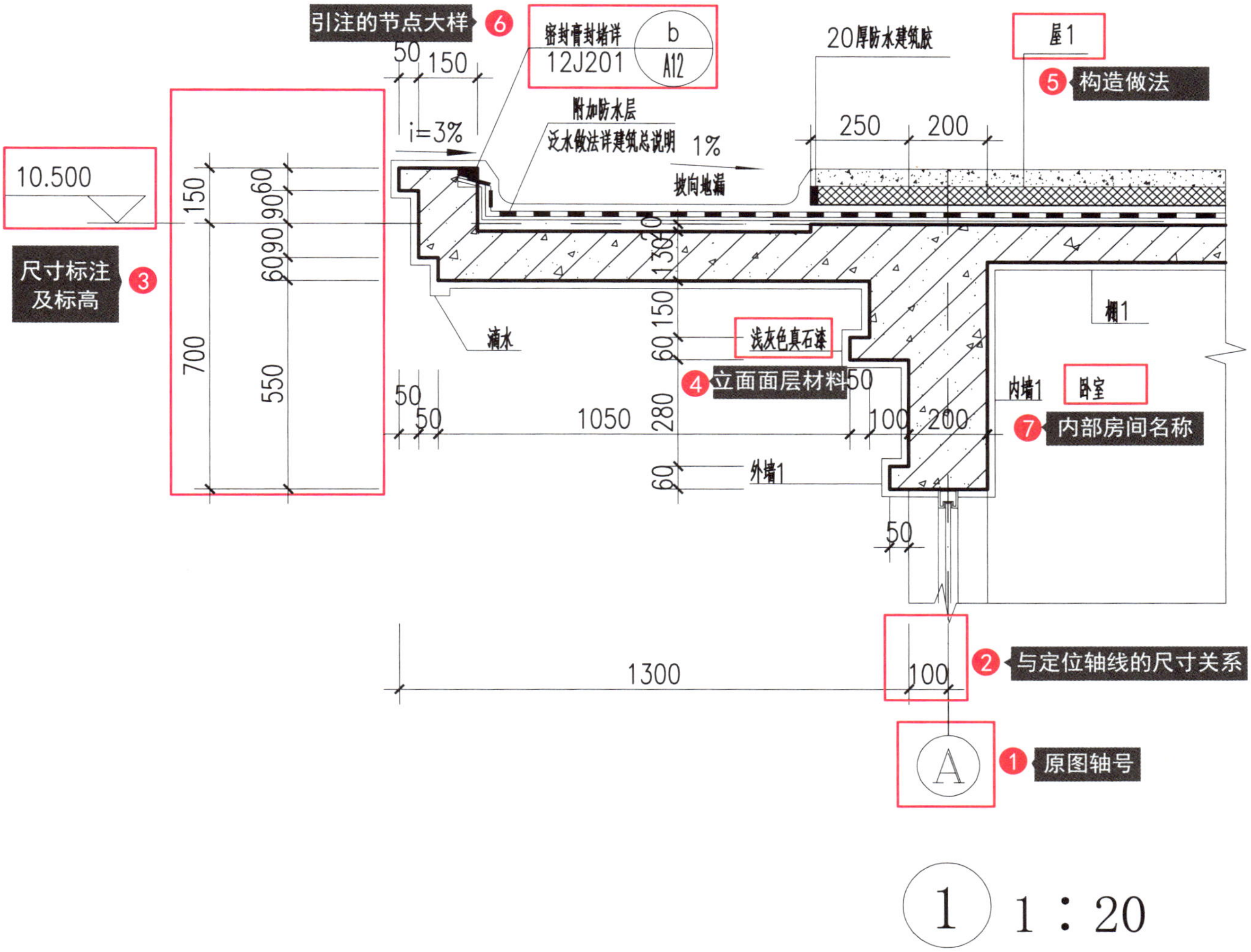

图 11-9 檐口墙身详图（二）

3．墙身详图表达方式

墙身详图通常有以下两种表达方式。

（1）对于单层或低层建筑，墙身详图可以从檐口一直画到墙脚及基础部分，图 11-10 为低层建筑墙身详图。

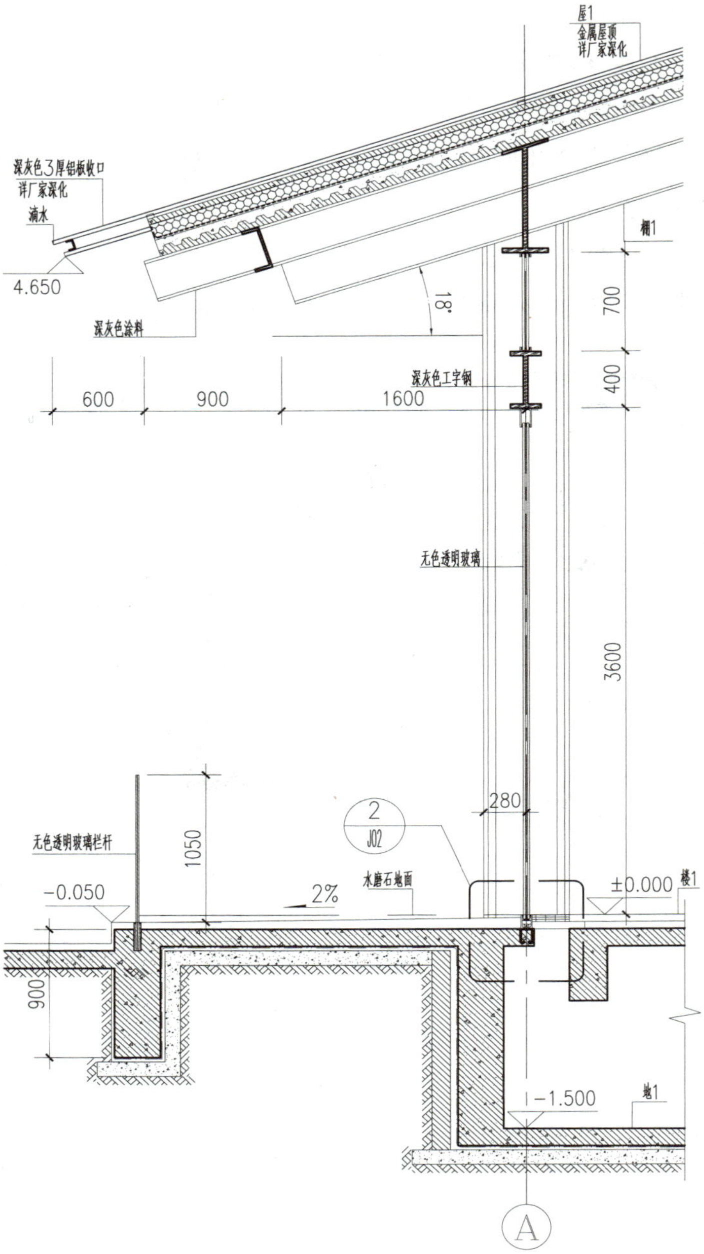

图 11-10　低层建筑墙身详图

（2）对于多层或高层建筑，墙身详图要绘制墙脚、檐口和中间楼层三处节点，为了简化作图，中间楼层如果构造相同则只需绘制一个，但需把楼层标高等信息表达完整，图 11-11 为多高层建筑墙身详图。

这两种表达方式的区别为，一种为不截断画法，另一种为截取节点画法，两种表达方式都可以清晰地表达墙身节点，可根据实际项目采用。

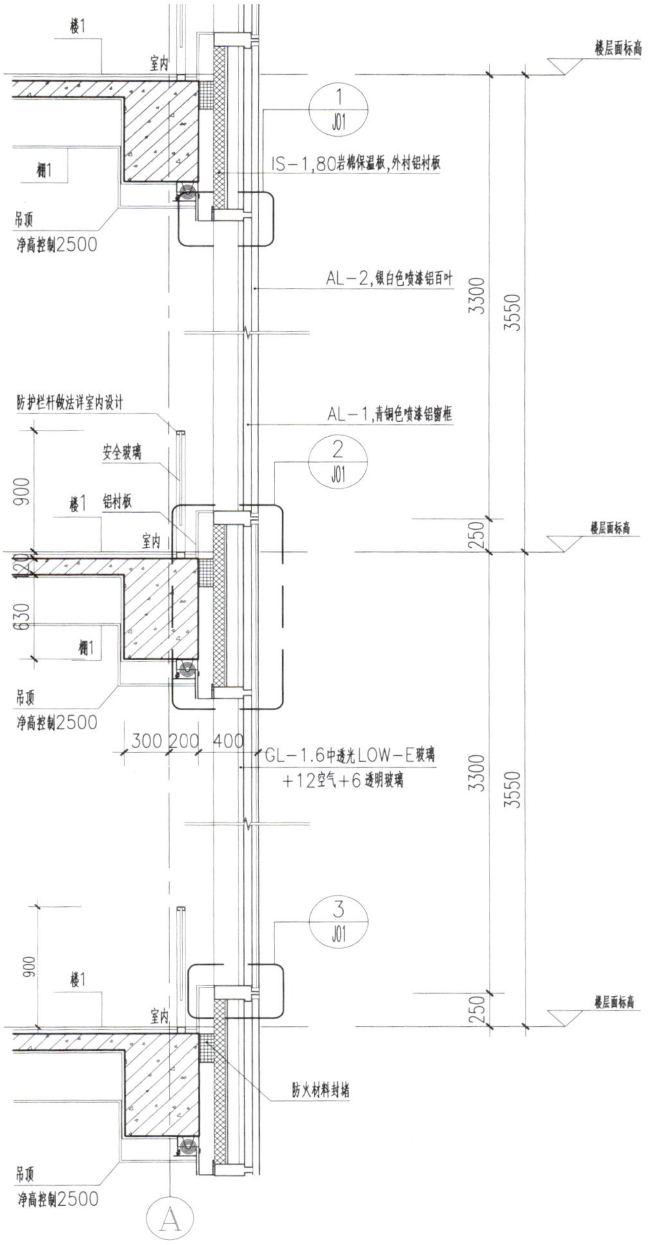

图 11-11　多高层建筑墙身详图

4．墙身详图绘制部位

墙身详图的绘制通常包括以下部位。

（1）墙脚（图 11-12 中的①）。外墙墙脚主要是指一层窗台及以下部分，包括散水（或明沟）、防潮层、勒脚、一层地面、踢脚线等部分的形状、大小、材料及构造情况。

（2）中间部分（图 11-12 中的②）。其主要包括楼板层、门窗过梁、窗台等的形状、大小、材料及构造情况，还应表示出楼板与外墙的关系。

（3）檐口（图 11-12 中的③）。其应表示出屋顶、檐口、女儿墙、屋顶圈梁的形状、大小、材料及构造情况。

二维码 11-3 檐口墙身详图

二维码 11-4 低层建筑和多高层建筑墙身详图

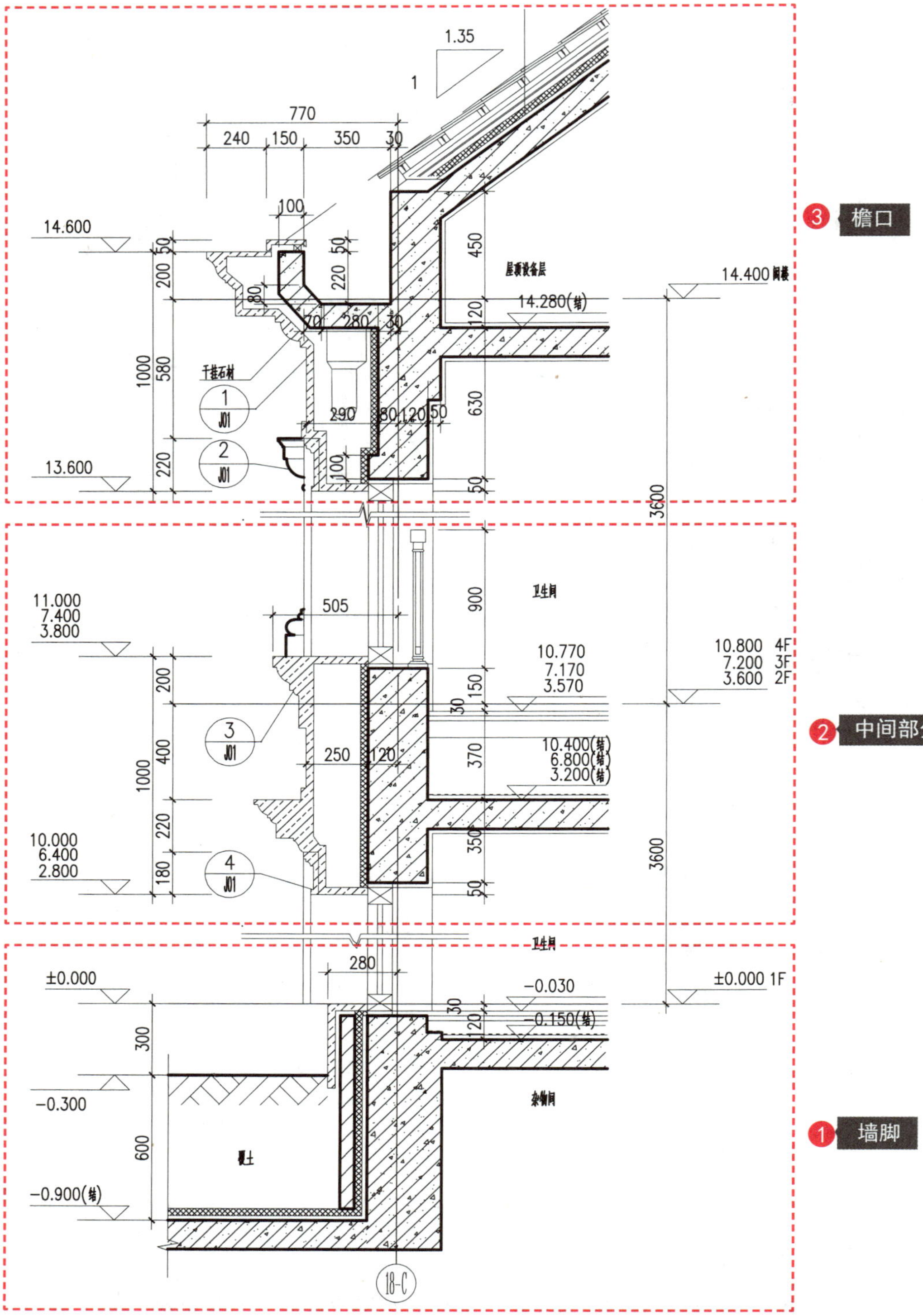

图 11-12　墙身详图（墙脚到檐口）

5. 墙身详图识读的方法和步骤

结合建筑建成照片，感受建筑墙身详图的作用和意义，墙身详图本质上是放大的剖面图，是表达构造、材料和细部尺寸的图纸。下面以图 11-10 所示的低层建筑墙身详图为例，来说明识读墙身详图的方法和步骤。

（1）找到墙身详图在平面图（图 11-13）和立面图（图 11-14）中对应的位置，墙身详图索引在首层平面图及立面图中均有所引注，墙身详图索引一般以一个圆圈表达，如图 11-13、图 11-14 中的①所示，下方是墙身详图所在图的图纸编号，上方是墙身编号。对应墙身详图索引，可找到与墙身对应的平面及立面位置。

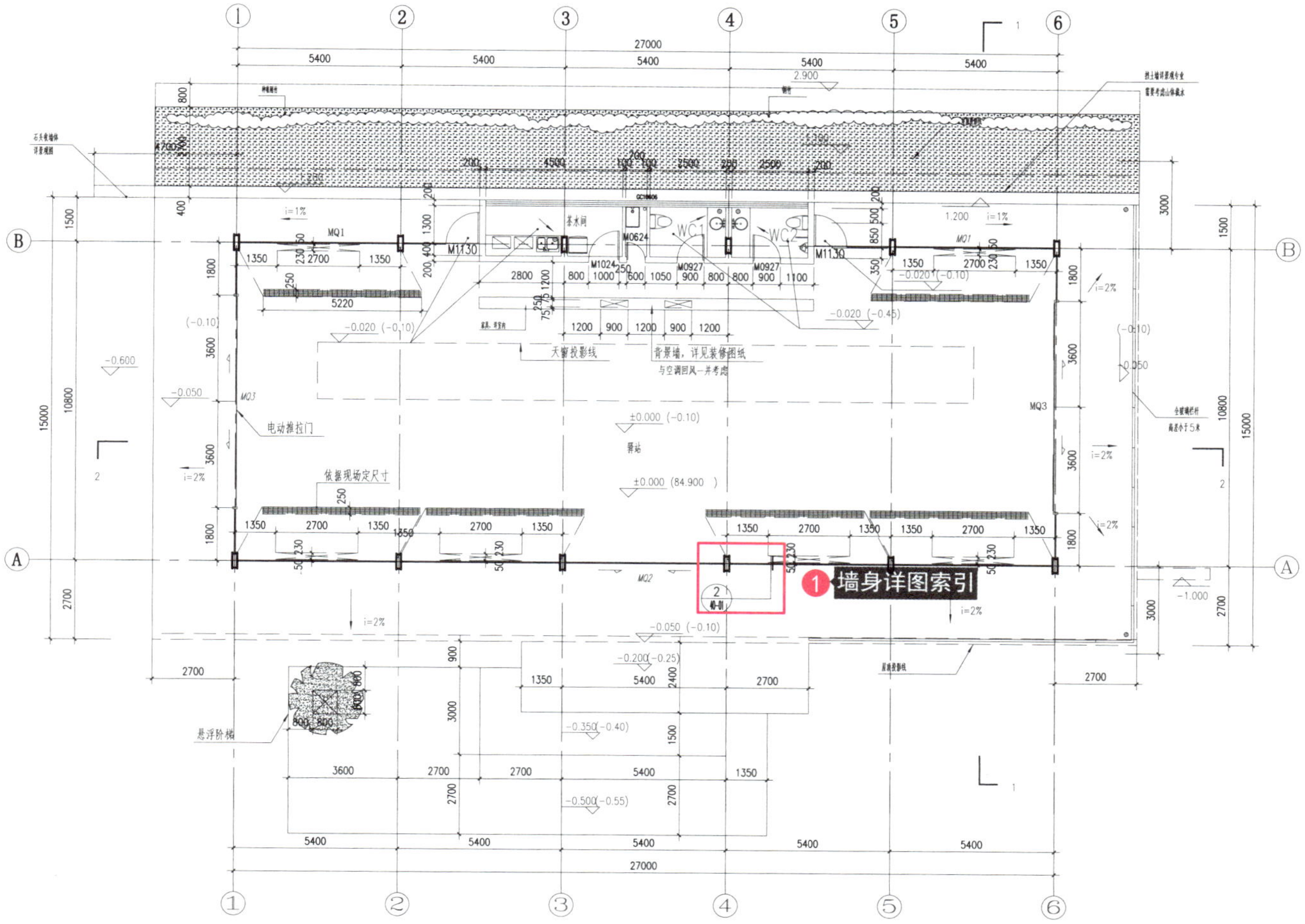

图 11-13　墙身详图索引（图 11-10）在平面图中的表达

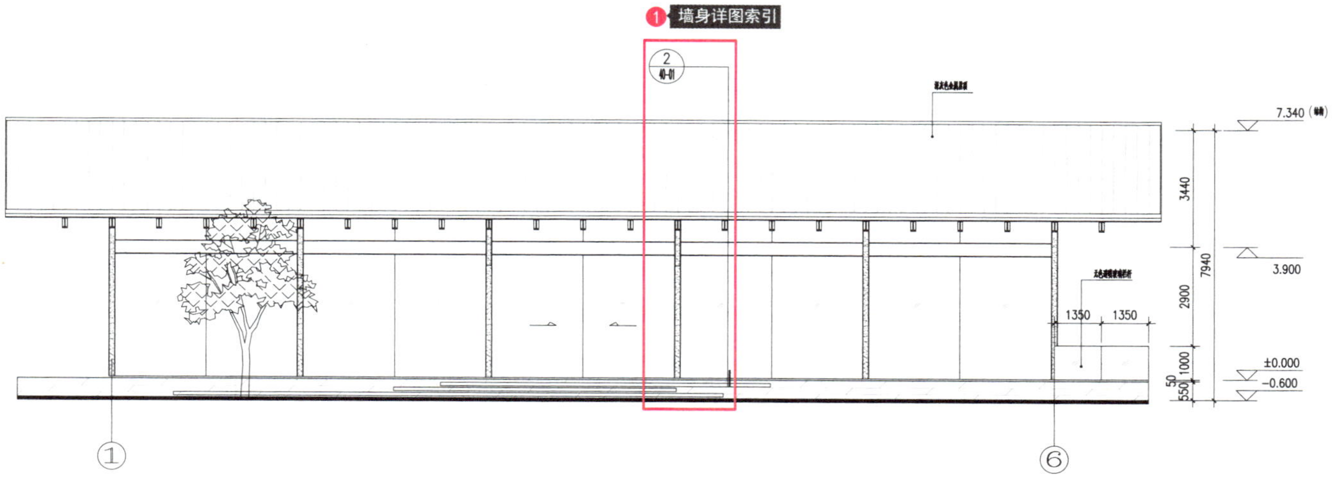

图 11-14　墙身详图索引（图 11-10）在立面图中的表达

（2）通过立面、平面索引，对照檐口、中间部分及墙脚墙身的图纸与实际建成的照片（图 11-15、图 11-16），感知图纸上各部位的材料、构造及其所处的实际位置及实际效果（墙身详图对于初学施工图的同学有一定的难度，用图纸与已建成的实际照片相对照，有助于理解墙身图纸）。

（3）由上到下或由下至上，逐个细读详图，了解各部位的详细构造、尺寸和做法。

图 11-15　图 11-10 墙身在室内的位置（工地照片）

图 11-16　图 11-10 墙身在室外的位置（工地照片）

二维码 11-5
墙身对应的
工地照片

特别提示

同学们能通过实际照片感受墙身的真正作用，从而控制建造过程，控制立面的材料、尺寸及细节。墙身图纸对于一栋建筑的实际建成效果至关重要。

小节实训

（1）实训内容：通过本节墙身详图的学习，掌握以下内容。

① 墙身详图的图名，并根据其图名编号，找到其在平面图及立面图中相应的位置。

② 能看懂墙身详图，并了解墙脚、中间部分、檐口部位的做法。

③ 通过墙身详图应了解各部位的详细构造、尺寸、做法，必要时应对照材料做法表等进行识读。

（2）实训目标：通过学习，掌握建筑施工图墙身详图绘制的要求和方法。

（3）实训要求：能够独立完成建筑施工图墙身详图的绘制。

拓展讨论

（1）内容引导：仔细研读本节内容。

（2）展开研讨：墙身构造节点的工厂化生产应用在哪些地方？

（3）素质落脚点：现代化、工业化。

党的二十大报告提出，优化基础设施布局、结构、功能和系统集成，构建现代化基础设施体系。而为建设现代化基础设施体系提供服务的各类建筑物、构筑物，在建造过程中也需要进行现代化、工业化生产。

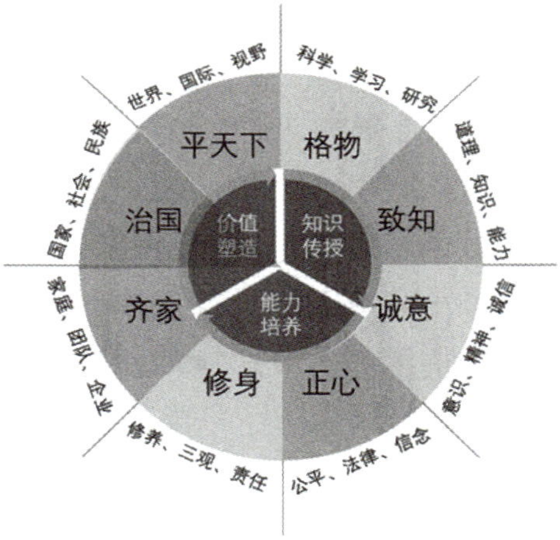

11.3 楼梯详图

1. 楼梯简介及分类

楼梯是建筑的垂直交通设施，由梯段、休息平台、栏杆、扶手等组成，楼梯构件图如图 11-17 所示。梯段由多个踏步组成，踏步由踏面和踢面组成，踏步的平行面为踏面，垂直面为踢面。梯段的“级数”，一般指踏步数，也就是一个梯段中的踢面总数，它也是楼梯平面图中一个梯段的投影中实际存在的平行线条的总数。

二维码 11-6 楼梯构件 SKP 模型

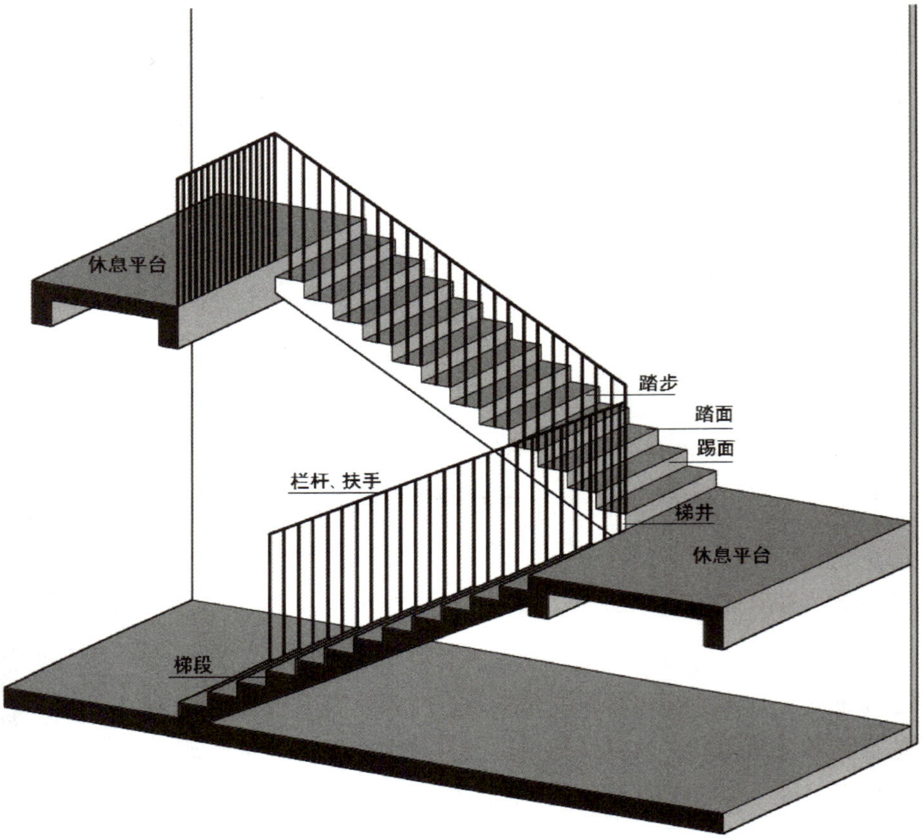

图 11-17 楼梯构件图

2. 楼梯详图内容

楼梯详图包括楼梯平面详图、楼梯剖面详图和楼梯节点详图。楼梯平面详图和楼梯剖面详图的比例应一致，一般为 1 ∶ 50，所标注的尺寸和标高均为建筑完成面尺寸及标高，楼梯节点详图主要包括扶手详图、踏步详图等，一般采用 1 ∶ 20 或 1 ∶ 10 等比例。

根据楼梯的数量在楼梯平面详图上为各个楼梯编号，并在楼梯平面详图上标注 LT1、LT2 等（LT 是楼梯标号，是楼梯拼音 LouTi 的首字母，1、2 是楼梯编号，一般有几个楼梯就编几个数字）。楼梯平面详图名称为“LT+ 阿拉伯数字编号 + 楼梯平面详图”。

楼梯按梯段转折次数，一般分为直跑楼梯、双跑楼梯、三跑楼梯等，如图 11-18 所示。

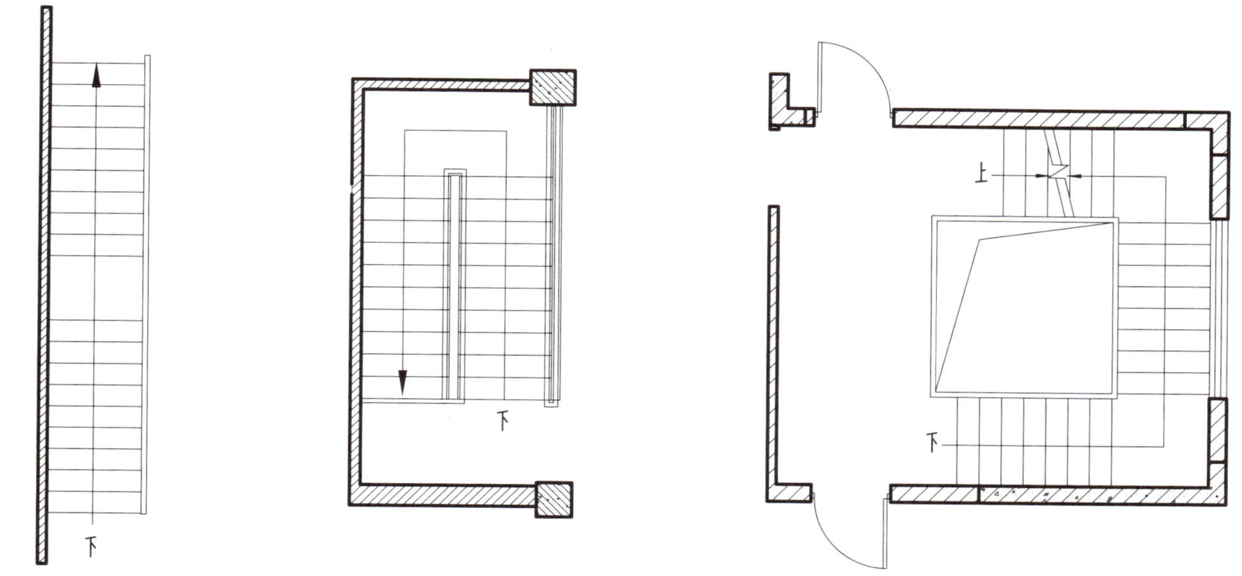

（a）直跑楼梯 （b）双跑楼梯 （c）三跑楼梯

图 11-18 楼梯分类（按梯段转折次数）

楼梯按防火要求可分为开敞楼梯、开敞楼梯间、封闭楼梯间、防烟楼梯间，如图 11-19 所示。防火性能依次为防烟楼梯间 > 封闭楼梯间 > 开敞楼梯间 > 开敞楼梯。

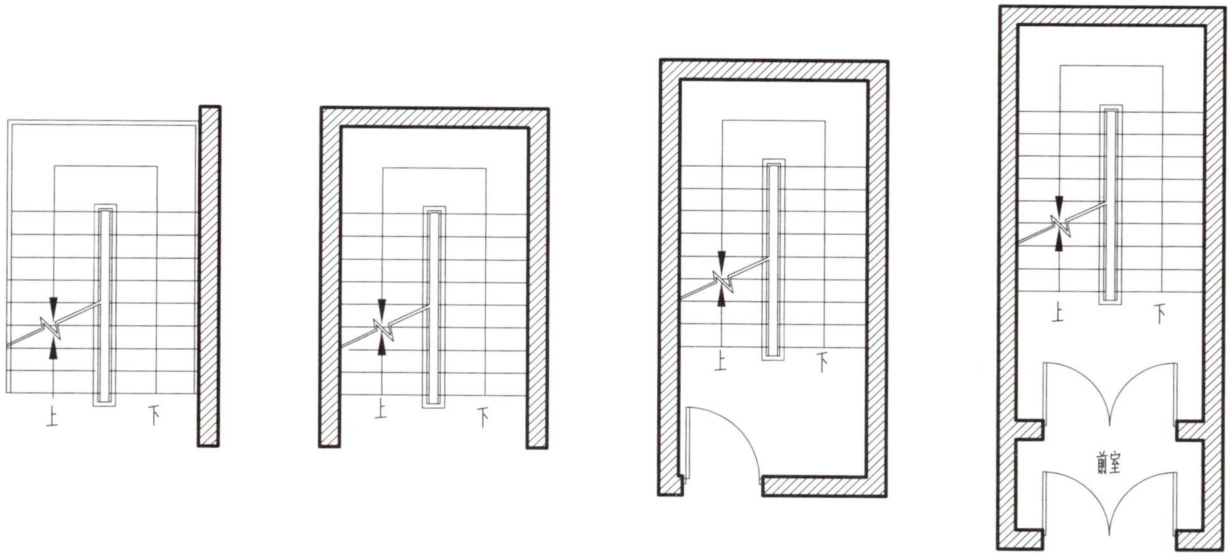

（a）开敞楼梯 （b）开敞楼梯间 （c）封闭楼梯间 （d）防烟楼梯间

图 11-19 楼梯分类（按防火要求分类）

课堂实训

楼梯详图教学课程地点建议为学校教学楼楼梯间，可以让学生实地体验楼梯间踏步、休息平台、梯井、栏杆、扶手等具体构件及其尺寸，可让学生带上测量工具进行实地测绘。

1）楼梯平面详图

在层高、踏步高度及宽度一致的情况下，楼梯平面详图一般表达首层平面、中间层平面及顶层平面楼梯的情况。需注意首层平面表达上行方向，中间层平面表达上行和下行方向，顶层平面表达下行方向，顶层平面平台临空部分需要加栏杆，以保护行人安全，楼梯各层平面详图如图 11-20 所示。

楼梯平面详图应标注以下主要内容。

（1）用定位轴线、轴号标注楼梯间在平面图中的位置。图中的轴线、轴号、标高等内容应与平面图保持一致，并标注楼梯间的总尺寸等（图 11-21 中的①）。

（2）画出楼梯梯段及踏步。标注梯段的长度，以及踏步的宽度和数量（图 11-21 中的②）。通常把梯段长度尺寸和每个踏步的宽度尺寸合并写在一起，如 280mm × 12 = 3360mm，表示该梯段上有 12 个踏面，每个踏面的宽度为 280mm，整个梯段的水平投影长度为 3360mm。此外，还应标注各层梯段的起步位置。

（3）标注楼梯梯段宽度及梯井宽度（图 11-21 中的③）。

（4）画出休息平台的形状并标注其尺寸（图 11-21 中的④）。

（5）标注各楼层及各休息平台的标高，所标注的标高除特殊标注外，均为建筑完成面标高（图 11-21 中的⑤）。

（6）标注楼梯上下行方向（图 11-21 中的⑥）。

（7）首层楼梯平面详图应表达楼梯剖面图的剖切符号（图 11-21 中的⑦）。

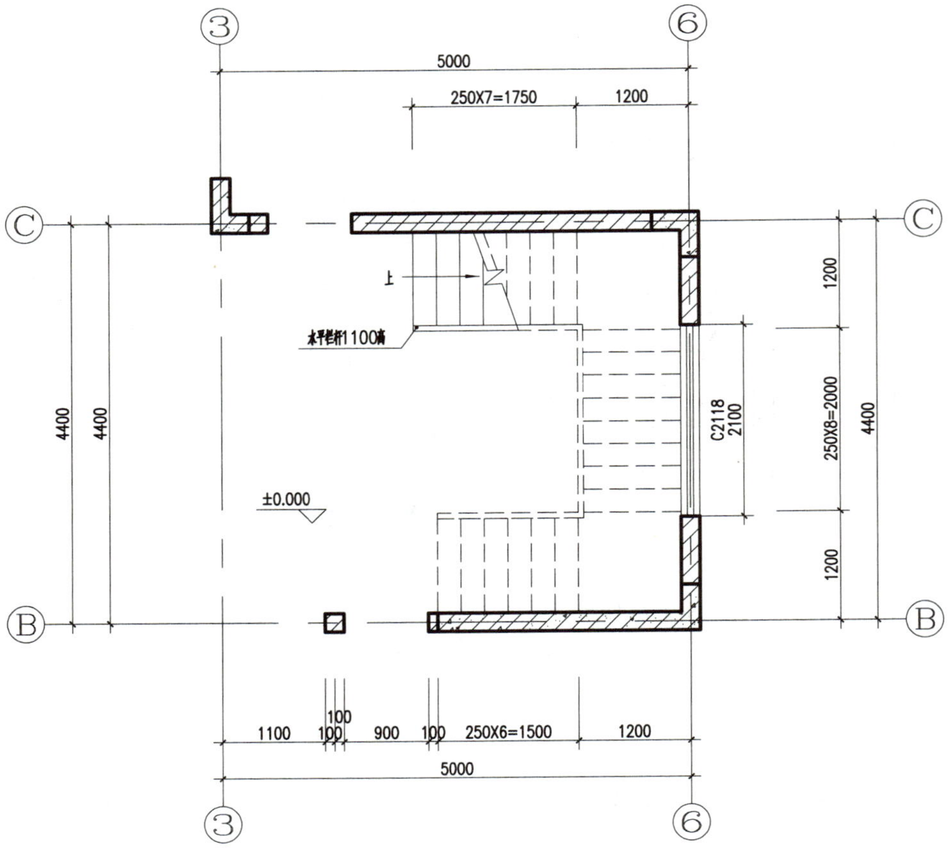

（a）首层楼梯平面详图

图 11-20　楼梯各层平面详图

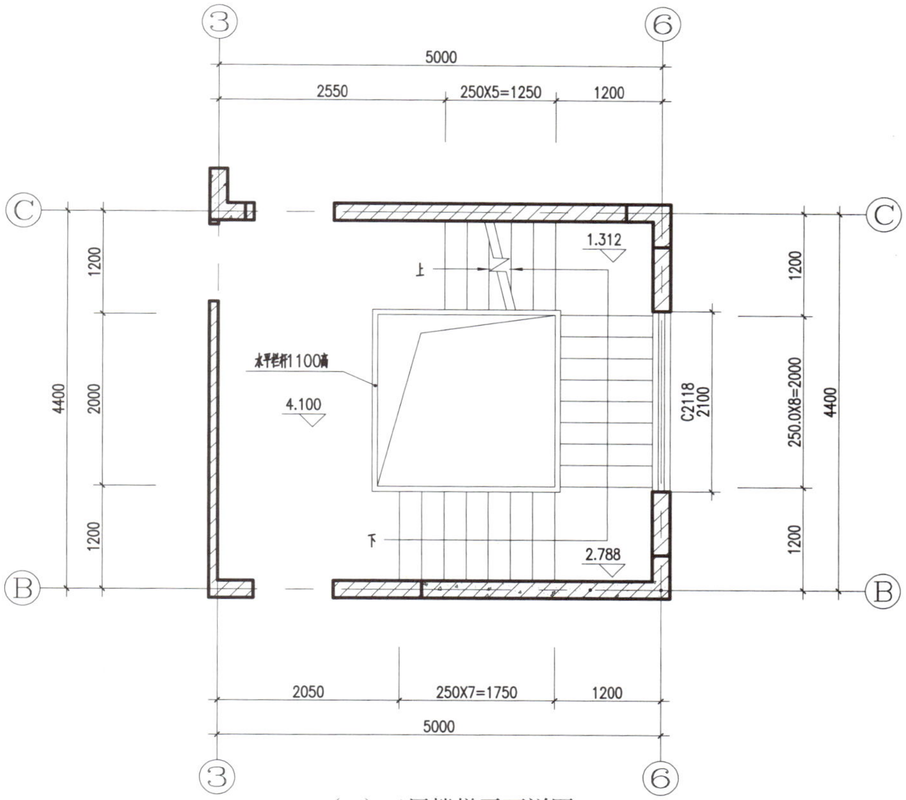

（b）二层楼梯平面详图

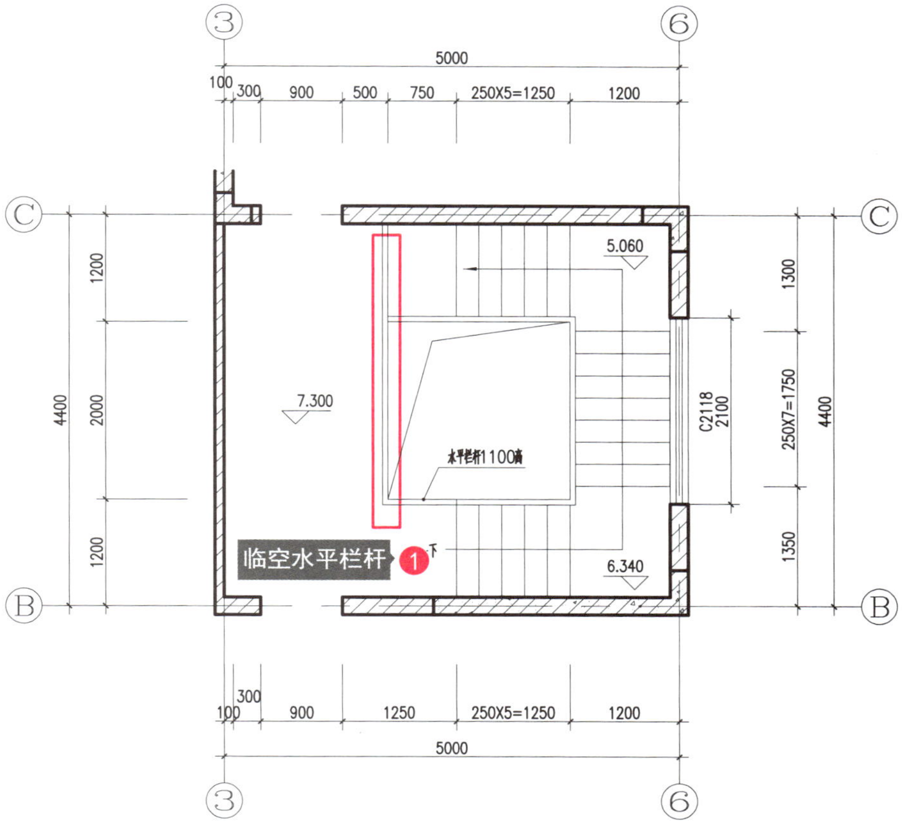

（c）顶层楼梯平面详图

图 11-20 楼梯各层平面详图（续）

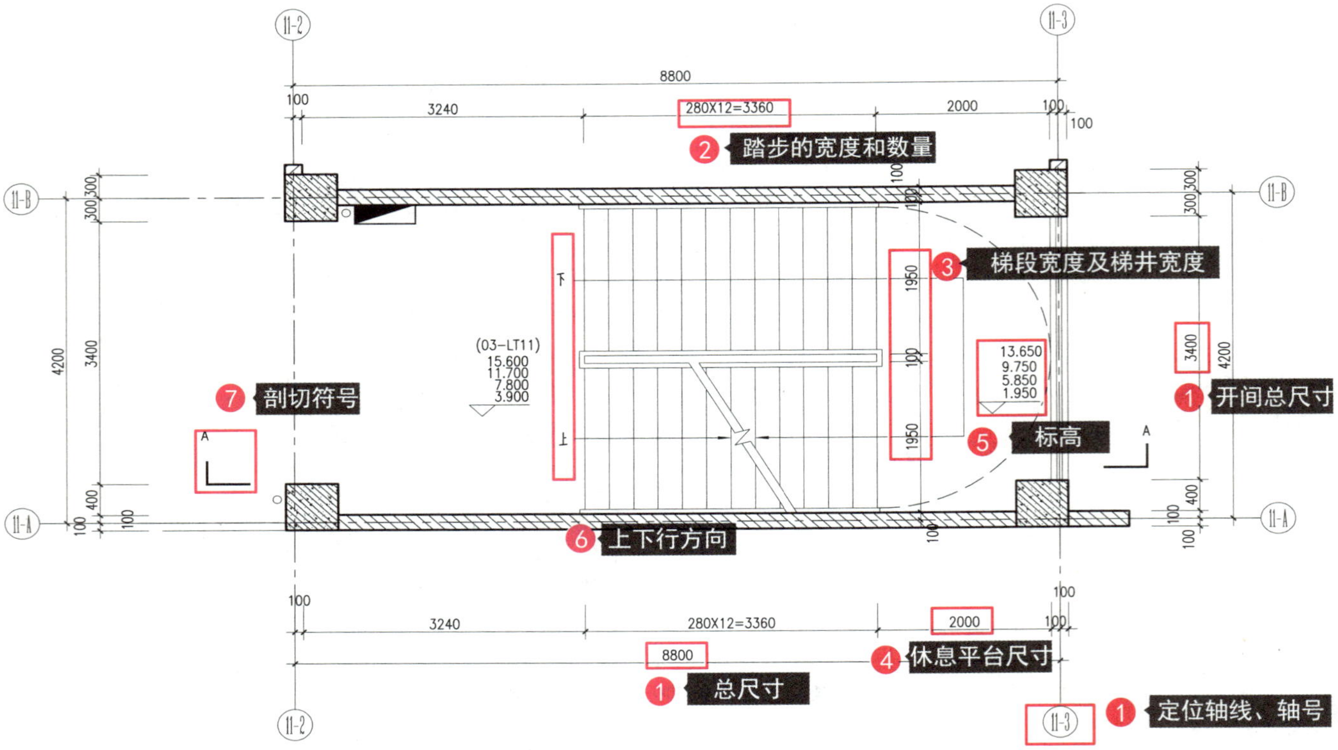

图 11-21　03-LT11 楼梯平面详图

2）楼梯剖面详图

楼梯剖面详图应标注以下主要内容。

（1）用定位轴线、轴号表示楼梯间的位置，标注楼梯间的总尺寸。图中的轴线、轴号、标高等内容应与平面图保持一致（图 11-22 中的①）。

（2）画出楼梯梯段及踏步。标注梯段的长度，以及踏步的宽度和数量（图 11-22 中的②）。通常把梯段长度尺寸和每个踏步的宽度尺寸合并写在一起，如 280mm × 12 = 3360mm，表示该梯段上有 12 个踏面，每个踏面的宽度为 280mm，整个梯段的水平投影长度为 3360mm。

（3）标注梯段高度、踏步高度及数量（图 11-22 中的③）。常用的标注方式有两种：①踏步高度 × 踏步数量 = 梯段高度；②标注梯段总高度，备注多少步均分（由于踏步的高度很容易不是整数，因此②方式比较常用）。

（4）标注休息平台尺寸（图 11-22 中的④）。

（5）标注各楼层和各休息平台的标高（图 11-22 中的⑤）。

（6）标注栏杆高度（图 11-22 中的⑥）（注意室内楼梯扶手高度不宜小于 0.9m，楼梯水平栏杆或栏板长度大于 0.5m 时，其高度不应小于 1.05m）。

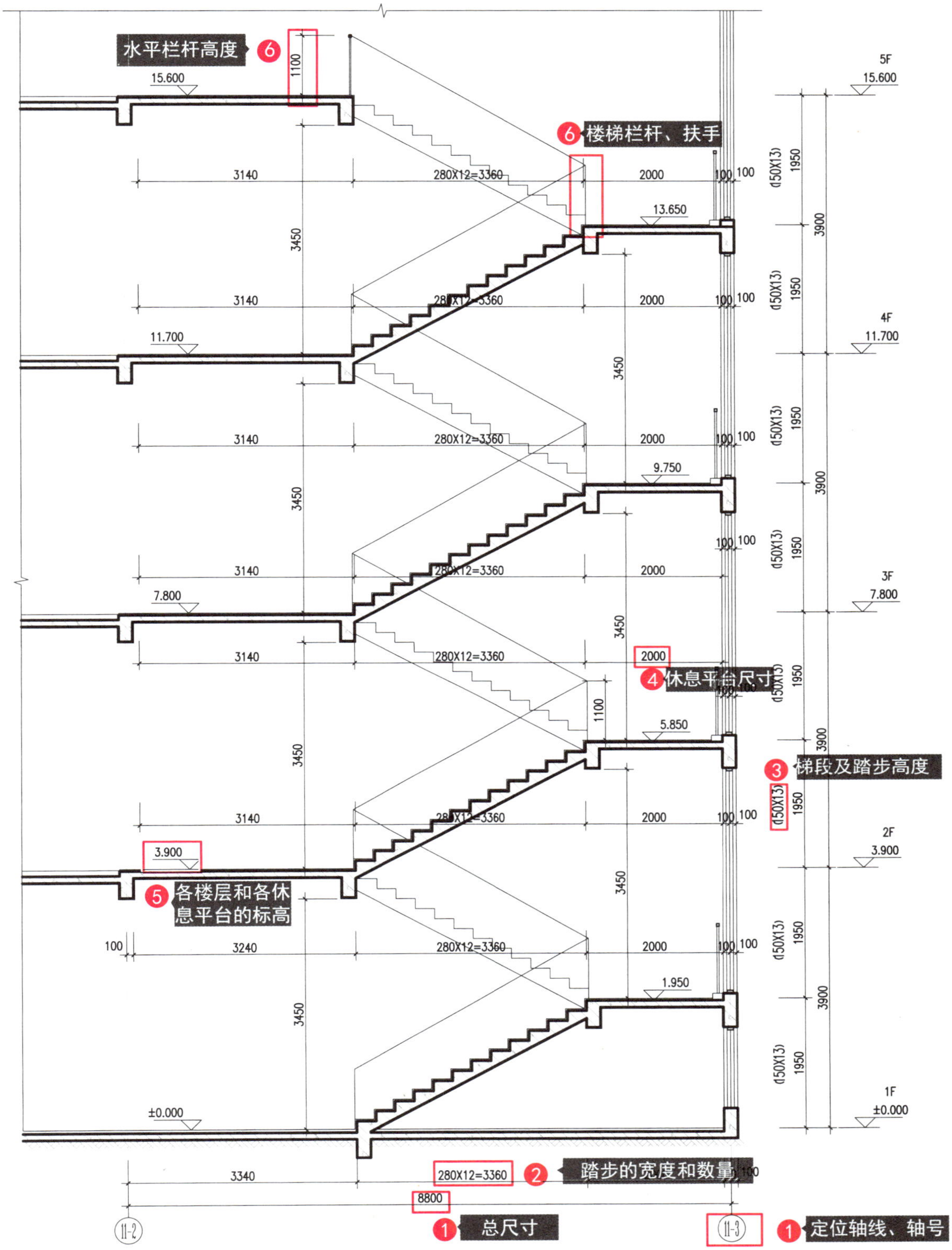

图 11-22 03-LT11A—A 楼梯剖面详图（对应图 11-21 03-LT 11 楼梯平面详图）

课堂拓展

楼梯设计时应注意以下几个基本要素。

（1）人体工程学。楼梯的尺寸需要符合人体工程学的原则，保证上下楼梯的舒适性和安全性。楼梯踏步的宽度和高度应适中，坡度不宜过陡，以确保行人正常使用。

（2）安全性。设计时应考虑如何提高楼梯的安全性，如安装感应灯、扶手，以及在台阶处做防滑处理，避免上下楼梯时滑倒。

（3）位置合理。选择合适的位置，确保动线合理、方便疏散。

（4）消除锐角。楼梯的所有部件应光滑、圆润，没有凸出的、尖锐的部分，以避免对使用者造成意外伤害。

3）楼梯节点详图

楼梯节点详图主要表达楼梯栏杆、扶手、踏步等的做法。楼梯节点详图依据所画内容的不同，可以采用不同的比例，如 1 ： 5、1 ： 10 等，以反映构件的断面形式、细部尺寸、所用材料、连接方式及面层装修做法，比如踏步防滑条的具体位置和采用的材料等。在确保楼梯的安全性和功能性的同时，还要满足美观的要求。

楼梯节点详图可以详参图集，也可自行绘制。图 11-23 为某项目的楼梯节点详图，详细表达了扶手与栏杆的尺寸及材质，踏步及休息平台的尺寸、材料及构造等内容。

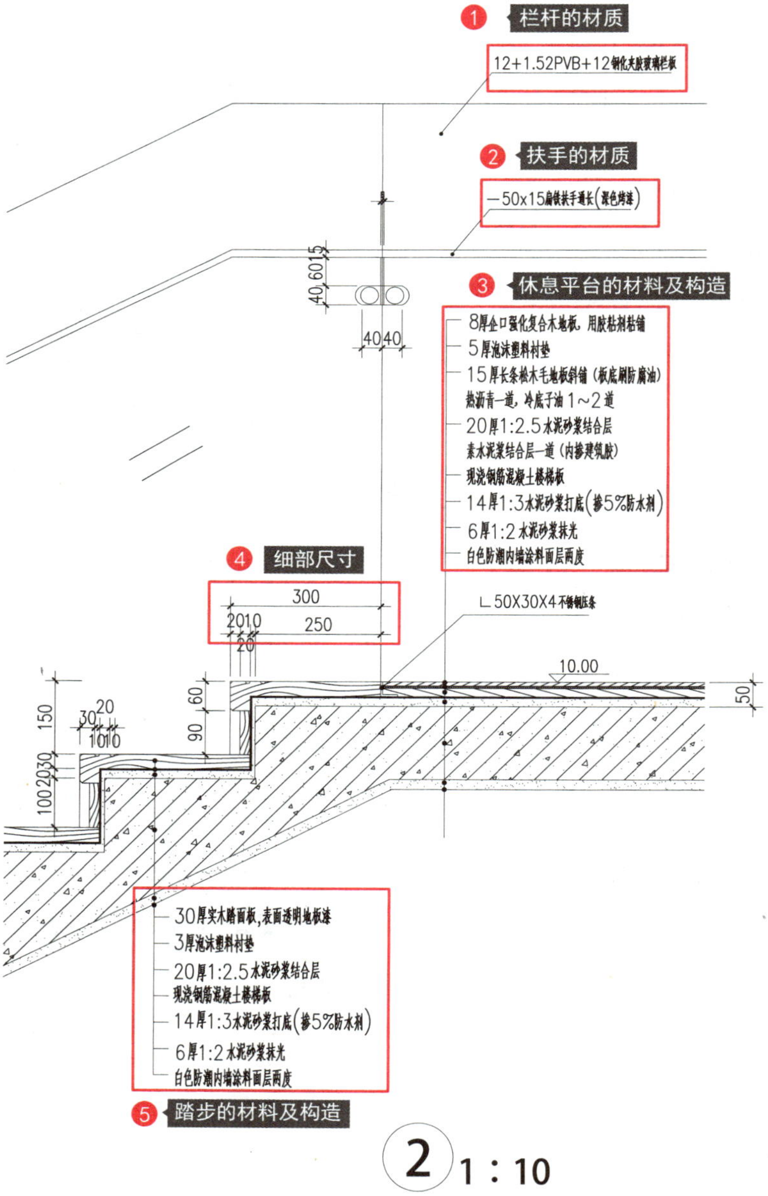

图 11-23 某项目的楼梯节点详图

3. 楼梯设计规范

楼梯设计所依据的主要规范为《民用建筑通用规范》（GB 55031—2022）及《民用建筑设计统一标准》（GB 50352—2019）。以下几点在画公共建筑楼梯详图时需重点考虑。

（1）楼梯净高要求。公共建筑楼梯休息平台上部及下部过道处的净高不应小于 2.0m，梯段净高不应小于 2.2m，如图 11-24 所示。

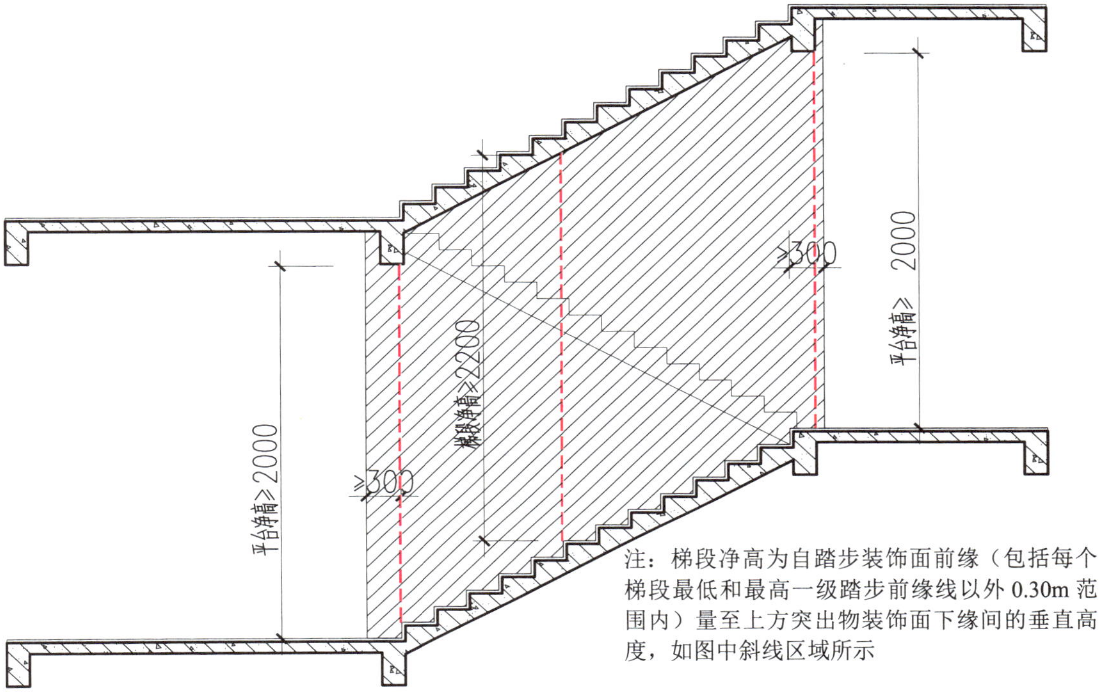

图 11-24 楼梯净高图

（2）踏步宽度和高度要求。踏步的宽度和高度需要根据不同类型建筑物的规范要求和使用需求来确定。《民用建筑通用规范》（GB 55031—2022）为现行规范，因此优先执行表 11-2，未涵盖的内容按表 11-3 执行。

表 11-2 踏步最小宽度和最大高度 单位：m

楼梯类别	最小宽度	最大高度
以楼梯作为主要垂直交通的公共建筑、非住宅类居住建筑的楼梯	0.26	0.165
住宅建筑公共楼梯、以电梯作为主要垂直交通的多层公共建筑和高层建筑裙房的楼梯	0.26	0.175
以电梯作为主要垂直交通的高层和超高层建筑楼梯	0.25	0.180

注：表中公共建筑及非住宅类居住建筑不包括托儿所、幼儿园、中小学及老年人照料设施。

表 11-3 幼儿园、托儿所、中小学、老年人照料设施建筑踏步最小宽度和最大高度
《民用建筑设计统一标准》（GB 50352—2019） 单位：m

楼梯类别	最小宽度	最大高度
幼儿园、托儿所	0.26	0.13
中学建筑	0.28	0.165
小学建筑	0.26	0.15
老年人住宅建筑	0.30	0.15
老年人公共建筑	0.32	0.13

课堂拓展

设踏步高度为 H，宽度为 B，一般楼梯踏步会满足 $2H+B\approx 600$mm 这个公式，大家可以用不同类型建筑的踏步进行试算。

（3）室内楼梯扶手高度自踏步前缘线量起不宜小于 0.9m。楼梯水平栏杆或栏板长度大于 0.5m 时，其高度不应小于 1.05m，为满足规范要求，常用栏杆高度设置为 1.1m。

（4）供日常交通用的公共楼梯的梯段最小净宽应根据建筑物使用特征，按人流股数和每股人流宽度 0.55m 确定，并不应少于 2 股人流的宽度，加上栏杆、扶手及楼梯侧墙面的面层空间，梯段宽度宜做到 1.2m 以上。

（5）公共楼梯应至少于单侧设置扶手，梯段净宽达 3 股人流的宽度时应两侧设扶手。

（6）当梯段改变方向时，楼梯休息平台的最小宽度不应小于梯段净宽，并不应小于 1.20m；当中间有实体墙时，扶手转向端处的平台净宽不应小于 1.30m。直跑楼梯的中间平台宽度不应小于 0.90m。

（7）公共楼梯每个梯段的踏步级数不应少于 2 级，且不应超过 18 级。

（8）梯段内每个踏步的高度、宽度应一致，相邻梯段踏步高度差不应大于 0.01m，且踏面应采取防滑措施。

以上内容为公共及住宅建筑公共楼梯要求，住宅套内楼梯要求没有上述要求严格。

4. 楼梯的设计

下面以层高 3.90m 的大学教学楼楼梯计算为例，介绍双跑楼梯的设计，其他楼梯可参考该内容自行查阅相关资料。注意楼梯设计的前提是保证楼梯的日常安全和舒适，并确保人员安全疏散。

（1）根据踏步高度计算楼梯踏步数量，查表 11-2 可知大学教学楼楼梯最大高度为 165mm，可以取 165mm，则 $3900\div165\approx23.6$，踏步数量取整为 24 步，每个踏步高度为 $3900\div24=162.5$（mm）。考虑行走的舒适度，也可取 26 步，每个踏步高度为 $3900\div26=150$（mm）。24 个踏步或者 26 个踏步都可行，此外取 26 个踏步（踏步数量建议取双数，使双跑楼梯梯段踏步数量一致）。

（2）踏步宽度可按表 11-2 设置为 260mm，也可设置为 280mm，踏步宽度大使用相对舒适，此处选 280mm，满足 $2H+B\approx600$mm 的要求（$2\times150+280\approx600$）。

（3）大学教学楼楼梯为常用疏散楼梯，可设置 3 股以上人流方便疏散。单股人流为 550mm，3 股人流为 $550\times3=1650$（mm），考虑到双侧扶手及楼梯侧墙厚度，此处梯段宽度取 1950mm。

（4）楼梯休息平台的宽度取值应大于或等于梯段宽度，此处取 2000mm。由此可画如图 11-25、图 11-26 所示的楼梯平面详图和 A—A 剖面详图。

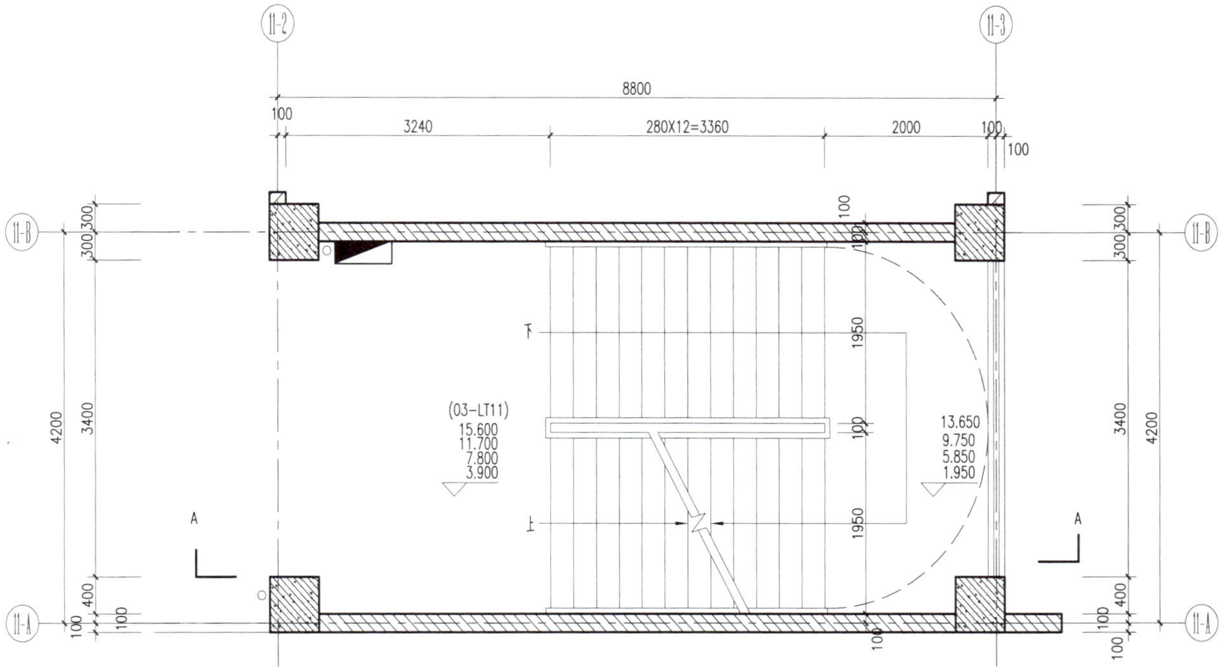

图 11-25　楼梯平面详图

课堂拓展

关于楼梯的尺寸标注：规范给出的关于楼梯梯段宽度、休息平台尺寸等均为净尺寸，即楼梯到建筑完成面尺寸。但在实际项目中，由于很多项目的楼梯侧墙为粉刷面层，厚度为 15~20mm，因此标注的尺寸会包含抹灰层，但为了符合楼梯规范要求，实际项目会将梯段和休息平台做得比规范宽裕些，比如梯段宽度最小净宽为 1100mm，休息平台最小净宽为 1200mm，但是考虑到墙体面层厚度和施工误差，一般会将梯段和休息平台尺寸比规范要求多设置 50~100mm 的宽度，做到梯段宽度 1200mm，休息平台宽度 1300mm 左右。

小节实训

（1）实训内容：通过本节楼梯详图的学习，掌握以下内容。

① 踏步高度和宽度的计算方法。

② 楼梯设计的相关规范。

③ 楼梯平面详图标注的内容。

④ 楼梯剖面详图需要标注的内容。

（2）实训目标：通过学习，掌握楼梯详图绘制的要求和方法。

（3）实训要求：能够独立完成楼梯平面详图和楼梯剖面详图的绘制。

二维码 11-7
楼梯平面详图、A—A剖面详图

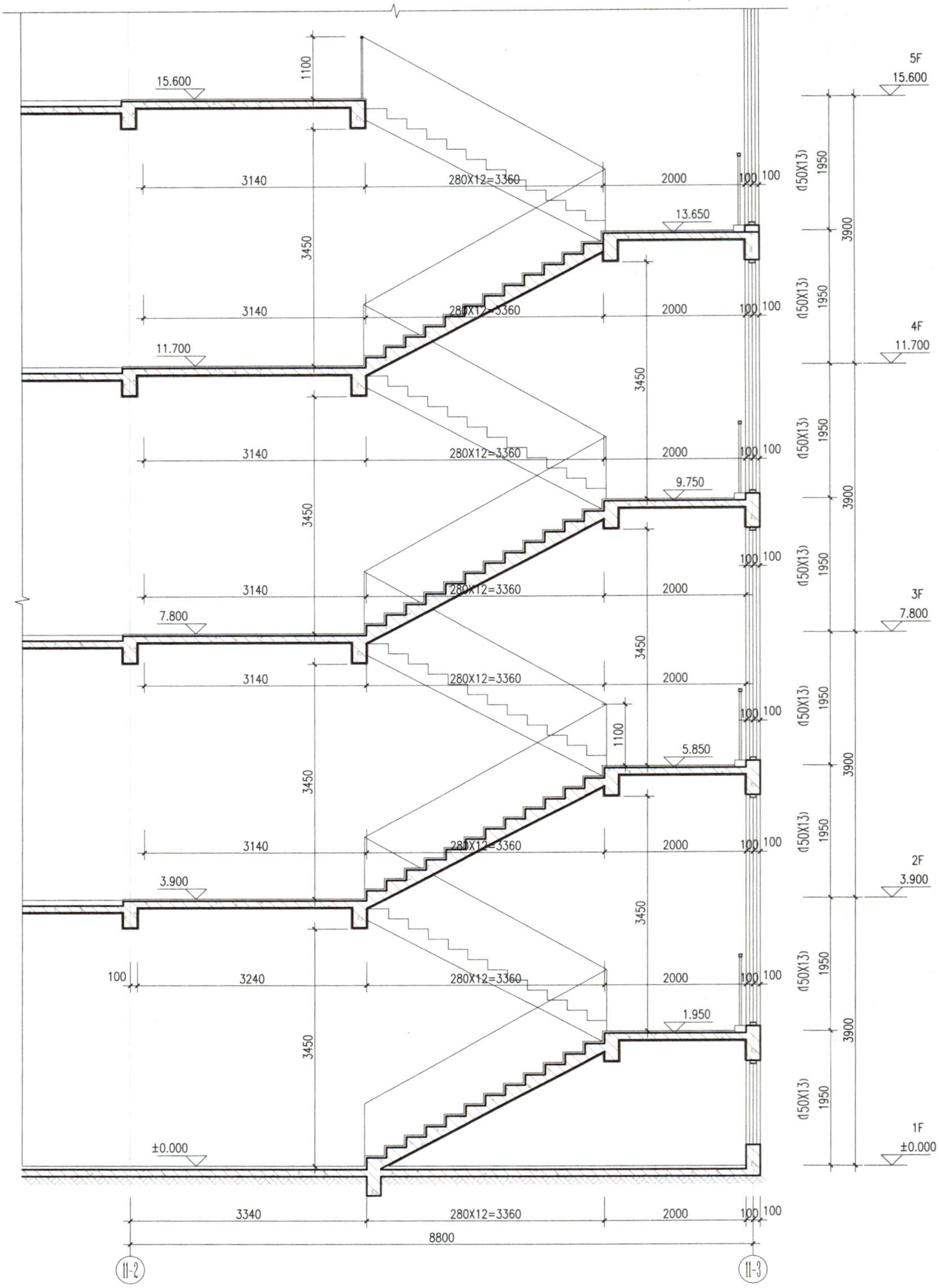

图 11-26　楼梯 A—A 剖面详图

11.4　电梯详图

电梯和楼梯一样是建筑的垂直交通设施，电梯、楼梯与管道井等辅助空间围合形成建筑的核心筒，其平面图如图 11-27 所示。

电梯主要由曳引系统、导向系统、轿厢、门系统、重量平衡系统、电力拖动系统、电气控制系统和安全保护系统等组成，与土建专业有关的组成部分包括机房、管道井、电梯基坑等。

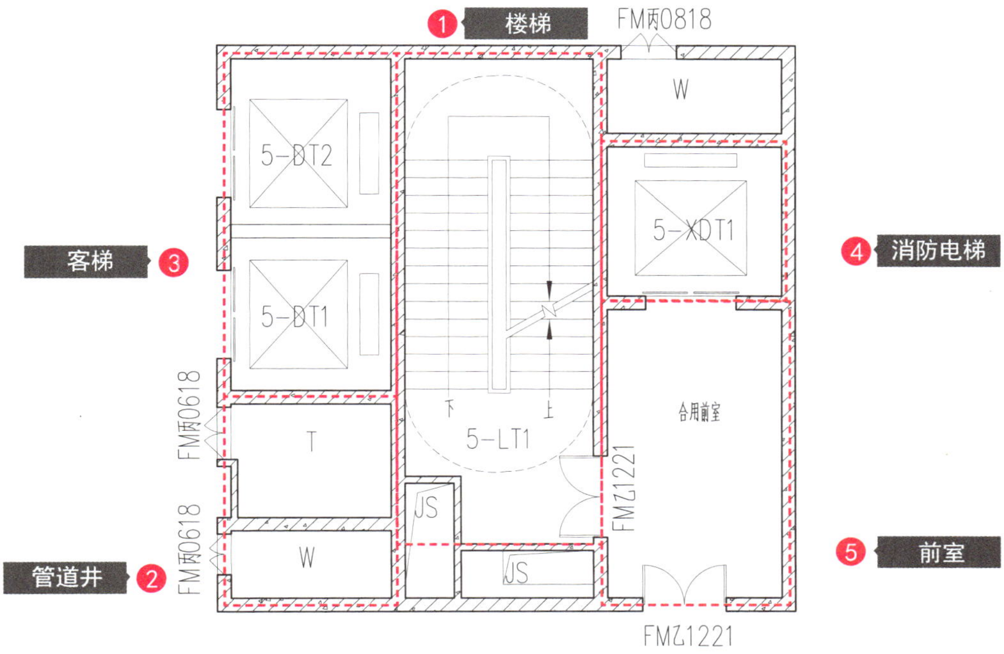

图 11-27　核心筒平面图

电梯按使用功能可分为客梯、货梯、客货两用梯、餐梯、担架电梯等；按建筑的消防需求可分为普通电梯和消防电梯，从空间布局来说两者区别为消防电梯需设置前室，普通电梯不需设置前室；按使用需求可分为普通电梯和无障碍电梯。

电梯可体现出建筑物的运送效率，一般项目在方案规划阶段，就会有电梯公司介入，以确认电梯产品、型号及运送效率等；在施工图设计阶段，需根据电梯型号进行详图绘制，并在图纸中注明：电梯土建施工应以最终订货的厂家资料为依据。

电梯详图一般要绘制电梯平面详图、电梯剖面详图及电梯立面详图，设计精细的项目会绘制出电梯内部平面铺地详图、立面详图及电梯天花详图，常用的绘制比例为 1 ∶ 50。

电梯详图名称为“DT1、DT2（电梯拼音首字母加阿拉伯数字）电梯详图”，或者与其他管道井或楼梯详图一起统称为核心筒详图。

二维码 11-8
核心筒平面图

1. 电梯平面详图应表达的内容

（1）用定位轴号表示电梯的位置（图 11-28 中的①），图中的轴线、轴号、标高等内容应与平面图保持一致。

（2）电梯的开间、进深和墙体厚度尺寸，电梯洞口尺寸，电梯井道尺寸，电梯编号，候梯厅深度等（图 11-28 中的②）。

（3）电梯首层平面详图应表达剖切符号（图 11-28 中的③）。

（4）电梯顶层平面详图应表达电梯机房及其相关尺寸（图 11-28 中的④）。机房楼板留洞暂按业主选定的样本预留。

（5）不同平面及部位的标高（图 11-28 中的⑤）。

（6）消防电梯应表达集水井（图 11-28 中的⑥）。

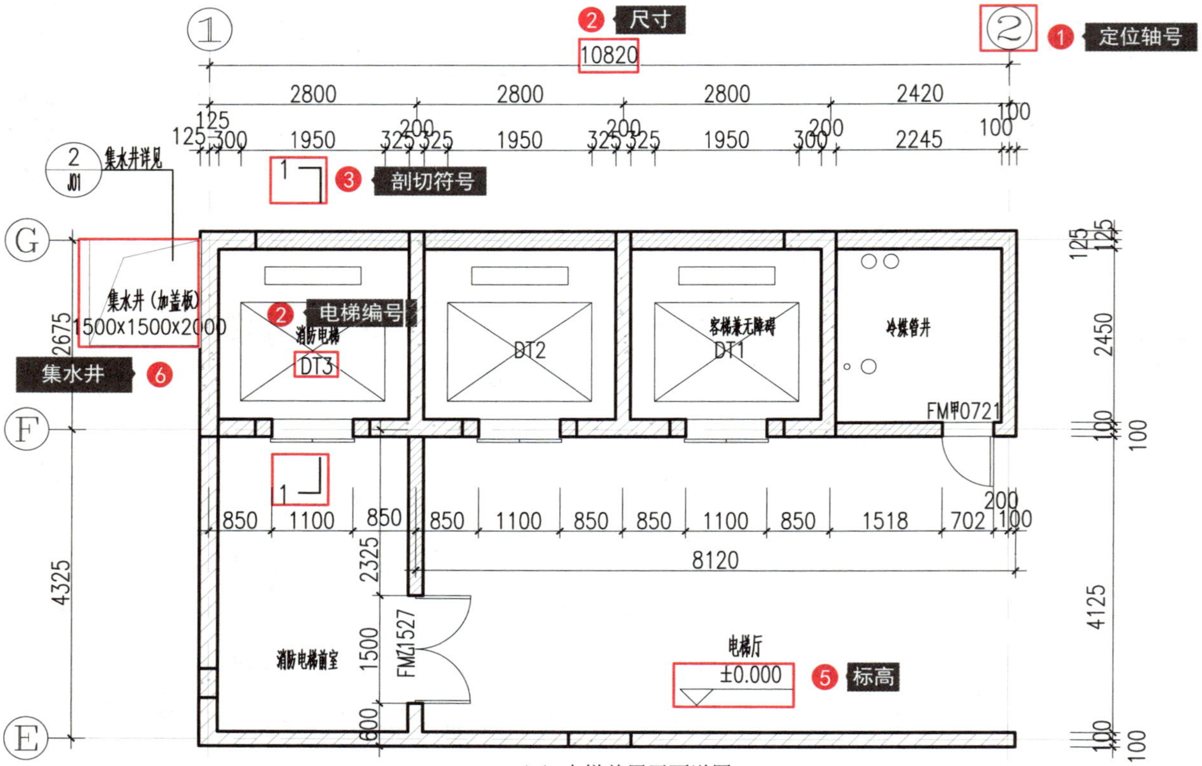

（a）电梯首层平面详图

图 11-28 电梯平面详图

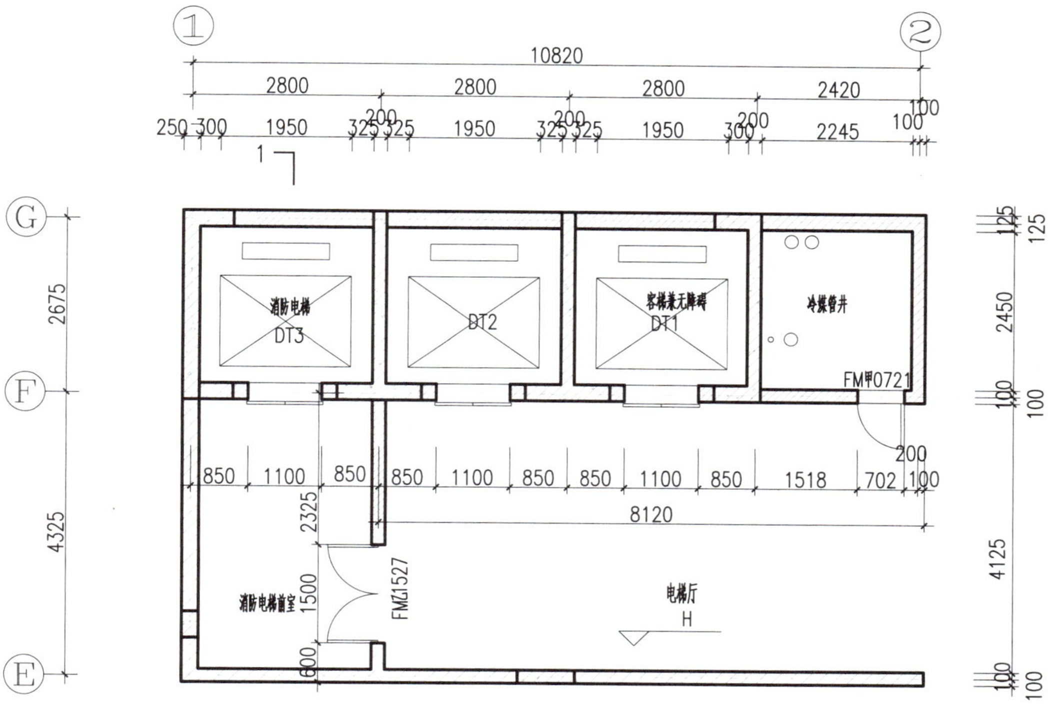

（b）电梯标准层平面详图

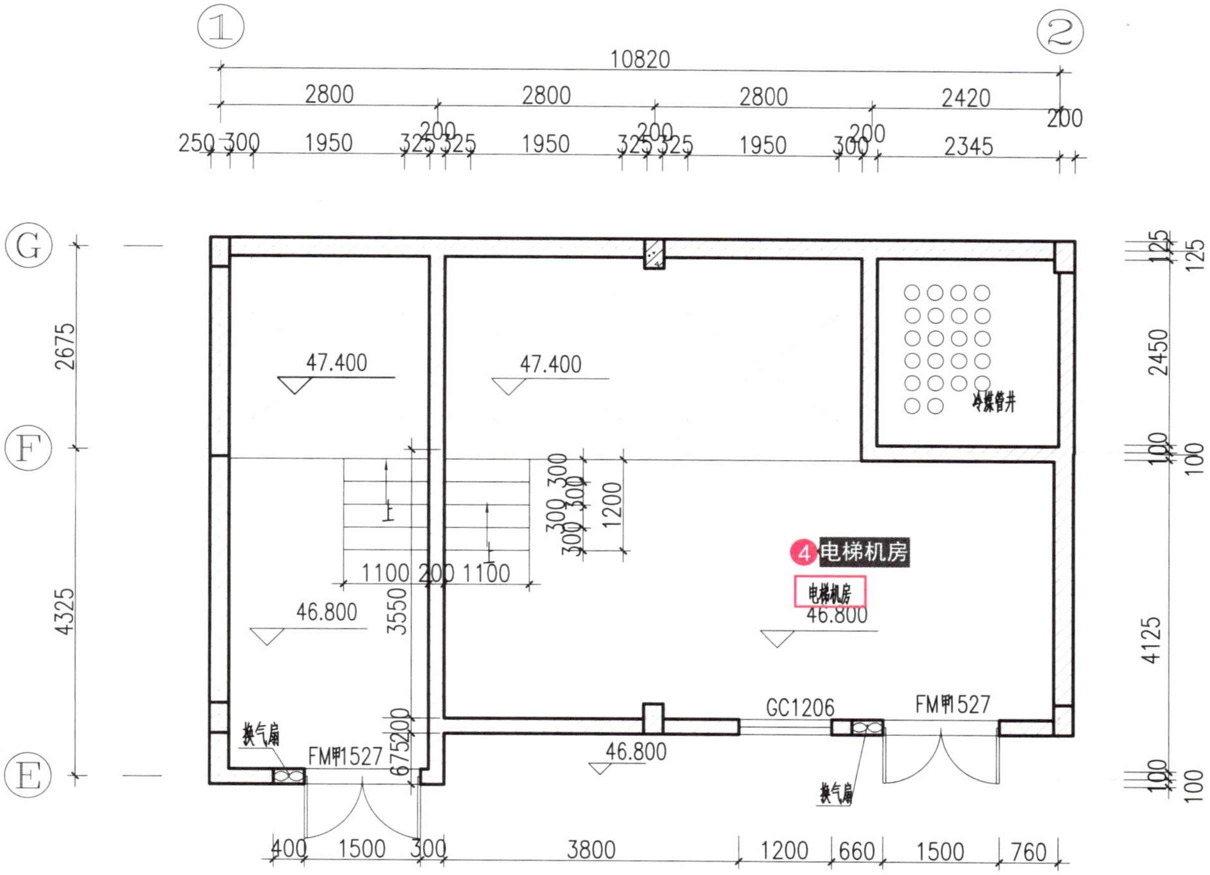

（c）电梯顶层平面详图

图 11-28 电梯平面详图（续）

2．电梯剖面详图应表达的内容

电梯剖面详图要绘出电梯井道、电梯机房、机房顶板上预留吊钩位置，表达每层电梯门及洞口高度、电梯冲顶及电梯基坑，消防电梯要绘制基坑，如剖到集水井应表达集水井（用于排水），如图 11-29（a）中的①～⑤所示。

3．电梯立面详图应表达的内容

电梯立面详图应绘出立面留洞及电梯门、电梯控制面板等与电梯运行相关的立面构件，如图 11-29（b）中的①～②所示。

二维码 11-9
电梯各层平面图

课堂拓展

不同类型和数量的电梯，其候梯厅的深度要求也不一样。根据《民用建筑设计统一标准》（GB 50352—2019）的规定，电梯候梯厅的深度应符合表 11-4 的规定。

表 11-4 电梯候梯厅的深度

电梯类别	布置方式	候梯厅深度
住宅电梯	单台	$\geqslant B$，且 $\geqslant$ 1.5m
	多台单侧排列	$\geqslant B_{max}$，且 $\geqslant$ 1.8m
	多台双侧排列	$\geqslant$ 相对电梯 B_{max} 之和，且 $<$ 3.5m
公共建筑电梯	单台	$\geqslant 1.5B$，且 $\geqslant$ 1.8m
	多台单侧排列	$\geqslant 1.5B_{max}$，且 $\geqslant$ 2.0m；当电梯群为 4 台时应 $\geqslant$ 2.4m
	多台双侧排列	$\geqslant$ 相对电梯 B_{max} 之和，且 $<$ 4.5m

注：B 为轿厢深度，B_{max} 为电梯群中最大轿厢深度。

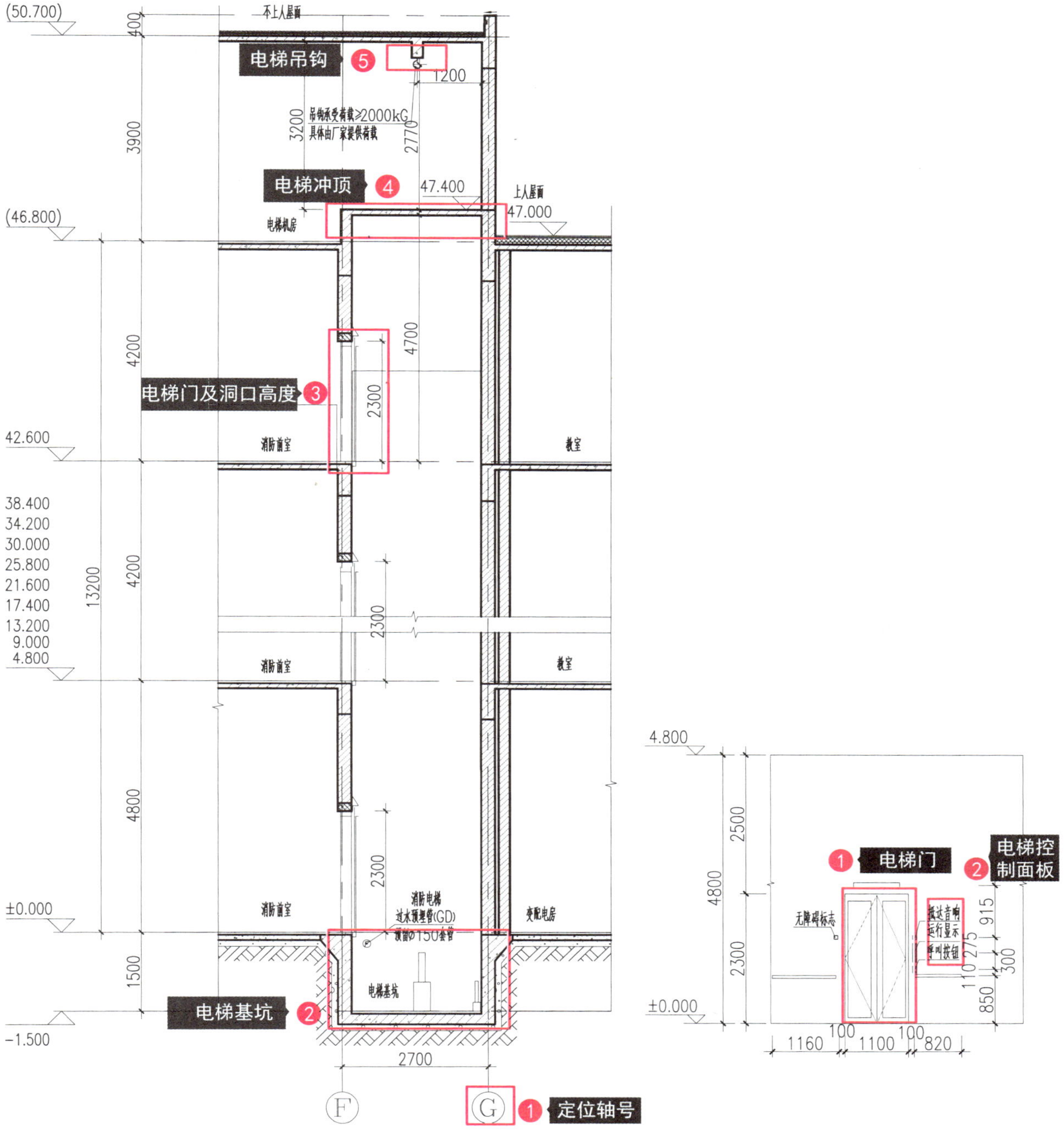

（a）电梯剖面详图　　（b）电梯立面详图

图 11-29　电梯剖面详图（对应图 11-28）和电梯立面详图

小节实训

（1）实训内容：通过本节电梯详图的学习，掌握以下内容。

① 普通电梯与消防电梯的区别。

② 电梯平面详图、电梯剖面详图需要表达的内容。

（2）实训目标：通过学习，掌握电梯详图绘制的要求和方法。

（3）实训要求：能够独立完成电梯平面详图和电梯剖面详图的绘制。

11.5 卫生间详图

卫生间详图是针对卫生间的特定区域进行放大绘制及标注的图纸，需对卫生间内部的隔间及洁具布置等进行深化绘制。卫生间详图主要包括平面详图、立面详图、天花详图、剖面详图及细部节点详图等。

卫生间详图分为公共卫生间详图及家用卫生间详图。公共卫生间内部需布置男卫生间、女卫生间、无障碍卫生间、工具间等房间。公共卫生间的卫生设施包含厕位、小便池、洗手池、拖布池等；家用卫生间的卫生设施包含淋浴、浴缸、马桶或蹲坑及洗手池等。

平面图上的卫生间根据卫生间的数量编号，命名为 1# 卫生间、2# 卫生间或卫 1、卫 2 等，如图 11-30 所示。

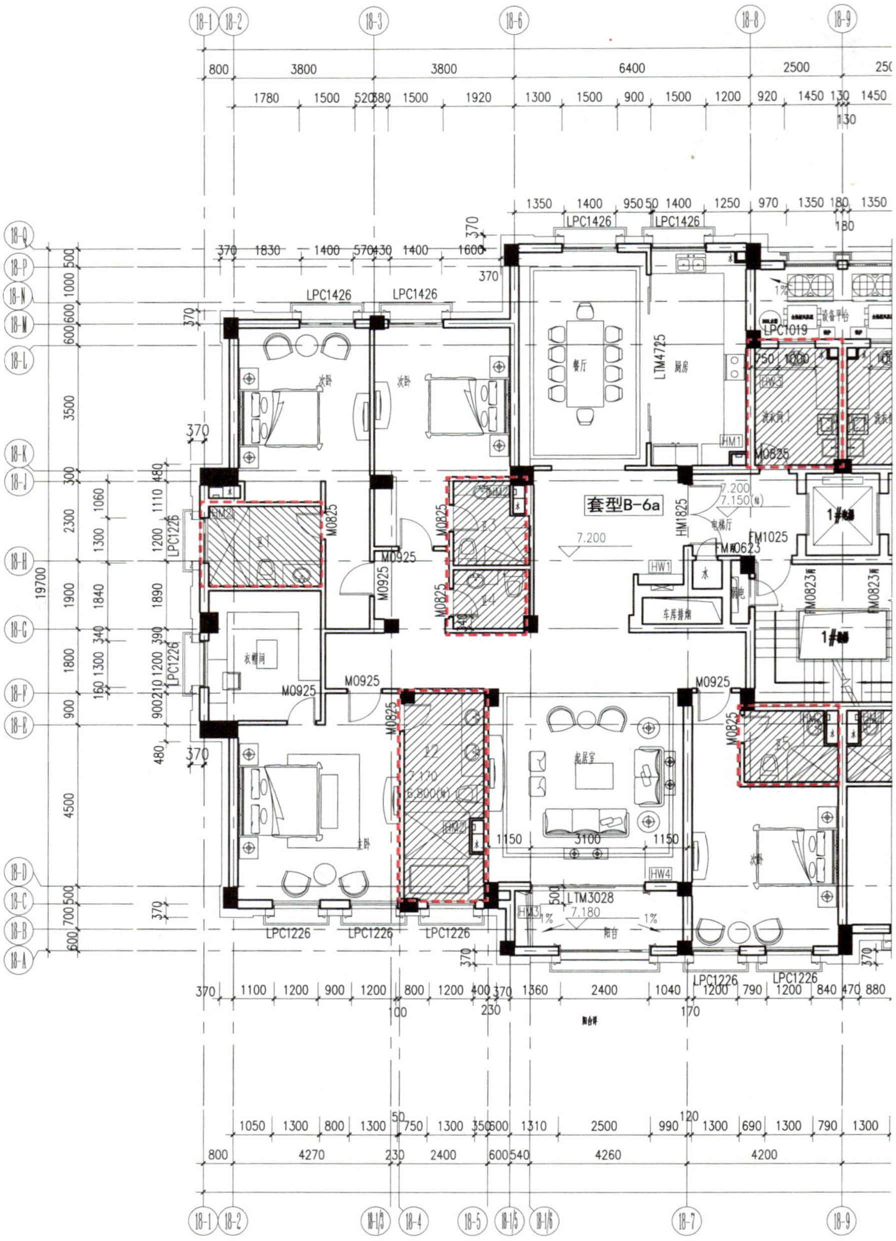

图 11-30 卫生间在平面图中的编号表达

1．卫生间平面详图的绘制

（1）卫生间平面详图绘制常用的比例是 1 ： 50。图中的轴线、轴号、标高等内容应与平面图保持一致（图 11-31 中的①）（同一平面形式的卫生间在该项目中多次出现时，仅需绘制一次，把不同位置的轴号、标高等信息加上即可）。

（2）卫生间平面详图的外部尺寸标注一般为两道尺寸线，第一道表达轴线或者墙间尺寸，第二道一般表达门窗及墙体定位尺寸，内部尺寸标注加一道洁具定位尺寸线，以表达厕卫隔间尺寸、大便器位置、小便器位置、洗手盆位置、地漏位置等（图 11-31 中的②），洁具及地漏需定位中心位置。

（3）卫生间降板高度较大，需标注结构标高和建筑标高（图 11-31 中的③）。

（4）应标注坡度和坡向（图 11-31 中的④），坡度一般为 1%，坡向为地漏方向，将地面积水顺利汇向地漏。

（5）构件做法可引用通用详图（图 11-31 中的⑤）。

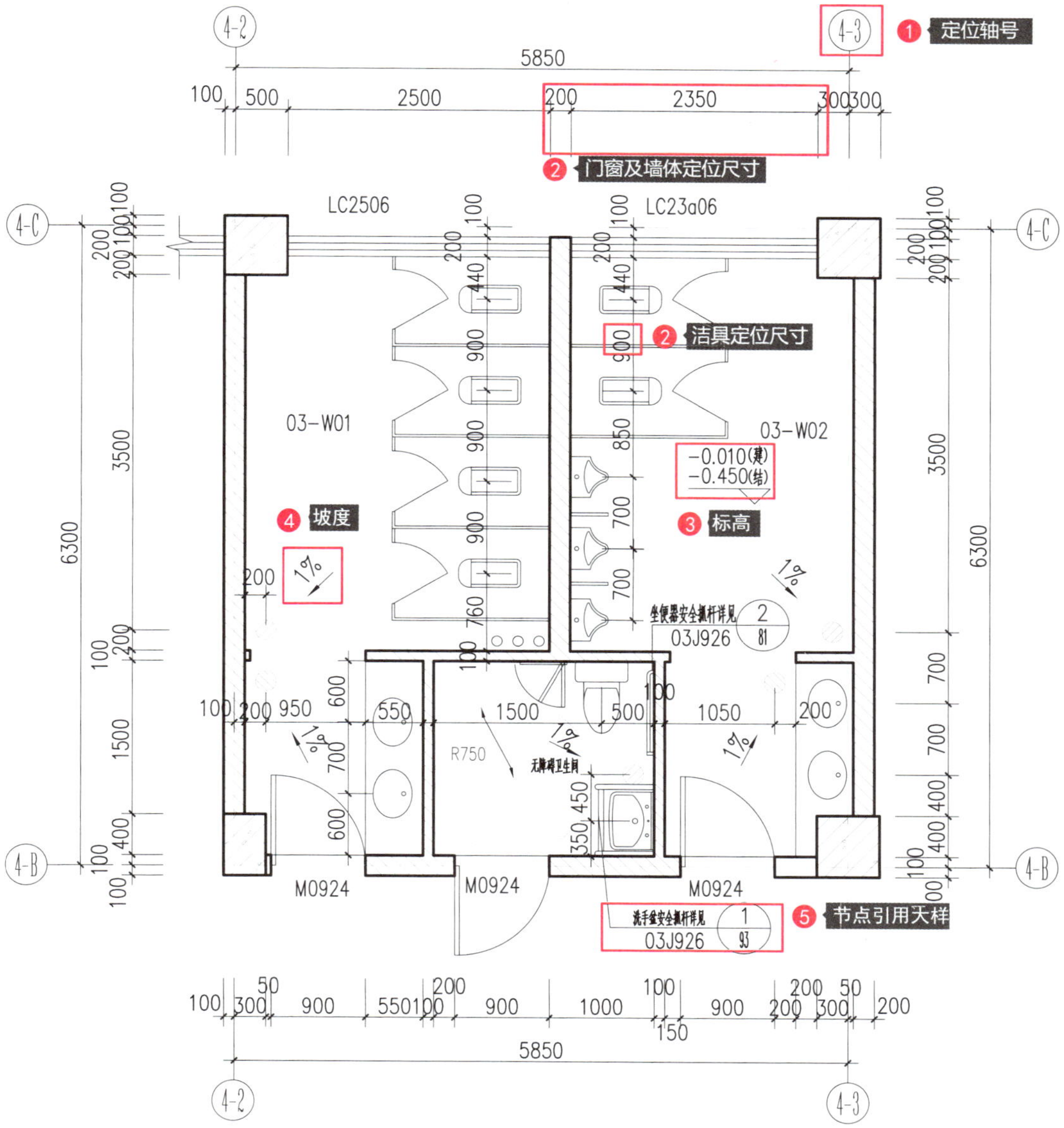

图 11-31 03-W01/03-W02 卫生间平面详图

2. 卫生间洁具的布置

卫生间洁具的布置与人体的使用密切相关，《民用建筑通用规范》（GB 55031—2022）及《民用建筑设计统一标准》（GB 50352—2019）对公共卫生间的使用尺寸给出了严格的规定。

1）隔间的尺寸

公共卫生间隔间的平面净尺寸应根据使用特点合理确定，并不应小于表 11-5 的规定。

表 11-5 公共卫生间隔间的平面最小净尺寸

类别	平面最小净尺寸（净宽度 m× 净深度 m）
外开门的隔间	0.9×1.3（坐便）、0.9×1.2（蹲便）
内开门的隔间	0.9×1.5（坐便）、0.9×1.4（蹲便）

卫生间洁具的布置如图 11-32 所示。

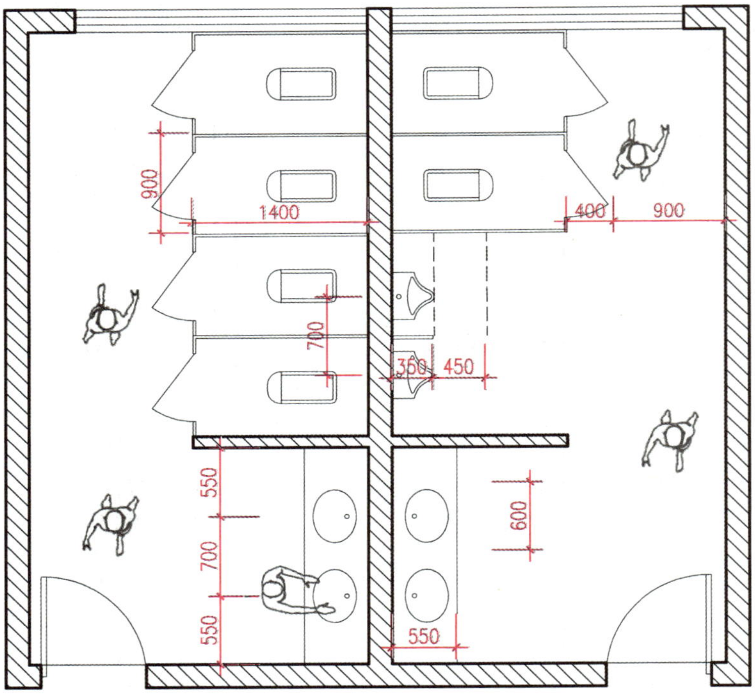

图 11-32 卫生间洁具的布置

二维码 11-10
卫生间平面详图

2）公共卫生间内通道净宽应符合下列规定

（1）卫生间隔间外开门时，单排厕所隔间外通道净宽不应小于 1.30m；双排厕所隔间之间通道净宽不应小于 1.30m；隔间至对面小便器或小便槽外沿的通道净宽不应小于 1.30m。

（2）卫生间隔间内开门时，通道净宽不应小于 1.10m。

3）卫生设备间距应符合下列规定

（1）洗手盆或盥洗槽水嘴中心与侧墙面净距不应小于 0.55m；居住建筑洗手盆水嘴中心与侧墙面净距不应小于 0.35m。

（2）并列洗手盆或盥洗槽水嘴中心间距不应小于 0.7m。

（3）单侧并列洗手盆或盥洗槽外沿至对面墙的净距不应小于 1.25m；居住建筑洗手盆外沿至对面墙的净距不应小于 0.6m。

（4）双侧并列洗手盆或盥洗槽外沿之间的净距不应小于 1.8m。

（5）并列小便器的中心距离不应小于 0.7m，小便器之间宜加隔板，小便器中心距侧墙或隔板的距离不应小于 0.35m，小便器上方宜设置搁物台。

3. 无障碍卫生间平面详图的绘制

根据《无障碍设计规范》（GB 50763—2012）、《建筑与市政工程无障碍通用规范》（GB 55019—2021），绘制无障碍卫生间时有以下几点需要注意。

（1）无障碍卫生间应方便乘轮椅者进入和进行回转，回转直径不小于 1.5m（图 11-33 中的①）。

（2）卫生间面积不应小于 4.00m^2（图 11-33 中的②）。

（3）门应方便开启，通行净宽度不应小于 800mm（图 11-33 中的③）。

（4）应设置水平滑动式门或向外开启的平开门（图 11-33 中的④）。

（5）洗手台中心距离侧墙不应小于 550mm（图 11-33 中的⑤）。

无障碍卫生间平面详图如图 11-33 所示。

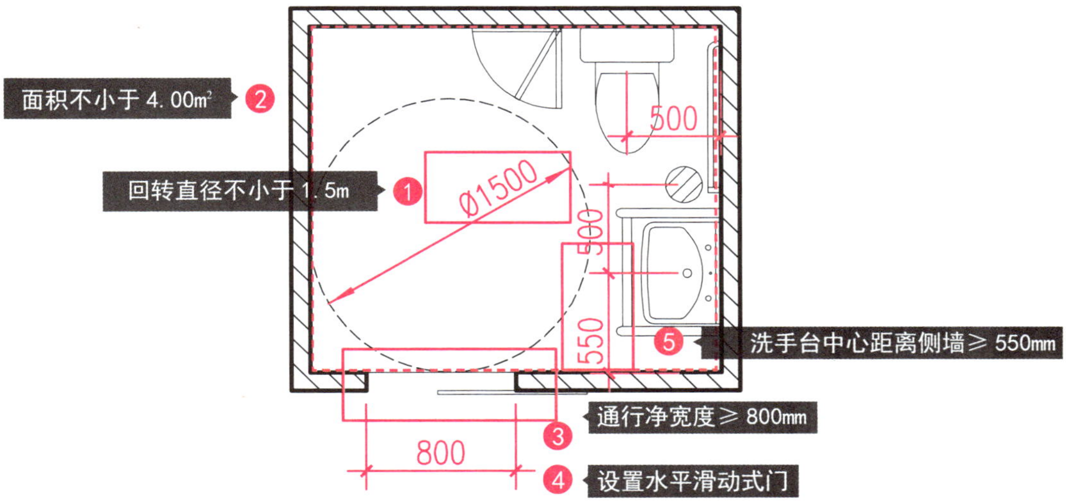

图 11-33 无障碍卫生间平面详图

二维码 11-11
无障碍卫生间平面详图

4. 卫生间剖面详图的绘制

卫生间的结构标高和建筑标高相差较大，因面层以下需要埋蹲坑或者马桶的排水弯管及各种排水管道，这个高差一般通过下沉结构板或者抬高面层来解决。如果洁具采用蹲坑需要结构板和建筑面层之间有 450 ～ 500mm 的高度；采用马桶需要结构板和建筑面层之间有 350 ～ 400mm 的高度，在日常使用中，下沉结构板比抬高面层更为便捷（不用抬脚）。卫生间剖面详图和平面详图一样需要表达结构面、建筑完成面及其标高，由于卫生间是有水房间，其建筑标高一般低于相邻房间建筑标高 15mm 左右。卫生间剖面详图一般可不绘制，但可借助卫生间剖面示意图和剖面构造图（图 11-34、图 11-35）来理解卫生间的构造。

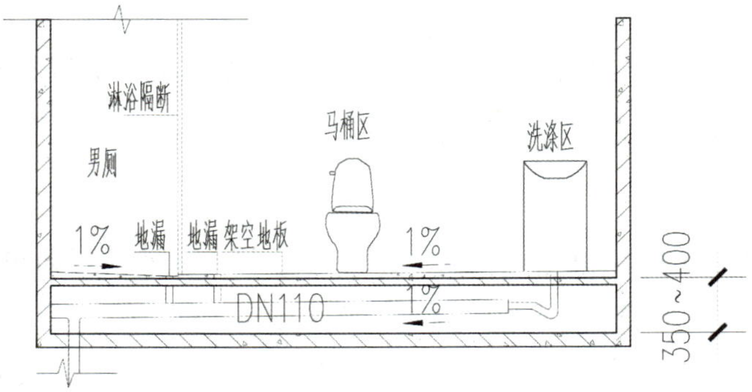

图 11-34　卫生间局部剖面示意图

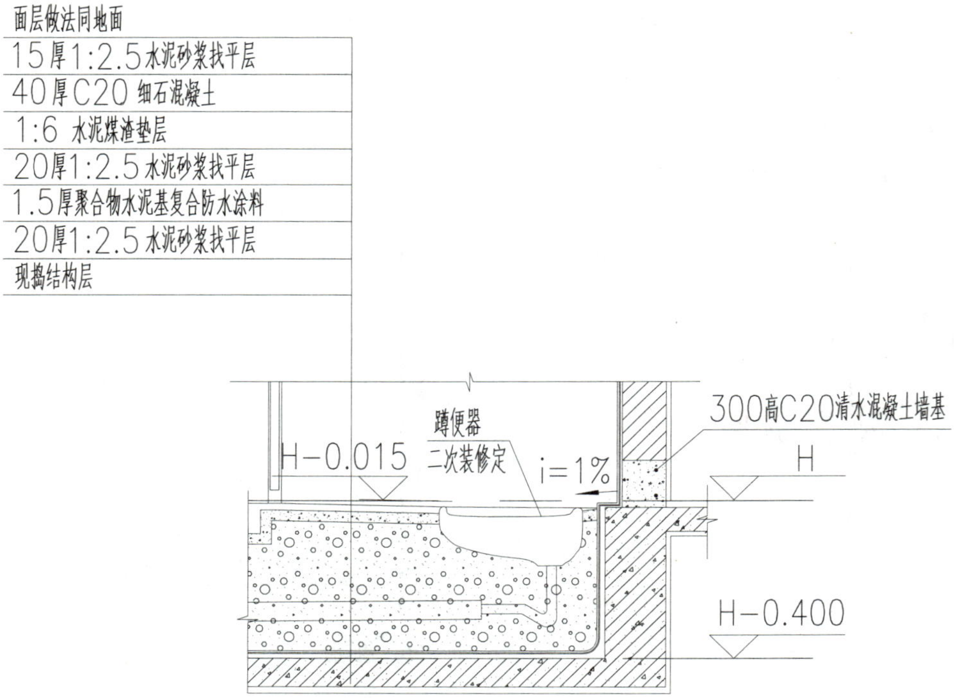

图 11-35　卫生间局部剖面构造图

5．家用卫生间详图的绘制

家用卫生间一般包括洁具三件套（马桶或蹲坑 + 洗手台盆 + 淋浴）或者四件套（马桶或蹲坑 + 洗手台盆 + 淋浴 + 浴缸）。深化卫生间图纸时需注意卫生间的干湿分区合理（洗手台盆和马桶为干区，淋浴和浴缸为湿区）、流线合理（洗手台盆为日常使用频率最高的洁具，马桶次之）、尺寸合理，以符合人体工程学。每个洁具预留 800 ～ 900mm 的使用宽度较为舒适，卫生间内走道预留 900mm 以上的交通空间为宜。家用卫生间详图绘制需要定位洁具的尺寸及中心线等。图 11-36 为常用的家用卫生间详图。

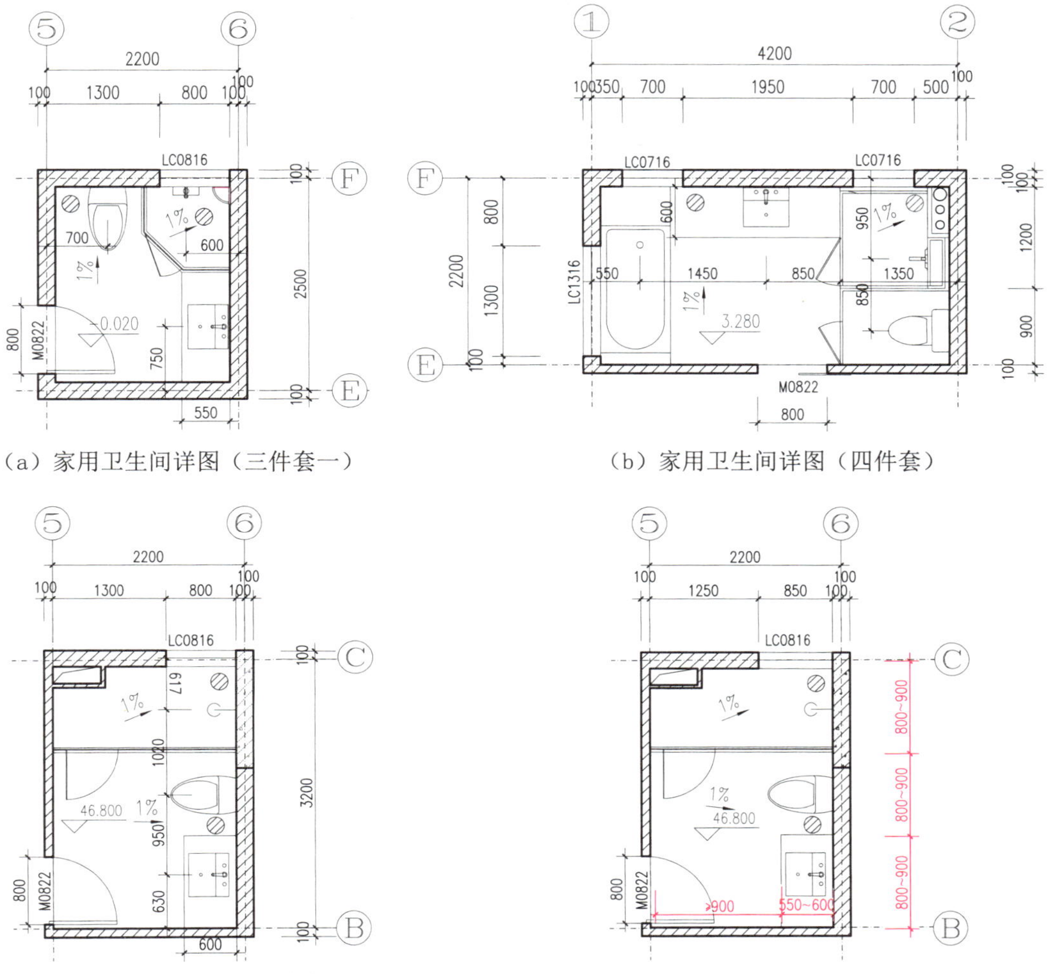

（a）家用卫生间详图（三件套一）

（b）家用卫生间详图（四件套）

（c）家用卫生间详图（三件套二）

（d）家用卫生间洁具及走道尺寸建议

图 11-36　常用的家用卫生间详图

二维码 11-12
家用卫生间详图

小节实训

（1）实训内容：通过本节卫生间详图的学习，掌握以下内容。

① 与卫生间使用相关的尺寸，包括隔间尺寸、通道尺寸、洁具尺寸等，理解卫生间的尺寸设置与人体使用相关。

② 公共卫生间、家用卫生间详图绘制。

③ 卫生间剖面降板的原因。

（2）实训目标：通过学习，掌握卫生间详图绘制的要求和方法。

（3）实训要求：能够独立完成卫生间详图的绘制。

11.6 厨房详图（本节主要讲解住宅的厨房详图）

厨房详图是详细展示厨房布局、家具摆放及相关设施尺寸的图纸。住宅和有厨房的公建项目需要对厨房进行详图绘制，其中公建厨房详图由专业的厨房顾问绘制，本节主要讲解住宅厨房详图绘制时需注意的要点。

二维码 11-13 厨房流线图纸

（1）厨房详图需要对厨房的流线进行梳理，并对厨房的家具、厨具、烟道等进行具体的布置及标注。

（2）厨房的常用做餐流线为，取—解冻—洗—切—炒—盛菜。对应需要布置的家具和厨具为，冰箱—放置菜台—洗菜池—切菜台—炒菜的炉灶及抽油烟机—盛菜放菜台，而每一种位置都需有对应的操作尺寸，如图 11-37 所示。

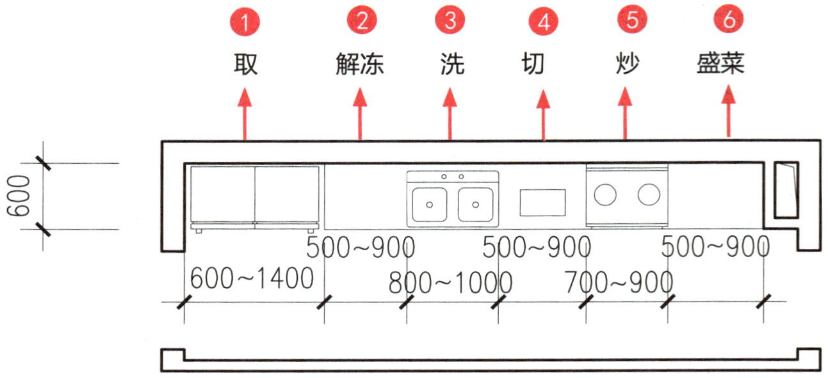

图 11-37 厨房做餐流线及操作空间尺度

（3）常见的住宅厨房布局有一字形厨房、L 形厨房、U 形厨房等形式。厨房操作空间越长，收纳空间越大，如图 11-38 所示。

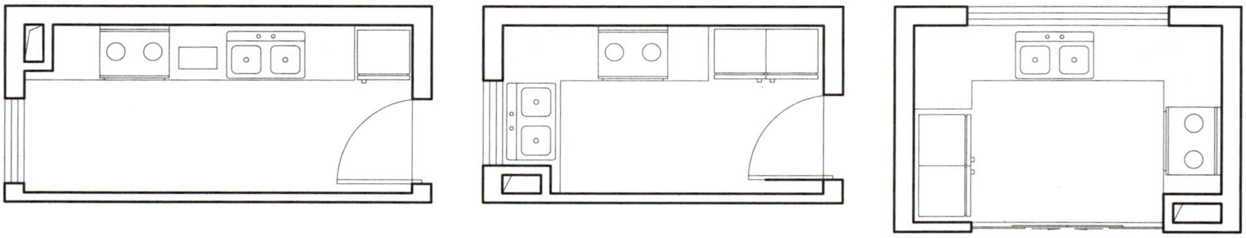

（a）一字形厨房　（b）L形厨房　（c）U形厨房

图 11-38 住宅厨房布局形式

（4）厨房平面详图绘制，常用的比例是 1 ∶ 50，应表达如下内容。

① 轴线、轴号、标高等（图 11-39 中的①）。其内容应与平面图保持一致。

② 冰箱、抽油烟机、洗菜池，以及厨柜等厨房必须有的家具及厨具（图 11-39 中的②）。

③ 厨房烟道的位置及尺寸（图 11-39 中的③）。

④ 定位尺寸。尺寸标注一般为外侧两道尺寸线，内侧一道尺寸线。外侧第一道尺

寸线表达轴线或者墙间尺寸，外侧第二道尺寸线表达门窗洞口及烟道尺寸等。内侧一道尺寸线表达厨具、家具等的定位（图 11-39 中的④，可定位水池中心线）。

⑤ 与厨房位置相关的一些细部门窗尺寸及门窗编号等（图 11-39 中的⑤）。

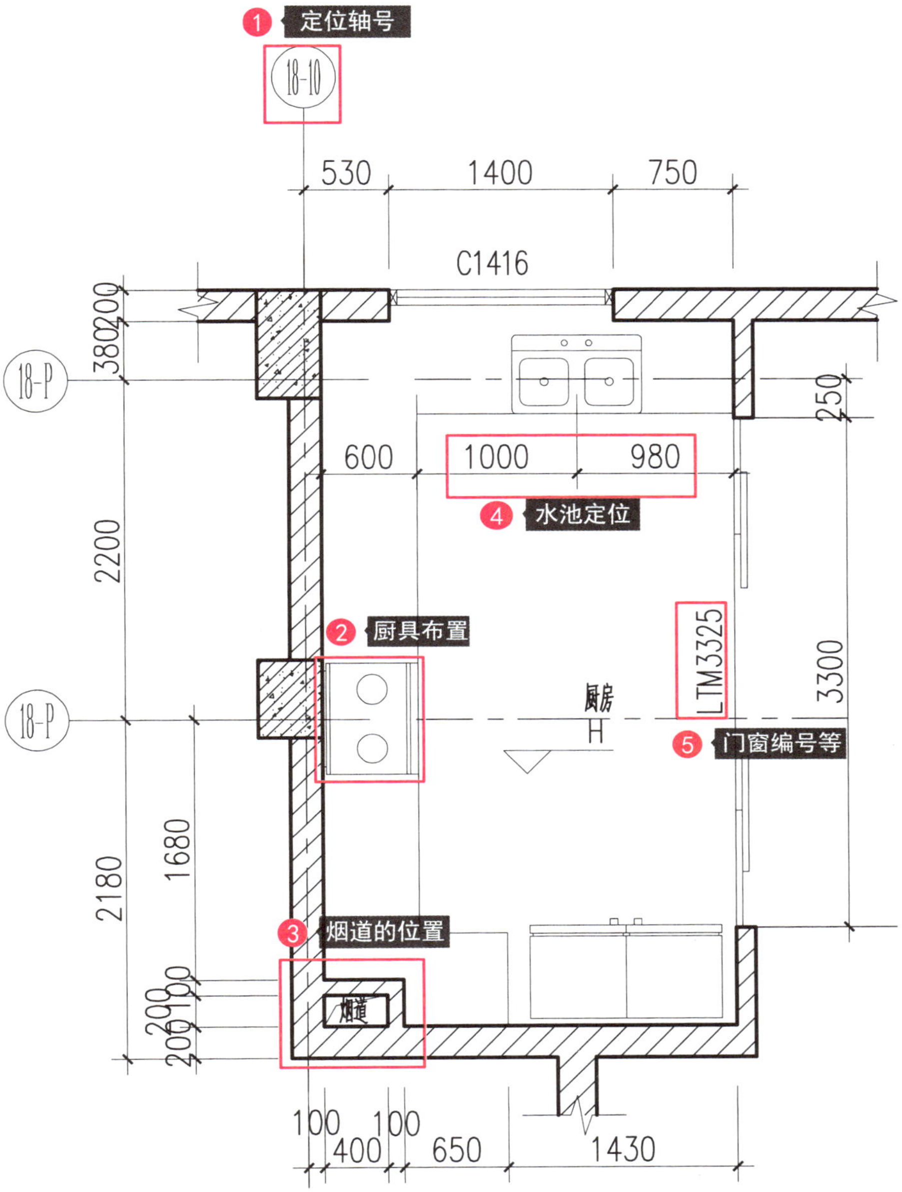

图 11-39 厨房平面详图

二维码 11-14 厨房平面详图

（5）与住宅厨房设计相关的规范为《住宅设计规范》（GB 50096—2011），设计时应注意以下几点。

① 面积规定：由卧室、起居室（厅）、厨房和卫生间等组成的住宅套型的厨房使用面积，不应小于 4.0m^2；由兼起居的卧室、厨房和卫生间等组成的住宅最小套型的厨房使用面积，不应小于 3.5m^2。

② 尺寸规定：主要为与厨房走道尺寸相关的一些规定，如单排布置设备的厨房净宽

不应小于 1.50m，走道净宽不宜小于 0.8m；双排布置设备的厨房净宽不宜小于 1.8m；其两排设备之间的净距不应小于 0.90m。在深化厨房详图时需注意尺寸，如图 11-40 所示。

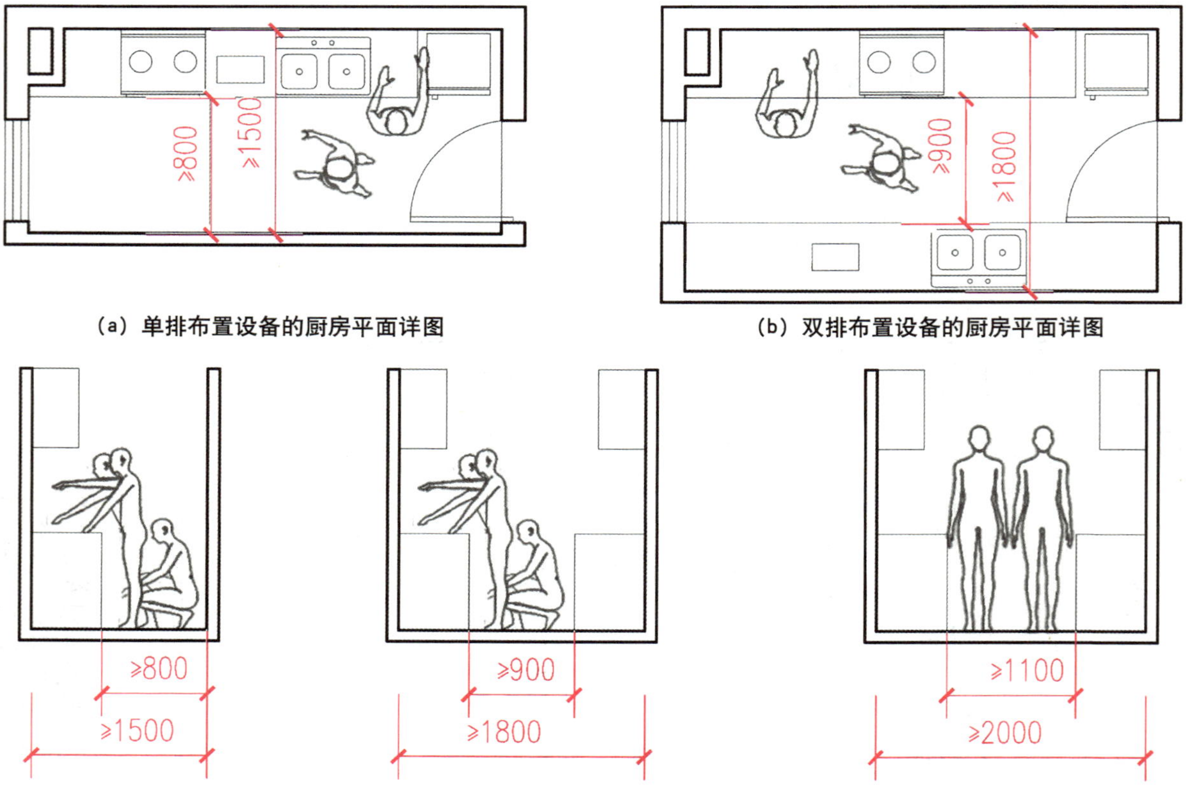

(a) 单排布置设备的厨房平面详图　(b) 双排布置设备的厨房平面详图

(c) 单排布置设备的厨房立面详图　(d) 双排布置设备的厨房立面详图　(e) 双排布置设备的厨房立面详图（双人走道）

图 11-40　厨房尺寸

小节实训

(1) 实训内容：通过本节厨房详图的学习，掌握以下内容。

① 厨房详图需要表达的内容。

② 厨房的取—解冻—洗—切—炒—盛菜流线及各个功能流线需要的操作尺寸。

(2) 实训目标：通过学习，掌握厨房详图绘制的要求和方法。

(3) 实训要求：能够独立完成厨房详图的绘制。

11.7 汽车坡道详图

汽车坡道详图是详细展示汽车坡道设计和构造的图纸。汽车坡道详图主要包括平面详图和剖面详图，常用的比例为 1 ： 50、1 ： 75、1 ： 100 等（一般情况下采用 1 ： 50，在坡道尺寸较大、图纸布图困难的情况下可采用 1 ： 75 或 1 ： 100 的比例）。

1. 汽车坡道平面详图的表达内容

（1）轴线、轴号、标高等（图 11-41 中的①）。其内容应与平面图保持一致。

（2）定位尺寸（图 11-41 中的②）。汽车坡道平面详图的尺寸标注一般为内外三道尺寸线，外侧第一道尺寸线表达轴线或者墙间尺寸，外侧第二道尺寸线表达洞口尺寸，内侧一道尺寸线表达各段坡道水平长度、车道宽度等定位尺寸。

（3）坡道起坡线和变坡线，以及起坡线和变坡线的标高（图 11-41 中的③）。

（4）每一段坡道的坡度（图 11-41 中的④）。

（5）首层汽车坡道起坡及到达地库处设置的排水沟（图 11-41 中的⑤），以防止雨水倒灌地库。

（6）行径线及方向（图 11-41 中的⑥）。

（7）曲线坡道还应表达曲线定位尺寸，如圆心定位及半径、圆弧起始位置（图 11-42 中的⑦）。

本节所举例的地库汽车坡道包含直线坡道和曲线坡道，图 11-41、图 11-42 为汽车坡道首层和地下一层平面详图，图 11-43、图 11-44 为与该坡道相对应的平面、透视示意图。

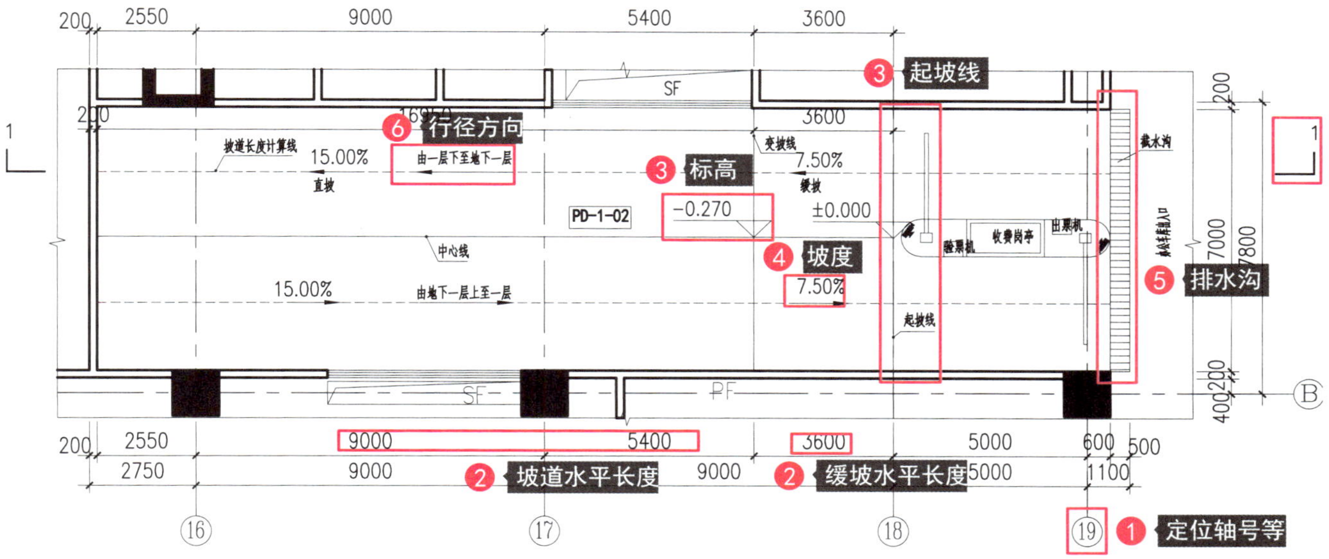

图 11-41 汽车坡道首层平面详图

> 课堂拓展
>
> 汽车坡道的设计
>
> 汽车坡道的设计应符合合理布局、平顺过渡、充分通行、安全可靠的基本原则。
>
> （1）合理布局是指根据道路现状和使用需求，将汽车坡道设置在合适的位置，以便保证汽车的正常行驶和停放功能的顺利实现。

(2) 平顺过渡是指坡道上下坡过渡部分的曲线平缓，其不仅确保了驾驶员的舒适性，还能避免因坡度急变导致的车辆故障和事故。

(3) 充分通行是指设置合理宽度和形状的坡道，确保大型车辆和小型车辆都能顺利通行。

(4) 安全可靠是指坡道的设计要符合道路交通安全的要求，材料选用和施工质量都要达到相应的标准，确保坡道在使用过程中不会发生事故。

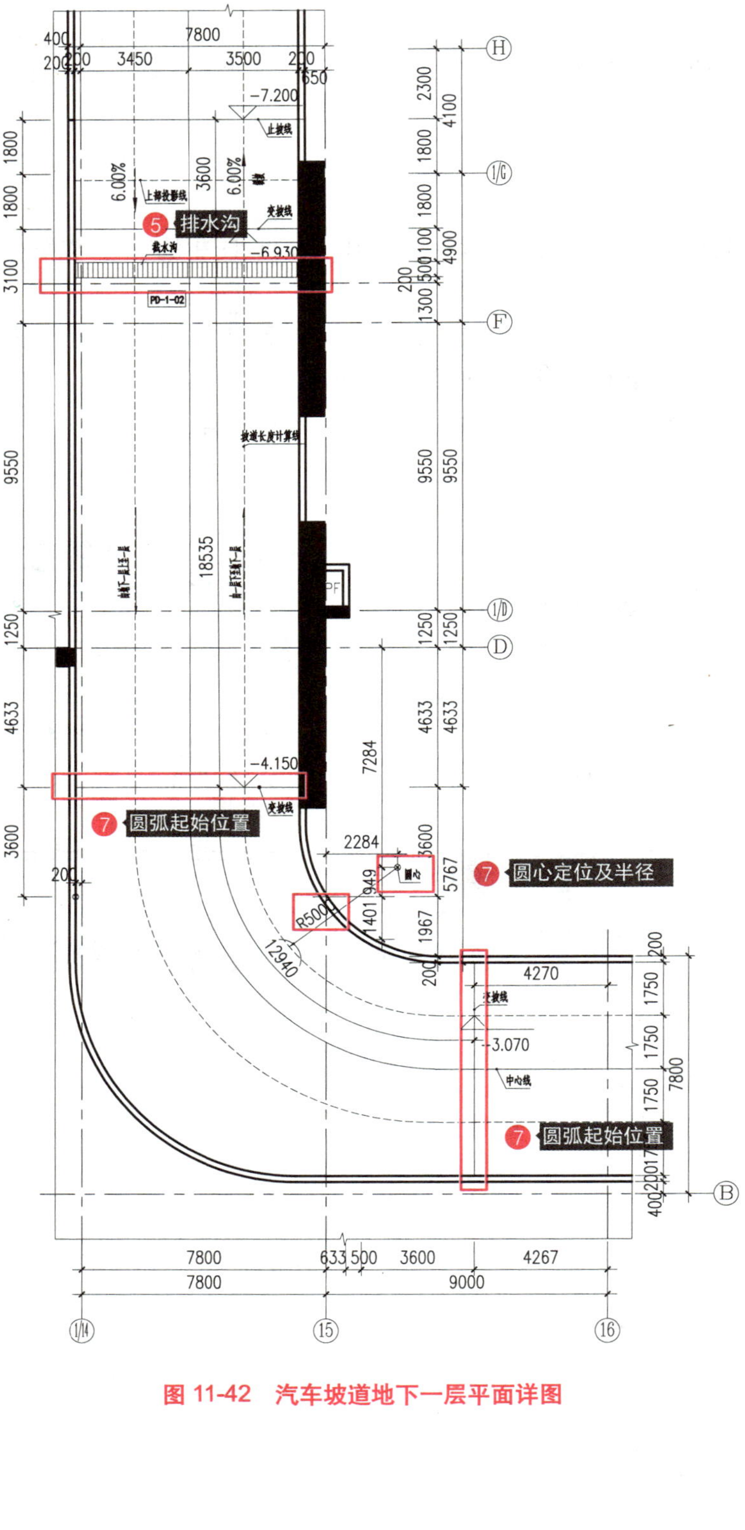

图 11-42　汽车坡道地下一层平面详图

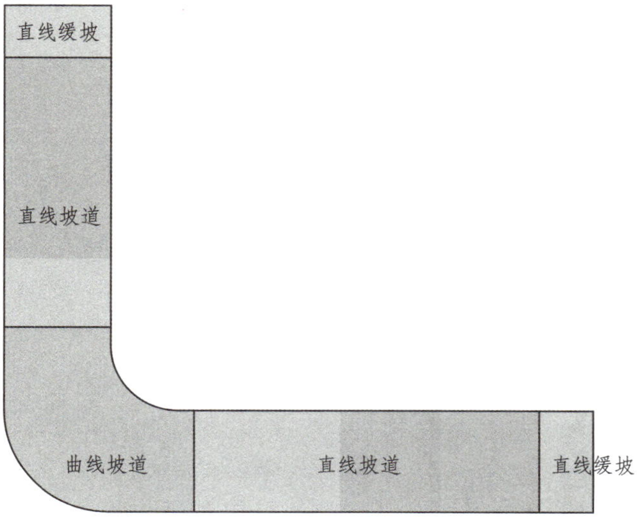

图 11-43　汽车坡道平面示意图

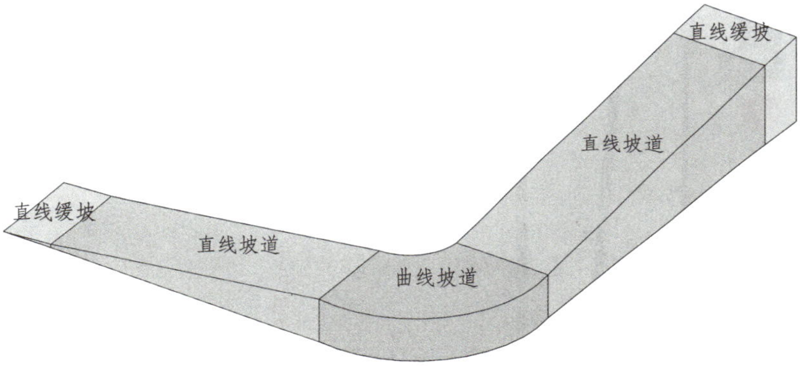

图 11-44　汽车坡道透视示意图

二维码 11-15 汽车坡道平面图

2. 汽车坡道剖面详图的表达内容（图 11-45 为汽车坡道 1—1 剖面详图）

（1）轴线、轴号、标高（图 11-45 中的①）。其内容应与平面图保持一致。

（2）定位尺寸（图 11-45 中的②）。尺寸标注一般为外侧两道尺寸线，内侧一道尺寸线，其外侧第一道尺寸线表达轴线或者墙间尺寸，第二道尺寸线表达排水沟及变坡点位置等。

（3）坡道起坡线和变坡线，以及起坡线和变坡线的标高（图 11-45 中的③）。

（4）首层汽车坡道起坡及到达地库处设置的排水沟（图 11-45 中的④）。

（5）每一段坡道的坡度（图 11-45 中的⑤）。

（6）坡道净高（图 11-45 中的⑥）。根据《车库建筑设计规范》（JGJ 100—2015）的规定，微型车、小型车的汽车坡道最小净高为 2.2m。

（7）坡道的地面做法（图 11-45 中的⑦）。

二维码 11-16 汽车坡道剖面图

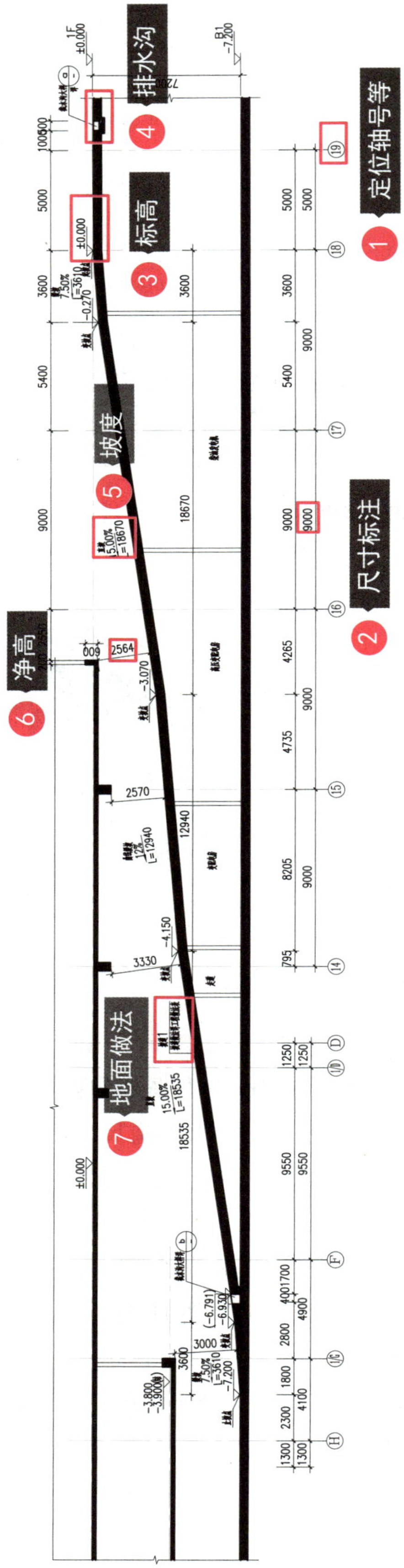

图 11-45 汽车坡道 1—1 剖面详图（对应图 11-41、图 11-42）

3．绘制汽车坡道详图时应注意的事项

以下几点是《车库建筑设计规范》（JGJ 100—2015）中影响汽车坡道设计的主要因素。

（1）坡道最小宽度。汽车坡道出入口可采用单车道或双车道，坡道最小净宽应符合表 11-6 的规定。

表 11-6 坡道最小净宽

形式	最小净宽 /m	
	微型车、小型车	轻型车、中型车、大型车
直线单行	3.0	3.5
直线双行	5.5	7.0
曲线单行	3.8	5.0
曲线双行	7.0	10.0

注：此宽度不包括道牙及其他分隔带宽度。当曲线比较缓时，可以按直线宽度进行设计。

（2）坡道的最大纵向坡度。坡道的最大纵向坡度应符合表 11-7 的规定。

表 11-7 坡道的最大纵向坡度

车型	直线坡道		曲线坡道	
	百分比 /（%）	比值（高：长）	百分比 /（%）	比值（高：长）
微型车、小型车	15.0	1 ： 6.67	12	1 ： 8.3
轻型车	13.3	1 ： 7.50	10	1 ： 10.0
中型车	12.0	1 ： 8.30		
大型客车、大型货车	10.0	1 ： 10	8	1 ： 12.5

当坡道纵向坡度大于 10% 时，坡道上、下端均应设缓坡坡段，其直线缓坡段的水平长度不应小于 3.6m，缓坡坡度应为坡道坡度的 1/2；曲线缓坡段的水平长度不应小于 2.4m，曲率半径不应小于 20m，缓坡坡段的中心为坡道原起点或止点（图 11-46）；大型车的坡道应根据车型确定缓坡的坡度和长度。

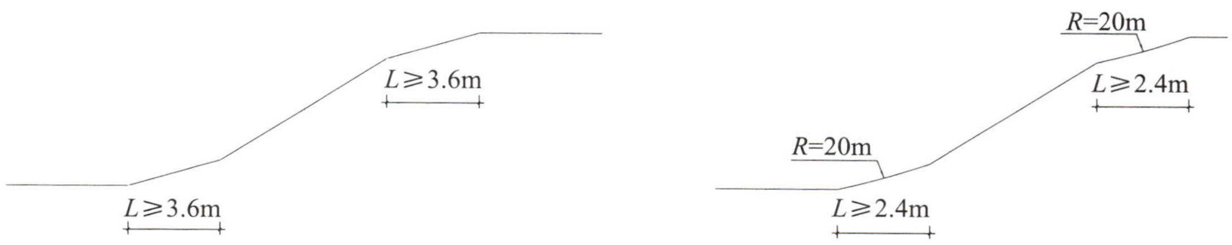

（a）直线缓坡　　（b）曲线缓坡

图 11-46 缓坡示意图

（3）坡道转弯处的最小环形车道内半径。

微型车和小型车的坡道转弯处的最小环形车道内半径（r_0）不宜小于表 11-8 的规定。

表 11-8 坡道转弯处的最小环形车道内半径（r_0）

半径	坡道转向角度		
	$a \leqslant 90°$	$90° < a < 180°$	$a \geqslant 180°$
最小环形车道内半径	4m	5m	6m

注：坡道转向角度为机动车转弯时的连续转向角度。

4．直线汽车坡道水平长度计算方法（以图 11-47、图 11-48 为例进行介绍）

已知车库高度 H=5150mm，本坡道适用于微型车及小型车，采用直线汽车坡道计算方法，计算步骤如下。

（1）$H = 3600 \times 7.5\% + X \times 15\% + 3600 \times 7.5\% = 5150$（mm）（$X$ 为所求直线坡道长度，15% 为表 11-7 所示微型车、小型车直线坡道最大坡度，7.5% 表示缓坡坡度为直坡坡度的一半，3600 为图 11-48 所示的缓坡长度）。

（2）$X \approx 30733$（mm）（得出 X 即为直线坡道长度 30733mm，取整数为 30750mm）。

（3）L=3600+30750+3600=37950（mm）（得出车道总水平长度）。

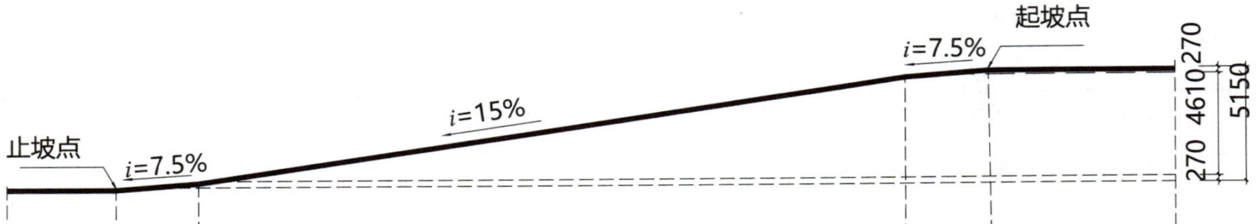

图 11-47　直线汽车坡道剖图详面示意图

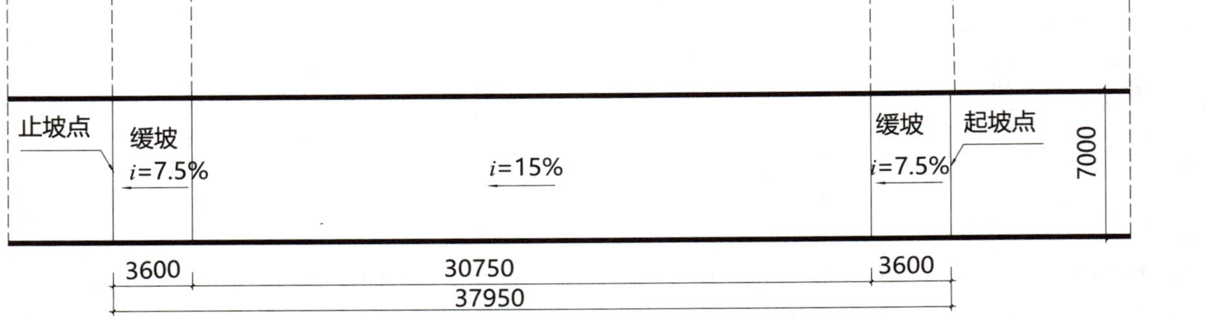

图 11-48　直线汽车坡道平面详图示意图

小节实训

（1）实训内容：通过本节汽车坡道详图的学习，掌握以下内容。

① 熟知直线汽车坡道详图的绘制方式。

② 学习如何通过车库高度计算直线汽车坡道的水平长度。

（2）实训目标：通过学习，掌握汽车坡道详图绘制的要求和方法。

（3）实训要求：能够独立完成汽车坡道详图的绘制。

11.8 门窗及幕墙详图

门窗及幕墙详图是对建筑门窗及幕墙进行具体绘制的图纸。门窗详图由门窗立面详图、门窗说明及门窗表等组成，如图 11-49 所示。幕墙详图由幕墙平面详图、立面详图、节点详图及文字说明等组成。通过对门窗、幕墙的绘制，可对门窗的开启面积大小和开启方式、与主体结构的连接方式、用料材质、颜色等作出规定。门窗及幕墙详图常用的比例为 1 ∶ 50，在图纸表达清晰的情况下，也可以采用 1 ∶ 75 或 1 ∶ 100 等比例。

门窗及幕墙详图一般会有专业的内装及幕墙公司进行二次设计，因此应在图纸中明确表达出自己的设计意图及技术要求，避免图纸在深化交接过程中出现问题。

1．门窗详图

下面从以下几点对门窗详图进行详细介绍。

（1）门窗立面详图。门窗立面详图应绘制出从外向内看到的门窗立面形式，图中第一道尺寸线应表明门窗洞口尺寸，第二道尺寸线应表明门窗的分隔尺寸、距地面高度等（图 11-50 中的①），同时图中应标注门窗的开启方向（虚线表达内开门，实线表达外开门）及开启方式（推拉、平开、上下悬等），常见门窗的立面、平面表现形式如图 11-51 所示。

（2）门窗说明。其在工程实践中常常绘制在门窗立面详图下方，对门窗的各项信息以表格的形式进行文字说明，包括门窗编号、洞口尺寸、位置、玻璃颜色及材料、窗框材料及选型等信息（图 11-50 中的②）。门编号一般情况以 M 为首字母，窗编号一般以 C 为首字母；防火门及防火窗的编号以 FM 甲、FM 乙、FM 丙、FC 甲、FC 乙、FC 丙开头，其中甲级防火门的耐火时间为 1.5h，乙级为 1h，丙级为 0.5h。

门窗设计说明用于对门窗的安装等比较特殊的做法、要求及安全性能等进行文字说明，包括五金配件的处理方式、颜色，安全门、防火门、疏散门的构造措施，外门窗的抗风压、气密、水密、保温、隔声性能，安全玻璃的使用和门窗安装应注意的问题等，如图 11-52 所示。

（3）门窗表。门窗表的主要作用是统计门窗数量，以便计算成本和后期采购，见表 11-9。

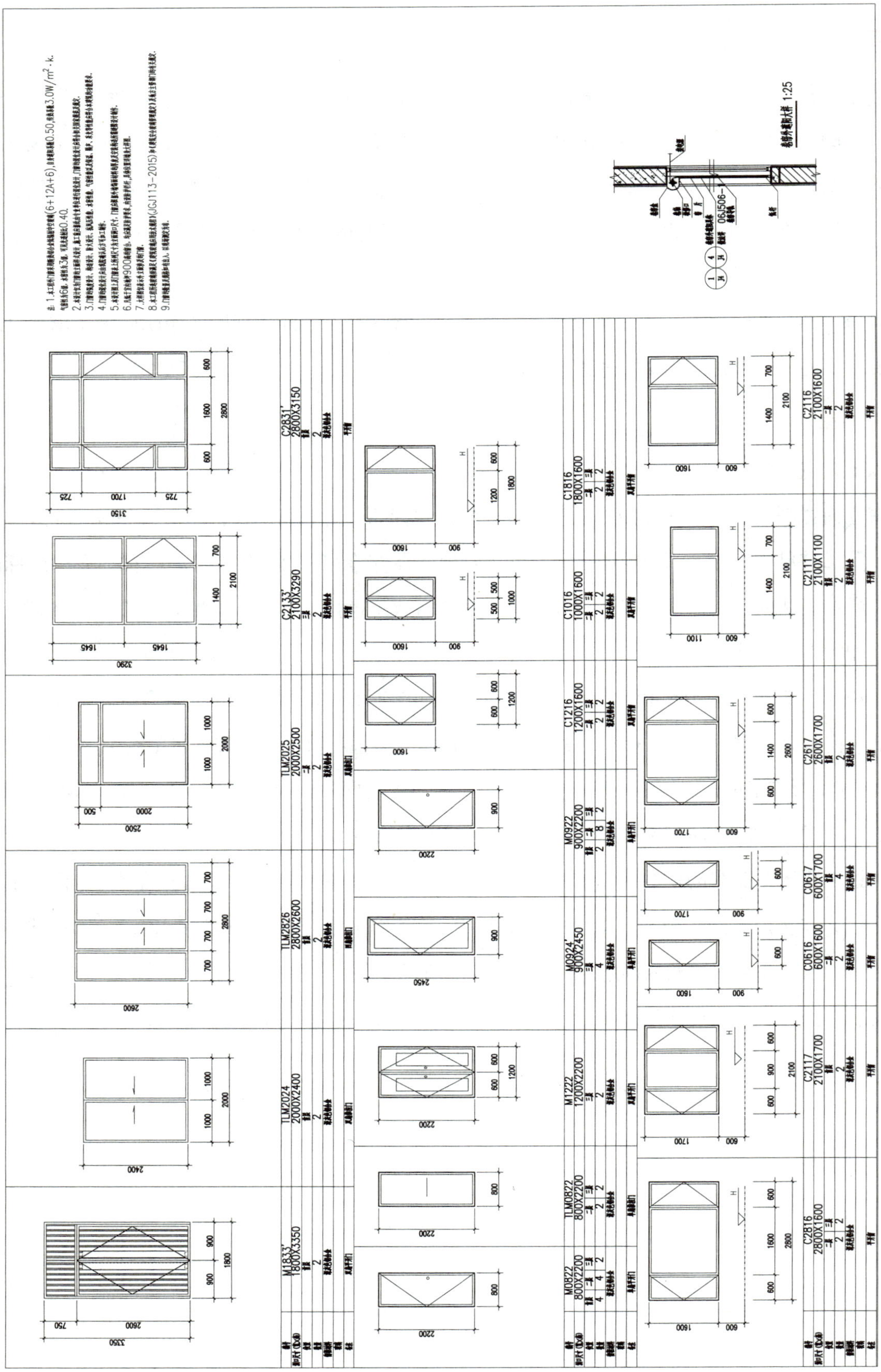
C2831'
2800X3150
C2133'
2100X3290
TLM2025
2000X2500
TLM2826
2800X2600
TLM2024
2000X2400
M1833'
1800X3350
C1816
1800X1600
C1016
1000X1600
C1216
1200X1600
M0922
900X2200
M0924'
900X2450
M1222
1200X2200
TLM0822
800X2200
M0822
800X2200
C2116
2100X1600
C2111
2100X1100
C2617
2600X1700
C0617
600X1700
C0616
600X1600
C2117
2100X1700
C2816
2800X1600
1:25
06J506-

图 11-49 门窗详图

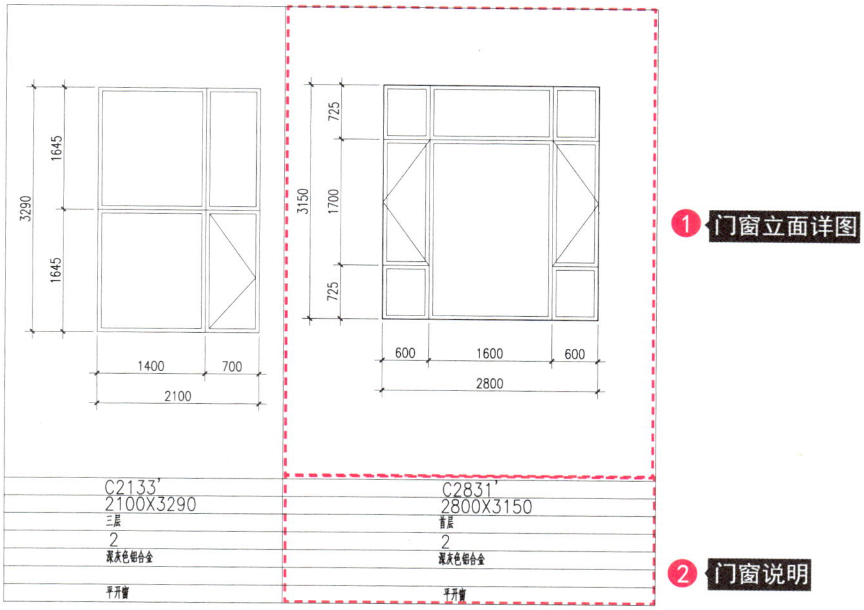

图 11-50 门窗详图（图 11-49 局部放大）

课堂拓展

常用的门窗编号方式

（1）类别代号后加顺序号，如 C1、C2、M1、M2 等，但在平面图上看不出门窗洞口尺寸，因此不推荐。

（2）类别代号后加洞口宽高缩写。门编号常用的方式为 M(门的首字母）+ 门宽度 + 门高度（以米为单位），如门宽度为 1100mm，高度为 2100mm，那么门编号为 M1121；窗编号常用的方式为 C（窗的首字母）+ 窗宽度 + 窗高度，如窗宽度为 3600mm，高度为 600mm，那么窗编号为 C3606。

（3）门窗编号也可以直接表达门窗材质或门窗开启方式，常用的有以下几种。

① 门：木门—M，钢门—GM，塑料门—SM，铝合金门—LM，卷帘门—JM，防盗门—FDM，防火门—FM 甲（乙、丙），防火隔声门—FGM 甲（乙、丙），防火卷帘门—FJM，门联窗—MLC，推拉门—TLM 等。

② 窗：木窗—MC，钢窗—GC，铝合金窗—LC，木百叶窗—MBC，钢百叶窗—GBC，铝合金百叶窗—LBC，塑料窗—SC，防火窗—FC 甲（乙、丙），隔声窗—GSC，全玻框窗—QBC，玻璃隔断窗—GDC。

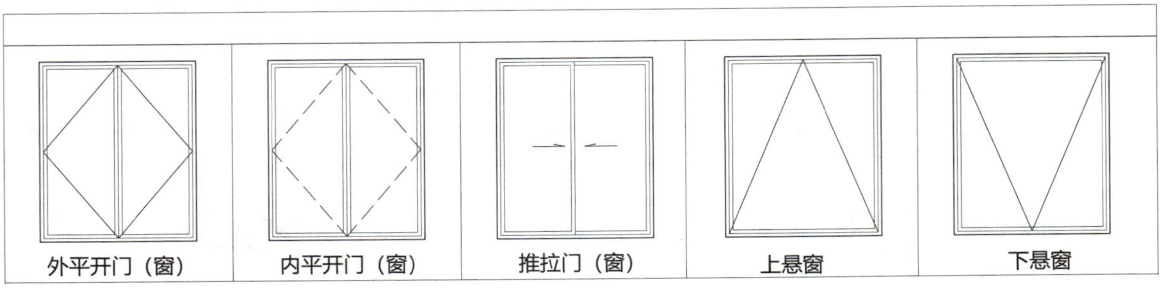

（a）立面表现形式

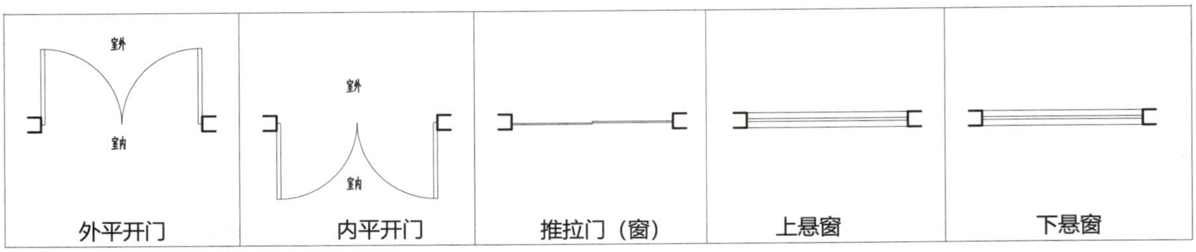

（b）平面表现形式

图 11-51 常见门窗的立面、平面表现形式

二维码 11-17
门窗详图

注：1.本工程外门窗采用断热铝合金低辐射中空玻璃(6+12A+6)，自身遮阳系数0.50，传热系数3.0W/m²·k.
气密性为6级，水密性为3级，可见光透射比0.40。
2.本设计仅为门窗的立面样式设计，施工前应据此由专业单位进行深化设计，门窗的深化设计应符合相关国家规范及规定。
3.门窗的强度设计、构造设计、防火设计、抗风压性能、水密性能、气密性能以及保温、隔声、采光等性能应符合本建筑的功能要求。
4.门窗的深化设计应由我院确认后方可加工制作。
5.本设计图上及门窗表上所列尺寸为立面洞口尺寸，门窗应根据外墙饰面材料的厚度及安装构造所需缝隙设计制作。
6.凡低于室内地坪900高的窗台，均应满足防护要求，内设防护栏杆，具体位置详墙身大样图。
7.大样图仅表示外立面涉及的门窗。
8.本工程所选玻璃须满足《建筑玻璃应用技术规程》(JGJ113—2015)和《建筑安全玻璃管理规定》及地方主管部门的有关规定。
9.门窗的数量及规格如有出入，以现场测定为准。

图 11-52 门窗设计说明（图 11-49 局部放大）

2. 幕墙详图

幕墙按材质可分为玻璃幕墙、石材幕墙、铝板幕墙、陶板幕墙等。幕墙详图绘制原则与门窗详图绘制原则一样，需表达以下内容。

（1）用轴线、轴号等表达幕墙在平面图、立面图中的位置（图 11-53 中的①）。

（2）表达幕墙的材质、颜色、尺寸、开启方向及方式等（图 11-53 中的②～④）。

（3）清晰表达幕墙与主体结构的连接方式及距离等（图 11-54 中的⑤）。

（4）在一些项目中如幕墙涉及防火、保温、隔热等问题，需用图纸表示出来并提交给深化单位（墙身详图及设计说明可表达这些内容，连同幕墙图纸一起提交给幕墙顾问进行深化）。

（5）如有需要，图纸应对幕墙的特殊构造或设计做法进行备注说明。

幕墙的构件尺寸、幕墙预埋件预留等与幕墙的受力密切相关，需要幕墙顾问进行计算以确定，因此在绘制幕墙详图的过程中需要和幕墙顾问保持沟通，保证图纸的准确性，以便后期幕墙二次深化时不影响原有的设计意图。图 11-53 为某设计项目幕墙的立面详图，图 11-54 为该幕墙的平面详图，图 11-55 为该幕墙图纸对应的照片。

表 11-9　门窗表

类型	门窗编号	洞口尺寸（宽×高）	层数 1	层数 2	合计	备注
木门	M0825	800mm×2500mm	20	28	48	详精装修
	M0925	900mm×2500mm	16	16	32	详精装修
防火门	FM乙1025	1000mm×2500mm	4	4	8	
	FM丙0623	600mm×2300mm	4	4	8	
	FM丙0823	800mm×2300mm	4	4	8	
铝合金平开门	LPM1426	1400mm×2600mm		4	4	详门窗详图
	LPM1126	1100mm×2600mm	2		2	详门窗详图
铝合金推拉门	LTM3028	3000mm×2800mm	2	2	4	详门窗详图
	LTM2028	2000mm×2800mm		4	4	详门窗详图
铝合金固定窗	LGC1312	1300mm×1200mm	2		2	详门窗详图
	LGC1615	1600mm×1500mm	2		2	详门窗详图
铝合金平开窗	LPC1226	1200mm×2600mm		14	14	详门窗详图
	LPC1426	1400mm×2600mm		8	8	详门窗详图
	LPC1626	1600mm×2600mm		2	2	详门窗详图
铝合金百叶窗	LBC1426a	1400mm×2600mm		2	2	详门窗详图

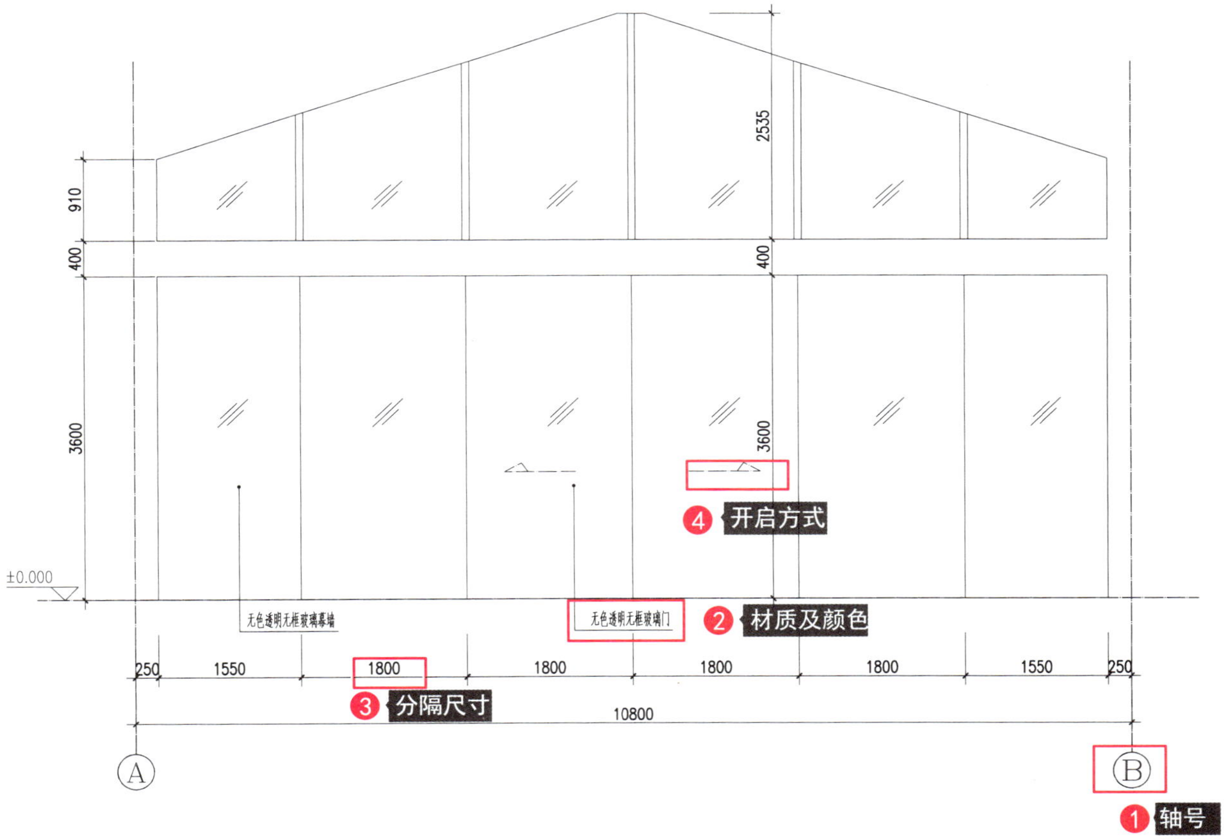

图 11-53　某设计项目幕墙的立面详图

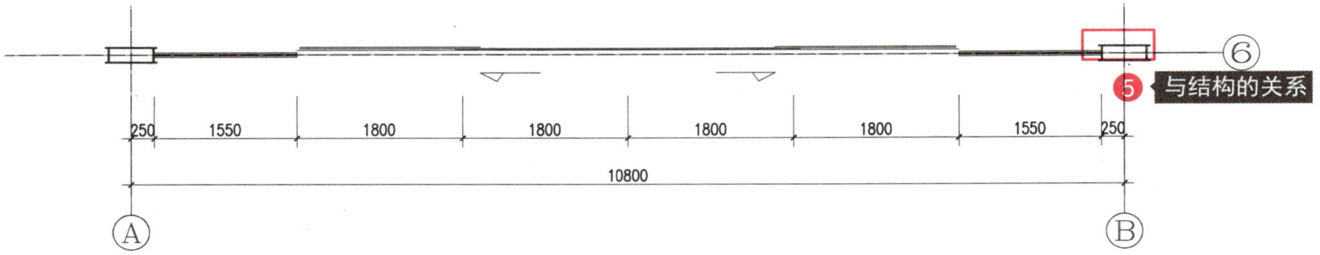

图 11-54 某设计项目幕墙的平面详图

图 11-55 某设计项目幕墙图纸对应的照片

二维码 11-18 幕墙详图

课堂拓展

玻璃幕墙和窗的区别

(1) 玻璃幕墙：通常安装在建筑物的外墙上，不承重，像幕布一样悬挂，主要用于装饰和采光，不承担主体结构的载荷。幕墙通常覆盖在主体结构外侧，通过金属构件与主体结构可靠连接，由金属构件与玻璃板组成，是一个独立完整的结构。

(2) 窗：安装在墙体洞口处，镶嵌在主体结构内，主要用于采光和通风，由窗上方的梁或者过梁承受重量。其由窗框和窗扇两部分组成，根据开启方式不同分为平开窗、悬窗、推拉窗和固定窗等。

小节实训

(1) 实训内容：通过本节门窗及幕墙详图的学习，掌握以下内容。

① 门窗及幕墙详图应包含的内容。

② 门窗及幕墙的区别。

③ 门窗的立面分格表达、尺寸标注等。

(2) 实训目标：通过学习，掌握门窗及幕墙详图绘制的要求和方法、门窗表的编制。

(3) 实训要求：能够独立完成门窗及幕墙详图的绘制、门窗表的编制。

11.9 通用详图

前述详图和建筑的设计与使用相关，因此各有不同，需要单独绘制。但是另有一部分建筑构造做法，包括台阶、坡道、散水、楼地面、内外墙面、顶棚、屋面防水保温、地下防水、变形缝、屋面檐口及女儿墙等，其设计相对成熟，大多可以引用通用详图，或在通用详图的基础上根据设计进行修改。

在建筑施工图设计里，通用详图有两类：一是国家建筑标准设计图集；二是与设计相关的自行绘制的通用详图。

（1）国家建筑标准设计图集。为了加快设计与施工的速度，提高设计与施工的质量，把各种常用的、大量性的房屋建筑及建筑构配件，按“国标”规定的统一模数，根据不同的规格标准，设计编出成套的施工图以供选用，这种图样叫作国家建筑标准设计图集。国家建筑标准设计图集由技术水平较高的单位编制，由专家审查报政府部门批准后实施，具有权威性。其在保证工程质量、提高设计速度、促进行业技术进步、推动工程建设标准化方面有重要作用。

国家建筑标准设计图集由封面、目录、总说明、图集内容构成，以《室外工程》（12J003）为例，图 11-56 为标准图集封面，图 11-57 为标准图集目录，图 11-58 为标准图集总说明，图 11-59 为标准图集内容（目录、总说明及图集内容取其中一页为代表），图 11-60 为墙身引用了《室外工程》图集的图纸。

课堂拓展

图集编号 12J003 代表的意义：12 代表发布的年份；J 代表建筑专业；0 代表类别，03 代表顺序。

图 11-56 标准图集封面——以《室外工程》为例

二维码 11-19
《室外工程》
（12J003）
图集

室外工程

批准部门 中华人民共和国住房和城乡建设部 批准文号 建质[2012]69号

主编单位 北京清水爱派建筑设计有限公司 北京中城华鼎建筑设计有限责任公司 中国建筑标准设计研究院 统一编号 GJBT-1197

实行日期 二〇一二年六月一日 图集号 12J003

主编单位负责人

主编单位技术负责人

技术审定人

设计负责人

目录

① 目录

② 页码

目录						图集号	12J003
审核	朱爱霞	校对	刘浃	设计	聂仕兵	页	1

图 11-57 标准图集目录——以《室外工程》为例

5.8.2 砌体：

1）砌体材料在选用时应符合国家标准规范的要求，也可因地制宜选用满足国家标准规范要求的地方材料。

2）地面以下或防潮层以下的砌体、用于环境类别2的砌体，所用材料的最低强度等级应符合表3的规定。

表3 材料最低强度等级要求

潮湿程度	烧结普通砖	混凝土普通砖 蒸压普通砖	混凝土砌块	石材	水泥砂浆
稍潮湿的	MU15	MU20	MU7.5	MU30	M5
很潮湿的	MU20	MU20	MU10	MU30	M7.5
含水饱和的	MU20	MU25	MU15	MU40	M10

注：本表摘自《砌体结构设计规范》GB50003-2011表4.3.5。

3）砌体应在室外地坪以上60mm处设防潮层一道，有些部位需设连续竖向防潮层（见图中标注），做法为20mm厚1：2.5水泥砂浆，内掺5%防水剂。

5.8.3 金属：

1）圆钢、方钢、钢管、型钢、钢板采用Q235B钢，预埋件锚筋采用HPB300钢筋，混凝土结构的钢筋应符合《混凝土结构设计规范》GB50010-2010的相关要求。不锈钢材应符合国家有关标准。

2）焊接方式及焊条的选用应符合《建筑钢结构焊接技术规程》JGJ81-2002的有关规定，钢和不锈钢间的焊接采用不锈钢焊条，焊接部位应满焊且牢固。除不锈钢外，所有金属件均应进行防锈处理。

5.8.4 木材：本图集中用于木结构的材料均应采用防腐木，且木材含水率均不应大于12%，并应符合《木结构设计规范》GB50005-2003（2005年版）的选材规定。主要承重构件应采用针叶材，重要的木质连接件应采用细密、直纹、无节和无其他缺陷的耐腐蚀硬质阔叶材。

5.8.5 玻璃：本图集所选用的玻璃均为安全玻璃，安全玻璃的种类及厚度按图中标注，未注明者应符合《建筑玻璃应用技术规程》JGJ113-2009的相关规定。

6 **尺寸单位**

本图集除注明外，所注尺寸均以毫米为单位。

7 **索引方法**

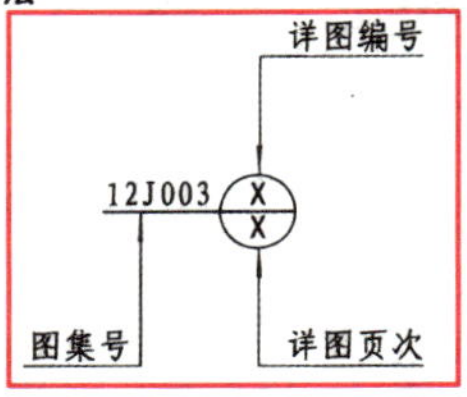

① 索引方法

8 **参编企业**

浙江大庄实业集团有限公司

郑州渲润护栏有限公司

总说明						图集号	12J003
审核	朱爱霞	校对	刘浃	设计	聂仕兵	页	6

图 11-58 标准图集总说明——以《室外工程》为例

图 11-60 索引的墙身 ❶

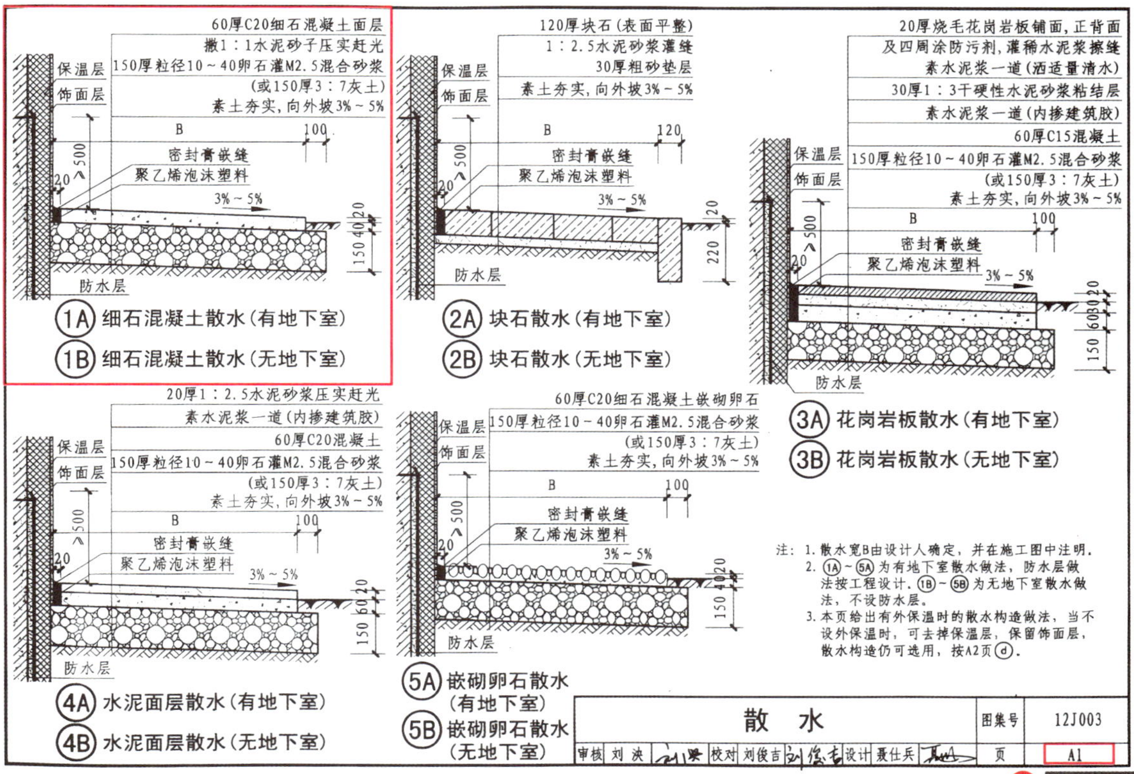

❶ 索引页面

图 11-59　标准图集内容——以《室外工程》为例

❶ 索引标注

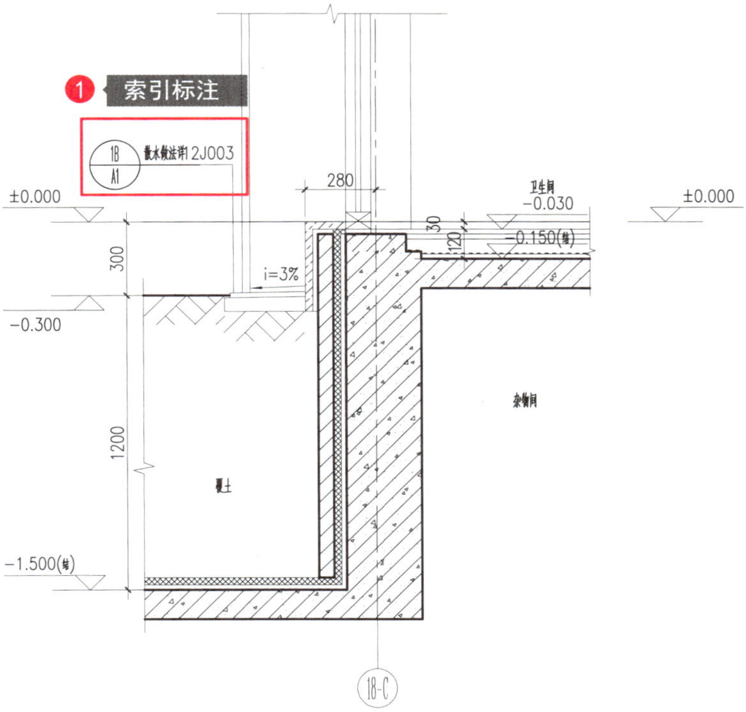

图 11-60　墙身引用了《室外工程》图集的图纸

（2）与设计相关的自行绘制的通用详图。当一份图纸中有很多位置都需要用到同一个详图，但国家建筑标准设计图集不能满足设计需求时，应自行绘制通用详图。自行绘制的通用详图通常是在国家建筑标准设计图集详图的基础上修改绘制的，不同的设计单位在通用详图的基础上根据设计需求总结并绘制出适用于特定位置的构造做法，如图 11-61、图 11-62 所示。

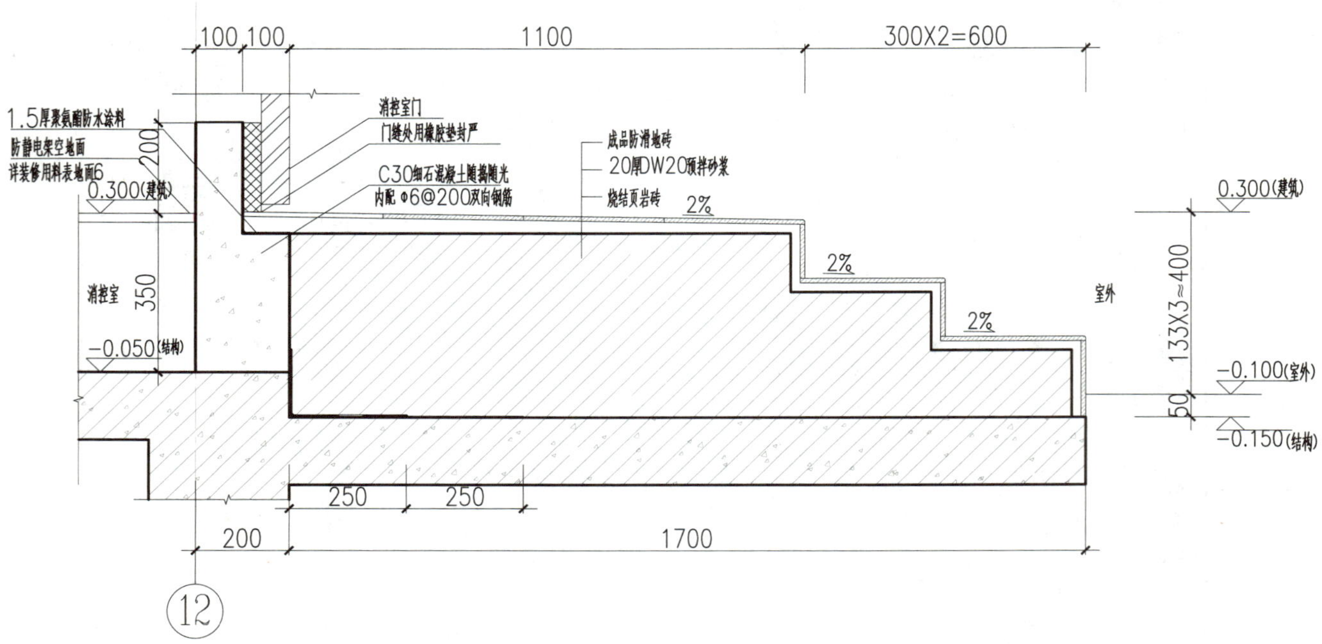

图 11-61 某项目室外踏步通用详图

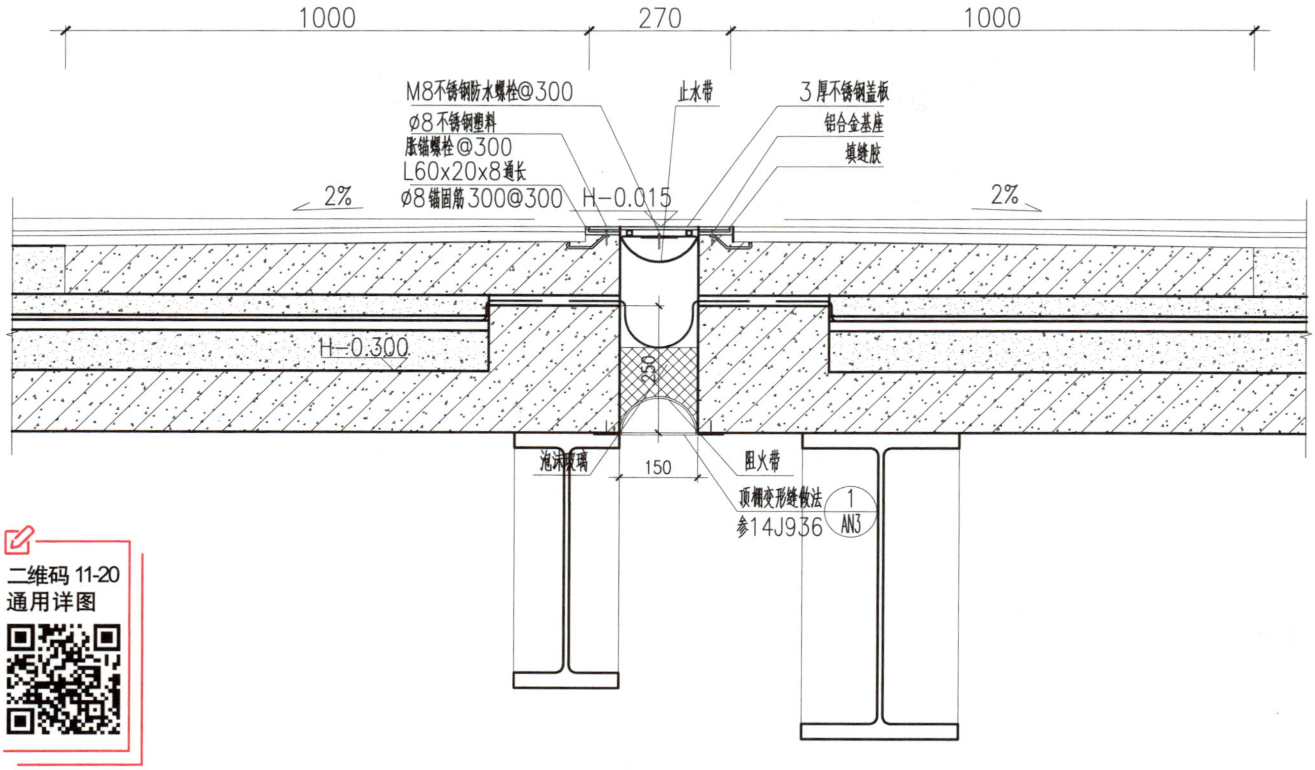

图 11-62 某项目上人屋面平接变形缝通用详图

二维码 11-20
通用详图

课堂拓展

引用或参考标准图集应注意以下几点。

（1）选用任何一册标准图集，都应先仔细阅读该图集的相关说明，以便了解其使用范围、适用条件及索引方法。

（2）选用的工程做法或构造详图应与本工程的功能、部位相符合。仅有个别尺寸或构造不同者，应注明“参见”及不同之处。

小节实训

（1）实训内容：仔细阅读本节内容，并回答以下问题。

① 哪些详图需自行绘制，哪些详图可参考通用详图？

② 如何引用或参考标准图集？

③ 12J003 的编号方式，各部分代表什么意思？

（2）实训目标：通过学习，掌握通用详图的绘制。

（3）实训要求：能够独立读懂国家建筑标准设计图集。

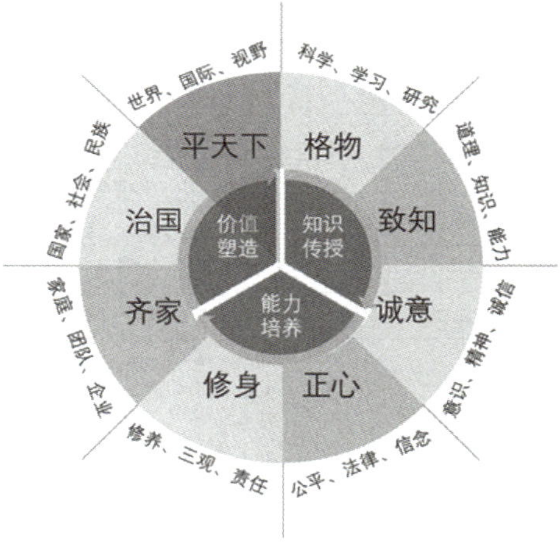

拓展讨论

（1）内容引导：仔细研读 11.9 通用详图内容。

（2）展开研讨：建筑常用材料中，哪些是可以循环使用的？

（3）思政落脚点：环保意识、可持续发展思维。

党的二十大报告提出，实施全面节约战略，推进各类资源节约集约利用，加快构建废弃物循环利用体系。循环使用建筑材料可极大提高资源利用率，减少资源浪费，形成绿色低碳的生产方式和生活方式。

模块 12　施工图计算书

12.1　绿色建筑设计、节能设计及计算书

1. 绿色建筑设计

绿色建筑设计指在设计阶段让建筑在整个生命周期内，最大限度地节约各种资源，如灯具、音响设备、空调等消耗的电能，卫生间等房间消耗的水资源，建筑用地消耗的土地资源等。在保证内部空间和外部环境符合人们对健康、适用和高效等要求的前提下，应尊重自然、顺应自然、保护自然①并减少环境污染，使建筑与自然和谐共生。

绿色建筑在我国经过多年的发展，已经全面铺开执行，现行规范为《绿色建筑评价标准 (2024 年版)》(GB/T 50378—2019)。大型的重要建筑一般都需要进行相应的绿色建筑设计和认证，相关的绿色建筑设计文件属于建筑施工图的一部分，需要一同提交给相关单位。绿色建筑认证分为三个星级：一星、二星、三星，星级越高要求越严格。通常，建筑规模越大、重要性越高的项目，绿色建筑设计需要达到的星级也越高。

在认证时，需要将建筑中的基本信息和所采用的技术措施、材料、相关设备等与绿色建筑设计评价相关的信息填入绿色建筑设计审查备案表中（表 12-1），并根据所满足的条件多少，来认证绿色建筑的星级。

表 12-1　绿色建筑设计审查备案表

附件 2 2　　XXXXXX市绿色建筑设计审查备案表（公共建筑）　　备案号：

项目总体情况					
项目名称		建设工程规划许可证编号			
项目地址					
建筑面积	m²	建筑高度		m　　层	
建设单位		联系人		电话	
绿色建筑咨询单位		联系人		电话	
设计单位		联系人		电话	
施工图审查机构		联系人		电话	
建设目标及关键绿色设计指标					
建设目标	一星 B□　一星 A□　二星 B□　二星 A□　三星□				

一、规划设计指标

1. 公交站点距小区出入口距离：________m，数量：________
2. 500m 范围内公共服务设施种类：________

二、建筑设计指标

1. 装饰性构件：有□　无□
2. 建筑节能设计（详见建筑节能设计说明专篇）　❶ 节能设计及计算书
3. 建筑外遮阳设置：
   □本工程采用建筑一体化固定遮阳措施，立面设置外遮阳的透明面积占所有透明面积的面积比________
   □本工程设置可调节外遮阳设施具体形式为：平开的百叶窗□　室外卷帘□　活动金属百叶□　内置百叶的中空玻璃□　其他________
4. 建筑隔热强化设计
   除常规保温隔热设计措施外，本工程屋面和东西向外墙采取以下强化隔热设计措施：种植屋面□　遮阳屋面和墙体□　蓄水屋面□　外墙绿化□　建筑反射隔热涂料屋面和墙体□　浅色外墙饰面□
5. 本工程采用空间绿化方式：
   屋顶绿化□　垂直绿化□
6. 本工程采用土建与装修一体化施工：是□　否□
7. 本工程是否采用了可循环利用材料：是□　否□
8. 本工程的大开间区域采用可变功能设计：是□　否□
9. 地下空间的开发与利用：地下空间建筑面积与建筑占地面积比________
10. 本工程设置建筑无障碍设施：无障碍入口□　无障碍通道□　无障碍楼梯□　无障碍厕所□　无障碍电梯□　无障碍停车位□

三、结构设计指标

1. 现浇混凝土是否全部采用预拌混凝土：是□　否□
2. 使用预拌砂浆是否符合本地区有关规定：是□　否□
3. 6 层以上钢筋混凝土建筑是否使用高性能混凝土、高强度钢：是□　否□
4. 主体结构体系：钢结构体系□　非黏土砖砌体结构体系及木结构□　预制混凝土结构体系□　其他□

四、园林设计指标

1. 室外绿化种植植物是否为乡土植物：是□　否□
2. 室外绿化是否采用复层绿化：是□　否□
3. 室外可透水地面面积比：________

五、给排水设计指标

1. 本工程存在稳定的热水需求
   □是，热源来自　自备锅炉□　废热回收□　太阳能热水系统□　热泵热水系统□　□否
   可再生能源利用系统提供生活热水的比例为________
   其中太阳能热水系统提供生活热水的比例为________
2. 室内生活排水采用：污废分流□　污废合流□；建筑雨水排放采用：雨污分流□　雨污合流□
3. 是否采用雨水回用技术：是□　否□；回用雨水用于：室外绿化浇灌□　室外道路冲洗□　室内车库冲洗□　室内冲厕□　冷却塔补水（含蒸发式冷凝机组补水）□　其他□
4. 是否采用中水回用技术：是□　否□；中水用于：室外绿化浇灌□　室外道路冲洗□　室内车库冲洗□　室内冲厕□　冷却塔补水（含蒸发式冷凝机组补水）□　其他□
5. 是否采用冷凝水回用技术：是□　否□；回用冷凝水用于：室外绿化浇灌□　室外道路冲洗□　室内车库冲洗□　室内冲厕□　冷却塔补水□　其他□
6. 给水管材采用：________连接方式：________；排水管材采用：________连接方式：________
7. 是否设置用水的分类计量和分级计量：是□　否□
8. 是否采用了节水器具：是□　否□
9. 室外绿化浇灌方式：人工漫灌□　喷灌□　微喷灌□　滴灌□

六、暖通设计指标

1. 本工程空调系统采用以下冷热源形式：
   常规水冷机组+锅炉□　常规水冷机组+风冷热泵机组□　常规水冷机组+热源塔供热机组□　水源热泵机组□　蒸发式冷凝机组□　风冷热泵机组□　高效多联机空调机组□　地源热泵机组□　分体空调器□
2. 本工程采用蓄冷技术：
   是□　否□
3. 空调系统新风处理是否采用热回收技术：
   是□　否□
4. 本工程空调系统的部分负荷调节措施为：分区控制□　空调主机台数控制□　水系统变流量运行□　空调风系统变速运行□
5. 空调末端采用：风机盘管+新风系统□　常规空气处理机组□　多联机系统室内机□　双温冷源的空调末端机组□　溶液除湿空调末端□　分体空调器室内机□
6. 参照建筑全年耗电量：________kW·h/m²/年　建筑全年耗电量：________kW·h/m²/年

① 引自党的二十大报告“十、推动绿色发展，促进人与自然和谐共生。”

表 12-1　绿色建筑设计审查备案表（续）

七、电气设计指标

1. 冷热源、输配系统和照明等各部分能耗是否进行独立分项计量：是□　否□
2. 本工程各房间照明功率密度值不高于现行设计标准的：现行值□　目标值□
3. 本工程采用电梯为：无机房电梯□　小机房无齿轮主机电梯□　其他□；电梯控制技术采用：变频控制□　启停控制□　分区分时控制□　群梯智能控制□
4. 本工程是否采用了可再生能源发电技术：
是□　否□

八、智能化设计指标

1. 本工程建筑通风、空调、照明等设备实施自动监控系统技术，能够实现：空调系统、通风设备、环境参数的定期自动监测和记录□　空调通风系统根据负荷变化而自动调节□　公共区域照明系统自动调节□
2. 主要功能房间是否设置空气质量监测装置，且与空调设施联动：是□　否□

九、绿色建筑完成指标综合表

/	控制项（共 32 项）	一般项						优选项数（共 14 项 ）
		节地与室外环境（共 7 项）	节能与能源利用（共 12 项）	节水与水资源利用（共 6 项）	节材与材料资源利用（共 8 项）	室内环境质量(共 7 项）	运营管理（共 8 项）	
建设目标相应星级必须满足的指标项数								
本项目满足的指标项数								
《广东省绿色建筑评价标准》具体条款、编号	/							

设计单位意见	该项目设计指标达到　　　星级绿色建筑设计标识。 （单位盖章） 年　月　日
绿色建筑咨询单位意见（若无委托咨询单位则不用填写）	该项目设计指标达到　　　星级绿色建筑设计标识。 （单位盖章） 年　月　日
建设单位意见	（单位盖章） 年　月　日
施工图审查机构审查意见	（单位盖章） 年　月　日

注：1. 本表一式四份，A3纸双面打印。其中建筑节能管理机构、施工图审查机构、建设单位各一份，另一份报建设主管部门备案。
2. 实行集中供应热水的医院、学校、酒店宾馆等公共建筑应当安装太阳能热水系统，太阳能产生热水量应不低于建筑生活热水消耗量的10%。

节能设计及计算书属于绿色建筑设计评价体系的一部分，一般应单独列出（表 12-1 中的①），表 12-1 中只填写相关的设计指标和结论。

2．节能设计及计算书

建筑节能设计主要针对建筑的能耗，如灯具、空调、采暖、日常用水设备（如水泵）等耗用的能量。该能耗不含建筑内的专用设备能耗，如医院里的各种医疗器械的耗电不包含在能耗计算内。

建筑节能需要计算保证室内适宜温度时消耗的空调用电量。计算通过节能设计软件来完成，国内常用的软件有斯维尔、天正节能等。在软件内需要输入建筑的 3D 模型（表 12-2 中的③），并对各种建筑构件赋予实际的材质和厚度，如墙体，需要定义内表面层、内抹灰层、墙体主材料、外抹灰层、外表面层。将建筑 3D 模型的梁、板、柱、墙体、外窗等赋值完成后就可以通过软件进行计算，得出建筑的年耗电量，之后输出节能计算书，并填写相关的节能设计审查表。节能计算书（表 12-2 为其一部分）和节能设计审查表（表 12-3）也是施工图文件的一部分，需要与施工图一起提交。

节能设计是否合格有两种评定方式，一种为规定性指标评定法，另一种为权衡判断评定法。规定性指标评定法，需要建筑围护结构的所有构件的热工性能和参数指标均满足规范规定的要求。实际项目中当有些参数无法满足规范规定的要求时，如墙体的传热系数不满足规范规定值时，则可以采用权衡判断评定法（综合评价对比评定法），即通过设计手段和措施，使设计建筑的空调耗电指数小于参照建筑的数值。

建筑节能设计所采用的规范有《建筑节能与可再生能源利用通用规范》（GB 55015—2021）、《公共建筑节能设计标准》（GB 50189—2015）、《居住建筑节能设计标准（节能 75%）（2021 年版）》〔DB13(J)185—2020〕等。居住建筑还根据所处气候区不同有各自的规范，全国分为 5 个气候区，分别为严寒地区、寒冷地区、夏热冬冷地区、夏热冬暖地区、温和地区，如广东省属于夏热冬暖地区，采用规范为《夏热冬暖地区居住建筑节能设计标准》（JGJ 75—2012）。

节能设计时需要注意两个与节能相关的基本参数：体形系数和窗墙面积比。

（1）体形系数：建筑外表面积与建筑体积之比。

建筑物体形系数 S = 建筑物与室外大气接触的外表面积 (m^2)/ 外表面积所包围的体积 (m^3)

其中建筑物与室外大气接触的外表面积包括外墙（含外门窗，其中凸窗只计算洞口）、屋顶的有效面积。外表面积所包围的体积指底层室内楼地面以上至屋面结构板顶所包含的体积。

在居住建筑中，严寒和寒冷地区、夏热冬冷地区、夏热冬暖地区的北区，均需计算体形系数。体形系数越大代表建筑单位体积有更大的外表面积，对建筑节能设计越不利。

（2）窗墙面积比：窗口洞口面积与同朝向外墙总面积之比，通常按墙体朝向分别计算，简称为窗墙比。

窗墙比 = 某一朝向外门窗总面积（含幕墙透明部分）/ 同朝向外墙总面积（含外门窗、幕墙）

其中外墙总面积由底层室内地坪计算至屋面结构板顶、两侧计算至端墙轴线。对于复杂的建筑形体，如井字形、凹形或异形的建筑，以及一些特殊的构造（如凸窗），计算方法见国家或地方相关规定。

窗墙比反映了建筑某一朝向上透明的窗或幕墙所占比例的大小，由于窗或幕墙的隔热性能大大低于墙体，且阳光会直射进入室内提高夏季室内空调负荷，故一般情况下，窗墙比越大对建筑节能设计越不利。

小节实训

(1) 实训内容：扫描二维码 12-1，浏览给出的某项目绿色建筑设计审查备案表。

① 根据本节介绍内容，查看表中的各个项目，了解与绿色建筑设计相关的技术要求、措施及评分的基本方式。

② 结合施工图设计作业，尝试为自己的项目填写此表。

(2) 实训目标：通过学习，了解基本的与绿色建筑设计相关的技术要求、措施。

(3) 实训要求：能够了解绿色建筑设计的基本知识，独立进行简单的设计实践。

二维码 12-1 某项目绿色建筑设计审查备案表

表 12-2　节能计算书（部分）

计算书

（居住建筑—综合权衡）

业 务 号	14-JZ-010
项目名称	xxxxxxx B4
专　　业	建筑节能
计算内容	节能计算书
计 算 人	xxxx
校 对 人	
审 核 人	

2015 年 3 月 13 日

计算软件名称	绿建斯维尔节能设计软件 BECS2014
计算软件版本	20140716(SP2)
计算软件授权号	
软件开发单位	北京绿建软件有限公司 深圳市斯维尔科技有限公司

❶ 节能计算软件、版本和计算书输出时间

—1—

一、　建筑概况

地理位置	广东省-广州	
工程名称	xxxxxx B4	
建筑面积	地上 12156.57 m²，地下 0 m²	
建筑高度	地上 85.9 m，地下 0.0 m	
建筑层数	地上 25 层，其中续建 11~25层	
北向角度	65 度	
外表面积	12937.75	
建筑体积	34639.02	
体形系数	0.37	

❷ 项目基本信息

二、　建筑模型

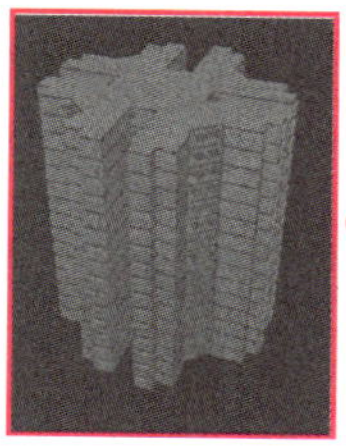

❸ 3D 模型缩略图

三、　计算依据

1. 《民用建筑热工设计规范》(GB50176-2016)
2. 《夏热冬暖地区居住建筑节能设计标准》(JGJ75-2012)
3. 《夏热冬暖地区居住建筑节能设计标准》广东省实施细则(DBJ15-50-2006)
4. 《建筑外门窗气密、水密、抗风压性能分级及检测方法》(GB/T 7106-2008)

—2—

7、隔热验算

序号	构造名称	构造类型	朝向	传热系数	热惰性指标	面积 (m²)	内表面最高温度（℃）	结论
1	剪力墙（东西向）	外墙	东	1.58	4.15	1140.67	35.51	满足
2	剪力墙（东西向）	外墙	西	1.58	4.15	1140.67	34.88	满足
3	填充墙（东西向）	外墙	东	0.84	4.45	792.82	35.16	满足
4	填充墙（东西向）	外墙	西	0.84	4.45	792.82	34.62	满足
5	屋顶	屋顶	上	0.85	3.17	723.43	34.93	满足
标准要求		内表面温度不超过 35.60℃						
结论		满足						

五、　综合评价（“对比评定法”）

		参照建筑	设计建筑
屋顶平均传热系数 K[W/(m²·K)]、平均热惰性指标		1.00	0.85
外墙平均传热系数 K[W/(m²·K)] 、平均热惰性指标		1.50	1.77
天窗传热系数 K [W/(m²·K)]		—	—
天窗遮阳系数 SC		—	—
屋顶外表面太阳辐射吸收系数 ρ		0.70	0.70
外墙外表面太阳辐射吸收系数 ρ		0.70	0.65
窗墙比	天窗面积占屋顶面积比例（%）		
	东向	—	0.16
	南向	—	0.17
	西向	—	0.16
	北向	—	0.17
	平均窗墙比	0.17	0.17
外窗综合遮阳系数 S_W	东向	0.80	0.74
	南向	0.80	0.73
	西向	0.80	0.76
	北向	0.80	0.76
外门、阳台门不透明部分传热系数、太阳辐射吸收系数	东向	遮阳系数=	—
	南向		—
	西向		—
	北向		—
“对比评定法”计算结果	空调耗电量(kW·h/m²)	—	—
	空调耗电指数	50.21	49.26
结论		“对比评定法”计算结果 满足 要求	
标准要求	设计建筑的能耗不得超过参照建筑的能耗		

❹ 计算结果对比评定

—12—

六、　结论

序号	检查项	结论
1	屋顶	满足
2	外墙	满足
3	可开启面积	满足
4	外窗气密性	满足
5	隔热验算	满足
6	综合评定	满足
总结论		满足

■结论：本工程设计建筑的采暖、空调耗电量之和不大于参照建筑的采暖、空调耗电量之和。本次节能设计符合《夏热冬暖地区居住建筑节能设计标准》广东省实施细则（DBJ15-50-2006）的要求。

—13—

二维码 12-2
节能计算书

表 12-3 节能设计审查表

附件二 居住建筑节能设计审查表（按性能化指标）

工程名称：XXXXXXB4　　层数：（地上）25，其中续建 11-25，（地下）—　　总建筑面积：12156.57 m²

序号	围护结构内容		参照建筑指标
1	屋顶	传热系数 K [W/(m²·K)]	K=1.0，D=2.5； K=0.5（轻质材料）
		热惰性指标 D	
		太阳辐射吸收系数 ρ	ρ=0.7
2	外墙	传热系数 K [W/(m²·K)]	K=1.5，D=3.0 K=0.7（轻质材料）
		热惰性指标 D	
		太阳辐射吸收系数 ρ	ρ=0.7
3	天窗	传热系数 K [W/(m²·K)]	4.0
		遮阳系数	0.5
		天窗面积	所设计建筑天窗面积，但不超过 4%
5	计算条件	夏季室内计算温度为 26℃；室内换气次数 1.0 次/h；空调额定能效比 2.7；室内无照明等其他得热；室外计算气象参数采用当地典型气象年	

序号	围护结构内容			参照建筑指标	
4	外窗（含阳台门透明部分）	综合遮阳系数 S_W	平均窗墙比	外墙 K=1.5	外墙 K=0.7
			$C_m \leqslant 0.25$	0.8	0.9
			$0.25 < C_m \leqslant 0.3$	0.7	0.8
			$0.3 < C_m \leqslant 0.35$	0.6	0.7
			$0.35 < C_m \leqslant 0.4$	0.5	0.6
			$0.4 < C_m \leqslant 0.45$	0.4	0.5
			—	—	—
		各个朝向面积			

序号	设计审查内容			设计要求	设计值	节能措施	节能判断（审查人填写）
1	屋顶	平均传热系数[W/(m²·K)]		K=1.0，D=2.5； $K \leqslant 0.5$（轻质材料）	0.85	计算值：30mm挤塑聚苯乙烯泡沫板； 施工值：40mm挤塑聚苯乙烯泡沫板	
		平均热惰性指标 D			3.17		
		平均太阳辐射吸收系数 ρ			0.70		
2	墙体	平均传热系数 K			1.77	东、西墙（填充墙及剪力墙）均采用内保温 20mm 玻化微珠保温干混砂浆	
		东、西墙平均热惰性指标 D			4.45		
		外墙平均太阳辐射吸收系数 ρ			0.65		
3	外窗（含阳台门透明部分）性能指标设计	外窗平均综合遮阳系数 S_W			0.75	普通铝合金+6 透明玻璃	
		平均窗墙比 C_m			0.17		
		外窗可开启面积		≥外窗所在房间地面面积的 8% 或该外窗的 45%	0.45		
		气密性能 q [m³/(m·h)]	1～9 层	≤2.5　（即 4 级）	6		
			≥10 层	≤1.5　（即 6 级）	6		
4	天窗	传热系数K [W/(m²·K)]		≤4.0	—		
		面积占屋面面积的比例		≤15%	0.00		
		遮阳系数SC		≤0.5	—		
5	建筑节能设计综合评价	(1)空调年耗电指数		参照建筑 $ECF_{c.ref}$=50.21	ECF_c=49.26		
		或(2)空调年耗电量		参照建筑 $EC_{.ref}$ =　　kW·h/m²	EC= —		
6	其他节能措施	区域规划					
		自然通风					
		集中空调					
		室外空调机布置		采用水平百叶且透气率大于90%			

设计单位	广东省城乡规划设计研究院	节能专项设计人	建筑	XXX	2015 年 3 月 12 日
			暖通	XXX	
			电气	XXX	
		节能专项校审人	建筑	XXX	年 月 日
			暖通	XXX	
			电气	XXX	
节能审查意见					
节能审查单位		节能专项审查人	建筑	XXX	年 月 日
			暖通	XXX	
			电气	XXX	

注：建筑节能专项设计人、审查人签名栏必须由实际工作人员签名，不得代签。

12.2 防火分区及疏散宽度

1. 防火分区及疏散宽度的计算

建筑的安全性是放在第一位的，而建筑防火是建筑安全中极为重要的一环，在建筑设计时需要优先考虑。防火设计时要严格按照规范执行，目前主要参考《建筑防火通用规范》（GB 55037—2022）和《建筑设计防火规范（2018 年版）》（GB 50016—2014），两本规范要同时使用，其他还有一些并行规范也应严格执行。

防火分区是建筑防火设计的重要内容，规范规定了每个防火分区的最大允许面积，同时防火分区面积决定了所需的疏散出口数量、疏散走道和楼梯的宽度。不同情况下建筑防火分区最大允许面积，可依据表 12-4 确定。

表 12-4　不同耐火等级建筑的允许建筑高度或层数、防火分区最大允许建筑面积

名称	耐火等级	允许建筑高度或层数	防火分区的最大允许建筑面积 /m^2	备注
高层民用建筑	一、二级	按 GB 50016—2014 第 5.1.1 条确定	1500	对于体育馆、剧场的观众厅，防火分区的最大允许建筑面积可适当增加
单、多层民用建筑	一、二级	按 GB 50016—2014 第 5.1.1 条确定	2500	
	三级	5 层	1200	—
	四级	2 层	600	—
地下或半地下建筑（室）	一级	—	500	设备用房的防火分区最大允许建筑面积不应大于 1000m^2

注：1. 表中规定的防火分区最大允许建筑面积，当建筑内设置自动灭火系统时，可按本表的规定增加 1.0 倍；局部设置时，防火分区的增加面积可按该局部面积的 1.0 倍计算。
2. 裙房与高层建筑主体之间设置防火墙时，裙房的防火分区可按单、多层建筑的要求确定。

在确定每一防火分区的面积大小之后，即可针对每一个单独的防火分区进行疏散宽度的计算，以确定所需的最少疏散出口、疏散走道和楼梯宽度。计算公式为

［防火分区内实用面积数 / 疏散人员换算系数（m^2/ 人数）］× 每 100 人所需最小疏散净宽度（m/100 人）= 最小疏散净宽度

其中疏散人员换算系数根据建筑类型不同可参考相关设计规范而定，如办公建筑无额定办公人员时可按 9m^2/ 人计算。每 100 人所需最小疏散净宽度可依据表 12-5 选取。

表 12-5　每 100 人所需最小疏散净宽度　　单位：m/100 人

建筑层数或埋深		建筑的耐火等级或类型		
		一、二级	三级、木结构建筑	四级
地上楼层	1～2 层	0.65	0.75	1.00
	3 层	0.75	1.00	—
	不小于 4 层	1.00	1.25	—
地下、半地下楼层	埋深不大于 10m	0.75	—	—
	埋深大于 10m	1.00	—	—
	歌舞娱乐放映游艺场所及其他人员密集的房间	1.00	—	—

2. 防火分区及疏散宽度的表达

在施工图平面图中，通常专门绘制防火分区示意图，如图 12-1 中的①所示，以表达与建筑防火设计相关的各种信息，每层平面图均需单独绘制配套的防火分区示意图，其应放置于图纸的一角。同时要有建筑消防设计的疏散宽度计算，如图 12-1 中的②所示，以表明建筑消防设计的疏散宽度满足防火规范的要求。具体包含以下信息。

（1）防火分区的疏散宽度。需表达出计算依据及计算过程，如图 12-2 中的③所示。

（2）防火分区。防火分区的轮廓，如图 12-3 中的④所示，需用不同的图案填充来区分不同的防火分区，以及标注防火分区编号和面积 (图 12-3 中的⑦)。

（3）疏散楼梯和疏散出口。疏散楼梯的位置和大小，如图 12-3 中的⑤所示；疏散出口的位置，如图 12-3 中的⑥所示。

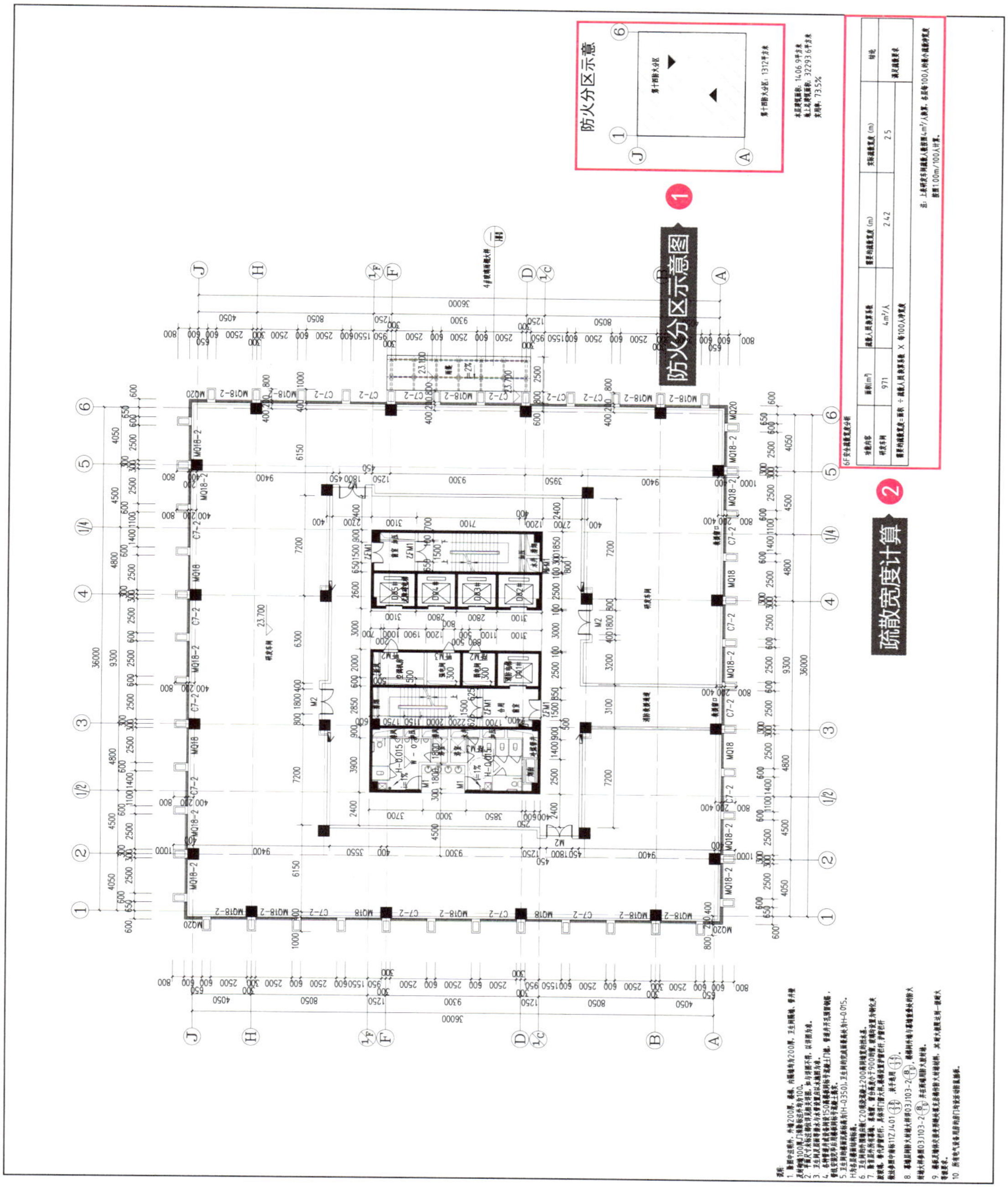

图 12-1 某建筑平面图

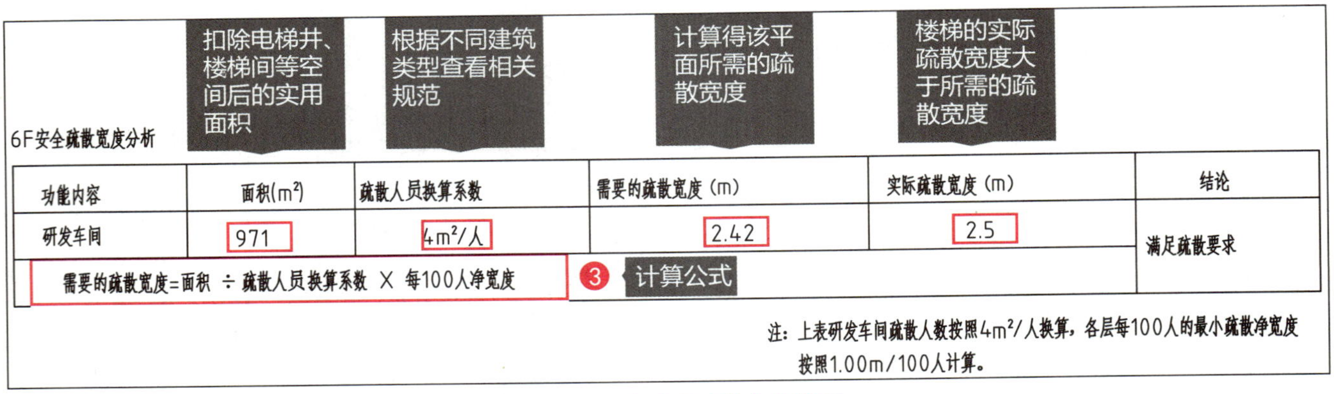

功能内容	面积(m²)	疏散人员换算系数	需要的疏散宽度（m）	实际疏散宽度（m）	结论
研发车间	971	4m²/人	2.42	2.5	满足疏散要求

需要的疏散宽度=面积 ÷ 疏散人员换算系数 X 每100人净宽度

注：上表研发车间疏散人数按照4m²/人换算，各层每100人的最小疏散净宽度按照1.00m/100人计算。

图 12-2 防火分区疏散宽度计算

问题思考

结合上一节的内容思考为何图 12-2 中每 100 人所需的最小疏散净宽度为 1.00m？

二维码 12-3 某建筑平面图和防火分区示意图

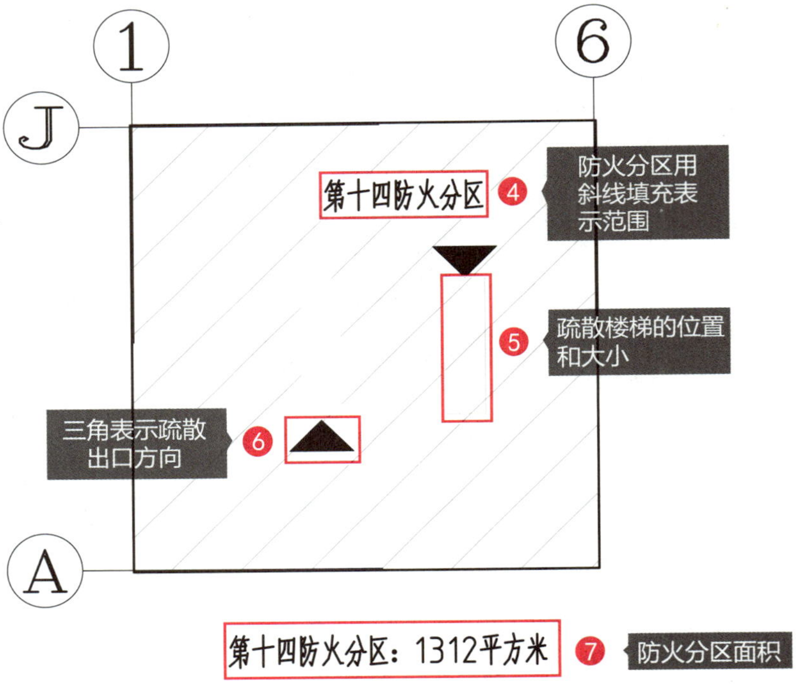

图 12-3 防火分区示意图

小节实训

(1) 实训内容：结合施工图设计作业，尝试划分防火分区和计算防火分区疏散宽度。

(2) 实训目标：通过学习，了解基本的建筑防火分区设计和疏散宽度计算方法。

(3) 实训要求：能够了解建筑防火分区设计和疏散宽度计算基本知识，独立进行简单的设计实践。

12.3 其他专业计算书

在实际项目中，除节能、防火等基本设计，有一些特殊功能的建筑还会涉及某些专业设计，如剧场、音乐厅等。

为了保证剧场、音乐厅等表演性空间的使用体验和音响效果，需要进行声学设计和计算，通常的设计指标有混响时间、每座容积、墙面的反射角度、墙体的吸声系数等，只有对设计空间的声学相关指标进行计算才能避免回声、集中声反射等音质缺陷。

同时，为了保证大量观众在厅内均有较好的观看体验，需要对座椅的排布和每排升起高度进行视线计算和设计，以保证每个座位视线通畅，能在合适的视角内观看到舞台的表演。

舞台表演还需要适宜的灯光设计，一般包括耳光灯、面光桥等，其高度和相对舞台区的角度，都有严格的要求。

这部分计算通常由专业公司进行，建筑设计专业需要与其密切配合，调整厅的形体、墙壁角度、地面座椅的升起高度等参数，以保证项目效果。

下面利用几个例子来对设计空间的相关声学指标的计算进行介绍。某剧场声学设计指标如图 12-4 所示。

鉴于该剧院按乙级剧场设计，主要用于歌舞综艺节目演出和举行会议，故使用扩声系统。同时考虑满足交响乐演出的需要，其建筑声学指标如下。

- 中频满场混响时间 RT：1.4~1.7s。
- 低音比 BR：1.0~1.2。
- 强度指数 G：≥ 2。
- 明晰度 C80：≥ 0。
- 清晰度 D50：0.4~0.6。
- 侧向反射效率 LF：0.15~0.3。
- 厅内无明显的音质缺陷，如声聚焦、声影、回声等。
- 背景噪声满足 NR30 噪声评价曲线。各频率背景噪声声压级如下。

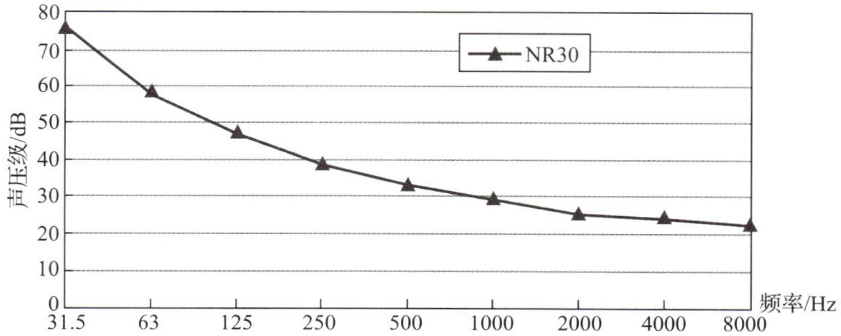

图 12-4 某剧场声学设计指标

课堂拓展

（1）中频满场混响时间 RT：声能密度降为原来的 $1/10^6$ 时所需的时间，相当于声压级衰变 60dB。当声源停止发声后，声音在房间内反复经吸声材料吸收，平均声能密度自原始值衰变到百万分之一所需的时间。

（2）低音比 BR：低音的提升程度，它表征音乐的丰满度，是低频混响时间与中频混响时间的比值。

（3）强度指数 *G*：从无指向性声源发出的声音到达观众席中某处的声能与同一声源在消声室中相距 10m 测得的声能之比。强度指数一般分为 6 个频率进行测定。

（4）明晰度 C80：到达观众厅位置的脉冲声，最初 80ms 的声能与 80ms 后的声能的比值。

（5）清晰度 D50：最初 50ms 到达的声能与 50ms 后到达的声能的比值。

（6）侧向反射效率 LF：80ms 内侧向反射声能与 80ms 内总声能的比值。

某剧场混响时间计算书见表 12-6。

表 12-6 某剧场混响时间计算书

歌剧院混响时间计算书（体积 $9950m^3$，容座数 1394 座，每座容积 $7.1m^3$）

项目	材料及做法	面积/m^2	125Hz		250Hz		500Hz		1000Hz		2000Hz		4000Hz	
			吸声系数	吸声量	吸声系数	吸声量	吸声系数	吸声量	吸声系数	吸声量	吸声系数	吸声量	吸声系数	吸声量
侧墙	硬木反射面，扩散设计	578	0.12	69.4	0.04	23.1	0.06	34.7	0.05	28.9	0.05	28.9	0.05	28.9
耳光灯、面光桥		88	0.25	22.0	0.4	35.2	0.5	44.0	0.55	48.4	0.6	52.8	0.6	52.8
座席	观众坐在软席座椅上，满场	908	0.68	617.4	0.75	681.0	0.82	744.6	0.85	771.8	0.86	780.9	0.86	780.9
走道	弹性塑胶地材	169	0.02	3.4	0.03	5.1	0.03	5.1	0.03	5.1	0.03	5.1	0.02	3.4
后墙	CASE1：帘幕升起，扩散体外露	122	0.25	30.5	0.15	18.3	0.1	12.2	0.09	11.0	0.08	9.8	0.07	8.5
	CASE2：帘幕降下	122	0.11	13.4	0.41	50.0	0.83	101.3	0.94	114.7	0.94	114.7	0.94	114.7
天花	池座后部天花：双层埃特板	300	0.15	45.0	0.1	30.0	0.06	18.0	0.04	12.0	0.04	12.0	0.05	15.0
	天花：双层埃特板	723	0.15	108.4	0.1	72.3	0.06	43.4	0.04	28.9	0.04	28.9	0.05	36.1
楼座栏板	硬木反射面，扩散设计	42	0.25	10.4	0.15	6.2	0.1	4.2	0.09	3.7	0.08	3.3	0.07	2.9
舞台口		198	0.6	118.8	0.6	118.8	0.6	118.8	0.6	118.8	0.6	118.8	0.6	118.8
空气吸声	4mV										0.008	79.6	0.02	199.0
混响时间/s	CASE1：音乐会 CASE2：会议、综艺节目		1.56		1.62		1.56		1.56		1.43		1.29	
			1.59		1.57		1.44		1.41		1.31		1.18	

二维码 12-4 建筑声学设计及计算书

某剧场观众厅平面、剖面声线分析分别如图 12-5、图 12-6 所示。

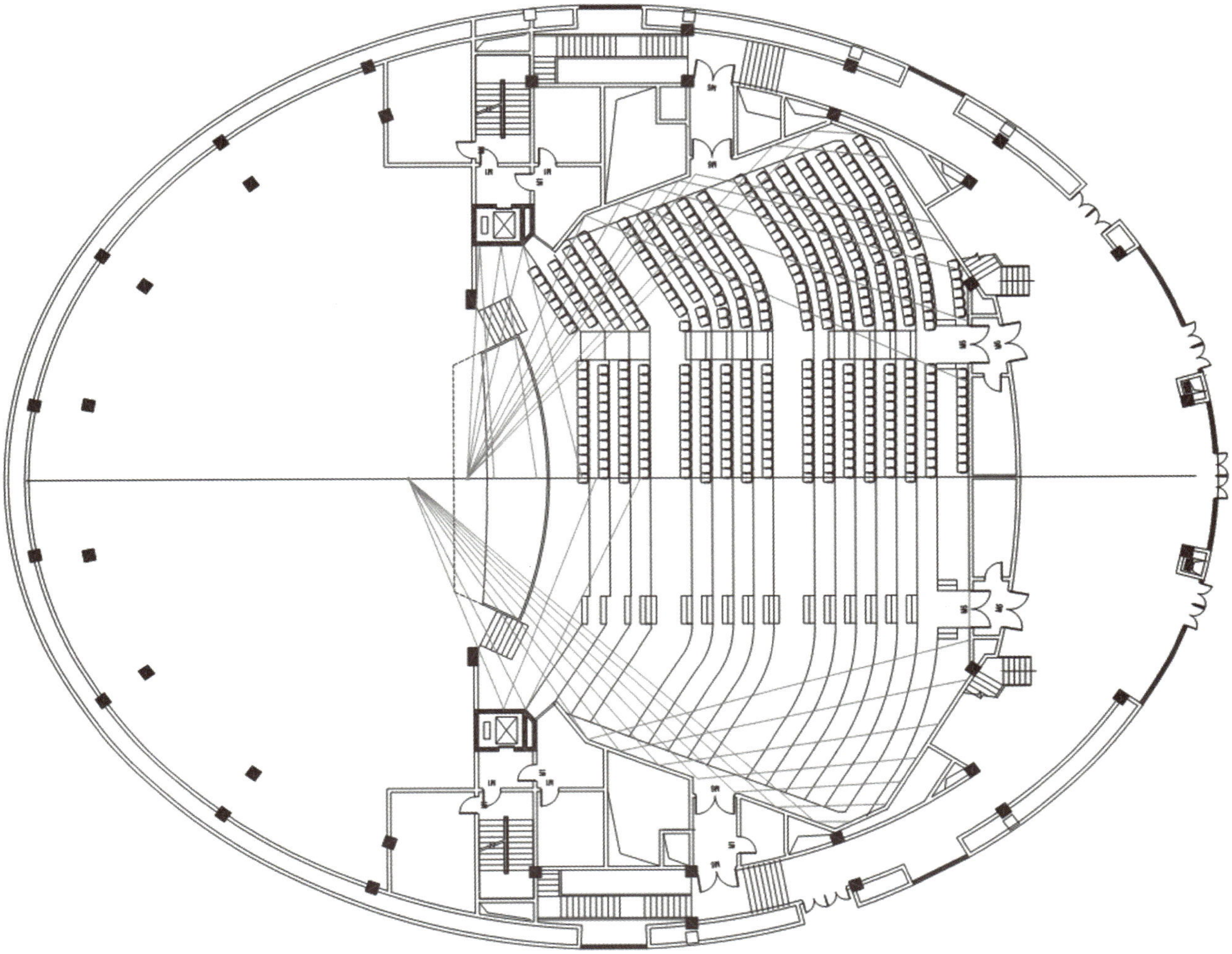

图 12-5　某剧场观众厅平面声线分析

二维码 12-5
某剧场观众厅剖面声线分析

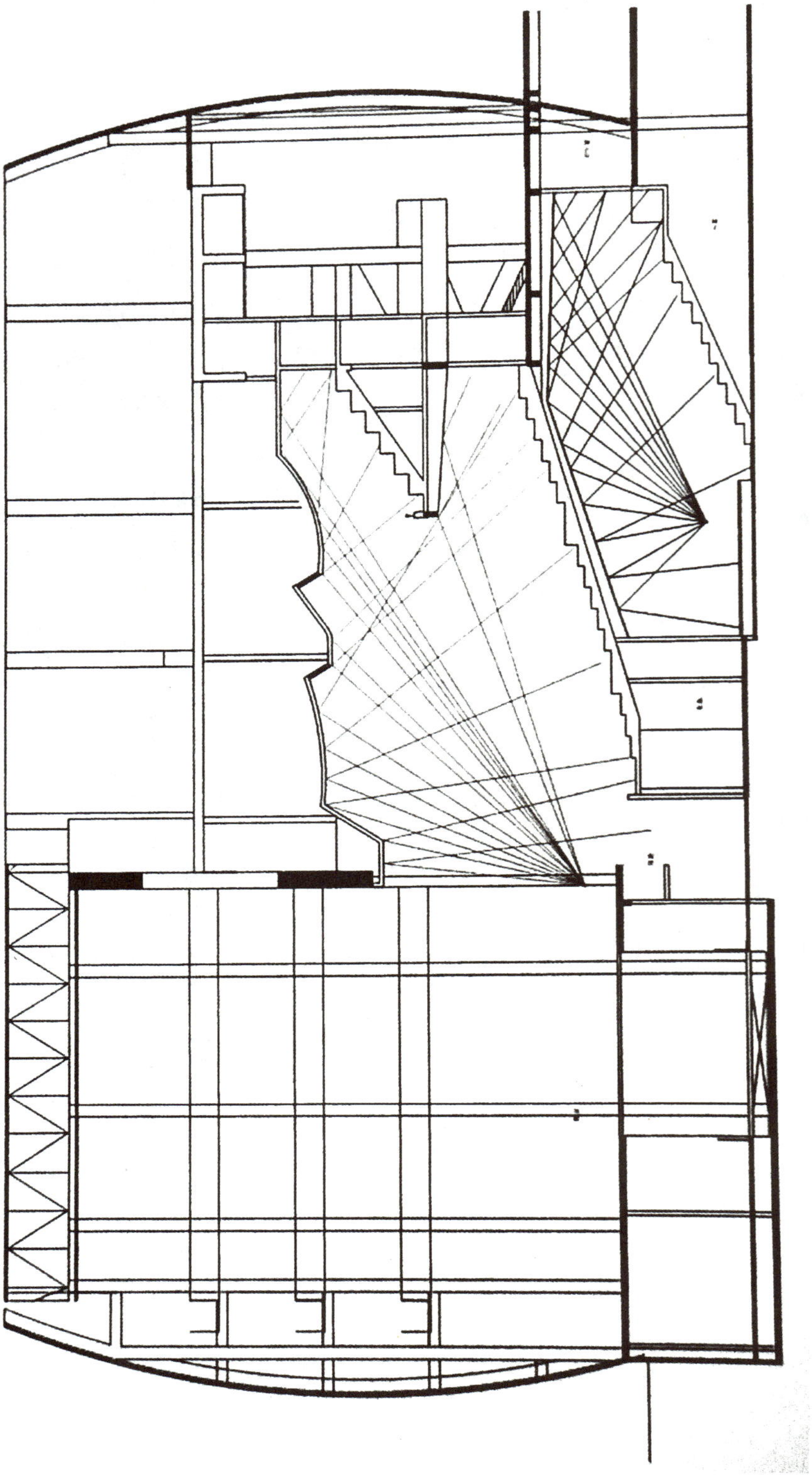

图 12-6　某剧场观众厅剖面声线分析

某剧场视线灯光角度计算如图 12-7 所示。

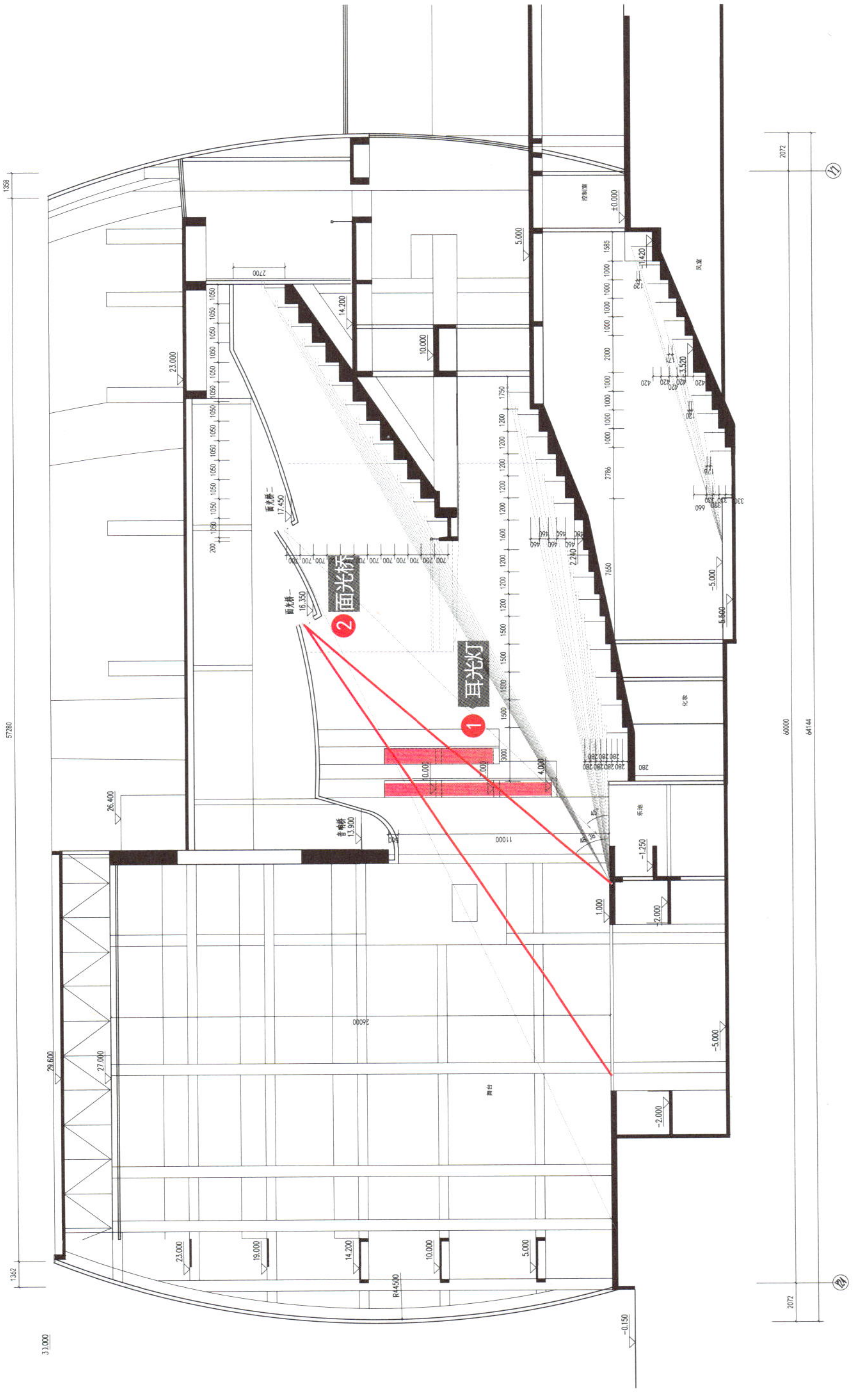

图 12-7 某剧场视线灯光角度计算

模块 13 施工现场的各专业配合

13.1 建筑一体化设计

1. 一体化设计概述

建筑的一体化设计将建筑内部的各专业统一考虑进行整合设计，以获得较好的室内外空间效果，而不仅仅局限于满足基本的使用要求。在建筑设计中，结构专业负责建筑的承重结构设计，如混凝土框架结构建筑中的梁、板、柱等；电气专业负责建筑中与电相关的设备设计，如照明、动力、配电系统等；暖通专业负责建筑内空调和采暖设备的设计等。这些设备、构件都是满足建筑使用功能需要的必备条件，如此多的建筑结构和设备、构件在一个建筑空间中进行一体化设计，可大大提升空间的质感，给人以更好的体验；反之，如仅仅是将各种设备、构件按需求罗列布置，虽然能满足基本的使用需要，但难免给人凌乱的感觉，空间也会缺乏整体性。所以在一些对室内外空间效果要求较高的建筑中，如博物馆、剧场或一些精品建筑，为了追求建筑室内外空间环境的整体性、一致性，建筑的一体化设计就显得非常重要。

图 13-1 为两个不同项目的室内空间对比，空间中均有照明的灯具、空调等设备。右图的空间使用了隐藏灯带、下送风空调系统等室内装修一体化设计的手法，相比左图的空间（所有设备均外挂安装），显然右图的室内空间质量更高，设计整体性更好，给人的体验也更好。

图 13-1 两个不同项目的室内空间对比

相对于一体化设计给建筑带来的体验上的优势，其在实际项目中也有一些不利因素。首先，相对于一般的项目，其造价会较高，因为要将各种专业的设备、构件整合在一起，很多的设备、构件都需要定制或现场加工，相比于从市场上直接购买成品安装，会增加部分人力成本和时间成本。其次，各种构件需要整合，会产生大量的现场加工工序，导致最后的实际效果与现场施工水平有很大关系，这就要求建筑师应频繁地到现场把控各个关键节点效果，对施工队和建筑师的现场配合也提出了更高的要求。最后，对于某些整合的建筑构造，因受限于现场条件或产品限制，并不能保证完全符合设计预期的要求，如钢材在现场焊接时由于热胀冷缩，无法保证每次焊接完成后长度完全一致。如要保证框架完全一致，就需要把焊接连接改为螺栓连接，这些措施就需要建筑师有较强的变通能力和设计经验，能因地制宜地找到实际可行的施工手段和工艺，对建筑师的综合能力有更高的要求。

二维码 13-1
地面送风口和空调构造做法

某茶室一体化设计如图 13-2 所示。

图 13-2　某茶室一体化设计

2．一体化设计的常见做法

（1）景观一体化设计。我们常说建筑是在环境中的建筑，任何建筑都不是脱离于环境而单独存在的，不论是山林、湖畔还是都市街区，任何建筑都需要与其所处的周围环境相融合。而从一个区域的视角来看，建筑本身和其配套的景观设计可以被看作是一个整体，并以这个整体来与周边环境进行融合统一。

景观一体化设计需要对整个景观和建筑进行整体化的考虑，使得景观和建筑本身形成一个有机的整体，同时景观又能与周边的环境自然衔接。如图 13-3、图 13-4 所示的位于山林中的茶室建筑，其形体、色彩既融于周边环境中，整体又与所处的山林非常协调。

图 13-3　景观一体化设计 1

图 13-4　景观一体化设计 2

（2）结构设备一体化设计。结构构件是支撑建筑所必需的，在建筑中由常见梁、板、柱所组成的结构体系，并不追求用室内装修将这些结构构件装饰和遮蔽起来，而是力求通过对其外形和色彩等的设计，使结构构件本身成为提升空间品质的助力，而不仅仅是建筑的受力构件。简而言之，梁、柱等结构构件不仅要满足受力的功能性需求，其排布方式、截面形式、外形、色彩等方面还要有设计感，与整个空间的设计要求相统一。

与结构构件的要求类似，灯具、空调等设备在形式选择和构造方式上也不能进行简单安装，只满足于基本的使用功能，而是要符合整个空间的设计效果，如采用隐藏灯带还是可见的吊灯或筒灯，空调是采用上送风还是地面送风等都需要综合考虑。如果采用隐藏灯带，如何与结构构件相结合，是需要重点考虑的问题。设置好隐藏灯带的茶室如图 13-5 所示。

图 13-5 设置好隐藏灯带的茶室

图 13-5 中采用了隐藏灯带与黑色结构钢梁结合及一体化天窗的设计，使得整个空间非常干净，没有多余的外挂设备。同时，空调采用地面送风系统，空调机位于半地下室的机房，不会对室内外空间造成影响，空调出风口设在地面靠玻璃外墙内侧，与整个统一色调的地面融为一体，如图 13-6 所示。该茶室周边采用了黑色钢柱加无框玻璃围护结构，充分引入了周边极佳的山林风光。该项目通过一系列的一体化设计和构造，共同打造了高品质空间。

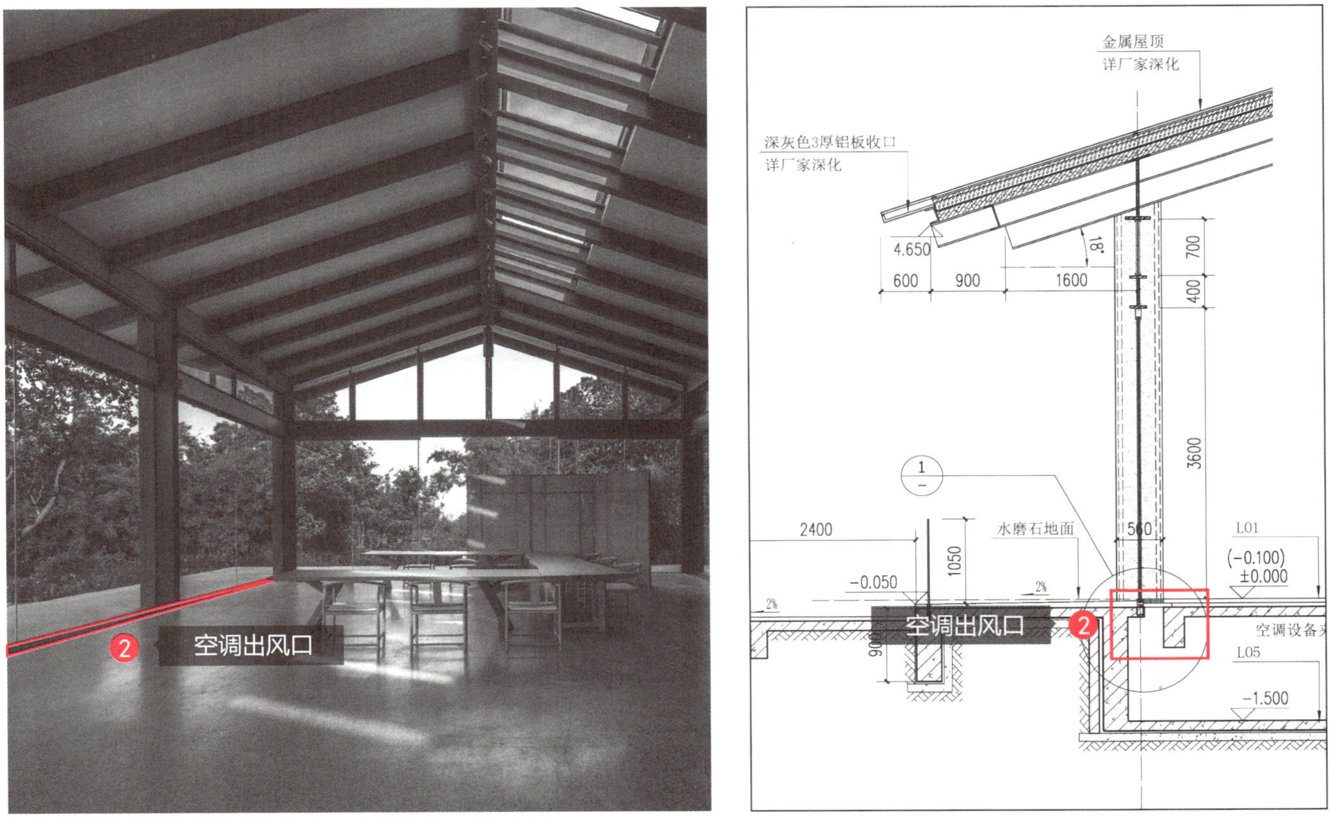

图 13-6 空调出风口和空调构造做法

13.2 建筑施工现场细节配合

1. 建筑材料的现场确认

在实际项目中，即使图纸表达得非常完备细致，但仍然需要建筑师到现场配合，这是施工质量和建筑完成效果的必要保证。在施工图中所标示的面砖、石材、木材等施工材料，虽然已标注了颜色、尺寸、种类等信息，但实际材料的纹理和色彩多种多样，需要建筑师进行现场确认。如石材均为自然开采，同种石材在各地不同的采石场中由于地质矿物等的不同，会有不同程度的偏色，如图 13-7、图 13-8 所示；不同种类的木材，纹理颜色区别很大，即使是同种木材，也会因出产地、批次不同而有显著区别；各种烧制的釉面砖即使同色，不同批次也会有色差，这是因为每一炉产品虽然配料一致，但烧制过程和温度都不会完全相同，如图 13-9 所示。因此为了保证最后的建筑完成效果，建筑师需要对各种面材进行现场确认并签名，该过程称为看样定板，如图 13-10 所示。

图 13-7 挡土墙用毛石

图 13-8 台阶用条石

图 13-9　釉面砖

图 13-10　看样定板

2. 建筑施工现场配合内容

建筑师通常会分阶段定期到施工现场进行考察，以把握建筑的整个施工过程，主要的施工过程节点有基础及地下室施工阶段、框架封顶阶段、室外环境绿化阶段、内装阶段等。下现场主要是观察施工工艺和检验该阶段成果，对于不符合设计要求的部分应要求施工单位进行整改。

除了常规巡视，由于建筑施工现场常会出现各种问题，建筑师也需要不定时到场解决这些问题。比如由于施工现场的技术条件限制，焊接精度达不到要求，导致某些构件无法安装完成，则需要改变其施工工艺和方法；又如由于现场自然条件出现新的情况，比如地下水、地下溶洞及勘察时未发现的薄弱地层等，则需要修改施工方法或者调整方案；再如各专业的施工图纸由多人配合分别完成，难免会出现矛盾或因错漏导致的施工问题等。施工中出现各种问题的原因总的来说可以分三类：自然环境原因、施工方原因和设计方原因。

为了解决上述各种施工过程中的问题，建筑师需要到现场进行勘察，了解现场的实际情况和施工的进度（图 13-11），与施工方、甲方一起商讨切实可行的解决方案（图 13-12）。

图 13-11 某茶室钢结构施工现场

图 13-12 建筑师在现场勘察时解决问题

03

第三部分
建筑
施工图实训

第三部分模块 14 ~ 18 是对施工图出图图纸及图面表达的介绍，力图使同学们理解一份完整正式的施工图应精确表达的内容，包括图纸线型设置、图纸字体设置、图框设置，出图比例及图纸布局、施工图的排版与优化等知识。一份合格的施工图，不仅要正确表达出图纸内容，还要注重表达得清晰美观，要符合规范标准。

模块 19 是一份配套本教材的建筑施工图设计实训，包含实训任务书（配套可优化的方案图纸）、实训计划表及实训评分标准。教师可以利用 16 周的时间按照实训任务书项目（也可更改为课程设计做过的其他项目）进行实际的施工图课程训练。

模块 14 线型的设置

线型设置是通过使用不同线宽及线型样式来清晰地区分不同类型的图形信息，以表达建筑物的不同部分和细节。通过使用不同的线型，可以直观地展示物体的轮廓、结构、空间关系及关键信息，从而提升设计审查和沟通的效率。

线型设置包括线宽设置及线型样式设置。

1. 线宽设置

（1）图线的基本线宽 b，宜按照图纸比例及图纸性质从 1.4mm、1.0mm、0.7mm、0.5mm 线宽系列中选取。每个图样，应根据复杂程度与比例大小，先选定基本线宽 b，再选用表 14-1 中相应的线宽组［表 14-1 取自《房屋建筑制图统一标准》（GB/T 50001—2017）］。

表 14-1 线宽组

单位：mm

线宽比	线宽组			
b	1.4	1.0	0.7	0.5
$0.7b$	1.0	0.7	0.5	0.35
$0.5b$	0.7	0.5	0.35	0.25
$0.25b$	0.35	0.25	0.18	0.13

注：（1）需要缩微的图纸，不宜采用 0.18mm 及更细的线宽。
（2）同一张图纸内，各不同线宽中的细线，可统一采用较细的线宽组的细线。

（2）在具体的图纸里，越粗的线型显示越明显。在总平面图里，建筑控制线和外轮廓线为最粗线型；在平面图、剖面图及与其相关的详图里，剖到的主体结构，如墙体、柱子、梁、楼板等会设置为最粗线型；在立面图里，外轮廓线为最粗线型，地平线是加粗线型。一般来说，平面图、剖面图、立面图及详图图纸里的看线会比剖切线设置得细，具体设置见表 14-2。表格里面的线型仅为绘图过程中常遇见的种类，其线宽设置仅为建议设置。

表 14-2 图纸线宽设置建议

线宽比	类型图纸				
	总平面图	平面图、剖面图	立面图	门窗详图	其他详图（墙身、楼梯、卫生间、厨房详图等）
b（粗）	红线，建筑外轮廓线，尺寸界线	剖到的墙体、柱子、梁、楼板等构件轮廓线，剖切符号，尺寸界线	立面外轮廓线，尺寸界线	门窗轮廓线，尺寸界线	剖到的墙体、柱子、梁、楼板等构件轮廓线，立面详图的外轮廓线，剖切符号，尺寸界线
$0.7b$（中粗）	建筑看线，标高标注，文字标注	门窗等构件轮廓线，标高标注，文字标注	立面构件看线，标高标注，文字标注	门窗看线，标高标注，文字标注	构件看线，标高标注，文字标注
$0.5b$（中）	尺寸线，标高符号等其他图层	洁具线，尺寸线，标高符号，索引符号等其他图层	尺寸线，标高符号，索引符号等其他图层	尺寸线等其他图层	洁具线，抹灰及粉刷层线，尺寸线，标高符号，索引符号等其他图层
$0.25b$（细）	图案填充，轴线，折断线	图案填充，轴线，家具线，折断线	图案填充，轴线，折断线	图案填充，轴线，折断线	图案填充，轴线，家具线，折断线

注：地平线可用 $1.4b$ 粗细。

（3）同一张图纸内，相同类型的图样应选用相同的线宽组，以保证图纸的统一性（如一张 A1 图纸内的多个墙身图样）。

（4）对于一份完整的施工图，同类型的图纸也应选用相同的线宽组，以保证图纸的美观统一及可读性（如一份施工图里的各层平面图等）。

2．线型样式设置

设计施工图时应根据不同的需要选择不同的线型样式，可以使图纸更加清晰明了，要确保线型的命名规范、精细度、准确性、可读性、辨识度，并保持线型的一致性和统一性。每种线型都有其特定的用途和应用场景。表 14-3 为常见的几种线型样式。实际图纸中的线宽、线型设置如附图 1-5、附图 1-6 所示。

表 14-3　常见的几种线型样式

线型样式	线型	常用的位置
实线	——————	剖到及可见建筑线，标注图层
虚线	----------	上层投影线，隐藏部分
点划线	—·—·—·—·—	轴线，红线
折断线	——∧∨——	断开界线

线型规范设置不仅有助于提高图纸的可读性，还能确保设计师准确和高效地表达设计意图。正确的线型设置也是遵循行业标准和规范的重要部分，可确保设计文件的专业性和一致性。请同学们在绘图过程中重视线型的规范设置。

小节实训

（1）实训内容：仔细阅读本节内容，并回答以下问题。

① 在平面图中，墙体、门窗、轴号、轴线等分别用什么线型表达？哪些需要用粗线，哪些需要用细线？

② 图纸线型有哪些线型样式？

（2）实训目标：通过学习，了解施工图线型样式及线宽设置。

（3）实训要求：掌握施工图绘制的线型设置要求。

模块 15 字体的设置

施工图字体设置所依据的标准主要是《房屋建筑制图统一标准》(GB/T 50001—2017)。

(1)图纸上所需书写的文字、数字或符号等，均应笔画清晰、字体端正、排列整齐；标点符号应清楚正确。

(2)文字的字高，应从表 15-1 中选用。字高大于 10mm 的文字宜采用 True type 字体(True type 字体是指 Windows 自带的系统字体)，如需书写更大的字，其高度应按$\sqrt{2}$的倍数增加。

表 15-1 文字的字高 单位：mm

字体种类	汉字矢量字体	True type 字体及非汉字矢量字体
字高	3.5、5、7、10、14、20	3、4、6、8、10、14、20

(3)汉字应为简化汉字，图样及说明中的汉字，宜优先采用 True type 字体中的宋体字型，采用矢量字体时应为长仿宋体字型。同一图纸字体种类不应超过两种。矢量字体的宽高比宜为 0.7(图 15-1 中的①)，且符合表 15-2 的规定。True type 字体宽高比宜为 1。大标题、图册封面、地形图等的汉字，也可书写成其他字体，但应易于辨认，其宽高比宜为 1。

表 15-2 长仿宋字高宽关系 单位：mm

字高	3.5	5	7	10	14	20
字宽	2.5	3.5	5	7	10	14

(4)图样及说明中的字母、数字，宜采用单线简体或 Roman 字型(图 15-1 中的②)，字母及数字的字高不应小于 2.5mm。字母和数字还有直体字和斜体字之分，当需写成斜体字时，其斜度应从字的底线逆时针向上倾斜 75°。斜体字的高度和宽度应与相应的直体字相等。

(5)数量的数值注写，应采用正体阿拉伯数字。各种计量单位凡前面有量值的，均应采用国家颁布的单位符号注写。单位符号应采用正体字母。分数、百分数和比例数的注写，应采用阿拉伯数字和数学符号。当注写的数字小于 1 时，应写出个位的“0”，小数点应采用圆点，齐基准线书写(图 15-1 中的③)。

课堂拓展

一份优秀的施工图，不仅内容详尽，而且也要保证图面工整清晰。规范的字体是优秀施工图的基本保证。一份优秀的施工图，所有技术图纸中图面文字及标注文字的字体、字高，应基本统一。设计院施工图采用的蓝图字体常为长仿宋体字型，字高 3.5mm，字宽 2.5mm。

二维码 15-1《房屋建筑制图统一标准》

小节实训

(1)实训内容：仔细阅读本节内容，并回答以下问题。

① 为什么要规范施工图字体？

② 图纸字体的宽高比宜采用什么比例？

③ 蓝图字体常用高度是多少？

(2)实训目标：通过学习，了解施工图字体设置要求。

(3)实训要求：在图纸绘制过程中，保证字体规范，字高、字宽统一。

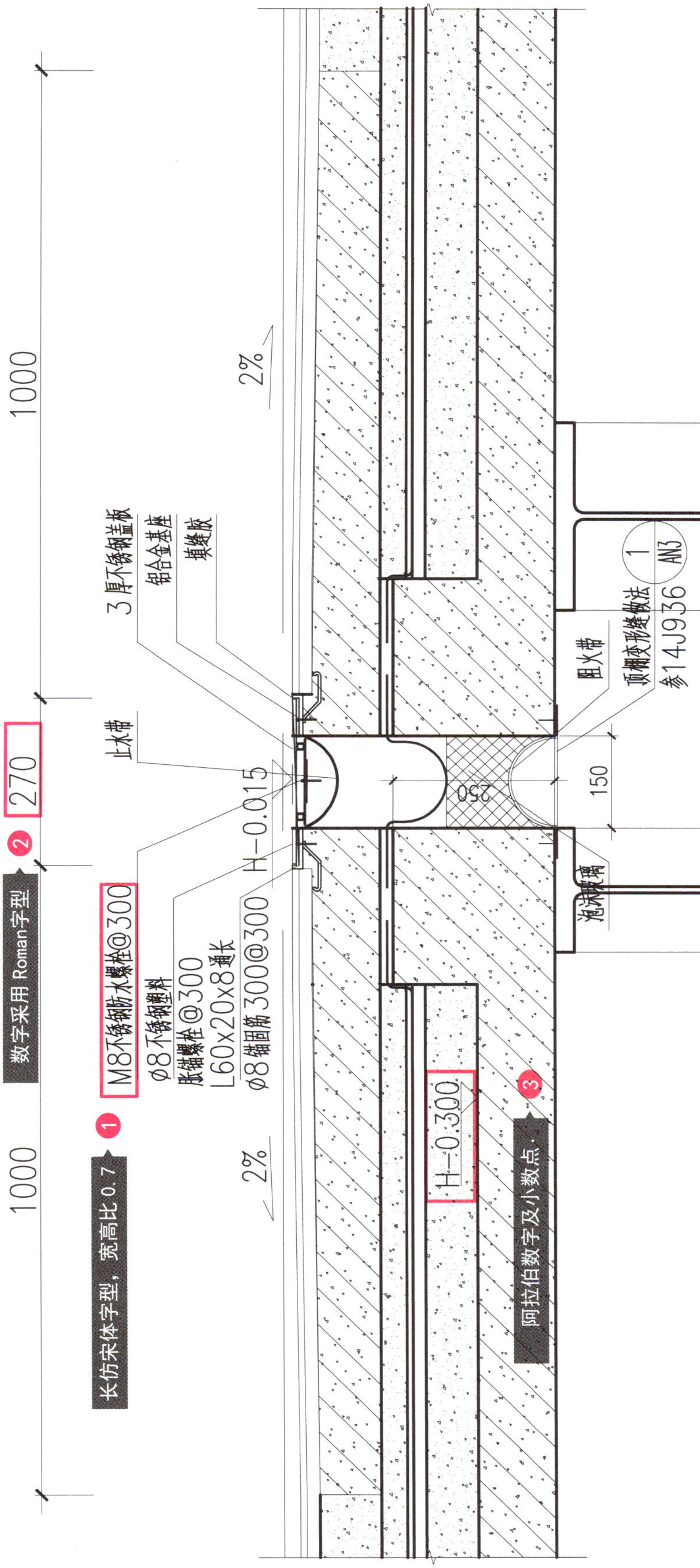

图 15-1　上人屋面平接变形缝通用详图（1：20）

模块 16　图框的设置

1. 图框的作用

图框不仅是工程设计图纸的重要组成部分，而且对项目的整体管理和维护具有不可替代的作用。通过图框的使用，可以有效地提高设计、施工和管理过程中的效率和准确性，确保项目的顺利进行。图框的作用有以下几点。

1）界定图纸范围和内容

图框通过绘制一个边界线，明确地界定了图纸的大小和范围，确保图纸内容的完整。图框内通常有图纸名称、图纸比例、图纸编号和绘图日期等基本信息，这些信息对于图纸的管理和归档至关重要。

2）提供基本信息

图框内的信息为图纸的使用者提供了关于项目的关键数据，如项目名称、图纸编号等，这些信息有助于使用者快速识别和理解图纸的设计目的和内容。

3）方便管理和归档

通过图框中的信息，可以方便地对图纸进行分类、编号和归档，保证图纸管理的规范和统一。这对于项目管理、版本控制以及后续的修改和维护非常有帮助。

4）提高工作效率和准确性

图框的使用使得图纸的查找、对比和更新变得更加容易，从而提高了工作效率和准确性，这对于确保项目的顺利进行和按时完成至关重要。

2. 图框的尺寸

图框尺寸设置所依据的标准是《房屋建筑制图统一标准》(GB/T 50001—2017)。图纸幅面及图框尺寸应符合表 16-1 及表 16-2 的规定；图框和标题栏线宽设置应符合表 16-3 的规定。

表 16-1　图纸幅面及图框尺寸　　单位：mm

尺寸代号	幅面代号				
	A0	A1	A2	A3	A4
$b \times l$	841×1189	594×841	420×594	297×420	210×297
c	10			5	
a	25				

注：表中 b 为幅面短边尺寸，l 为幅面长边尺寸，c 为图框线与幅面线间宽度，a 为图框线与装订边间宽度。

表 16-2　常见加长图纸幅面及图框尺寸　　单位：mm

尺寸代号	幅面代号				
	A0+1/4	A0+1/2	A1+1/4	A1+1/2	A2+1/4
$b \times l$	841×1486	841×1783	594×1051	594×1261	420×743
c	10			5	
a	25				

课堂拓展

每一个设计单位都有含自己公司完整信息及设定好格式的图框，出图时可直接套用。

表 16-3 图框和标题栏线宽设置 单位：mm

幅面代号	图框线	标题栏外框线对中标志	标题栏分格线幅面线
A0/A1	b	$0.5b$	$0.25b$
A2/A3	b	$0.7b$	$0.35b$

3. 标准图框内容

标准图框中应有标题栏、图框线、幅面线、装订边线和对中标志。标题栏一般有设计单位、工程名称、注册师签章、项目经理签章、修改记录、相关人员签名、图名和图号等内容。图框一般有横式和立式两种，横式较为常见，如图 16-1 所示。放大标题栏如图 16-2 所示。

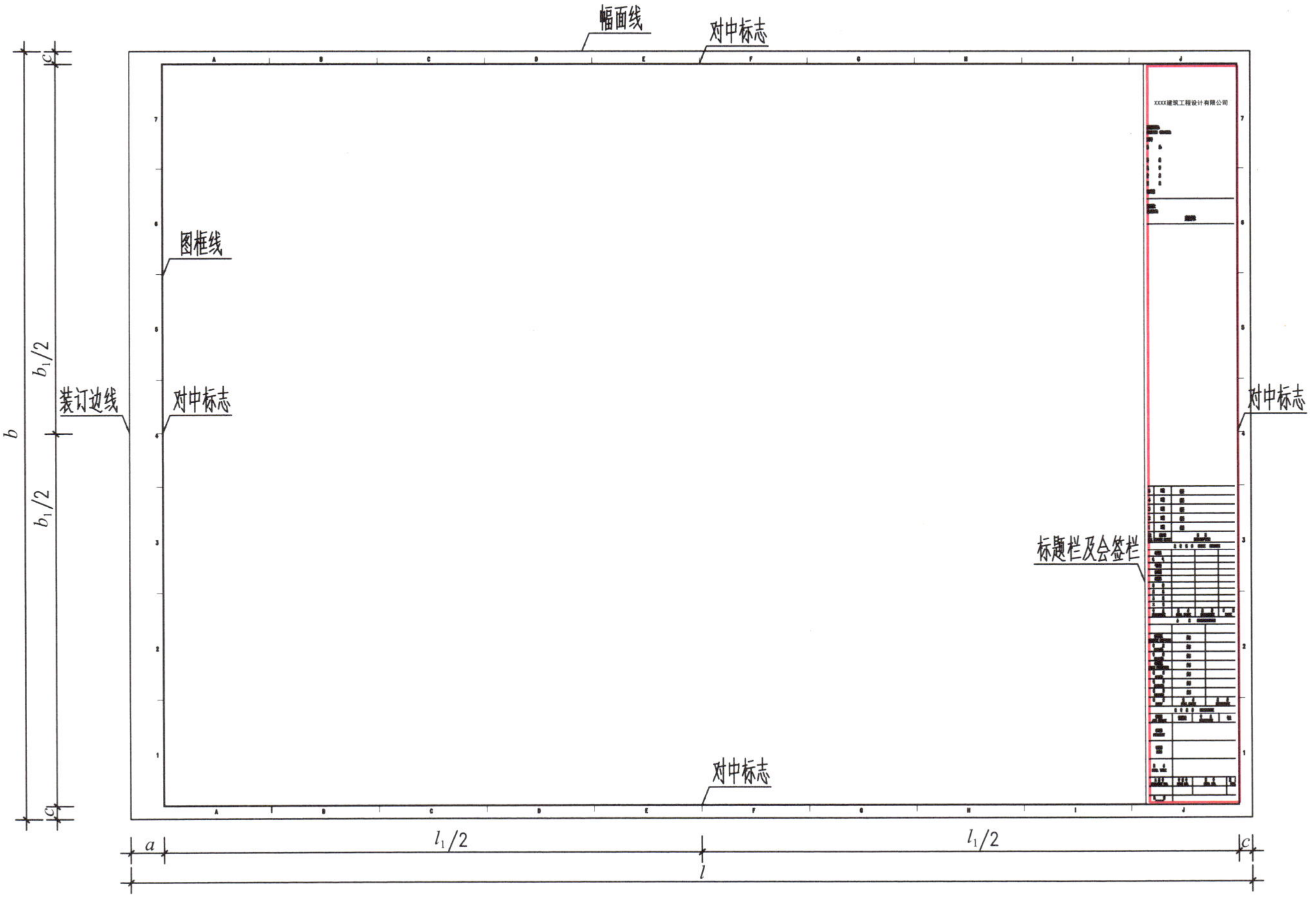

图 16-1 标准横式图框样式

二维码 16-1
图框图纸

课堂拓展

A0 号图幅对折后变成 A1 号图幅，A1 号图幅对折后变成 A2 号图幅，依次类推，上一号图幅的短边，即是下一号图幅的长边。

XXXX建筑工程设计有限公司

（a）

5	日期	摘要
4	日期	摘要
3	日期	摘要
2	日期	摘要
1	日期	摘要
版次 REV.	发行日期 ISSUE DATE	摘　要 DESCRIPTION
发　行　记　录　ISSUE　REMARK		

（b）

设　计　签　署　SIGNATURE			
设计阶段 JOB STAGE	设计阶段	专　业 DISCIPLINE	专业
项目名称 PROJECT			
子项名称 ITEM			
图　名 DWG. TITLE			
工程号 PROJECT NO.	子项号 ITEM NO.	图　号 DWG. NO.	版　次 REV.
比　例 SCALE			

（c）

图 16-2　放大标题栏

通信信息			
电　　气			
气体动力			
暖通空调			
给水排水			
结　　构			
建　　筑			
总　　图			
工　　艺			
专　　业 DISCIPLINE	姓　　名 FULL NAME	签　　署 SIGNATURE	日　　期 DATE

会　　签　　COORDINATION

项目负责人 PROJECT CAPTAIN	姓名	
审　　定 APPR'D	姓名	
审　　核 EXAM'D	姓名	
专业负责人 MAIN ENGINEER	姓名	
校　　对 CHK'D	姓名	
设　　计 DESIG'D	姓名	
制　　图 DRAW'N	姓名	
职　　责 DUTY	姓　　名 FULL NAME	签　　署 SIGNATURE

设　计　签　署　　SIGNATURE

（d）

图 16-2　放大标题栏（续）

小节实训

（1）实训内容：仔细阅读本节内容，并回答以下问题。

① 常见的施工图图幅有哪些尺寸？

② 施工图图框包含哪些内容？

（2）实训目标：通过学习，了解施工图常用图框的尺寸及内容。

（3）实训要求：独立绘制施工图图框。

模块 17　出图比例及图纸布局

1. 出图比例

图样的比例，应为图形与实物尺寸相对应的整数比值。出图比例即为图纸上测量的 1mm 代表实际工程中尺寸的大小。例如 1 ： 100 代表图纸上的 1mm 是实际工程的 100mm（1mm=100mm）。

建筑专业、室内设计专业制图选用的比例，宜符合《建筑制图标准》（GB/T 50104—2010）中的规定，见表 17-1。

表 17-1　比 例

图名	比例
建筑物或构筑物的平面图、 立面图、剖面图	1 ： 50、1 ： 100、1 ： 150、1 ： 200、1 ： 300
建筑物或构筑物的局部放大图	1 ： 10、1 ： 20、1 ： 25、1 ： 30、1 ： 50
配件及构造详图	1 ： 1、1 ： 2、1 ： 5、1 ： 10 1 ： 15、1 ： 20、1 ： 25、1 ： 30、1 ： 50

比例的符号为“：”，并应以阿拉伯数字表示。比例一般注写在图名的右侧，与图名不同的是比例不需要加下划线。比例的字高宜比图名的字高小一号或二号，如图 17-1 所示。

图 17-1　比例的注写

一般情况下，同一类型的图纸应选择统一的比例，例如全部平面图纸都是 1 ： 100 的比例，全部墙身大样图都是 1 ： 20 的比例等。项目特殊情况下，也可以设定除表 17-1 所示的其他自选比例，此时除注明绘图比例外，还应就近绘制比例尺。

2. 图纸布局

出图比例除参考表 17-1 中的常用比例外，还与所选择的图幅大小密切相关。同一项目的图纸应尽量统一横竖模板，图样在图纸中应布局得当，既不过于拥挤，也不过于空旷。在布局图纸的时候，要注重图面层次感（区分线型）、统一字体、采用标准简洁的标注和说明。

二维码 17-1
图纸布局对比

课堂实训

（1）实训内容：读图 17-2，扫描二维码 17-1，列举出布局不合理图纸中的具体问题，阐述布局合理图纸好在哪里？

（2）实训目标：通过学习，掌握常用出图比例和图纸布局要点。

（3）实训要求：能够说出布局合理图纸和不合理图纸的差异。

在软件制图普遍的当下，我们可以利用软件中的图纸布局（Layout）功能来进行图纸比例和图幅的调整，下面以 AutoCAD 为例来进行讲解。

AutoCAD 的布局（Layout）空间可以理解为在模型空间上蒙了一层不透明的纸（图 17-3 中的①、②），需要通过添加视口（Viewports，图 17-4 中的③）在布局空间中创建视口。一个布局空间内可以开设多个视口，因此可以把模型空间绘制的图纸，在布局空间内进行比例调整和排版，如图 17-4 中的④、⑤所示，模型空间的总平面图，通过在布局空间内建立多个视口，可以设置不同的比例以适应图幅。

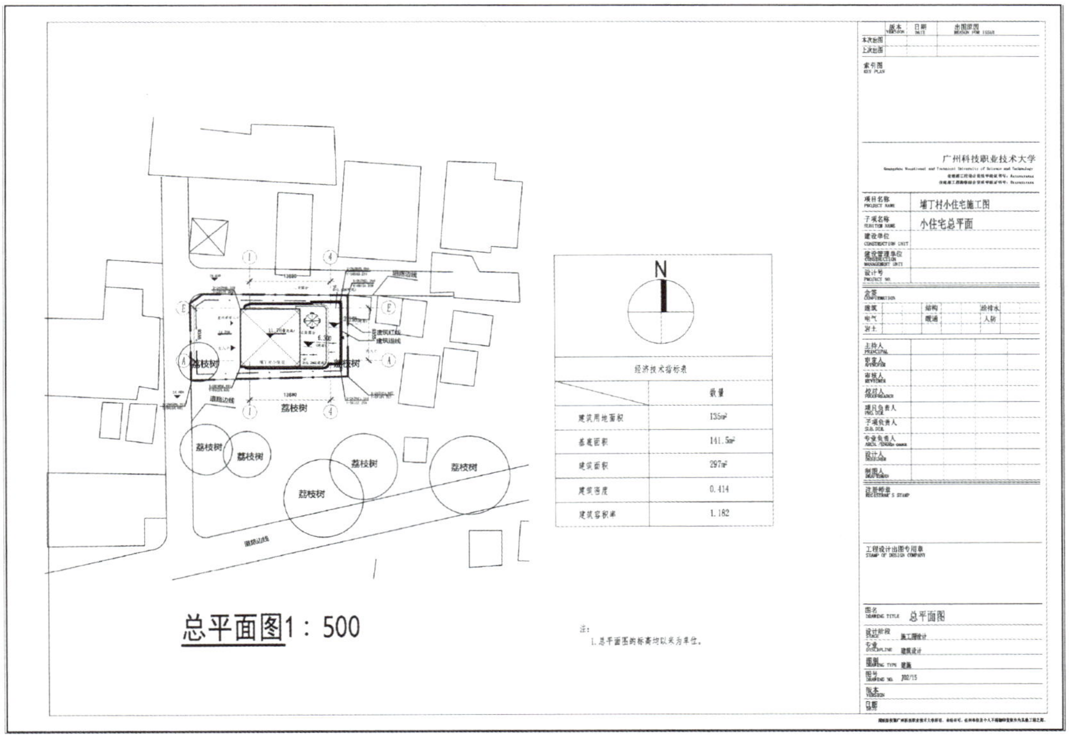

（a）布局不合理图纸

图 17-2　图纸布局对比

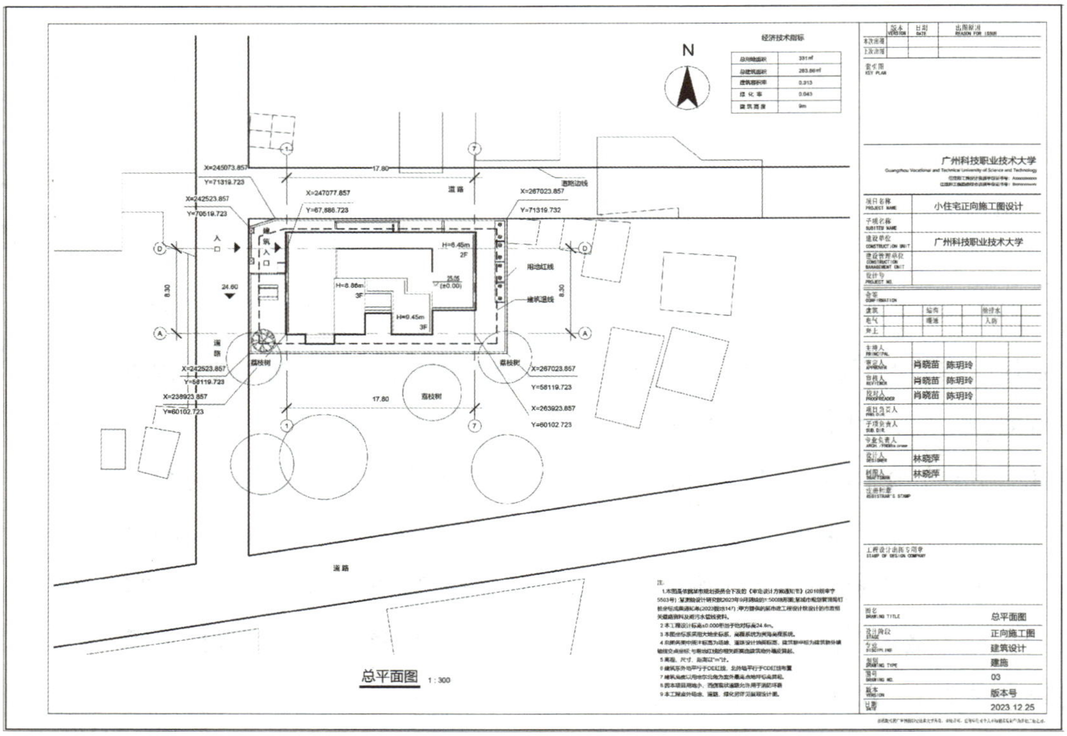

（b）布局合理图纸

图 17-2 图纸布局对比（续）

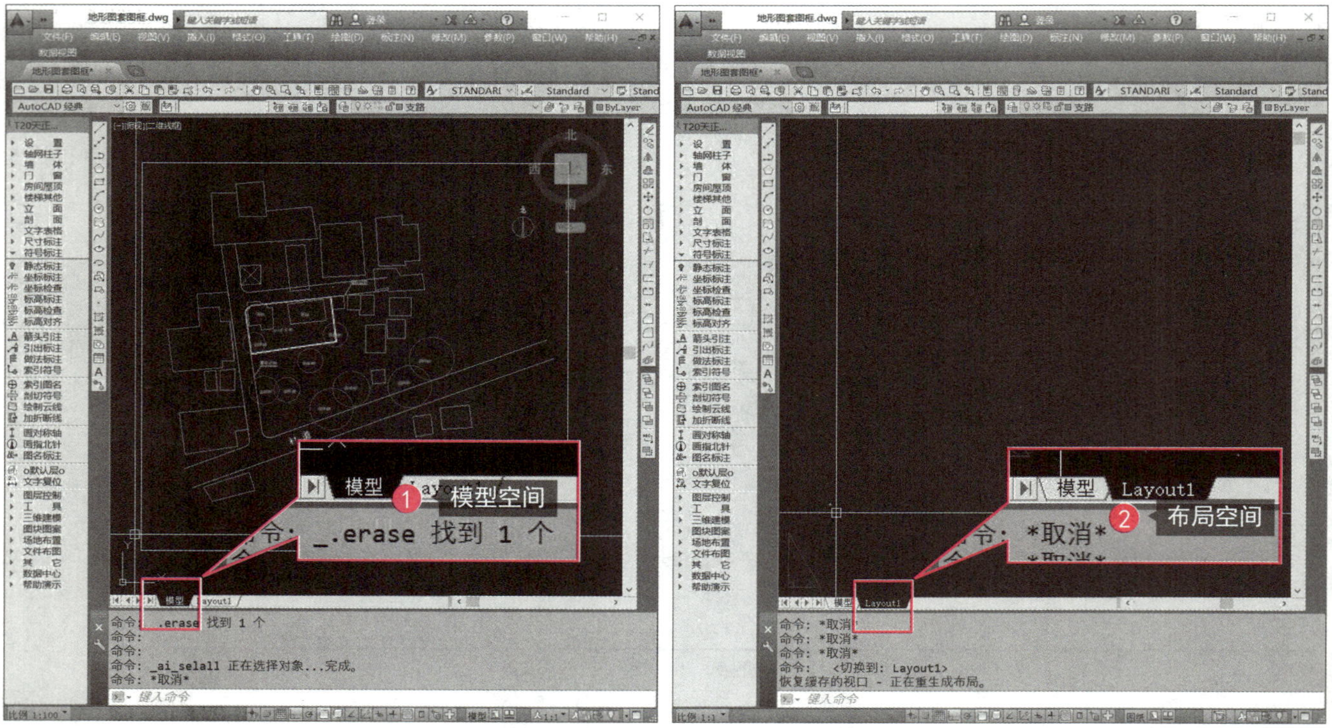

图 17-3 AutoCAD 模型空间（左）和布局空间（右）

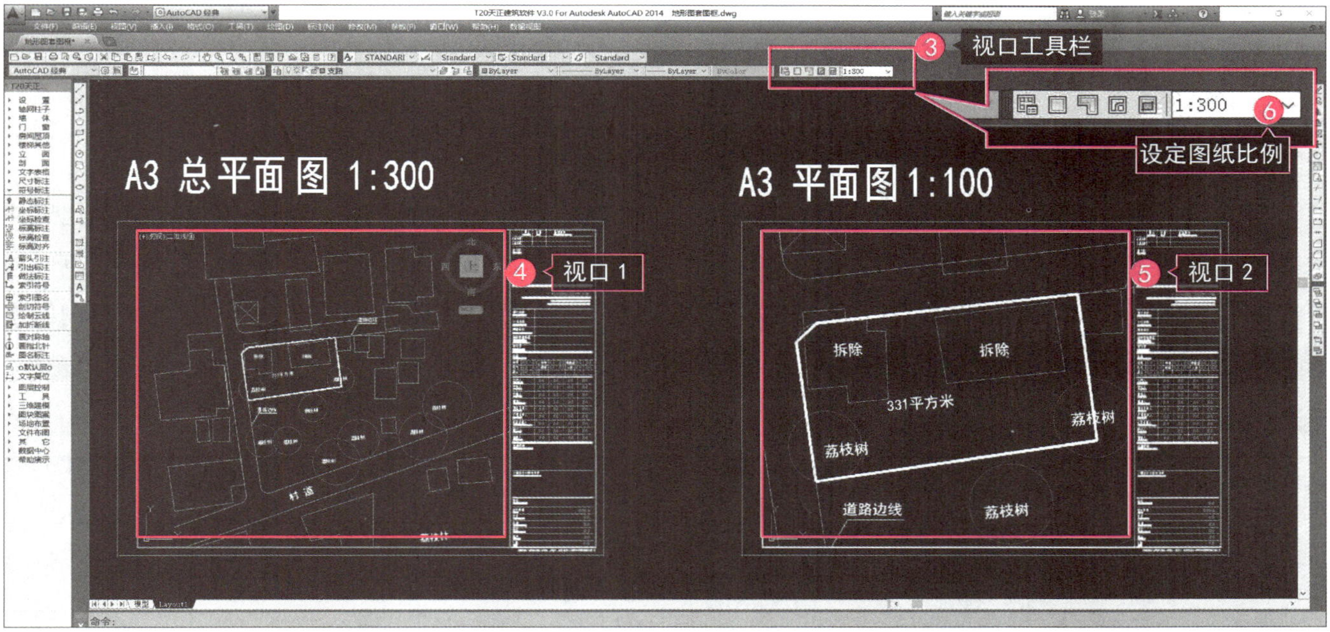

图 17-4 AutoCAD 利用视口进行布局

当我们双击视口时，就可以直接在视口中对模型空间的图纸进行缩放、移动等操作，而对模型空间的图纸内容没有任何影响。我们也可以直接使用视口工具栏的视口缩放控制栏（图 17-4 中的⑥），来输入或者选择图纸的比例，选定比例后就可以插入不同图幅的图框，从而进一步确定合适的图幅。

二维码 17-2 AutoCAD 图纸布图

二维码 17-3 Revit 图纸布图

小节实训

(1) 实训内容：扫描二维码 17-2 浏览教学视频，并根据所学内容，优化模块 19 小住宅施工图纸的出图比例及图框。

(2) 实训目标：通过学习，掌握施工图常用出图比例和图纸布局要点。

(3) 实训要求：能够使用正确的比例及图幅布局图纸，使用制图软件（AutoCAD 或 Revit）进行布图。

模块 18　施工图的排版与优化

18.1　常用建筑材料图例

建筑施工图中应统一常用材料的图例，图例如何绘制与图纸的比例密切相关，同一种材料在不同比例的图纸中，表达方式不一样。对常见的各类墙体材料及结构材料进行对比可以发现，平面图、立面图、剖面图中的材料图例一般较为简化，墙体在平面图中以双线（粗实线）表示，结构（一般是钢筋混凝土）则由黑色填充表示；而在详图中，材料的具体特征则会更加细致地表达出来，见表 18-1。

表 18-1　不同比例下的材料图例

序号	名称		比例	
			1 ∶ 100、1 ∶ 150、1 ∶ 200、1 ∶ 300 的平面图、立面图、剖面图中	1 ∶ 50 以上的详图中
1	常用砌筑墙体材料（一般 200mm 厚，粗实线）	实心砖、多孔砖	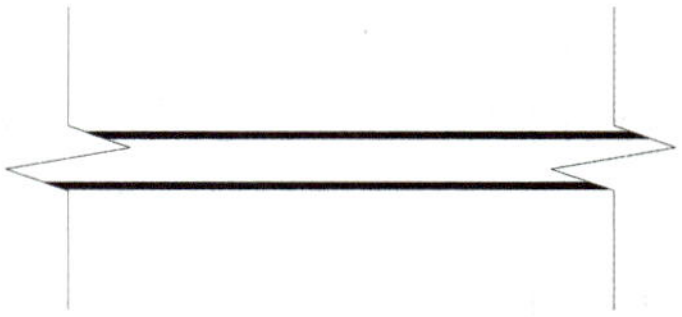	
		耐火砖		
		空心砖、空心砌块		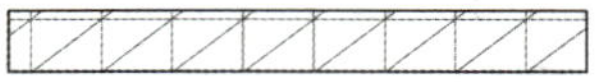
		加气混凝土砌块		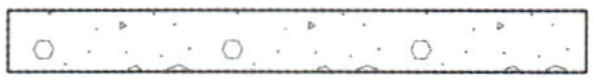
2	钢筋混凝土结构（厚度按结构设计）			
3	玻璃幕墙（一般 200mm 厚，中粗线）		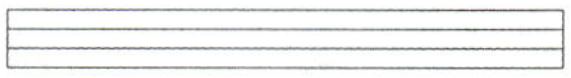	
4	隔断（一般 100mm 厚，细实线）	纤维材料		
		木材		
		胶合板		
		石膏板		
		金属		

注：其余构造、配件图例及常用建筑材料图例，可查阅《建筑制图标准》（GB/T 50104—2010）中的表 3.0.1，以及《房屋建筑制图统一标准》（GB/T 50001—2017）中的表 9.2.1。

18.2 视图排版与优化

在模块 14 ～ 16 中，我们了解了施工图线型、字体、图框的具体设置要求。在模块 17 中，我们也初步认识了单个图样的排版原则——既不过于拥挤，也不过于空旷。在实际的施工图绘制过程中，为达到高效美观的目的，应当遵循以下原则对图纸进行优化。

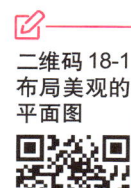

二维码 18-1
布局美观的平面图

（1）视图合理。施工图一般采用 A0、A1 或 A2 号的图幅（或其加长 1/2、1/4 的图幅），具体的图幅要根据图样的大小和内容来选择。施工图中的文字和数字应尽量对齐和分列，以使图纸布局美观，易于阅读，如附图 1-7 所示。

总平面图、平面图每层宜单列一张图纸，剖面图、立面图、同类型的详图等需要在同一张图纸上绘制若干个视图时，宜按图的编号顺序进行布置，如图 18-1 所示。

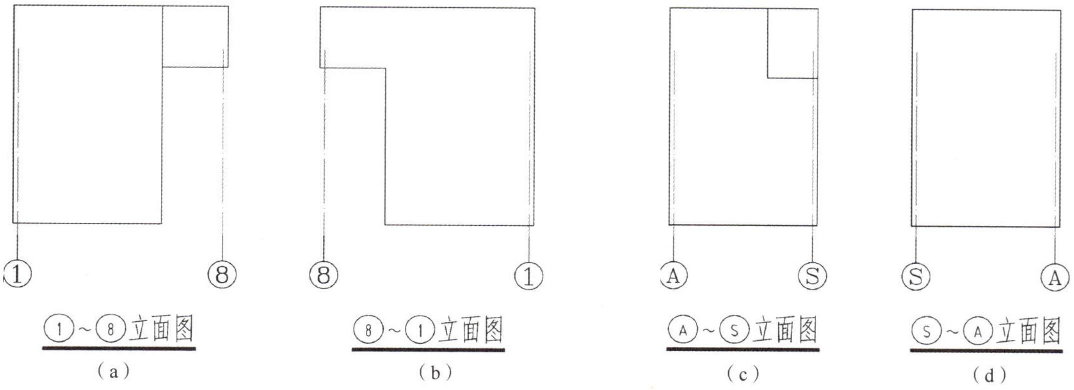

图 18-1 按编号顺序布图

当项目规模较大时，分区绘制的平面图纸还应绘制分区组合示意图，指出该区域图纸在项目中所处的位置，并标注关键轴号，如图 18-2 所示。

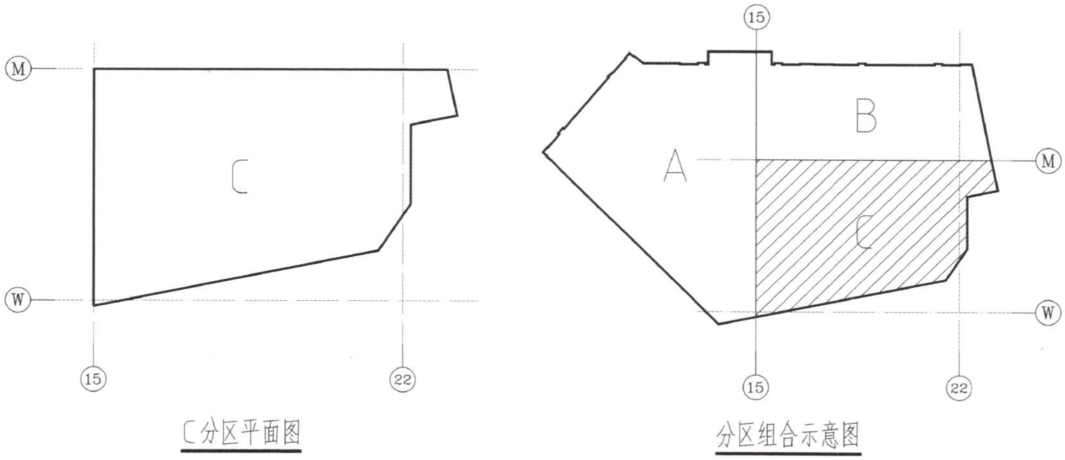

图 18-2 分区绘制建筑平面图

（2）版面结构。工程施工图的版面结构应该合理，各个部分的分布和比例要协调一致，使得施工图整体布局美观清晰。

（3）标注规范。每个视图都应标注图名。各视图的命名主要包含总平面图、平面图、立面图、剖面图以及详图，标注要准确简洁，标注的字体大小应与图框比例一致，同比例的图纸字体大小应统一，同一张图纸上的字体大小不应有过于明显的差距。

课堂拓展

大部分制图软件都可以设置绘图比例，此时绘制的文字、标注等内容即为该比例下的标注格式和高度，试着找一下你所使用软件中的比例设置在哪里？将比例分别设置为1 ：100和1 ：300，并插入轴号、图名、单行文字等内容，对比两种比例下的图形文字尺寸差距。

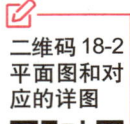

二维码 18-2
平面图和对应的详图

同一种类型且有多个视图的图纸，应按所在位置或起始轴号编号，如各层平面图、各向立面图；剖面图应以剖切部位编号；详图应以在平面图纸中的索引号编号。

（4）剖面图剖视原则。剖面图除画剖切到的部分之外，还需要画沿剖视方向所能看到的部分。剖切到的部分用粗实线（0.7b）绘制，看到的部分用细实线(0.5b)绘制，绘制出的剖面图应有较强的层次感。剖面图应按图 18-3 的方式剖切及命名。

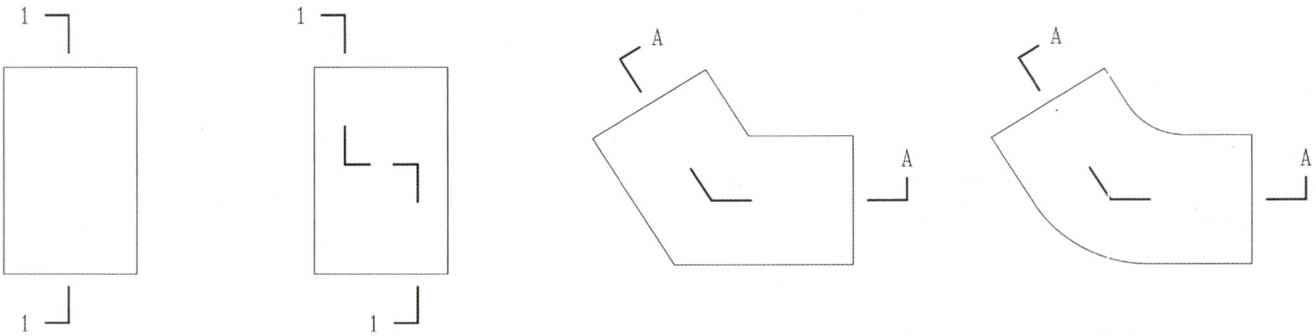

1—1剖面图
（a）

1—1展开剖面图
（b）

A—A展开剖面图
（c）

图 18-3　剖面图剖切及命名

合理的视图排版可以提高施工图的可读性和实用性，减少工程中出错的可能，从而促进工程项目的顺利展开。因此在施工图设计中，需要按照工程制图规范，尽可能地优化视图排版。

小节实训

（1）实训内容：扫描二维码 18-2 浏览示例的某项目二层平面图和节点详图，根据所学知识，回答以下问题。

① 请说出两张图纸中，各自排版布局的要点是什么？

② 在二层平面图上找到送风塔的索引，说明其编号是什么？

③ 在节点详图上，找到送风塔大样，说明其位置在哪里？

（2）实训目标：通过学习，掌握施工图的编号和命名方式。

（3）实训要求：能够正确读取图纸的编号，对应详图和平面图之间的关系，掌握施工图布局优化的具体标准和方法。

18.3 图纸信息的精简

施工图纸应当标注详尽，但并不是标注得越多越好，还必须遵循精简的原则，这其实是两个概念：一个是精，体现了对图纸深度和准确度的满足；另一个就是简，过度注释的图纸也是不可取的，因为这反而会掩盖需要重点表达的信息和尺寸。

图纸信息精简的原则主要有以下几点。

（1）折断绘制。当图幅尺寸已经较大，而相应的详图还是放不下时，可以用折断简化的画法。当沿着较长方向出现同一构件或构件按一定规律变化时，就可以采用该法，用折断线断开省略绘制，该方法也适用于画墙身详图。如果有多个一样的标准层，可以只画出其中一个，并标注所有一样标准层的标高，以精简图纸信息，如图 18-4 中的①、②所示。

二维码 18-3
折断线绘制的剖面图

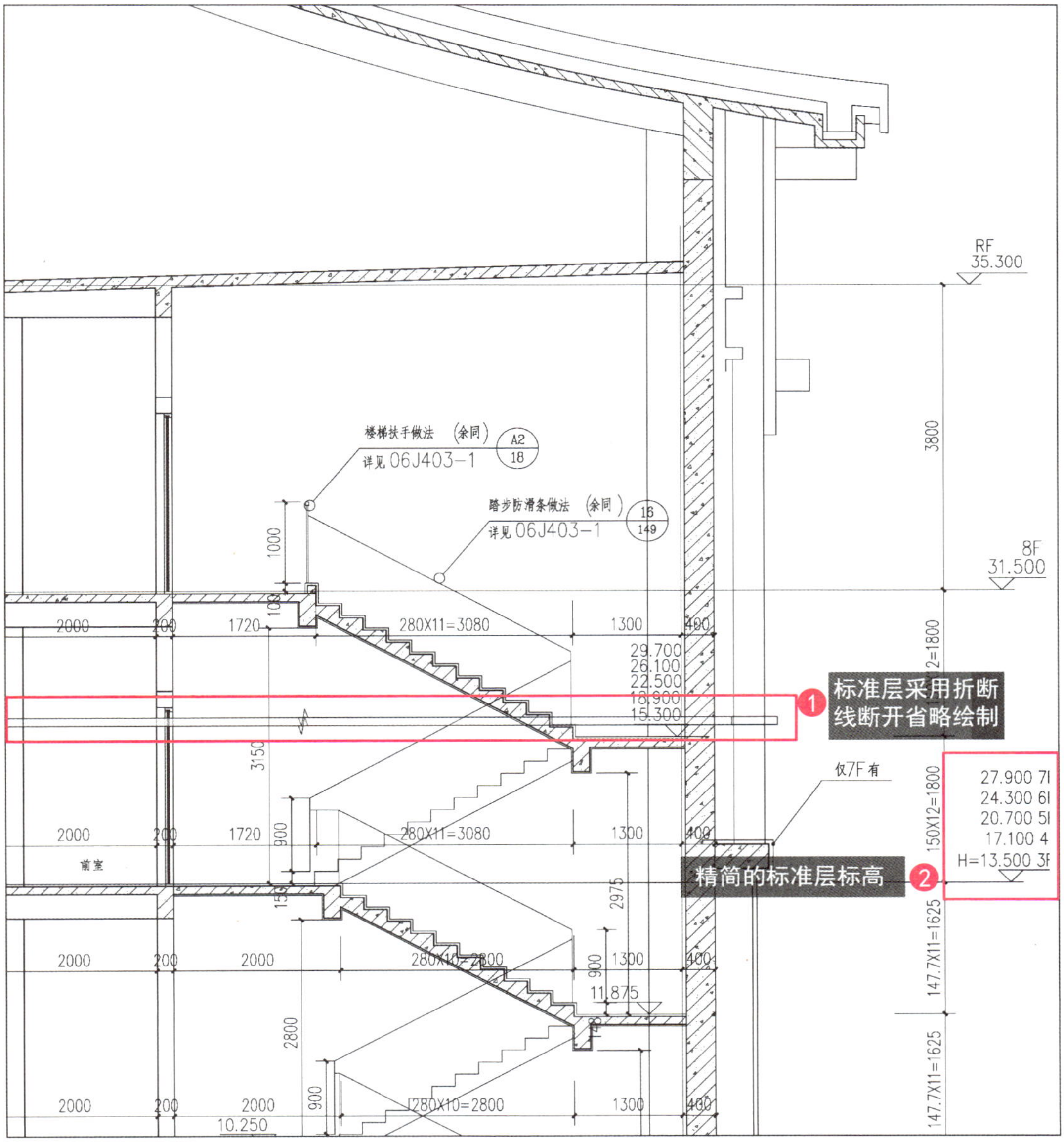

图 18-4 折断绘制的剖面图（局部）

（2）尺寸对齐和就近标注。施工图需要标注三道尺寸线，分别表示总尺寸、轴线定位尺寸和细部尺寸。尺寸线应尽量布置在图形轮廓的外部，不得与文字、符号等标注重叠。标注建筑平面图各部位的细部尺寸时，应注写其与最邻近轴线间的尺寸，不需要和周边所有轴线都发生定位关系，如图 18-5 中的①～③所示。

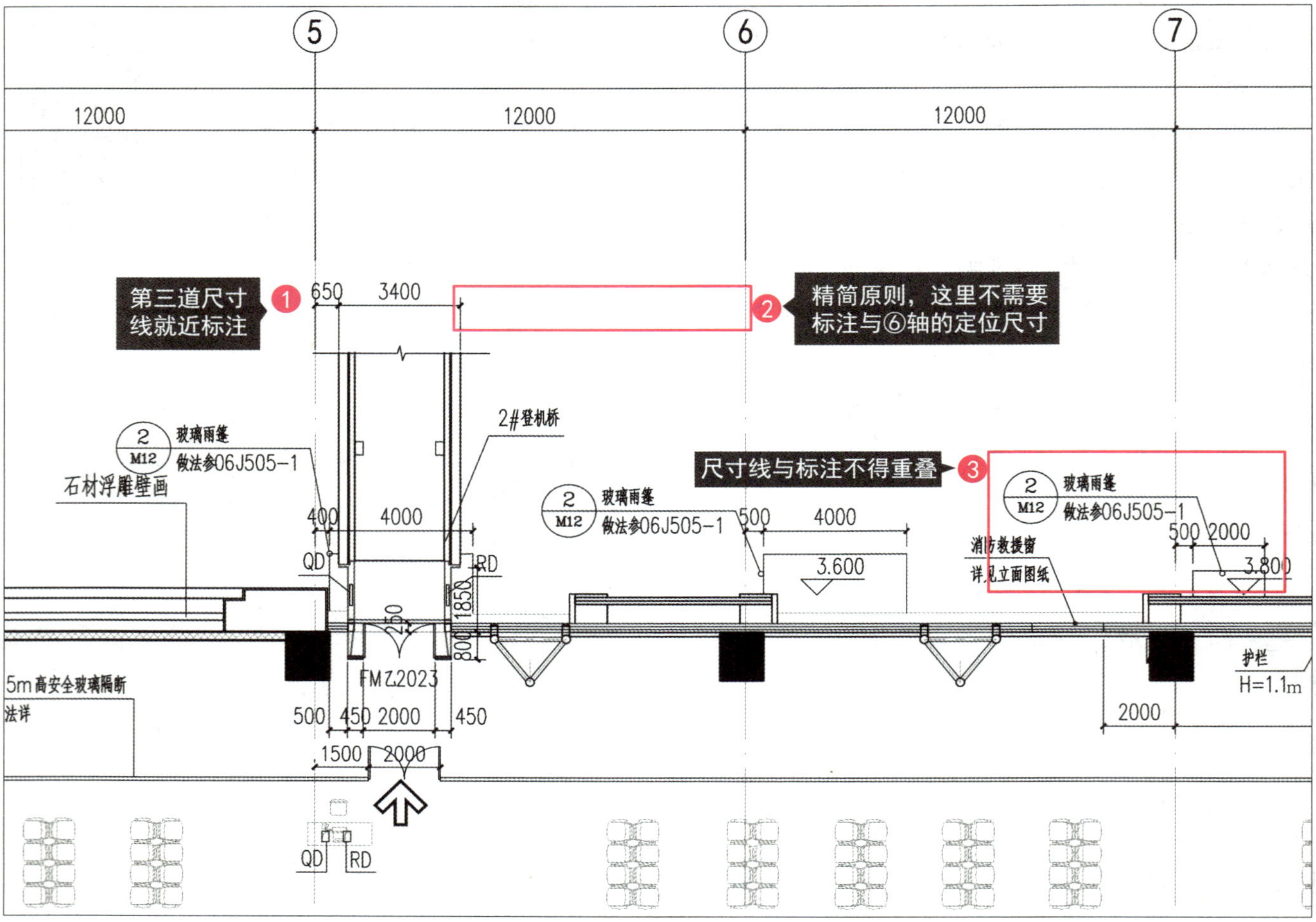

图 18-5　尺寸对齐和就近标注

（3）均分尺寸。设计中重复出现的连续构件，在标明总尺寸的前提下，细部尺寸可以用“n 等分”“nEQ”或“等分尺寸 ×n= 总长”来表示；当均分数值非整数或不便标注时，也可以不写数值而用“均分”或“EQ”来表示，如图 18-6 所示。

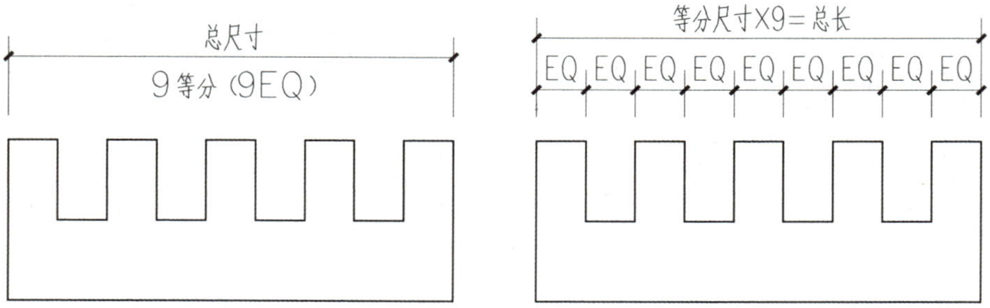

（a）　　（b）

图 18-6　均分尺寸

（4）尺寸错位标注。当尺寸内容标注较多，没有足够的注写位置时，最外边的尺寸标注可标写在外侧，中间相邻的尺寸数字可以上下错开或引出标注，如图 18-7 中的①～③所示。

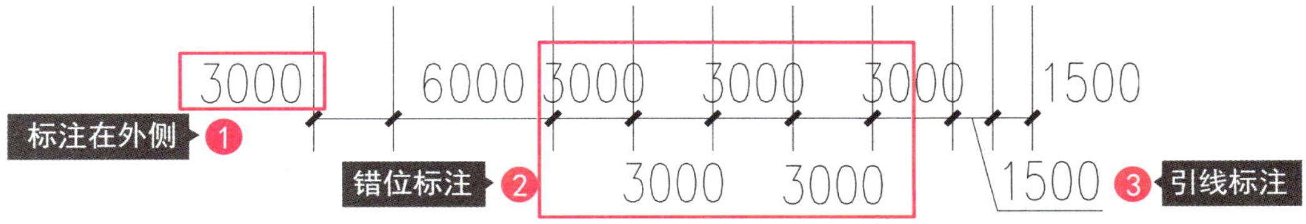

图 18-7　尺寸错位标注

（5）图样的精简。如果有个别尺寸不同，其余各项一致的图样，则可以将不同的尺寸标注在括号内，该不同图样的名称也标注在图名括号内，以减少重复的绘图量，如图 18-8 中的①所示。

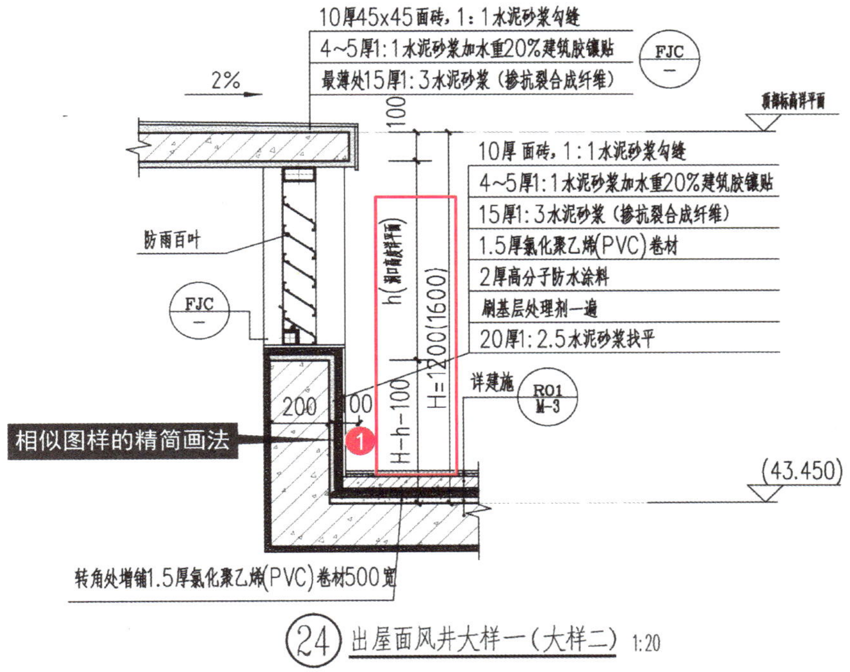

图 18-8　图样的精简

在实际工作中，施工图往往以几十份甚至上百份为单位来出图，施工图纸信息的精确而简明，不仅有利于图纸信息的精准传递，也有利于控制施工图的设计成本，故需要认真对待。

小节实训

（1）实训内容：根据所学知识，精简模块 19 小住宅施工图纸。

（2）实训目标：通过学习，掌握施工图纸信息的精确有效传达方法。

（3）实训要求：能够减少不必要的尺寸和图面标注。

模块 19 建筑施工图设计实训

19.1 实训任务书

1. 教学目的

通过小住宅施工图纸的深化设计，结合理论教学、实践训练及交流评图等环节，学会施工图设计的相关知识，掌握施工图的出图流程及整套建筑施工图的表达方式。

本次设计任务是通过住宅建筑设计，使学生掌握以下知识和技能。

（1）独立住宅（别墅）施工图的设计。

（2）查阅规范、资料的能力。

（3）《建筑设计防火规范（2018 年版）》（GB 50016—2014）、《建筑防火通用规范》（GB 55037—2022）中有关多层住宅建筑部分的规定。

（4）加强建筑设计图面表达，采用计算机辅助设计来表现建筑。

2. 设计内容及要求

1）前置任务

基于所提供的“埔丁村小住宅”方案设计及用地红线图（图 19-1），进行方案及结构优化。

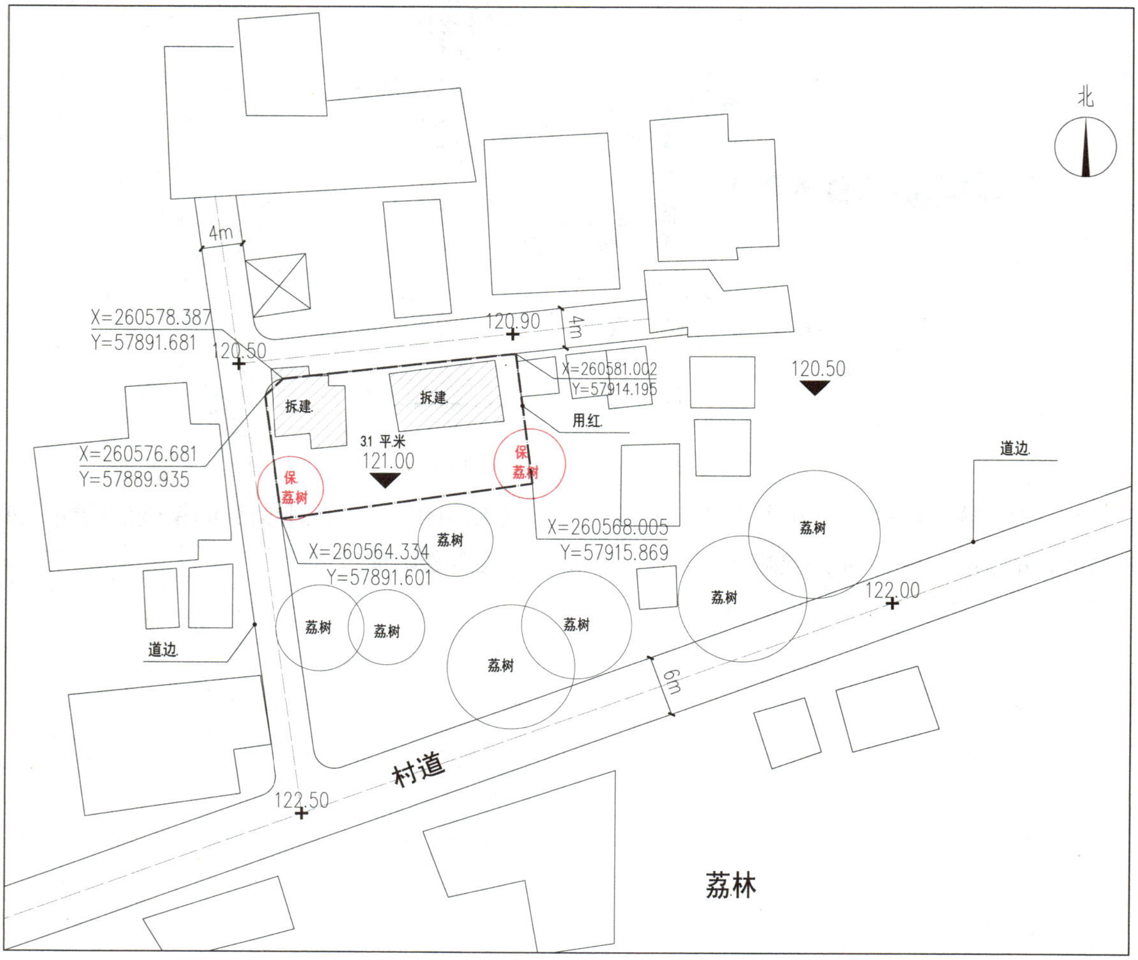

图 19-1 小住宅用地红线图

2）设计任务

基于优化好的“埔丁村小住宅”方案设计，对其进行施工图深化设计。要求绘制软件为 Revit 或 AutoCAD。施工图深化设计应在原方案的基础上，优化原方案设计及结构布置，使建筑物结构清晰，方案能进一步符合功能要求，原方案功能要求见表 19-1。

表 19-1 “埔丁村小住宅”方案功能要求

空间名称	功能要求	面积
起居室	包含会客、家庭起居	自定
休闲室	视使用者个人而定，可以是琴房、红酒屋、卡拉 OK 房、棋牌室、健身房和书房等	自定
主卧 1 间	要求带独立卫生间和步入式衣帽间	自定
次卧 3 间	要求首层至少设置一间带独立卫生间的老人房，宜设置在阳光充足朝向	10~12 ㎡
客卧 1 间	/	9~10 ㎡
餐厅	应与厨房有直接的联系，可与起居空间组合布置，空间相互流通，景观较好	自定
厨房	可设单独出入口，可设早餐台	6~10 ㎡
卫生间（3 间以上）	主卧设置专用卫生间，次卧卫生间可共用，次卧卫生间应设淋浴间或浴缸、坐便器、盥洗盆	自定
储藏室（一处或多处）	供堆放家用杂物或存放日常用品等	自定
洗衣房	设洗衣机、盥洗池，可结合卫生间设置也可分开	4 ㎡
车库	放电动小汽车一辆	能放下一个标准车位及充电桩
院子或露台	视情况设置	自定
备注	设计师可自行设定休闲室功能	

3. 成果及图纸要求

1）最终成果包括且不限于以下内容

（1）图纸封面及目录。

（2）建筑说明、材料与构造说明。

（3）总平面图，比例为 1 ∶ 300，含经济技术指标表。

（4）各层平面图（含屋顶平面图），比例为 1 ∶ 100。要求有三道尺寸线及重点部位细部尺寸线，有门窗编号。

（5）剖面图 2 ～ 3 个，比例为 1 ∶ 100。要求其中一个剖到入口。

（6）各向立面图 4 个，比例为 1 ∶ 100。

（7）厨房、卫生间、楼梯详图比例为 1 ∶ 50。墙身详图比例为 1 ∶ 20。

二维码 19-1 埔丁村小住宅方案图

二维码 19-2 A3 标准图框

（8）门窗详图比例为 1 ： 50。门窗表按实际门窗数量编制，门窗编号和平面图中的编号要一致。

2）图纸要求

（1）施工图绘制在标准 A3 号图幅上，注意排版合理紧凑，图纸张数不限。

（2）按制图标准采用计算机辅助绘图，要求成果含电子格式文件。

4. 参考书目（粗体书目重点研读）

（1）《建筑设计资料集》（第三版）（中国建筑工业出版社出版）。

（2）《建筑设计防火规范（2018 年版）》（GB 50016—2014）、《建筑防火通用规范》（GB 55037—2022）（两本规范同时使用）。

（3）《无障碍设计规范》（GB 50763—2012）。

（4）《住宅设计规范》（GB 50096—2011）。

（5）《房屋建筑制图统一标准》（GB/T 50001—2017）。

（6）《建筑制图标准》（GB/T 50104—2010）。

（7）《总图制图标准》（GB/T 50103—2010）。

（8）《民用建筑工程总平面初步设计、施工图设计深度图样》（24J804）。

（9）《民用建筑工程建筑施工图设计深度图样》（09J801）。

（10）《住宅建筑构造》（11J930）。

（11）《建筑工程设计文件编制深度规定（2016 版）》。

19.2 实训计划表

二维码 19-3
小住宅用地红线图

二维码 19-4
《民用建筑工程建筑施工图设计深度图样》

（1）优化建筑及结构方案设计，1 周。时间为第 1 周。

（2）施工图总平面图、平面图、立面图、剖面图绘制，4 周。时间为第 2 ～ 5 周。成果包括总平面图（1 ： 300）、各层平面图（含屋顶平面图，1 ： 100）、各向立面图（1 ： 100）、剖面图（1 ： 100）。

（3）施工图详图绘制，2 周。时间为第 6 ～ 7 周。成果包括厨房、卫生间、楼梯、门窗详图（1 ： 50），墙身详图（1 ： 20）。

（4）建筑说明、材料与构造说明及布图，1 周。时间为第 8 周。

（5）交图时间（分阶段收图）。

总平面图、平面图、立面图、剖面图交图时间：第 6 周星期一下午 5 点前。

最终交图时间：第 9 周星期一下午 5 点前。

拓展讨论一

(1) 内容引导：仔细研读模块 19 中 19.1 实训任务书所列参考书目。

(2) 展开研讨：所列参考书目中，哪些属于国标规范？

(3) 素质落脚点：科学精神、科学素养。

拓展讨论二

(1) 内容引导：翻阅《民用建筑工程建筑施工图设计深度图样》(09J801)，仔细阅读其目录内容。

(2) 展开研讨：尝试找到某工程 3 号楼梯详图 (一)、(二) 的示范图样，归纳施工图中楼梯详图需要画哪些图纸？线型和填充的设置是怎样的？剖面图上有哪些需要特别注意的要点内容？

(3) 素质落脚点：努力学习、自主学习。

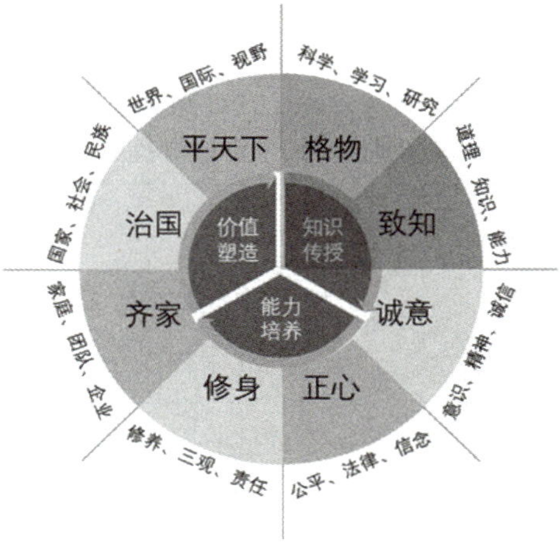

19.3 实训评分标准

1）优秀（90 ～ 100 分）

（1）对施工图有正确的理解，能读懂提供的图纸。

（2）施工图纸表达准确、清晰。

（3）施工图纸图面整洁、精简。

2）良好（80 ～ 89 分）

（1）对施工图有一定的理解，基本能读懂图纸。

（2）施工图纸表达基本准确，较为清晰。

（3）施工图纸图面整洁。

3）中等（70 ～ 79 分）

（1）对施工图部分理解不准确，有理解错误的地方。

（2）施工图纸表达有明显错误，影响可读性，表达不够清晰。

（3）施工图纸图面不够整洁、精简。

4）及格（60 ～ 69 分）

（1）对施工图大部分不理解。

（2）施工图纸错误较多，表达不清，识读困难。

（3）施工图纸图面混乱，注释尺寸格式不一致。

5）不及格（60 分以下）

（1）未在规定时间内提交设计图纸。

（2）设计成果未满足任务要求，或与设计任务目标偏差较大；存在抄袭或复制等违规情况。

AI 伴学内容及提示词

AI 伴学工具		生成式人工智能（AI）工具，如 DeepSeek、Kimi、豆包、通义千问、文心一言、ChatGPT 等	
序号	AI 伴学内容（部分）	AI 伴学内容（模块）	AI 提问词
1	第一部分 施工图设计的基本知识及过程控制	模块 1	什么是施工图？它包含哪些组成部分？
2			施工图在工程项目建设流程中处于哪个阶段？
3			建筑施工图文件内容编排顺序是怎样的？
4		模块 2	建筑施工图设计中常用的规范：国家标准、行业标准、地方标准有什么区别？
5			建筑施工图图集、国家建筑标准设计图集有何区别？
6			建筑施工图规范与图集的主要区别是什么？
7		模块 3	各专业互提设计条件是什么意思？
8			建筑专业需要向结构 / 给排水 / 电气 / 暖通专业分别提资哪些内容？
9			建筑施工图绘制前需要做哪些准备工作？（确定绘图内容、标准）
10			建筑施工图图纸目录常用的格式是什么？
11			建筑专业常用的平面图、立面图、剖面图、详图比例有哪些？
12		模块 4	施工图设计管理的主要意义是什么？
13			Revit 、AutoCAD 、BIM 分别是什么意思？
14			Revit (BIM) 和 AutoCAD 在施工图设计中各有什么特点和主要区别是什么？
15			施工图设计完成后，送外审前有哪些内部审核阶段？
16			施工图审查的主要流程和作用是什么？
17			图纸交底的目的是什么？通常包含哪些步骤？
18			工程样板、工程设计变更是什么意思？分别有何作用？
19			施工项目中常见的专项验收有哪些？人防验收、消防验收、竣工验收的主要区别和顺序是什么？
20			竣工图的绘制必须满足哪些要求？
21		模块 5	施工图封面必须包含哪些信息？
22			建筑施工图目录的编制顺序是什么？图号编制的规则是什么？
23		模块 6	建筑构造用料做法表和装修做法表分别表达什么内容？

续表

AI 伴学工具	生成式人工智能（AI）工具，如 DeepSeek、Kimi、豆包、通义千问、文心一言、ChatGPT 等		
序号	AI 伴学内容（部分）	AI 伴学内容（模块）	AI 提问词
24	第二部分 精细化的建筑专业施工图设计	模块 7	施工图总平面设计与绿化布置、结构专业、设备专业之间存在哪些重要关系？
25			总平面（定位）图需要表达哪些具体内容？（地形、红线、建筑、道路、标高等）
26			新建建筑物在总平面图中如何定位和标注？
27			竖向布置图需要表达哪些具体内容？（标高、坡度、场地关系等）
28			什么是绝对标高？什么是相对标高？总平面图中的设计标高是什么标高？
29			管线综合图的作用是什么？通常包含哪些内容？
30			绿化布置图与总平面图进行协调时，需要特别注意哪些规范要求？（如消防车道、登高操作场地、管线避让）
31			土方平衡图的作用是什么？
32		模块 8	平面图的主要作用是什么？它与其他图纸（立面图、剖面图、详图）的关系是怎样的？
33			平面图中的轴线和轴号如何设置和标注？柱网是什么？
34			平面图中通常需要标注哪三道尺寸线？标高如何标注？建筑标高与结构标高的区别是什么，分别用在哪里？
35			门窗的定位尺寸标注有哪些通用规则？哪些情况下可以简化标注？
36			楼梯、电梯、扶梯在平面图中主要标注哪些内容？（编号、定位、详图索引）
37			室外台阶、室外坡道、阳台、露台、栏杆在平面图中需要表达哪些信息？（尺寸、标高、材质、详图索引等）
38			首层平面图相比其他楼层平面图，需要额外表达哪些内容？（毗邻建筑的周边环境、指北针、剖切符号等）
39		模块 9	立面图绘制的目的和要求是什么？
40			施工图立面图尺寸标注和标高有何要求？
41		模块 10	剖面图绘制的目的和要求是什么？
42		模块 11	建筑详图主要包含哪些类型？
43		模块 12	建筑施工图中通常包含哪几种计算书？表达方式如何？
44		模块 13	建筑施工现场配合主要涉及哪些方面？
45	第三部分 建筑施工图实训	模块 14	建筑施工图中线宽和线型样式设置有哪些要求？
46		模块 15	建筑施工图中字体设置有哪些要求？
47		模块 16	图框的作用是什么？标准图框的尺寸有哪些？
48			图框需要标注哪些内容？
49		模块 17	什么是出图比例？图纸布局主要考虑哪些因素？
50		模块 18	施工图排版与优化包含哪些方面？（图例、视图排版、图纸精简）

参 考 文 献

石峥嵘，2022.《建筑设计防火规范》图示及应用 [M]. 北京：中国水利水电出版社 .

沈源，2014. 建筑设计管理方法与实践 [M]. 北京：中国建筑工业出版社 .

附　录

附录 1 为正文配套用图，方便学生对照正文内容进行学习，增加知识掌握度。

附录 2 为施工图常见错误汇总表，希望以工作手册的形式，使学生在绘制施工图的过程中避免犯一些常见的错误。

附录 3 为某项目建筑施工图图纸，学生可在学习的过程中多参考和学习成熟的施工图纸绘制方法，清楚了解比较完善的施工图呈现出来的效果。

附录 1

正文配套用图

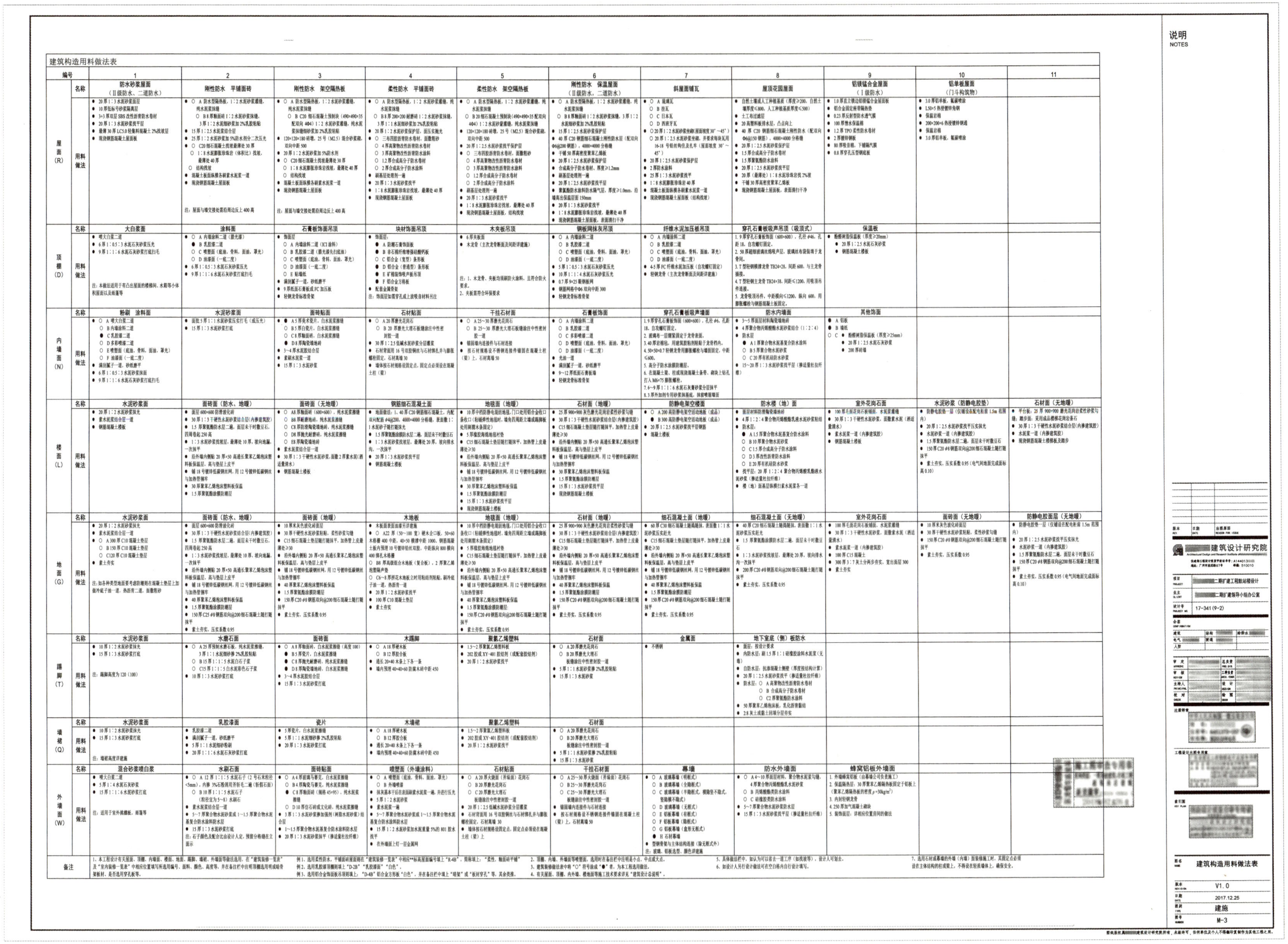

附图 1-1 建筑构造用料做法表

室内装修表

部位		房间名称	顶棚			内墙面			楼（地）面			踢脚（墙裙）			窗台板
			编号	面料	颜色	编号	面料	颜色	编号	面料	颜色	编号	面料	编号	面料
地上部分	一层（含设备中心）	离港大厅 进港大厅 远机位候机大厅 旅客行李提取大厅 值机柜台 小件寄存、问讯台 自助值机 旅客通道 （有地暖）	D4C	铝合金条形板	白色	N5 N9A N1C	磨光花岗石 位置：柱面 铝单板 乳胶漆		G6	磨光花岗石（规格900×900） 安检通道区域在花岗石基础上铺设硬木企口木地板	浅灰	T7	120高拉丝不锈钢踢脚（铝板墙面下设）		花岗石
		贵宾室（有地暖）	D4B	硅酸钙板吊顶	白色	N5 N9B	局部大理石 墙纸		G5	地毯		T4A	木踢脚	待定	花岗石
		贵宾门厅 贵宾走道 员工门禁通道 （有地暖）	D4B	硅酸钙板吊顶	白色	N5 N9B	局部大理石 墙纸		G6	磨光花岗石（规格900×900）	浅灰				花岗石
		公安执勤 机场运行值班室 调度指挥中心 医务、急救 （有地暖）	D4E	矿棉板吊顶	白色	N1	乳胶漆	白色	G3	面砖面（规格800×800）	浅灰	T3D	陶瓷墙地砖	待定	花岗石
		安检监控、特检室 广播室、广播值班 值机室、制作间 行李间、行李查询 寄存间、更衣室 机房管理用房	D4E	矿棉板吊顶	白色	N1	乳胶漆	白色	G10	面砖面（规格600×600）	浅灰	T3D	陶瓷墙地砖	待定	
		出发行李分拣厅 到达行李分拣厅 （有地暖）	D2B	乳胶漆	白色	N1	乳胶漆	白色	G7	细石混凝土面	浅灰	T1	水泥砂浆	原色	花岗石
		行李皮带通道	D1	大白浆面	白色	N1	乳胶漆	白色	G8	细石混凝土面	浅灰				
		机坪管理用房及走道 飞行区管理用房及走道 （有地暖）	D4E	矿棉板吊顶	白色	N1	乳胶漆	白色	G3	面砖面（规格600×600）	浅灰	T3D	陶瓷墙地砖	待定	花岗石
		卫生间 清洁间、盥洗室 卫生间前过道 贵宾卫生间 员工卫生间 （有地暖）	D4B	硅酸钙板吊顶	白色	N8A	防滑陶瓷墙地砖（规格600×300）（公共卫生间前过道墙面使用铝单板）	待定	G2	防滑面砖面（规格600×600）	浅灰				花岗石
		空调机房 控制室	D1	大白浆面	白色	N7	穿孔石膏板吸声墙面	白色	G8	细石混凝土面	浅灰	T1	水泥砂浆	原色	
		消防安防控制中心 弱电中心机房 UPS间	D4F	铝合金方格板（规格600×600）	白色	N1	乳胶漆	白色	G11	防静电胶面层	浅灰	T4B	木踢脚	待定	花岗石
	二层	候机厅 餐饮区 登机走廊 （有地暖）	D4C	铝合金条形板	白色	N9A N1C	铝单板 乳胶漆		L6	磨光花岗石（规格900×900）	浅灰	T7	120高拉丝不锈钢踢脚（铝板墙面下设）		花岗石
		头等舱候机室 CIP贵宾室 母婴候机室 （有地暖）	D4B	硅酸钙板吊顶	白色	N9B	墙纸面层		L6	磨光花岗石（规格900×900）	浅灰	T7	120高拉丝不锈钢踢脚（铝板墙面下设）		花岗石
		贵宾候机室 （有地暖）	D4B	硅酸钙板吊顶	白色	N5 N9B	局部大理石 墙纸		L5	地毯		T4A	木踢脚	待定	花岗石
		贵宾安检通道	D4B	硅酸钙板吊顶	白色	N5	局部大理石		L6	磨光花岗石（规格900×900）	浅灰				
		贵宾走道 （有地暖）	D4B	硅酸钙板吊顶	白色	N5	局部大理石		L6	磨光花岗石（规格900×900）	浅灰				

室内装修表

部位		房间名称	顶棚			内墙面			楼（地）面			踢脚（墙裙）			窗台板
			编号	面料	颜色	编号	面料	颜色	编号	面料	颜色	编号	面料	编号	面料
地上部分	二层	服务室 安检室 制作间 准备间 武警执勤 （有地暖）	D4E	矿棉板吊顶	白色	N1	乳胶漆	白色	L6	磨光花岗石（规格900×900）	浅灰	T3D	陶瓷墙地砖	待定	花岗石
		卫生间 盥洗室 母婴候机室卫生间 卫生间前过道 贵宾卫生间 员工卫生间 （有地暖）	D4F	铝合金方格板	白色	N8A	防滑陶瓷墙地砖（规格600×300）（公共卫生间前过道墙面使用铝单板）	浅灰	L2	防滑面砖面（规格600×600）	浅灰				花岗石
		空调机房	D8	穿孔石膏板吸声吊顶	白色	N7	穿孔石膏板吸声墙面	白色	L4	细石混凝土面	浅灰	T1	水泥砂浆	原色	
		商业 （毛坯、有地暖）	D1	大白浆面	白色	N2	水泥砂浆	原色	G3	面砖面（规格800×800）	浅灰				
地下一层		空调机房、排（送）风机房、制冷主机房	D8	穿孔石膏板吸声吊顶	白色	N7	穿孔石膏板吸声墙面	白色	L1	水泥砂浆	原色	T1	水泥砂浆	原色	
		稳压泵房及水处理间 空调机房配电控制室、电缆进线间	D2B	乳胶漆	白色	N1C	乳胶漆	白色	L1	水泥砂浆	原色	T1	水泥砂浆	原色	
		综合管沟、进风井、排风井	N2	水泥砂浆	原色	N2	水泥砂浆	原色	L1	水泥砂浆	原色	T1	水泥砂浆	原色	
		设备中心走廊	D2B	乳胶漆	白色	N1C	乳胶漆	白色	L3C	防滑面砖面	原色	T1	水泥砂浆	原色	
		高压配电室、低压配电室、变压器室 发电机房	D2B	乳胶漆（直接刷二道乳胶漆，不打底）	白色	N1C	乳胶漆	白色	L10	水泥砂浆（防静电胶）	原色	T1	水泥砂浆	原色	
公共部分		楼梯间	D2B	乳胶漆	白色	N1C	乳胶漆	白色	L11	石材面层	浅灰	T3D	陶瓷墙地砖	待定	花岗石
		强、弱电间	D2B	乳胶漆	白色	N1C	乳胶漆	白色	L1	水泥砂浆	原色	T1	水泥砂浆	原色	
备注															

屋面做法及外装修表

部位	屋面		部位	外墙面			备注
	编号	简称		编号	简称	颜色	
主楼、指廊主体屋面	R9	铝镁锰合金屋面（I级）	航站楼各向立面	W7A	框式玻璃幕墙	待定	1．航站楼外装修做法另详幕墙施工图。 2．航站楼柱子室外部分按外墙做法，室内部分按室内归属区域的装修做法。
标高：3.500屋面平台（入口门斗）	R10	铝板轻钢屋面（II级）	航站楼各向立面	W7H	石材幕墙	待定	
标高：11.700屋面平台 标高：12.000屋面平台 （二层夹层屋面、首层夹层屋面）	R1	防水砂浆屋面（II级）					

说明
NOTES

版本 REV. | 日期 DATE | 出图原因 REASON FOR ISSUE

[redacted]建筑设计研究院
Architectural Design and Research Institute of [redacted]

项目 PROJECT：[redacted]二期扩建工程航站楼设计
业主 CLIENT：[redacted]二期扩建领导小组办公室
设计号 PROJECT NO.：17-341（9-2）

会签 CONFIRMATION：建筑 | 结构 [redacted] | 给排水 [redacted] | 电气 [redacted] | 暖通 [redacted] | 人防

审定 APPROVE | 总负责 PRO. DIR. | 审核 REVIEW | 工种负责 ARCH./ENGR. | 主持人 PRINCIPAL | 设计 DESIGN | 校对 CHECK | 绘图 DRAW

注册师章

工程设计出图专用章

索引图 KEY PLAN

图名 NAME：室内装修选用表
版本 REVISION：V1.0
日期 DATE：2017.12.25
图别 TYPE：建施
图号 NUMBER：M-4

附图 1-2 装修做法表

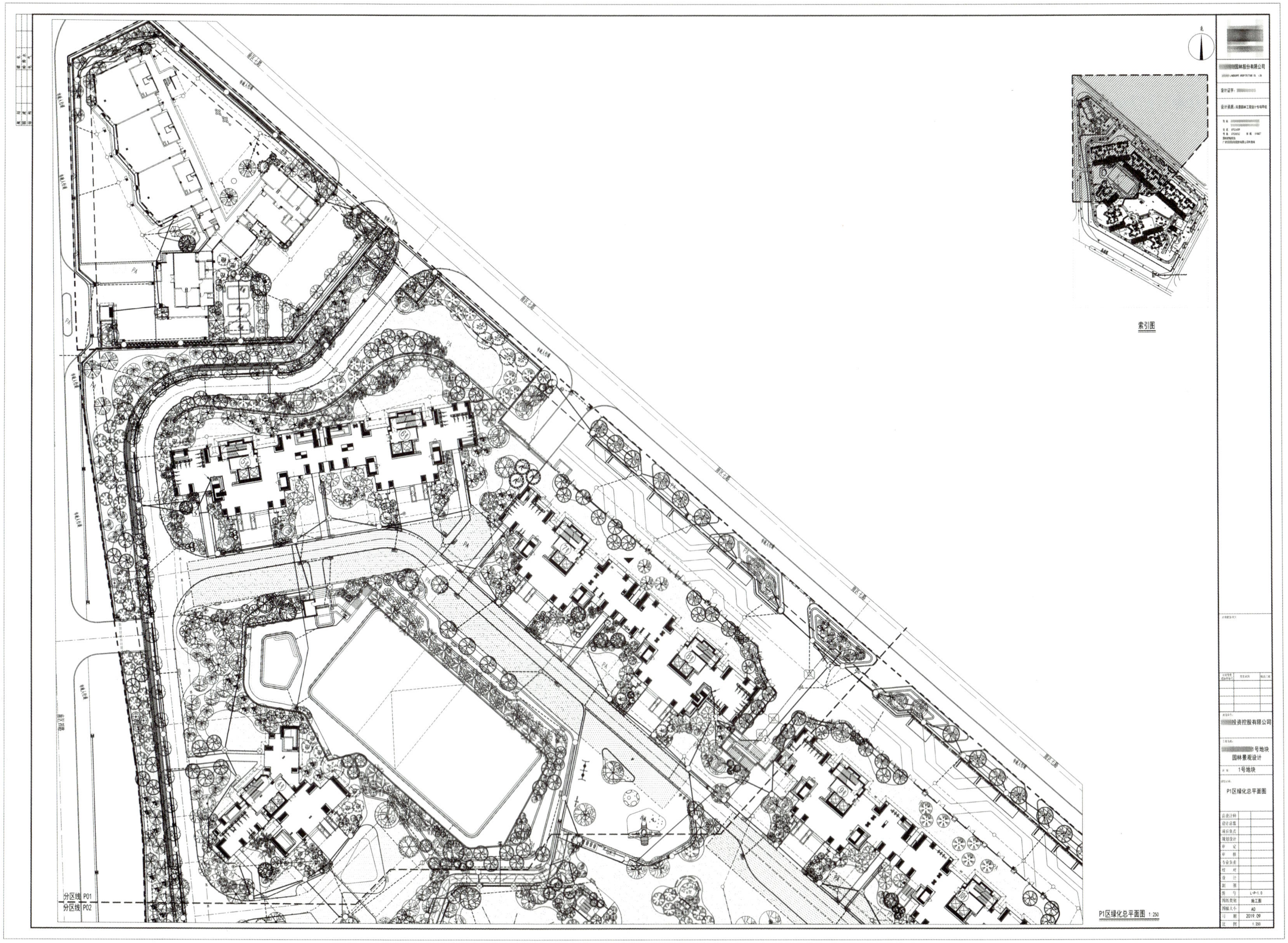

附图 1-3　完整的施工图总平面设计与绿化布置的关系

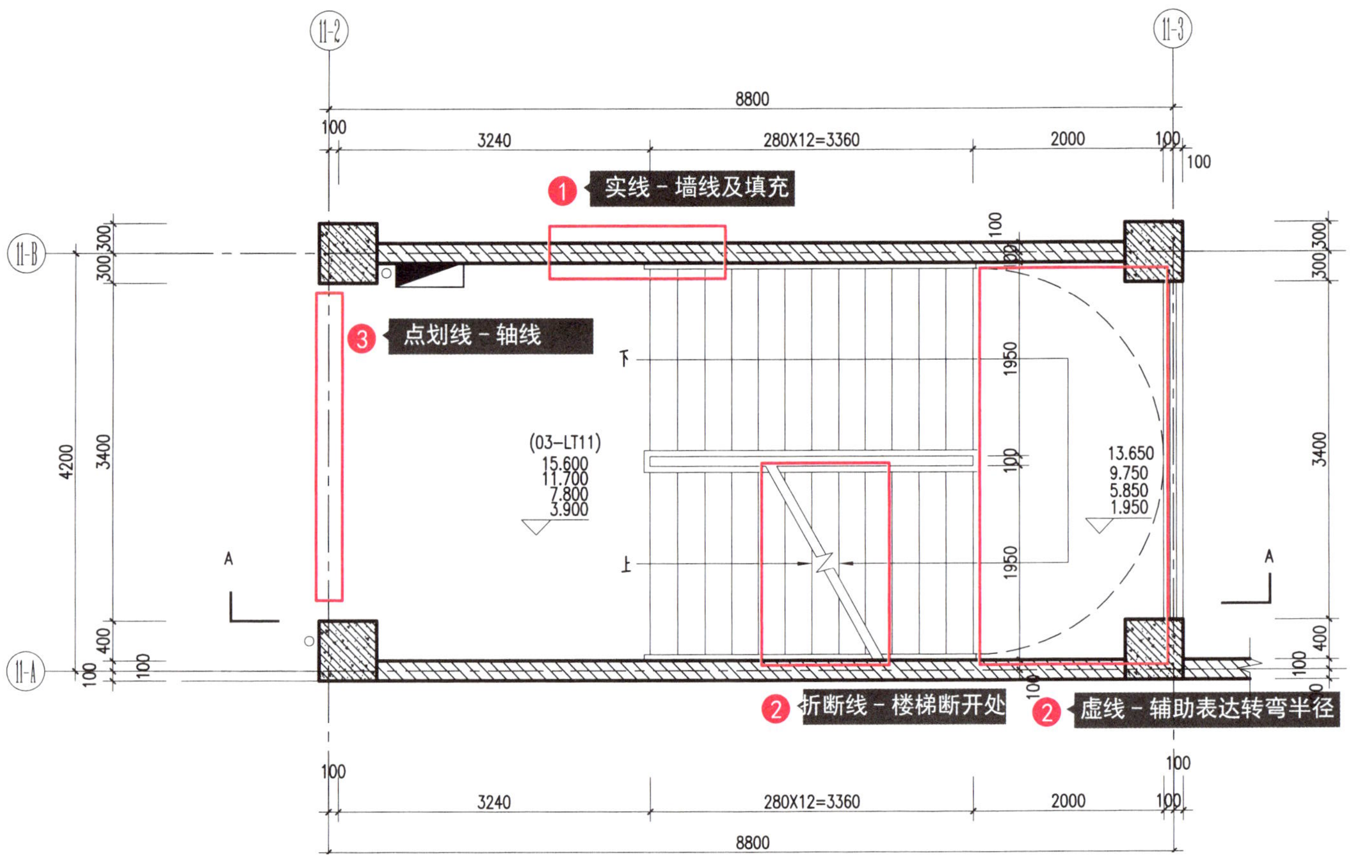

附图 1-6　楼梯平面详图线型设置

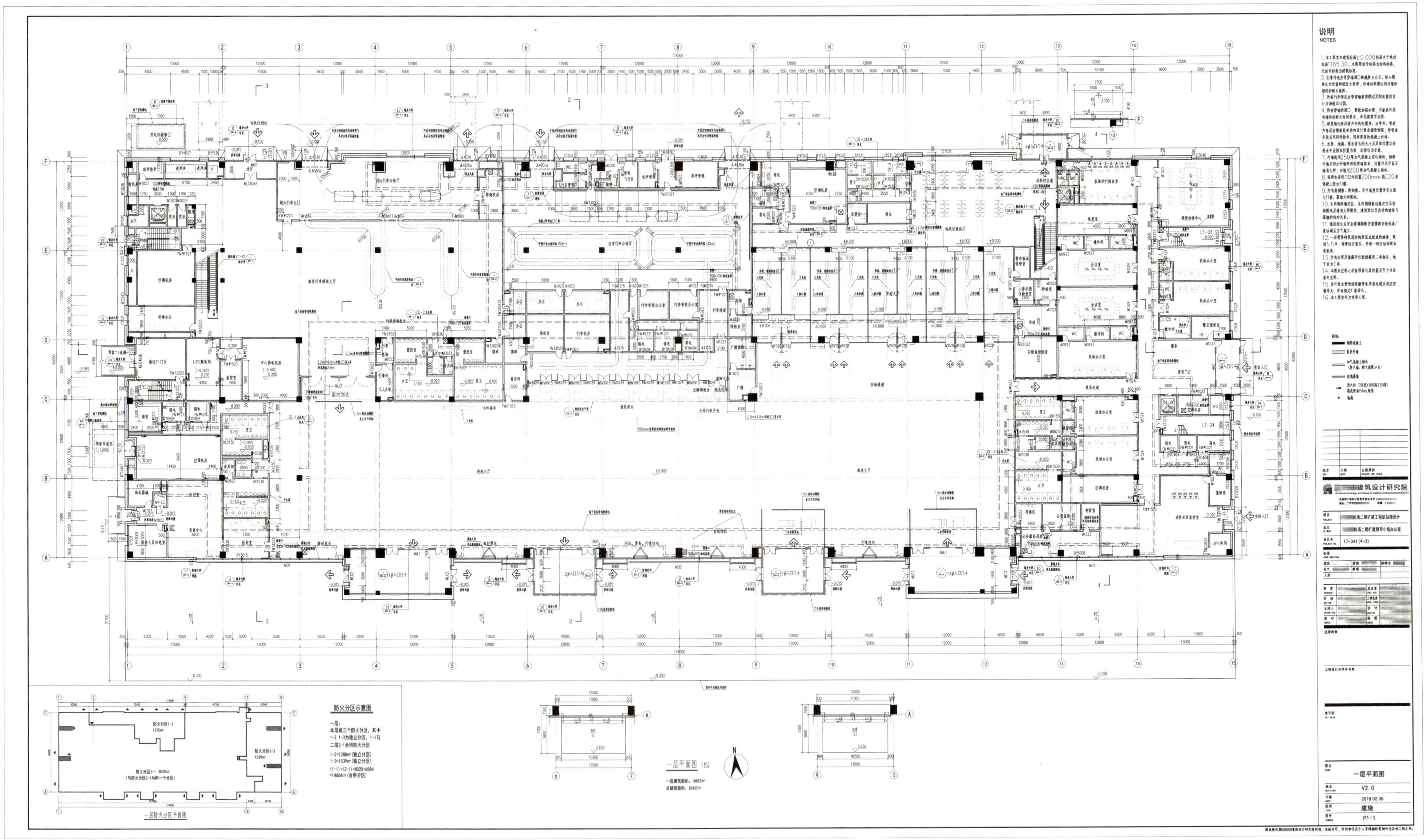

附图 1-7　布局美观的平面图

附录 2
施工图常见错误汇总表

附表 2-1　施工图常见错误汇总表

序号	错误描述	正确表达
1	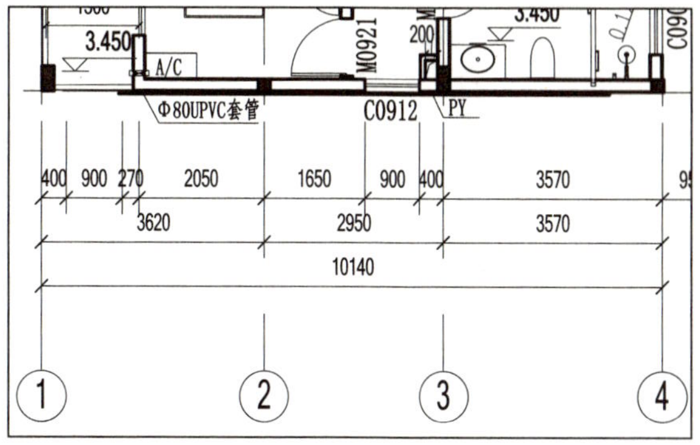	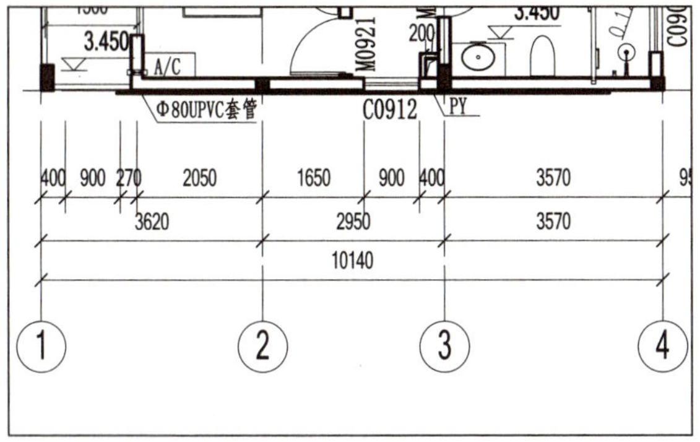
	轴号距离尺寸线太远或太近	轴号与尺寸线的间距，宜为 7 ～ 10mm，并保持一致
2	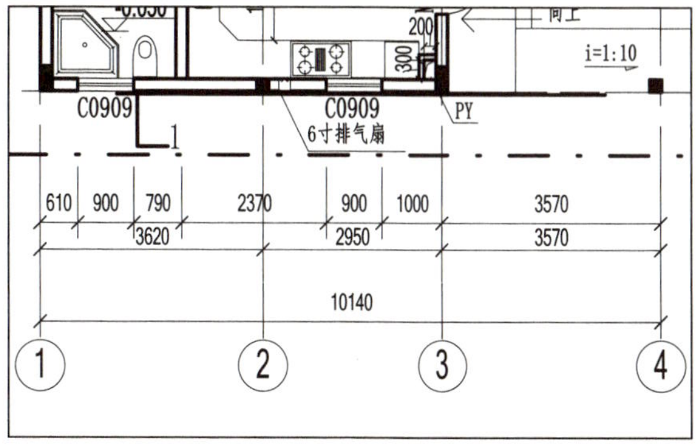	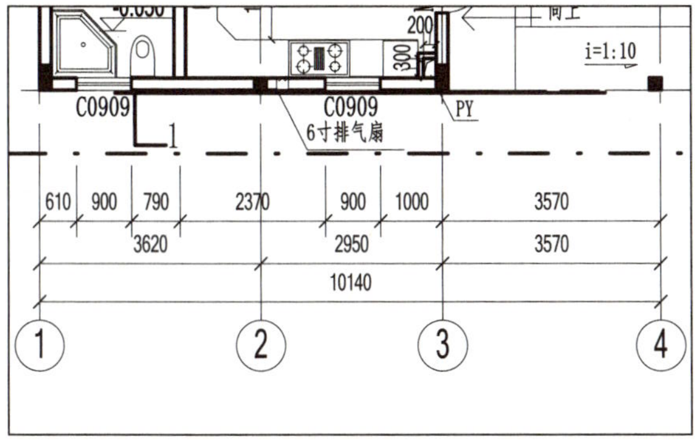
	尺寸线之间的距离不一样，不均匀	尺寸线的间距，宜为 7 ～ 10mm，并应保持一致
3	**南立面图1:100**	Ⓔ-Ⓐ**轴立面图** 1:100
	图名字体不规范，比例标注字高和图名字高一样	基准线应取平图名，不能画到比例下面；比例标注字高为图名字高的 0.7

附表 2-1 施工图常见错误汇总表（续）

<table>
<tr><th>序号</th><th>错误描述</th><th>正确表达</th></tr>
<tr><td rowspan="2">4</td><td>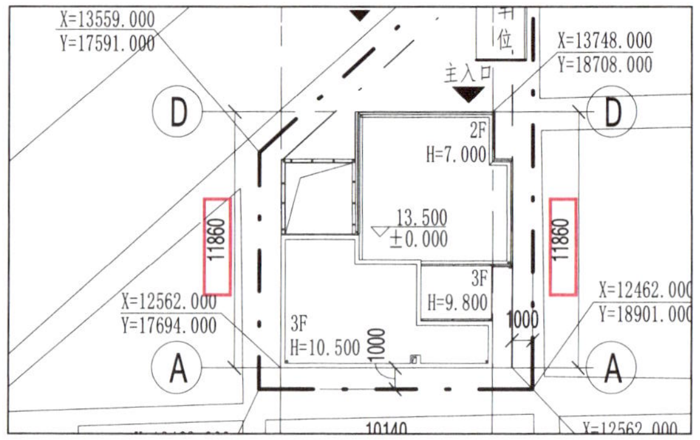
</td><td>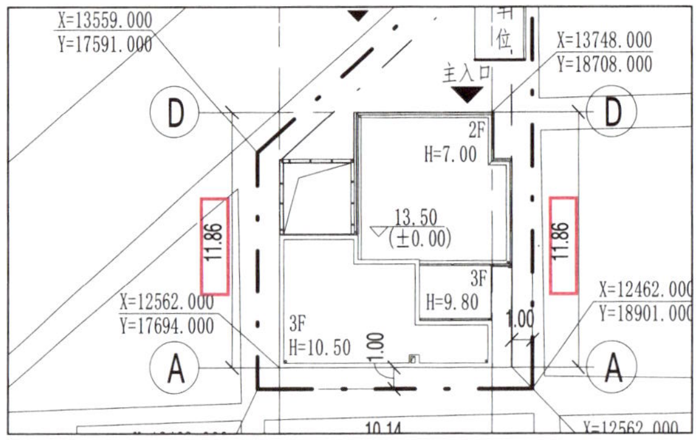
</td></tr>
<tr><td>总平面图单位错误</td><td>总平面图中的标注尺寸应以米为单位，且除坐标外只保留 2 位小数</td></tr>
<tr><td rowspan="2">5</td><td>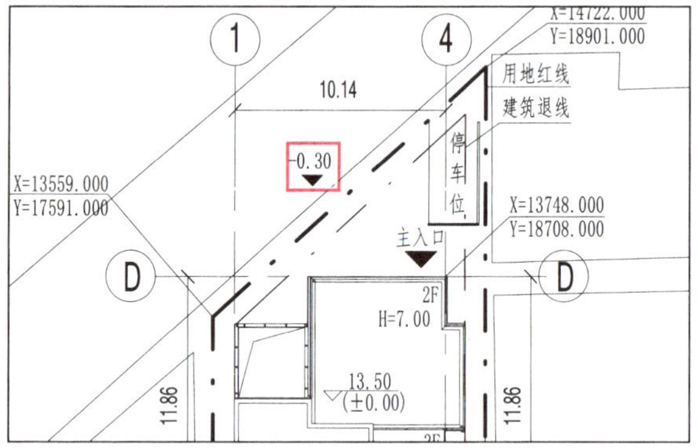
</td><td>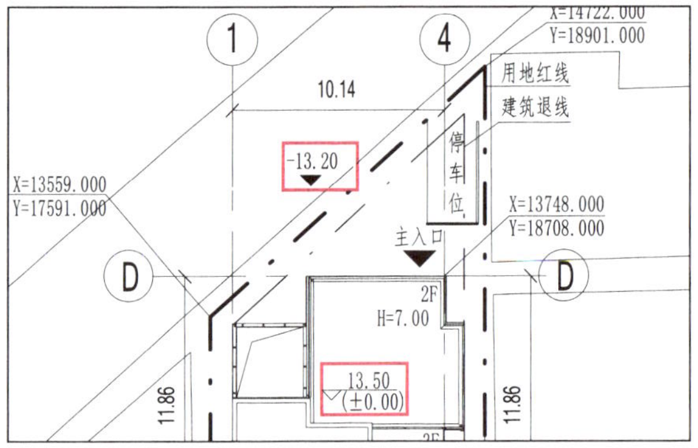
</td></tr>
<tr><td>总平面图中绝对标高与相对标高混淆</td><td>建筑 ±0.00 对应绝对标高 13.50，室外比室内低 0.30，绝对标高应为 13.20</td></tr>
<tr><td rowspan="2">6</td><td>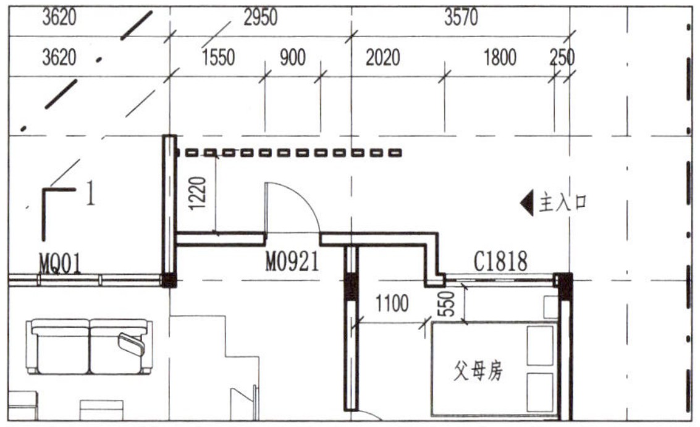
</td><td>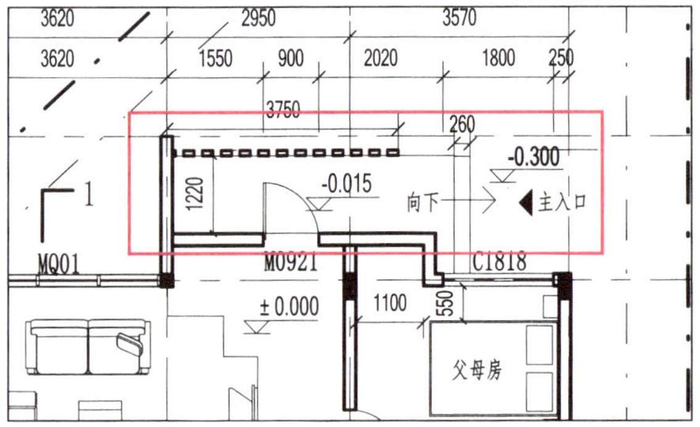
</td></tr>
<tr><td>首层未标注主要出入口、室内外地面标高，没有台阶处理室内外高差</td><td>首层需标注主要出入口、室内外地面标高，用台阶或坡道处理室内外高差，并标注上下方向</td></tr>
</table>

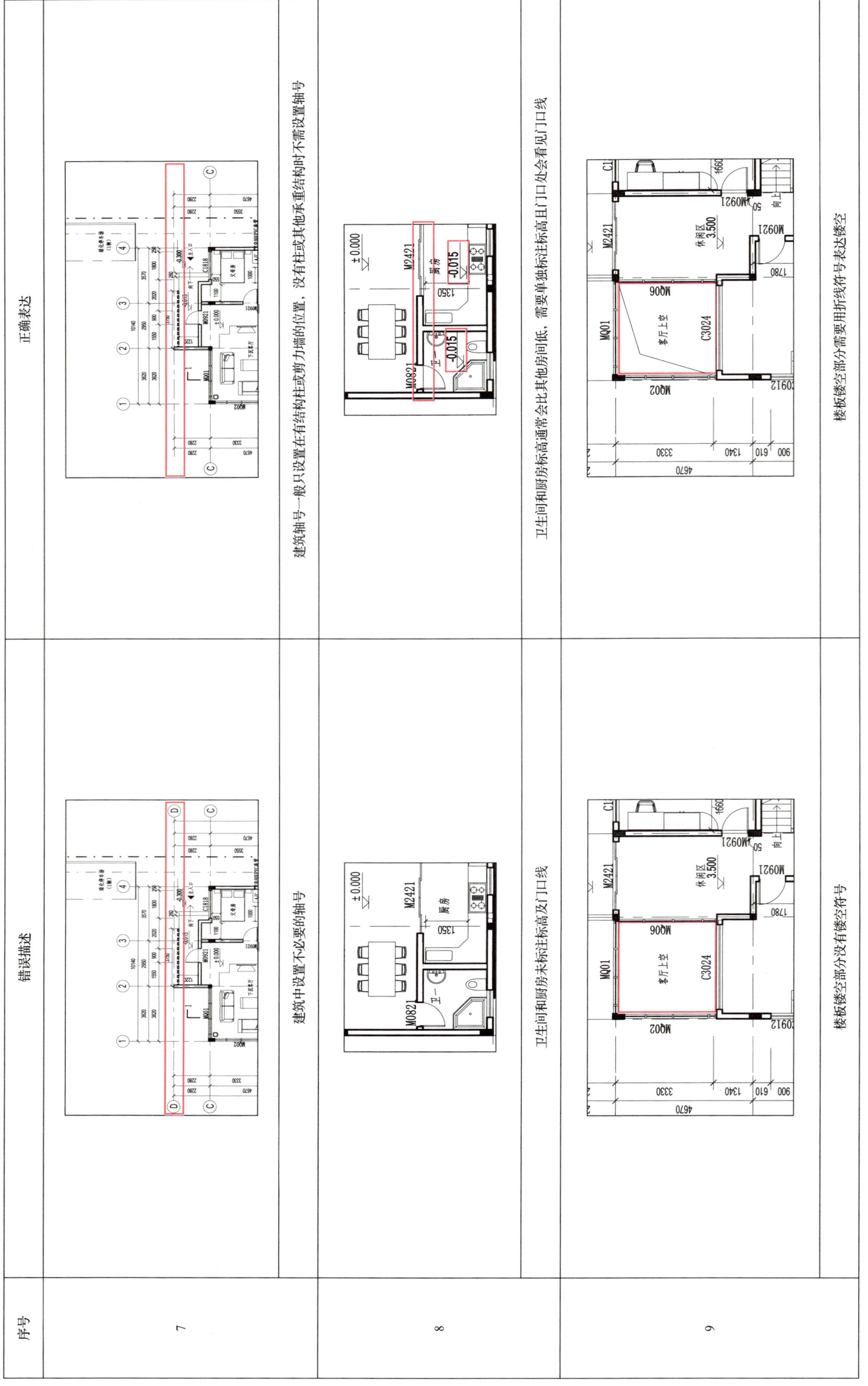

附表 2-1　施工图常见错误汇总表（续）

<table>
<tr><th>序号</th><th>错误描述</th><th>正确表达</th></tr>
<tr><td rowspan="2">7</td><td>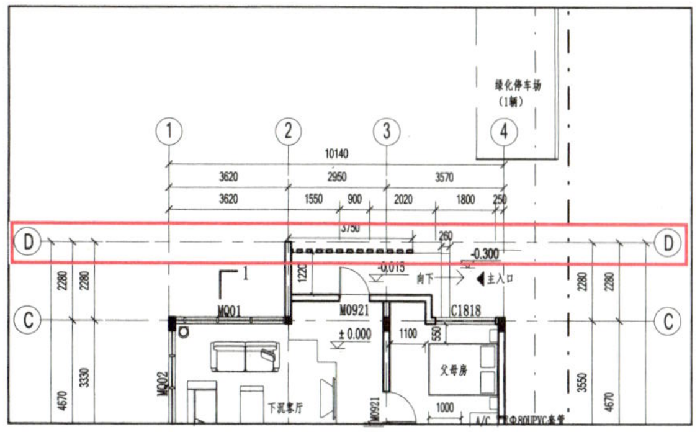</td><td>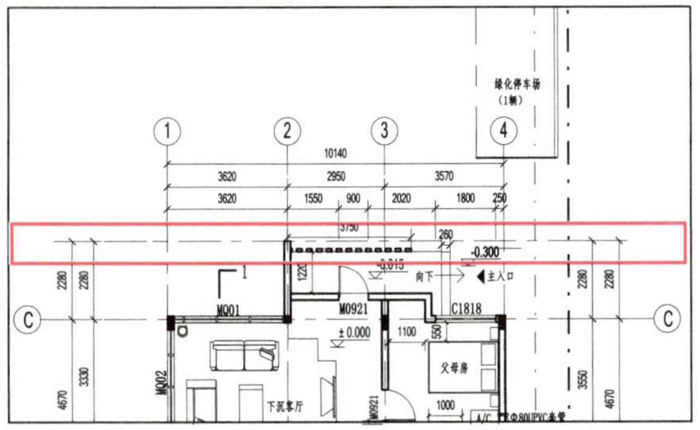</td></tr>
<tr><td>建筑中设置不必要的轴号</td><td>建筑轴号一般只设置在有结构柱或剪力墙的位置，没有柱或其他承重结构时不需设置轴号</td></tr>
<tr><td rowspan="2">8</td><td>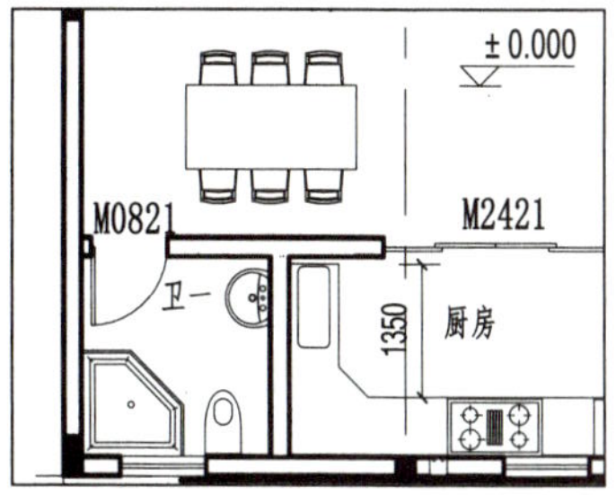</td><td>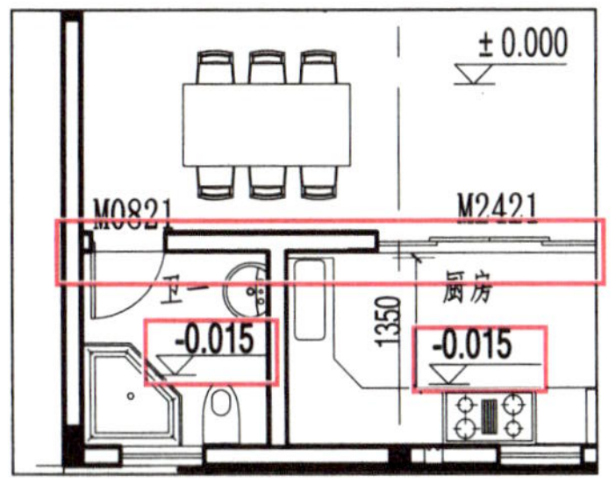</td></tr>
<tr><td>卫生间和厨房未标注标高及门口线</td><td>卫生间和厨房标高通常会比其他房间低，需要单独标注标高且门口处会看见门口线</td></tr>
<tr><td rowspan="2">9</td><td>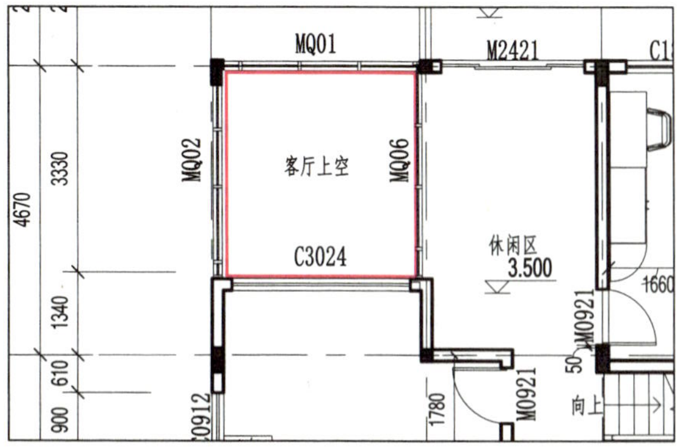</td><td>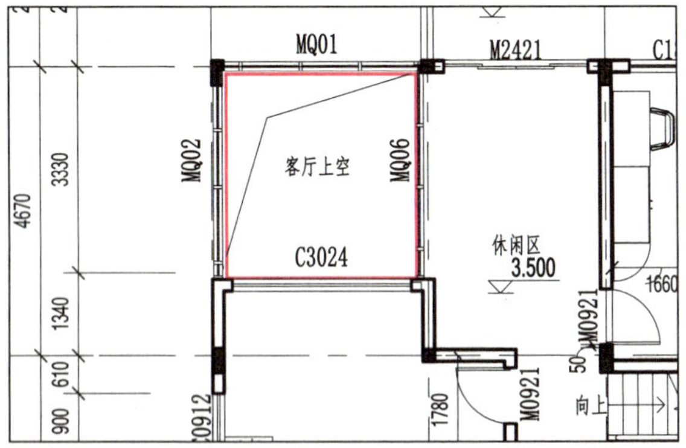</td></tr>
<tr><td>楼板镂空部分没有镂空符号</td><td>楼板镂空部分需要用折线符号表达镂空</td></tr>
</table>

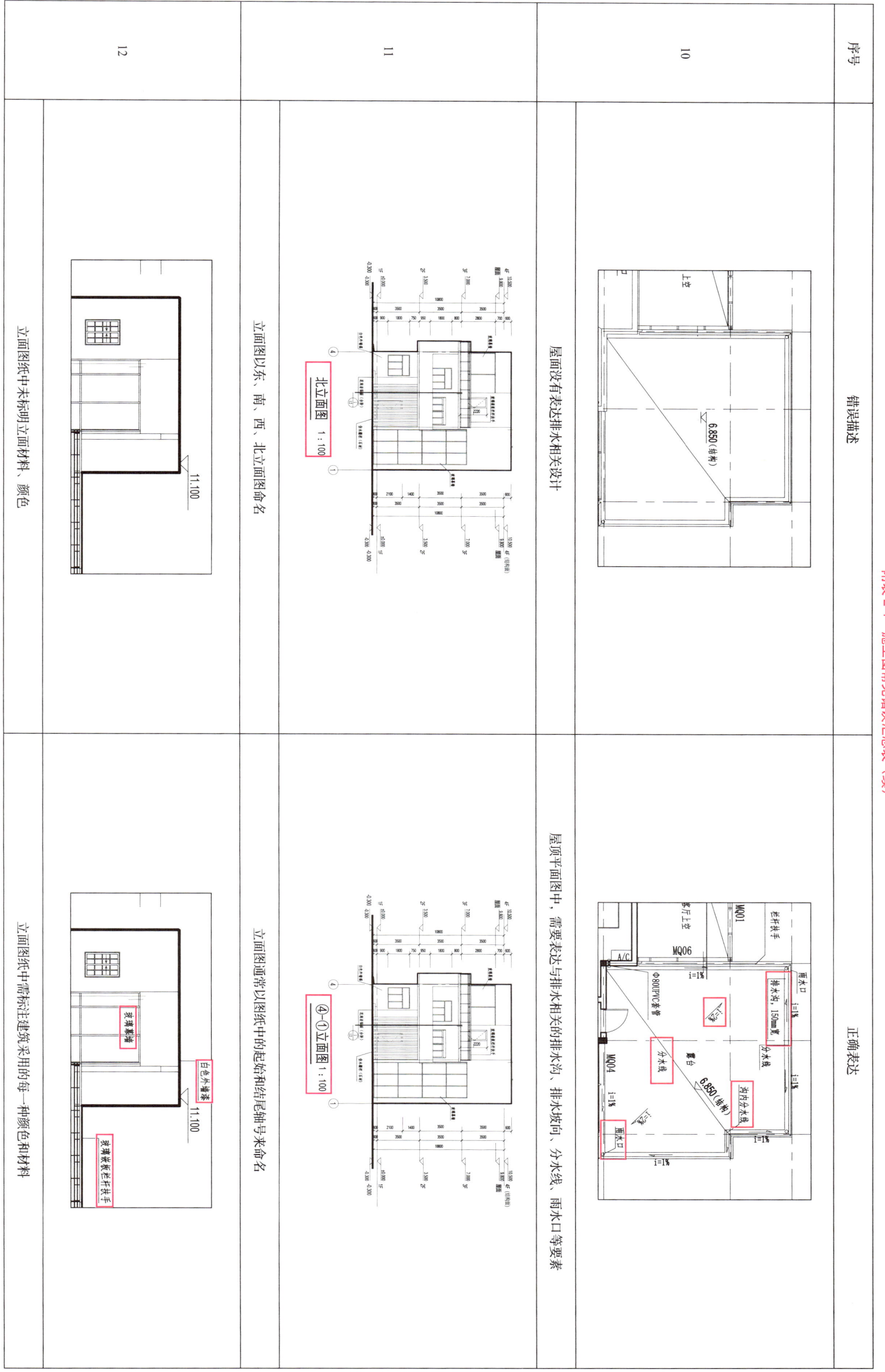

附表 2-1 施工图常见错误汇总表（续）

序号	错误描述	正确表达
10	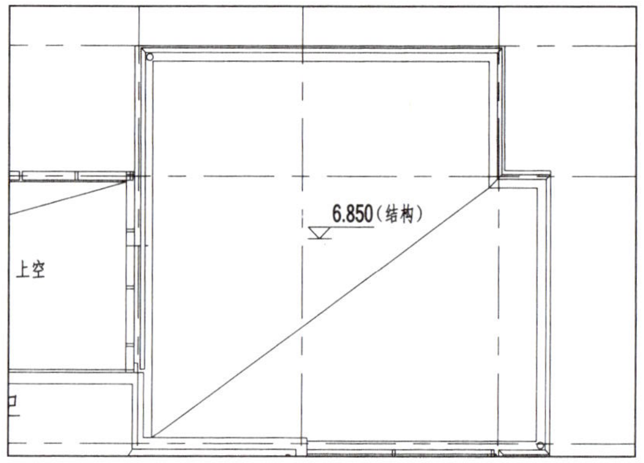	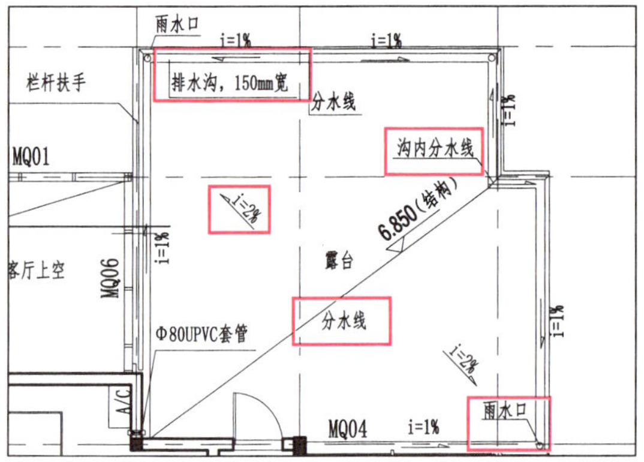
	屋面没有表达排水相关设计	屋顶平面图中，需要表达与排水相关的排水沟、排水坡向、分水线、雨水口等要素
11	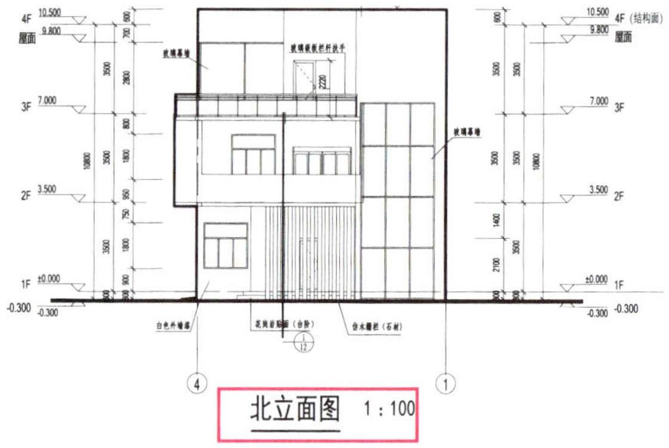	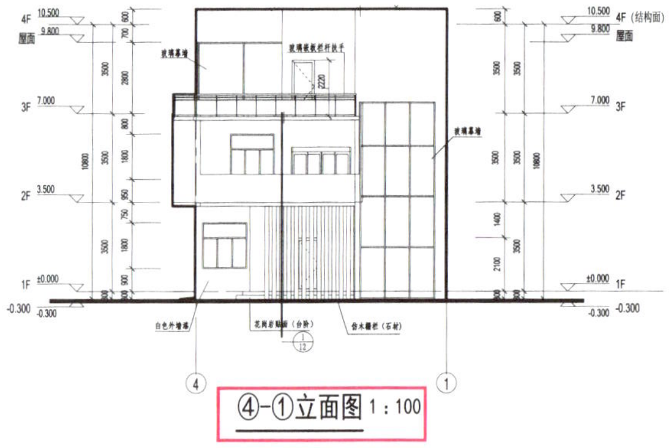
	立面图以东、南、西、北立面图命名	立面图通常以图纸中的起始和结尾轴号来命名
12	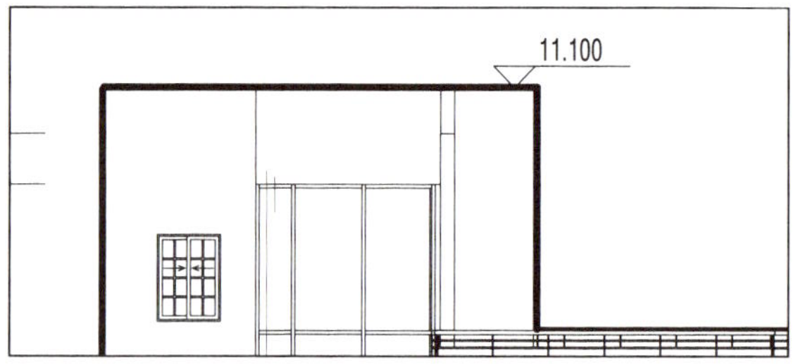	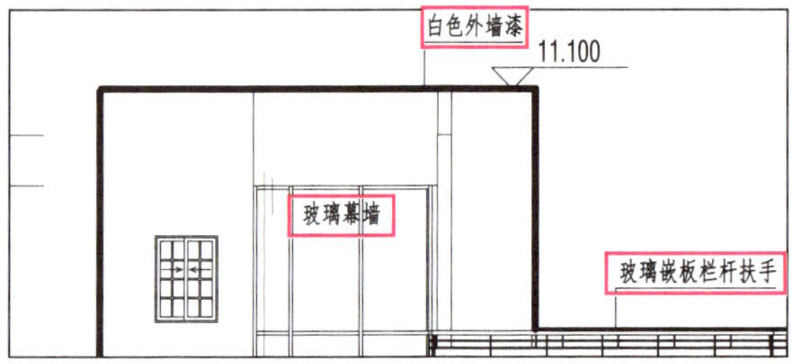
	立面图纸中未标明立面材料、颜色	立面图纸中需标注建筑采用的每一种颜色和材料

附表 2-1 施工图常见错误汇总表（续）

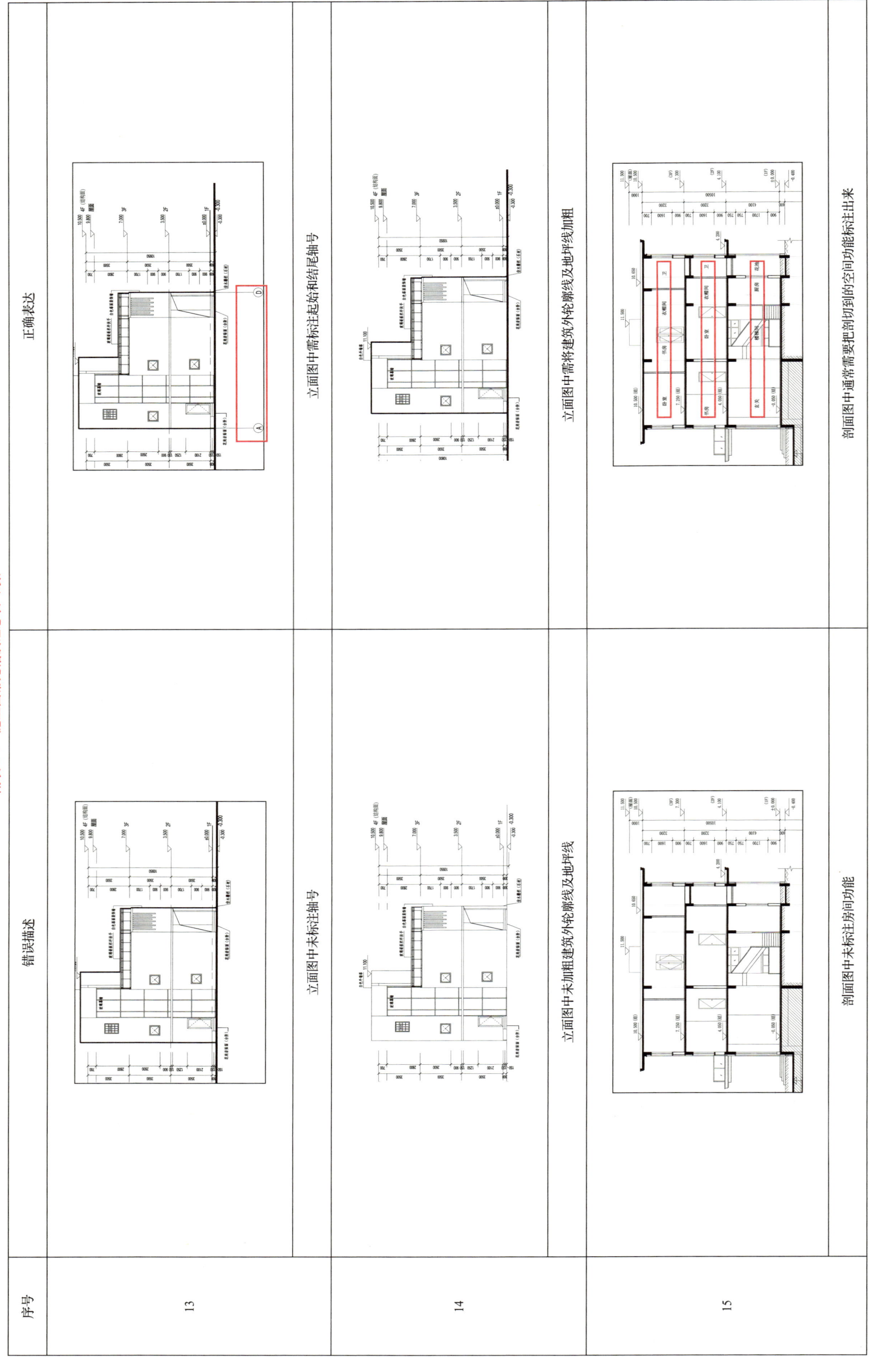

<table>
<tr><th>序号</th><th>错误描述</th><th>正确表达</th></tr>
<tr><td rowspan="2">13</td><td>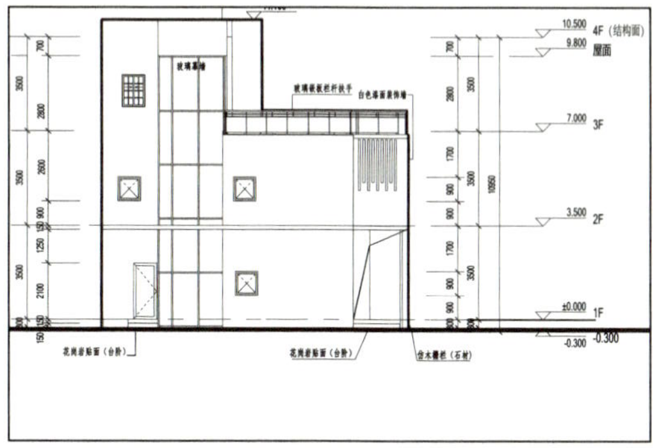</td><td>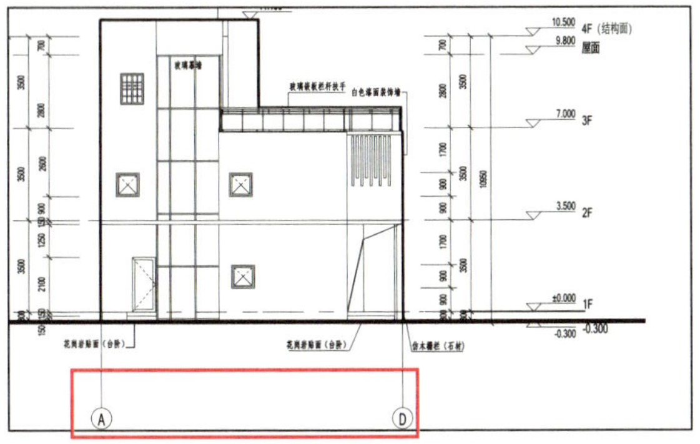</td></tr>
<tr><td>立面图中未标注轴号</td><td>立面图中需标注起始和结尾轴号</td></tr>
<tr><td rowspan="2">14</td><td>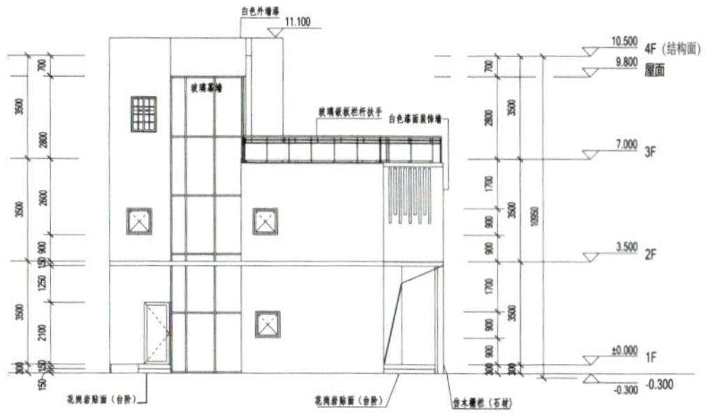</td><td>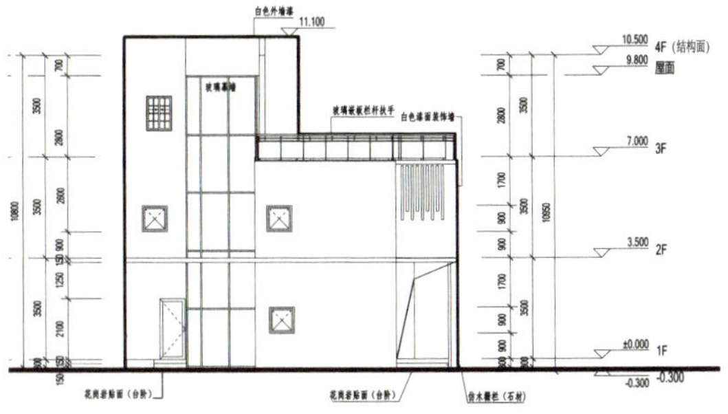</td></tr>
<tr><td>立面图中未加粗建筑外轮廓线及地坪线</td><td>立面图中需将建筑外轮廓线及地坪线加粗</td></tr>
<tr><td rowspan="2">15</td><td>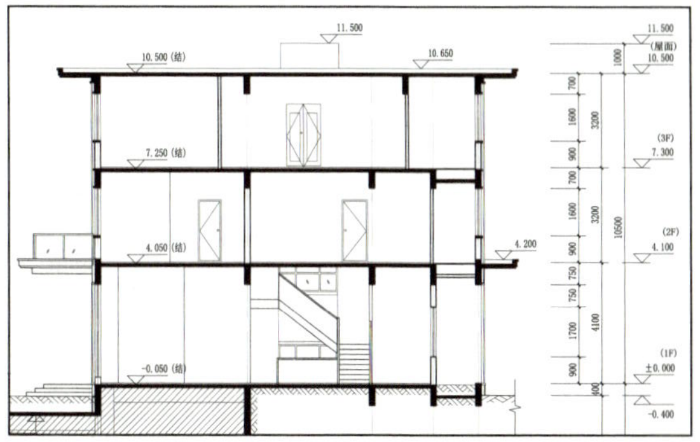</td><td>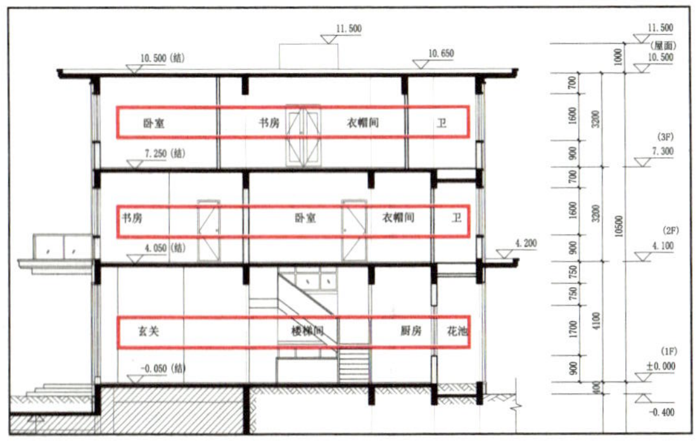</td></tr>
<tr><td>剖面图中未标注房间功能</td><td>剖面图中通常需要把剖切到的空间功能标注出来</td></tr>
</table>

附表 2-1 施工图常见错误汇总表（续）

序号	错误描述	正确表达
16	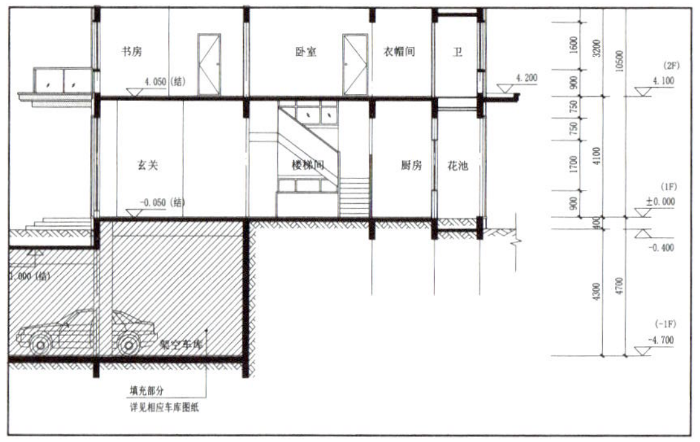	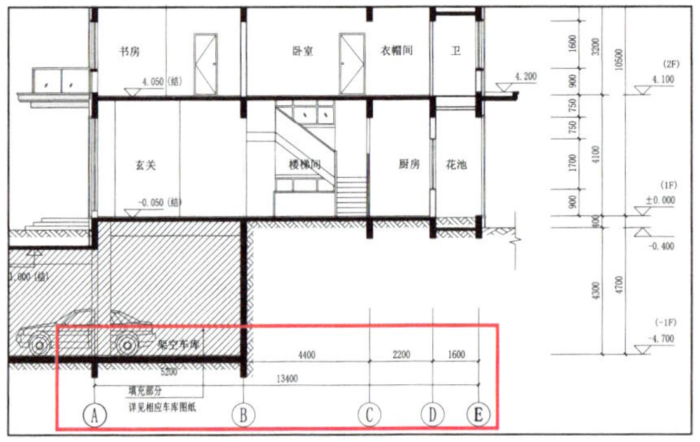
	剖面图中未标注轴号	剖面图中需标注剖切范围内剖到的每一根轴线的轴号
17	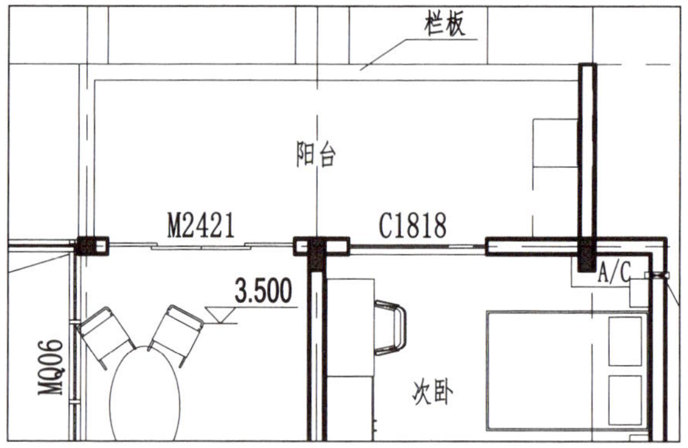	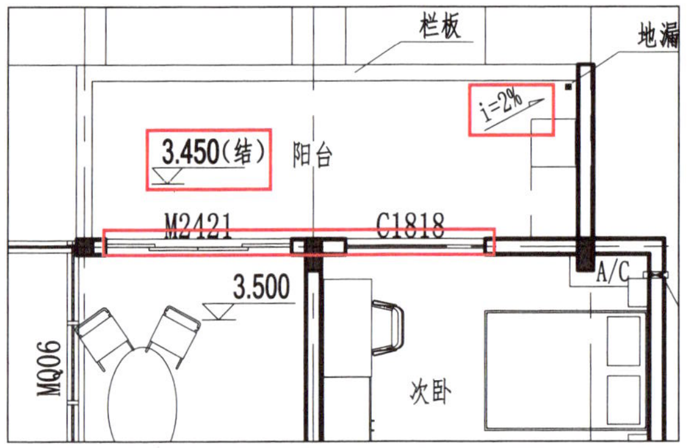
	阳台未表示排水相关设计及标高，漏画门口线	建筑阳台标高通常会比室内低，需要单独标注，门口有高差会有门口线。由于会有雨水，故需要考虑排水并表示出来
18	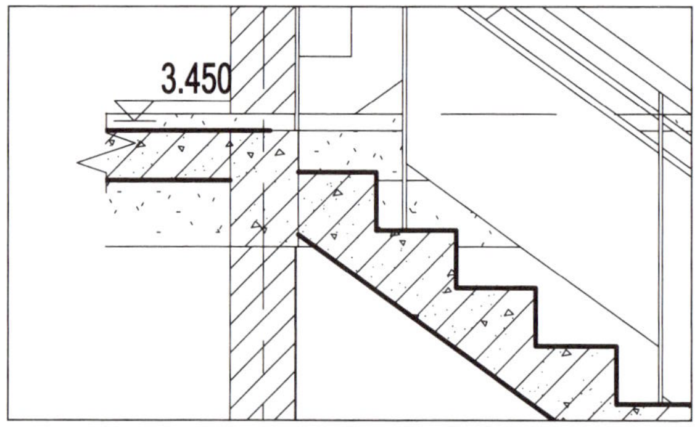	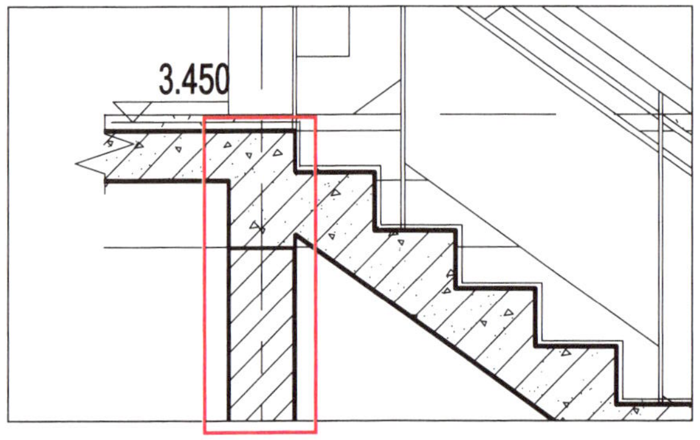
	详图墙体填充线与轮廓线粗细线型混乱	详图中剖切到的楼板、墙体等构件的轮廓线需要加粗，内部填充需要用细线；同一材质间无分界线，除非有缝隙

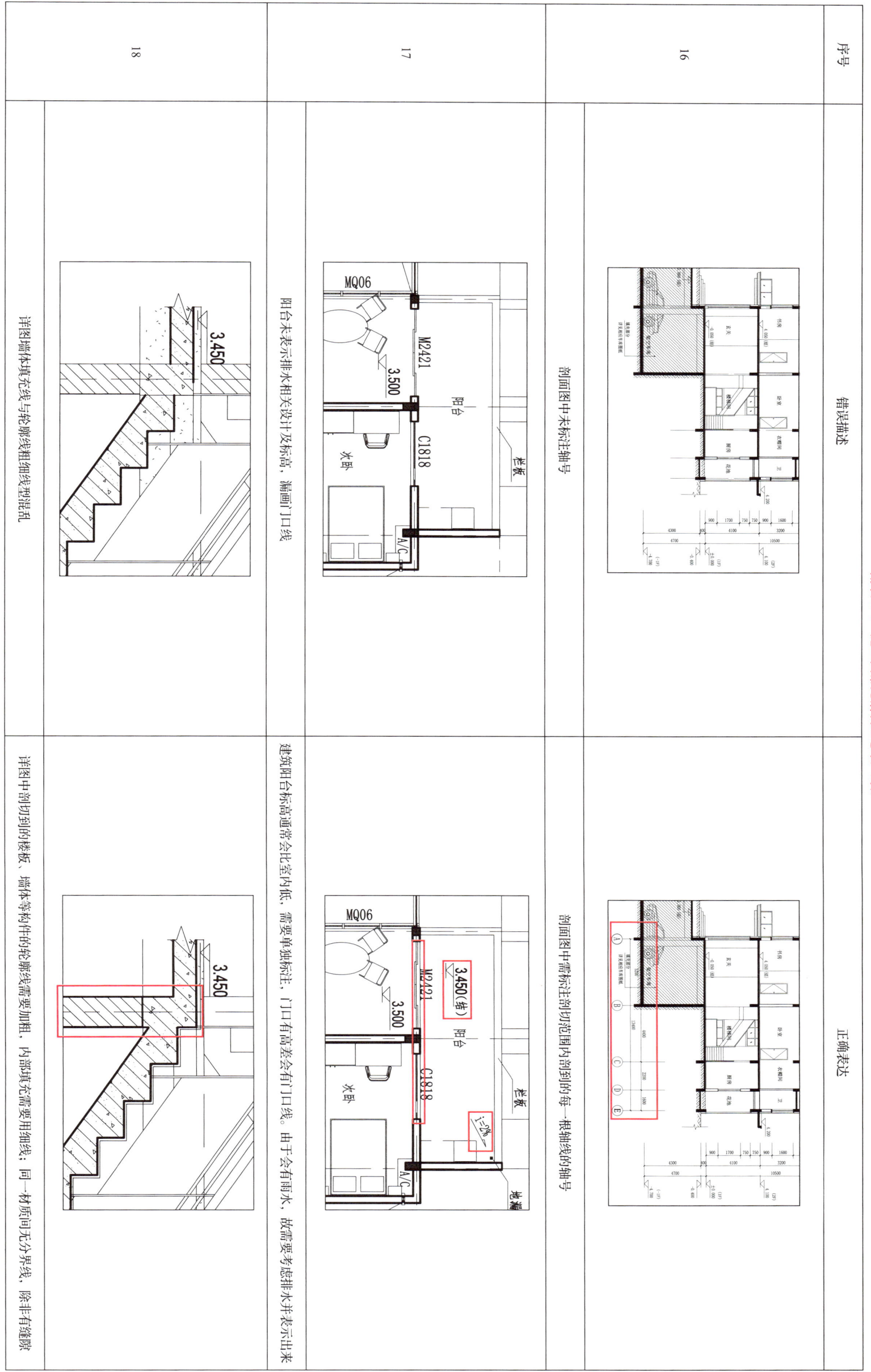

附表 2-1　施工图常见错误汇总表（续）

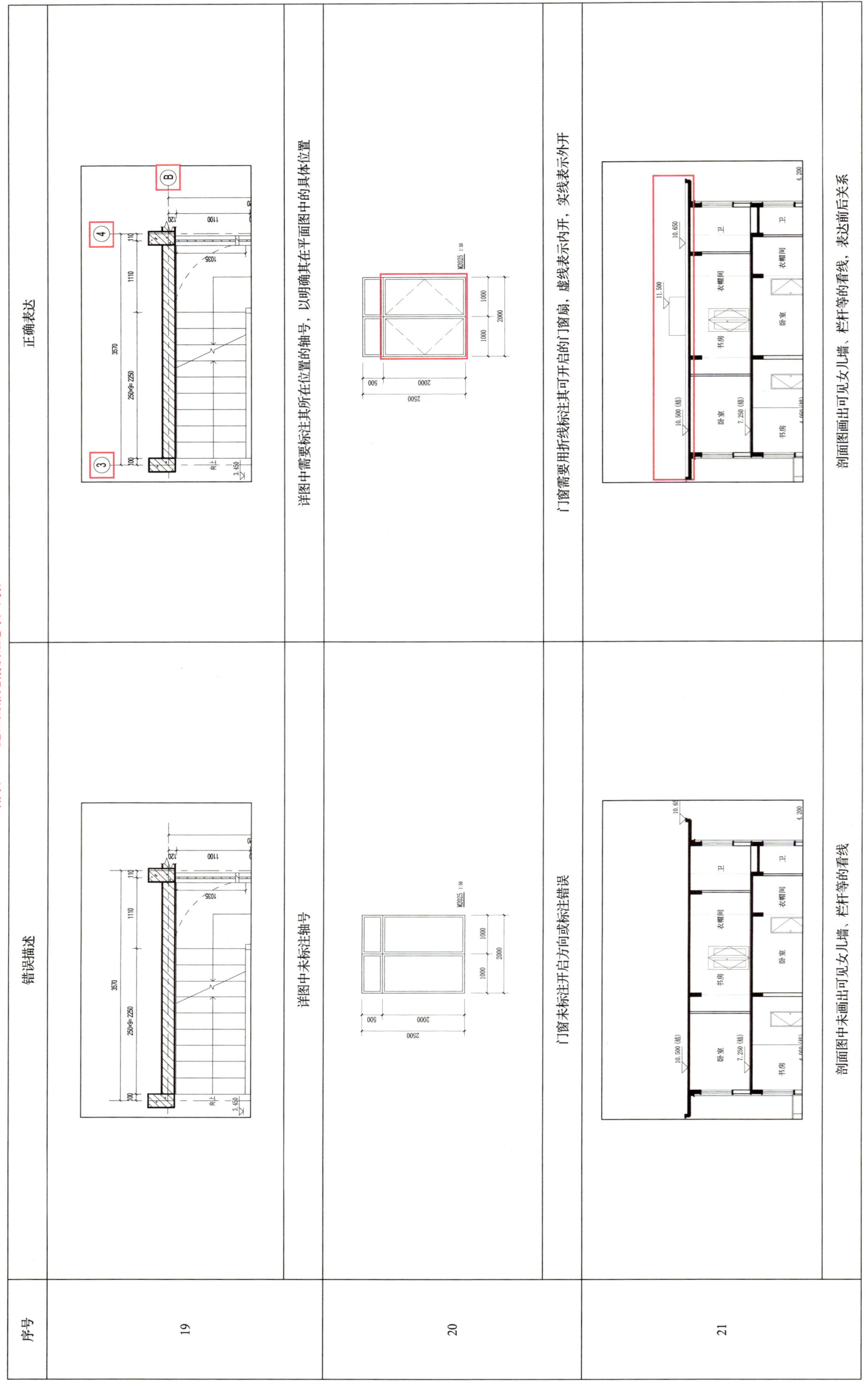

序号	错误描述	正确表达
19	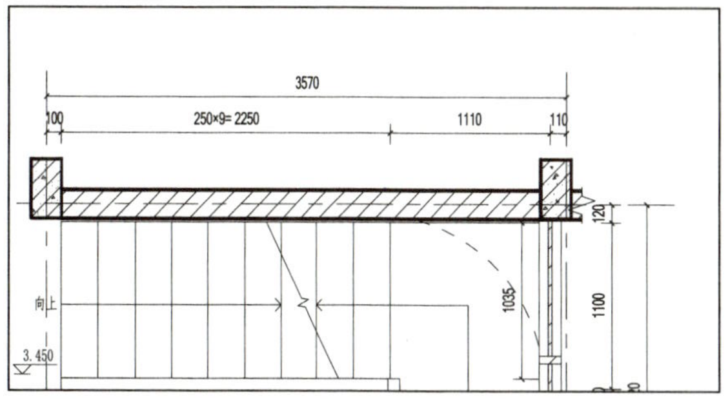	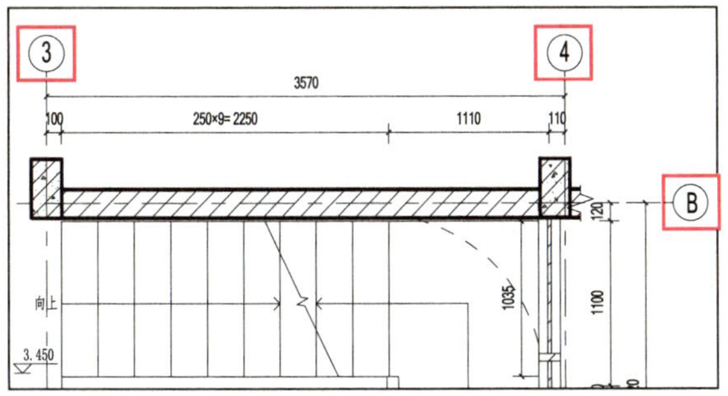
	详图中未标注轴号	详图中需要标注其所在位置的轴号，以明确其在平面图中的具体位置
20	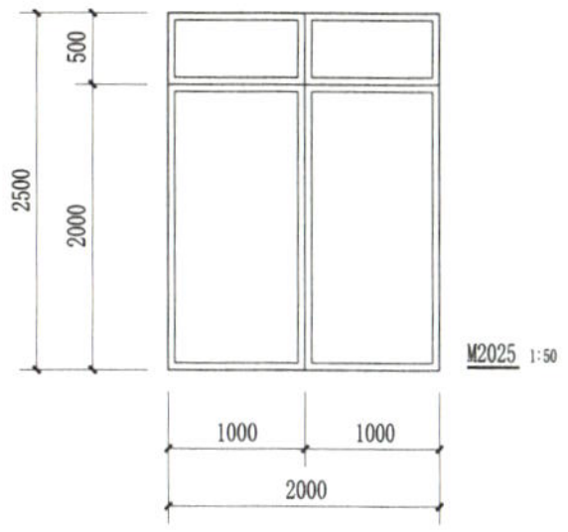	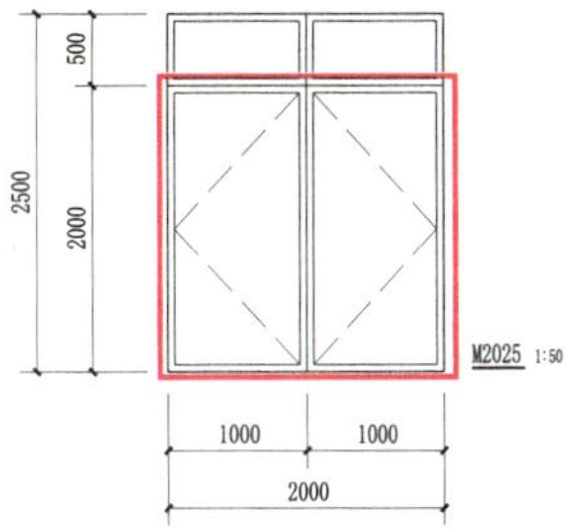
	门窗未标注开启方向或标注错误	门窗需要用折线标注其可开启的门窗扇，虚线表示内开，实线表示外开
21	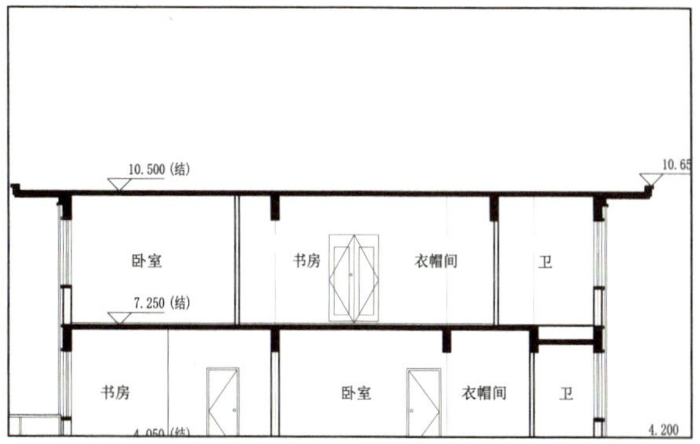	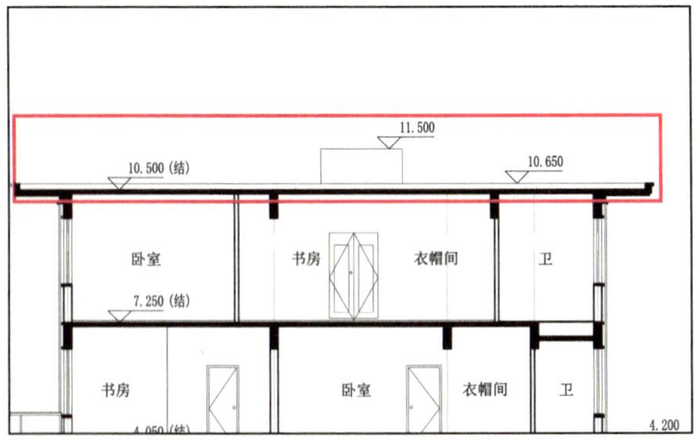
	剖面图中未画出可见女儿墙、栏杆等的看线	剖面图画出可见女儿墙、栏杆等的看线，表达前后关系

附录 3
某项目建筑施工图图纸

×××小住宅设计

施 工 图 设 计 文 件

兴 建 单 位：×××小组办公室

设 计 编 号：××××

×× 省 建 筑 设 计 研 究 院

住建部工程设计资质　甲级　证书编号：×××××

住建部工程勘察资质　甲级　证书编号：×××××

住建部城乡规划编制资质　甲级　证书编号：[建]城规编（×××）

法 定 代 表 人：×××

技 术 总 负 责 人：×××

项 目 总 负 责 人：×××

××××年××月××日

2022年版

图纸目录

序号	图号	图纸名称（建　施）	图幅	备注	序号	图号	图纸名称（建　施）	图幅	备注
1	J-00	图纸目录	A3						
2	J-01a	建筑设计说明（一）	A1						
3	J-01b	建筑设计说明（二）	A1						
4	J-01c	居住建筑节能设计说明专篇	A2						
5	J-02	总平面图	A2						
6	J-03	首层平面图	A2						
7	J-04	二层平面图	A2						
8	J-05	三层平面图	A2						
9	J-06	屋顶平面图	A2						
10	J-07	①-⑫轴立面图 ⑫-①轴立面图	A2						
11	J-08	A向立面图 B向立面图	A2						
12	J-09	Ⓐ-Ⓔ轴立面图 Ⓔ-Ⓐ轴立面图 1-1剖面图	A2+1/4						
13	J-10	楼梯大样图	A2+1/4						
14	J-11	节点大样图	A1+1/2						
15	J-12	门窗大样图	A2+1/4						

××××× 建筑设计有限公司

■建筑行业（建筑工程）甲级
■城乡规划编制甲级　■风景园林工程设计专项乙级
■市政行业道路工程乙级　■市政行业排水工程乙级
■环境工程专项水污染防治工程乙级　■公路行业(公路)乙级

地址：
电话：　传真：

会签栏 COUNTER SIGNATURE

建筑 ARCHI.		电气 ELEC.	
结构 STRUCT.		暖通 HVAC.	
给排水 PLUMBING			

签章区 STAMP AREA

版次 NO.	修改内容 DESCRIPTION	日期 DATE

建设单位 CLIENT

项目名称 PROJECT

子项目名称 SUB-PROJECT

图纸名称 TITLE
图纸目录

制图 DRAWING BY		
设计 DESIGNED BY		
校对 CHECKED BY		
专业负责 SPECIALTY CHIEF		
项目负责 PROJECT CHIEF		
审核 EXAMINED BY		
审定 APPROVED BY		

图号 DRAWING NO. J-00

业务号 JOB NO.

出图日期 DATE

专业 DISCIPLINE	建筑	设计阶段 STAGE	建施
比例 SCALE	1:100	规格 SIZE	A3

条形码,二维码 BARCODE,QR CODE

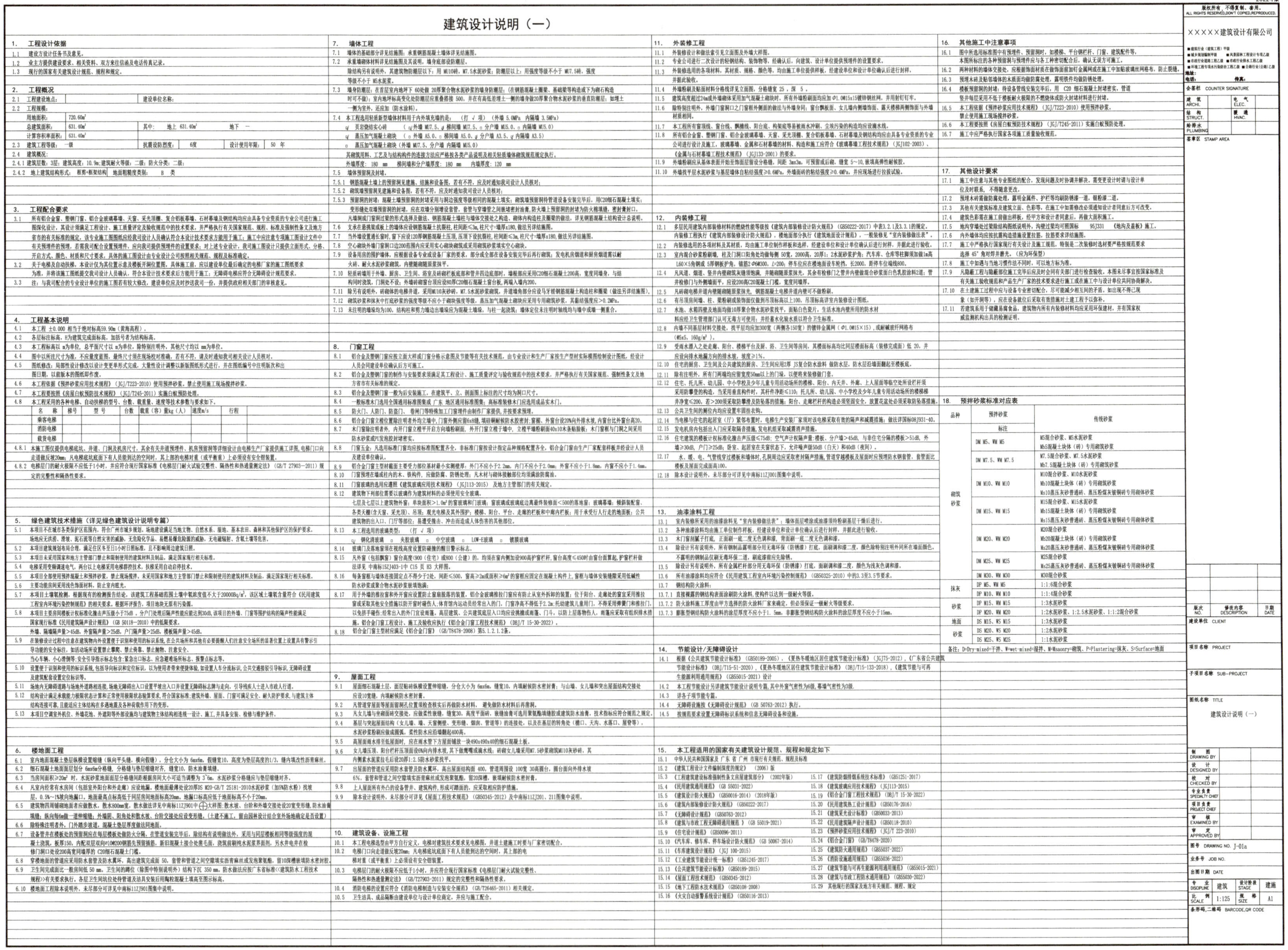

建筑设计说明（一）

1. 工程设计依据

1.1 建设方设计任务书及意见。
1.2 业主方提供建设要求、相关资料、双方来往信函及电话传真记录。
1.3 现行的国家有关建筑设计规范、规程和规定。

2. 工程概况

2.1 工程建设地点：		建设单位名称：	
2.2 工程规模：			
用地面积：	720.60m^2		
总建筑面积：	631.40m^2	其中： 地上 631.40m^2	地下 —
计算容积率面积：	631.40m^2		
2.3 建筑工程等级： 一级		抗震设防烈度： 6度	设计使用年限： 50 年
2.4 建筑概况：			
2.4.1 建筑层数：3层；建筑高度：10.9m；建筑耐火等级：二级；防火分类：二级；			
2.4.2 地上建筑结构形式： 框剪+框架结构		地面粗糙度类别： B 类	

3. 工程配合要求

3.1 所有铝合金窗、塑钢门窗、铝合金玻璃幕墙、天窗、采光顶棚、复合铝板幕墙、石材幕墙及钢结构均应由具备专业资质的专业公司进行施工图深化设计，其设计须满足工程设计、施工质量评定及验收规范中的技术要求，并严格执行有关国家规范、规程、标准及强制性条文及地方省市的有关标准的规定，该专业施工图图纸应经我司设计人员确认符合本设计技术要求方能用于施工；施工中应注意专项施工图设计文件中有关预埋件的预埋，若需我司配合设置预埋件，应向我司提供预埋件的设置要求；对上述专业设计，我司施工图设计只提供立面形式、分格、开启方式、颜色、材质和尺寸要求，具体的施工图设计由专业设计公司按照相关规范、规程及标准确定。
3.2 关于电梯及自动扶梯，本设计仅为其位置示意及楼板开洞位置图，具体施工前，应以建设单位最后确定的电梯厂家的施工图纸要求为准，并将该施工图纸提交我司设计人员确认，符合本设计技术要求后方能用于施工；无障碍电梯应符合无障碍设计规范要求。
3.3 注：与我司配合的专业设计单位的施工图若有较大修改，建设单位应及时抄送我司一份，并提供政府相关部门的审核意见。

4. 工程基本说明

4.1 本工程 ±0.000 相当于绝对标高59.90m（黄海高程）。
4.2 各层标注标高，H为建筑完成面标高，加括号者为结构标高。
4.3 本工程标高以 m为单位，总平面尺寸以 m为单位，除特别注明外，其他尺寸均以 mm为单位。
4.4 图中以所注尺寸为准，不应量度蓝图，最终尺寸须在现场校对准确，若有不符，请及时通知我司相关设计人员核对。
4.5 图纸修改：局部性设计修改以设计变更单形式完成，大量性设计调整以新版图纸形式进行，并在图纸编号中注明版次和出图日期，以前版本的图纸即作废。
4.6 本工程依据《预拌砂浆应用技术规程》（JGJ/T223-2010）使用预拌砂浆。禁止使用施工现场搅拌砂浆。
4.7 本工程要按照《房屋白蚁预防技术规程》（JGJ/T245-2011）实施白蚁预防处理。
4.8 本工程采用的各种电梯、自动扶梯的型号、台数、载重量、速度等技术参数与要求如下。

名 称	梯号	型 号	台数	载重（客）量kg（人）	速度m/s	行程
乘客电梯						
消防电梯						
载货电梯						

4.8.1 本施工图仅提供电梯底坑、井道、门洞及机房尺寸，其余有关井道预埋件、机房预留洞等详细设计由电梯生产厂家提供施工详图，电梯门口向走道做反坡20mm；凡电梯底坑底面下有人员能到达的空间时，其上部的电梯对重（或平衡重）上必须设有安全钳装置。
4.8.2 电梯层门的耐火极限不应低于1小时，并应符合现行国家标准《电梯层门耐火试验完整性、隔热性和热通量测定法》（GB/T 27903—2011）规定的完整性和隔热性要求。

5. 绿色建筑技术措施（详见绿色建筑设计说明专篇）

5.1 本项目不在城市各类保护区范围内，符合广州市城乡规划。场地建设满足当地文物、自然水系、湿地、基本农田、森林和其他保护区的保护要求。场地应无洪涝、滑坡、泥石流等自然灾害的威胁，无危险化学品、易燃易爆危险源的威胁，无电磁辐射、含氡土壤等危害。
5.2 本项目建筑规划布局合理，满足住区冬至日1小时日照标准，且不影响周边建筑日照。
5.3 本项目未采用国家和地方主管部门禁止和限制使用的建筑材料及制品，满足国家现行相关标准。
5.4 电梯采用变频调速电气，两台以上电梯采用电梯群控技术，扶梯采用自动启停技术。
5.5 本项目全部使用预拌混凝土和预拌砂浆，禁止现场搅拌。未采用国家和地方主管部门禁止和限制使用的建筑材料及制品，满足国家现行相关标准。
5.6 主要功能房间采用浅色饰面材料，防止室内眩光。
5.7 本项目土壤氡检测，根据现有的检测报告结论，该建筑工程基础范围土壤中氡浓度值不大于20000Bq/m^3，该区域土壤氡含量符合《民用建筑工程室内环境污染控制规范》的相关要求。根据环评报告，项目地块无原有污染源。
5.8 本项目主要房间楼板计权标准化撞击声压级小于75dB 。分户门处理后隔声性能应能达到30dB，该项目的外墙、门窗等围护结构的隔声性能满足国家现行标准《民用建筑隔声设计规范》（GB 50118—2010）中的低限要求。
外墙、隔墙隔声量>45dB，外窗隔声量>25dB，户门隔声量>25dB，楼板隔声量>45dB。
5.9 在装修设计过程中注意在建筑物内外设置便于识别和使用的标识系统，在公共场所和其他有必要提醒人们注意安全场所的显著位置上设置具有警示引导功能的安全标注，如活动场所设置禁止攀爬、禁止倚靠、禁止抛物、注意安全、当心车辆、小心滑倒等；安全引导指示标志包含：紧急出口标志、应急避难场所标志、报警点标志等。
5.10 设置便于识别和使用的标识系统，包括导向标识和定位标识，以为使用者带来便捷体验，如设置人车分流标识，公共交通接驳引导标识，无障碍设置及建筑配套设置定位标识等。
5.11 场地内无障碍道路与场地外道路相连接，场地无障碍出入口设置平坡出入口并设置无障碍标志牌与走向，引导残疾人士进入市政人行道。
5.12 结构设计满足承载能力极限状态计算和正常使用极限状态验算要求，符合国家标准；建筑外墙、屋面、门窗可满足安全、耐久防护要求，与建筑主体结构连接可靠，且能适应主体结构在多遇地震及各种荷载作用下的变形。
5.13 本项目空调室外机位、外墙花池、外遮阳等外部设施均与建筑物主体结构相连统一设计、施工，并具备安装、检修与维护条件。

6. 楼地面工程

6.1 室内地面混凝土垫层纵横设置缩缝（纵向平头缝，横向假缝），分仓大小为 6mx6m，假缝宽10，高度为垫层高度的1/3，缝内填改性沥青麻丝。
6.2 细石混凝土地面面层划分 6mx6m分格缝，分格缝与垫层缩缝对齐，缝宽10，防水油膏填缝。
6.3 当房间面积≥20m^2 时，水泥砂浆地面面层分格缝间距根据房间大小可适当调整为 3~6m，水泥砂浆分格缝应与垫层缩缝对齐。
6.4 凡室内经常有水房间（包括室外阳台和外走廊）应设地漏。楼地面最薄处设20厚DS M20-GB/T 25181-2010水泥砂浆（加5%防水粉）找坡层，0.5%～1%坡向地漏口。地面最高点标高低于同层房间地面标高20mm。地漏口标高应低于地面标高不小于20mm。
6.5 建筑物四周铺砌地面者应做散水，散水800mm宽，散水做法详见中南标11ZJ901中大样图；散水坡、台阶和外墙交接处设20宽变形缝，防水油膏填缝；纵向每6m做一道伸缩缝；外墙阴、阳角处和散水坡、台阶交接处应设变形缝。（土建不施工，留由园林设计结合室外场地确定是否设置）
6.6 除特殊注明者外，门外踏步坡道，混凝土垫层厚度做法同地面。
6.7 设备管井在楼板处的预留洞应在每层楼板处做防火分隔，在管道安装完毕后，除结构有说明做法外，采用与同层楼板相同等级强度的混凝土浇筑，板厚150，内配双层双向⌀10@200钢筋先预留插筋，新旧混凝土接合处凿毛面，浇筑前刷纯水泥浆界面剂，另水井电井在检修门洞口处设200高宽同墙厚的 C20细石混凝土门槛。
6.8 穿楼地面的管道应采用防水套管及防水翼环，高出建筑完成面 50，套管和管道之间空隙填实沥青麻丝或发泡聚氨酯，留10深槽嵌填防水密封胶。
6.9 卫生间完成面比一般房间低 50 mm。卫生间的蹲位（除图中特别说明外）结构下沉 350 mm。防水做法应按广东省标准<<建筑防水工程技术规程>>有关要求执行。各层卫生间坑位处待管道及洁具安装后用陶粒混凝土填高至图示标高。
6.10 楼地面工程除本说明外，未尽部分可详见中南标11ZJ901图集中说明。

7. 墙体工程

7.1 墙体的基础部分详见结施图；承重钢筋混凝土墙体详见结施图。
7.2 承重墙砌体材料详见结施图及其说明，墙身底部设防潮层。
除结构另有说明外，其建筑物防潮层以下：用 MU10砖，M7.5水泥砂浆；防潮层以上：用强度等级不小于 MU7.5砖，强度等级不小于 M5水泥浆。
7.3 墙身防潮层：在首层室内地坪下 60处做 20厚聚合物水泥砂浆的墙身防潮层；（在钢筋混凝土圈梁、基础梁等构造或下为砌石构造时可不做）；室内地坪标高变化处防潮层应重叠搭接 500，并在有高低差埋土一侧的墙身做20厚聚合物水泥砂浆的垂直防潮层；如埋土一侧为室外，还应加（防水涂料）。
7.4 本工程选用轻质新型墙体材料用于内外填充墙的是： （打 √ 项） （外墙 5.0MPa 内隔墙 3.5MPa）
☑ 页岩烧结实心砖 （☑外墙 MU7.5、☑ 梯间墙 MU7.5、□ 分户墙 MU5.0、□ 内隔墙 MU5.0）
☑ 蒸压加气混凝土砌块 （□ 外墙 A5.0、□ 梯间墙 A5.0、☑ 分户墙 A3.5、☑ 内隔墙 A3.5）
□ 蒸压加气混凝土砌块（外墙 MU7.5、分户墙 内隔墙 MU5.0）
其砌筑用料、工艺及与结构构件的连接方法应严格按各类产品说明及相关轻质墙体砌筑规范规定执行。
外墙厚度： 180 mm 梯间墙和分户墙厚度： 180 mm 内墙厚度： 120 mm
7.5 墙体预留洞及封堵。
7.5.1 钢筋混凝土墙上的预留洞见建施、结施和设备图，若有不符，应及时通知我司设计人员核对；
7.5.2 砌筑墙预留洞见建施和设备图，若有不符，应及时通知我司设计人员核对；
7.5.3 预留洞的封堵：混凝土墙预留洞的封堵采用与洞边强度等级相同的混凝土填实；砌筑墙预留洞待管道设备安装完毕后，用C20细石混凝土填实；变形缝处双墙预留洞的封堵，应在双墙分别增设套管，套管与穿墙管之间嵌堵密封油膏，防火墙上预留洞的封堵为防火棉填缝，密封膏封口。
凡墙洞或门窗洞过梁的形式选择及做法、钢筋混凝土墙柱与墙体交接处之构造、砌体内构造柱及圈梁的做法，详见钢筋混凝土结构设计总说明。
7.6 支承在悬挑梁或板上的墙体应设钢筋混凝土抗裂柱，柱间距≤3m，柱尺寸=墙厚x180，做法另详结施图。
7.7 当外墙设置通长窗时，窗下应设120厚钢筋混凝土压顶，压顶下设抗裂柱，柱间距≤3m，柱尺寸=墙厚x180，做法另详结施图。
7.8 空心砌块外墙门窗洞口边200范围内应采用实心砌块砌筑或采用砌筑砂浆填实空心砌块。
7.9 设备用房的围护墙体，应根据设备专业或设备厂家的要求，部分或全部在设备安装完毕后再行砌筑；发电机房烟道和厨房烟道需以耐火砖、耐火水泥砂浆砌筑，内壁随砌随原浆抹平。
7.10 轻质砖墙用于外墙、厨房、卫生间、浴室及砖砌栏板底部和管井四边底部时，墙根部应采用C20细石混凝土200高，宽度同墙身，与结构同时浇筑，门洞处不设；外墙砖砌窗台顶应设80厚C20细石混凝土窗台板，两端入墙内200。
7.11 除另有说明外，砖砌体的电梯井道，采用MU10灰砂砖，M7.5水泥砂浆砌筑，井道墙角部分应设马牙槎钢筋混凝土构造柱和圈梁（做法另详结施图）。
7.12 砌筑砂浆和抹灰中打底砂浆的强度等级不应小于砌块强度等级，蒸压加气混凝土砌块应采用专用砌筑砂浆，其黏结强度应>0.2MPa。
7.13 未注明的墙垛均为100，结构柱和剪力墙边出墙垛应为混凝土墙垛，与柱一起浇筑；墙体定位未注明时轴线均与墙中或墙一侧重合。

8. 门窗工程

8.1 铝合金及塑钢门窗应按立面大样或门窗分格示意图及节能等有关技术规范，由专业设计和生产厂家按生产型材实际模图绘制设计图纸，经设计人员会同建设单位确认后方可施工。
8.2 铝合金及塑钢门窗的制作与安装要求须满足其工程设计、施工质量评定与验收规范中的技术要求，并严格执行有关国家规范、强制性条文及地方省市有关标准的规定。
8.3 铝合金及塑钢门窗一般为后安装施工，在建筑平、立、剖面图上标注的尺寸均为洞口尺寸。
8.4 一般标准木门选用全国通用标准图集或 广东 地区通用标准图集；高标准装修木门应选用成品实木门。
8.5 防火门、人防门、防盗门、 卷闸门等特殊加工门窗埋件由制作厂家提供，并按要求预埋。
8.6 铝合金门窗立樘位置除注明者外均立墙中，门窗外侧应留6x8缝，填硅酮耐候防水胶密封；窗楣、外窗台设20%向外排水坡，内窗台比外窗台高20。
8.7 木门窗除注明者外，内开门窗立樘平开启方向墙粉刷面，外开门窗立樘于墙中，立樘平墙粉刷面40x10木条贴脸板；木门窗框与门洞之间采用防水砂浆或PU发泡胶封堵密实。
8.8 门窗五金：凡选用标准门窗均应按标准图配置齐全，非标准门窗按设计指定品种规格配置齐全，铝合金门窗由生产厂家配套样板并经设计人员及建设单位确认。
8.9 铝合金门窗主型材截面主要受力部位基材最小实测壁厚：外门不应小于2.2mm，内门不应小于2.0mm；外窗不应小于1.8mm，内窗不应小于1.4mm。
8.10 门窗预埋在墙或柱内的木、铁构件，应做防腐、防锈处理；凡木材与砌体接触部位均须满涂防腐油。
8.11 门窗玻璃的选用应遵照《建筑玻璃应用技术规程》（JGJ113-2015） 及地方主管部门的有关规定。
8.12 建筑物下列部位需要以玻璃作为建筑材料的必须使用安全玻璃。
七层及七层以上建筑物外窗；单块面积>1.0m^2的窗玻璃和门玻璃；窗玻璃或玻璃底边离最终装修面<500的落地窗；玻璃幕墙；倾斜装配窗、各类天棚（含天窗、采光顶）、吊顶；观光电梯及其外围护；楼梯、阳台、平台、走廊的栏板和中庭内栏板；用于承受行人行走的地面板；公共建筑物的出入口、门厅等部位；易遭受撞击、冲击而造成人体伤害的其他部位。
8.13 本工程选用的玻璃类型： （打 √ 项）
☑ 钢化清玻璃 □ 夹胶玻璃 □ 中空玻璃 □ LOW-E玻璃 □ 镀膜玻璃
8.14 玻璃门及落地窗须在视线高度设置防碰撞的醒目警示标志。
8.15 凡外窗（包括飘窗）窗台高度<900（住宅）或800（公建）的，均须在窗内侧加设900高护窗栏杆，窗台高度≤450时由窗台面算起，护窗栏杆做法详见 中南标15ZJ403-1中 C15 页 H3 大样图。
8.16 每条窗框与墙体连接固定点不得少于2处，间距≤500，窗高≥2m或面积≥6m^2的窗框应固定在混凝土构件上，窗框与墙体安装缝隙采用低碱性防水砂浆或聚合物水泥砂浆嵌填饱满；
8.17 用于外墙的推拉窗和外开窗应设置防止窗扇脱落的装置，铝合金玻璃推拉门窗应有防止从室外拆卸的装置；位于阳台、走廊处的窗宜采用推拉窗或采取其他安全措施以防开窗时碰伤人；体育馆内运动员经常出入的门，门窗净高不得低于2.2m；托幼建筑儿童用门，不得采用弹簧门和推拉门，以免挤手碰伤；经常出入的外门宜设雨篷。高层建筑、公共建筑底层入口均应设挑檐或雨篷、门斗，以防上层落物伤人，雨篷应采取有组织排水措施。铝合金门窗工程设计、施工及验收应执行《铝合金门窗工程技术规范》（DBJ/T 15-30-2022）。
8.18 铝合金门窗主型材应满足《铝合金门窗》（GB/T8478-2008）第5.1.2.1.2条。

9. 屋面工程

9.1 屋面细石混凝土层，面层贴砖纵横设置伸缩缝，分仓大小为 6mx6m，缝宽10，内填耐候防水密封膏；与山墙、女儿墙和突出屋面结构交接处应设10宽缝，内填耐候防水密封膏。
9.2 凡管道穿屋面等屋面留洞孔位置须检查核实后再做防水材料， 避免做防水材料后再凿洞。
9.3 凡女儿墙与坐砌面砖交接处，应做柔性嵌缝，缝宽30，高度平面砖，嵌缝油膏可选用聚氨酯填缝胶或建筑防水油膏，技术指标应符合规范之规定。
9.4 基层与突起屋面结构（女儿墙、墙、天窗侧壁、变形缝、烟囱、管道等）的连接处，以及在基层的转角处（檐口、天沟、水落口、屋脊等），水泥砂浆粉刷应做成圆弧，柔性防水应沿墙翻起400高。
9.5 高屋面雨水排至低屋面时，应在雨水管下方屋面铺放一块490x490x40的细石混凝土板。
9.6 女儿墙压顶、阳台栏杆压顶面设6%向内排水坡，其下做鹰嘴或滴水线；砖砌女儿墙采用M7.5砂浆砌筑MU10灰砂砖，其内侧素水泥浆拉毛后设20厚1:2.5防水砂浆找平。
9.7 出屋面的管道应采用防水套管及防水翼环，高出屋面结构面 400，管道周围设 100宽 30高圆台，圆台面向外排水坡6%，套管和管道之间空隙填实沥青麻丝或发泡聚氨酯，留20深槽，嵌填耐候防水密封膏。
9.8 上人屋面所有外凸的设备管井、建筑构件，形成可踏面的，应采取相应防护措施。
9.9 除本设计说明外，未尽部分可详见《屋面工程技术规范》（GB50345-2012）及中南标11ZJ201、211图集中说明。

10. 建筑设备、设施工程

10.1 本工程电梯选型由甲方自行定义，电梯对建筑技术要求见电梯图，井道土建施工时要与厂家密切配合。
10.2 电梯门口向走道做反坡20mm；凡电梯底坑底面下有人员能到达的空间时，其上部的电梯对重（或平衡重）上必须设有安全钳装置。
10.3 电梯层门的耐火极限不应低于1小时，并应符合现行国家标准《电梯层门耐火试验完整性、隔热性和热通量测定法》（GB/T27903-2011）规定的完整性和隔热性要求。
10.4 消防电梯的设置应符合《消防电梯制造与安装安全规范》（GB/T26465-2011）相关规定。
10.5 卫生洁具、成品隔断由建设单位与设计单位商定，并应与施工配合。

11. 外装修工程

11.1 外装修设计和做法索引见立面图及外墙大样图。
11.2 专业公司进行二次设计的轻钢结构、装饰物等，经确认后，向建筑、设计单位提供预埋件的设置要求。
11.3 外装修选用的各项材料，其材质、规格、颜色等，均由施工单位提供样板，经建设单位和设计单位确认后进行封样，并据此验收。
11.4 外墙粉刷及贴面材料分格线详见立面图，分格缝宽 25 ，深 5 。
11.5 建筑高度超过24m或外墙砌体采用加气混凝土砌块时，所有外墙粉刷面均应加 Φ1.0@15x15镀锌钢丝网，并用射钉钉牢。
11.6 除特别注明外，外墙门窗洞口之门窗框外侧面的做法与外墙身同；窗台飘板面、女儿墙内侧墙饰面、露天楼梯两侧饰面与外墙材质相同。
11.7 本工程所有窗顶线、窗台线、飘檐线、阳台底、构架底等易被雨水冲刷、尘埃污染的构造均应设滴水线。
11.8 所有铝合金窗、塑钢门窗、铝合金玻璃幕墙、天窗、采光顶棚、复合铝板幕墙、石材幕墙及钢结构均应由具备专业资质的专业公司进行设计及施工，玻璃幕墙、金属和石材幕墙的材料、构造和施工应符合《玻璃幕墙工程技术规范》（JGJ102-2003）、《金属与石材幕墙工程技术规范》（JGJ133-2001）的要求。
11.9 外墙粉刷应从基体表面开始至饰面层留设分格缝，间距 3mx3m，可预留或后锯，缝宽 5～10，嵌填高弹性耐候胶。
11.10 外墙找平层水泥砂浆与基层墙体自粘结强度≥0.6MPa，外墙面砖的粘结强度≥0.4MPa，并应现场进行拉拔试验。

12. 内装修工程

12.1 多层民用建筑内部装修材料的燃烧性能等级按《建筑内部装修设计防火规范》（GB50222-2017）中表3.2.1及3.3.1的规定。
内装修工程执行《建筑内部装修设计防火规范》，楼地面部分执行《建筑地面设计规范》，一般装修见“室内装修做法表”。
12.2 内装修选用的各项材料及其材质，均由施工单位制作样板和选样，经建设单位和设计单位确认后进行封样，并据此进行验收。
12.3 室内混合砂浆粉刷墙，柱及门洞口阳角处均做每侧 50宽，2000高，20厚1：2水泥砂浆护角；汽车库、仓库等柱脚须加做1m高L60×5角钢或 5厚钢板护角，锚筋2 Φ6@300，L=200；停车位应在楼地面设车轮挡，长2000，距停车位端线800。
12.4 凡风道、烟道、竖井内壁砌筑灰缝须饱满，并随砌随原浆抹光，其余有检修门之管井内壁做混合砂浆面白色乳胶涂料2道；管井检修门与外侧墙面平，应设200高C20混凝土门槛，宽度同墙厚。
12.5 凡砖砌电梯井道内壁随砌随原浆抹光，钢筋混凝土电梯井道内壁可不做粉刷。
12.6 有吊顶房间墙、柱、梁粉刷或装饰面仅做到吊顶标高以上100，吊顶标高详室内装修设计图纸。
12.7 水池、水箱四壁及地面均做10厚聚合物水泥砂浆找平，面贴白色瓷片，生活水池内壁所用的防水材料应经卫生管理部门认可无毒方可使用；并经蓄水化验水质以符合卫生标准。
12.8 内墙不同基层材料交接处，找平层均应加300宽（两侧各150宽）的镀锌金属网（Φ1.0@15×15），或耐碱玻纤网格布（@5x5，160g/m^2 ）。
12.9 受雨水漂入之处走廊、阳台、楼梯平台及厨、浴、卫生间等房间，其楼面标高均比同层楼面标高（装修完成面）低 20，并应设向排水地漏方向的排水坡，坡度≥1%。
12.10 住宅的厨房、卫生间及公共建筑的厨房、卫生间应用2厚 JS复合防水涂料 做防水层，防水层沿墙面翻起至楼板底。
12.11 除有注明外，所有门两端均应留宽度50mm以上的门垛，以便将来装修做门套。
12.12 住宅、托儿所、幼儿园、中小学校及少年儿童专用活动场所的楼梯、阳台、内天井、外廊、上人屋面等临空处所设栏杆须采用防攀登的构造，当采用垂直构件时，其杆件净距≤110；托儿所、幼儿园、中小学校及少年儿童专用活动场所的楼梯梯井净宽≤200，若>200须采取防攀滑及防坠落的措施；阳台、走廊栏杆的构造必须坚固安全，放置花盆处必须采取防坠落措施。
12.13 公共卫生间的厕位内均应设置牢固挂衣钩。
12.14 当电梯与住宅的起居室（厅）紧邻布置时，电梯生产安装厂家须对该电梯采取有效的隔声和减震措施；做法详国标08J931-40。
12.15 发电机房内包括出入门应采取隔音措施，发电机组采取减震消声措施。
12.16 住宅建筑的楼板计权标准化撞击声压级≤75dB；空气声计权隔声量：楼板、分户墙>45dB，与非住宅分隔的楼板>51dB，外墙≥30dB，户门≥25dB；卧室、起居室在关窗状态下，允许噪声级50dB（白天）和40dB（夜间）。
12.17 水、暖、电、气管线穿过楼板和墙体时，孔洞周边应采取密封隔声措施，管道穿越楼板及屋面时应预埋防水钢套管，套管面比楼板及屋面完成面高100。
12.18 除本设计说明外，未尽部分可详见中南标11ZJ001图集中说明。

13. 油漆涂料工程

13.1 室内装修所采用的油漆涂料见“室内装修做法表”；墙体面层喷涂或油漆须待粉刷基层干燥后进行。
13.2 各种油漆涂料均由施工单位制作样板，经建设单位和设计单位确认后进行封样，并据此进行验收。
13.3 木门窗刮腻子打底，正面刷一底二度无色调和漆，背面刷一底二度无色调和漆。
13.4 除设计另有说明外，所有钢制品露明部分用无毒环保（防锈漆）打底，面刷调和漆二度，颜色除特别注明外同所在墙面颜色。不露明的钢制品仅刷无毒环保二道，刷底漆前应先除锈。
13.5 除设计另有说明外，所有金属栏杆部分用无毒环保（防锈漆）打底，面刷调和漆二度，颜色为浅灰色调和漆。
13.6 所有油漆涂料均应符合《民用建筑工程室内环境污染控制规范》（GB50325-2010）中的3.3至3.5节要求。
13.7 钢结构防火涂料：
13.7.1 直接裸露的钢结构表面涂刷防火涂料，使构件以达到一级耐火等级。
13.7.2 防火涂料施工厚度由甲方选择的防火涂料厂家来确定，但必须保证一级耐火等级要求。
13.7.3 膨胀型钢结构防火涂料的涂层厚度不应小于1. 5mm，非膨胀型钢结构防火涂料的涂层厚度不应小于15mm。

14. 节能设计/无障碍设计

14.1 根据《公共建筑节能设计标准》（GB50189-2005），《夏热冬暖地区居住建筑节能设计标准》（JGJ75-2012），《广东省公共建筑节能设计标准》（DBJ/T15-51-2020），《夏热冬暖地区居住建筑节能设计标准》（DBJ/T15-133-2018），《建筑节能与可再生能源利用通用规范》（GB55015-2021）设计
14.2 本工程节能设计另详建筑节能设计说明专篇，其中外窗气密性为6级，幕墙气密性为3级。
14.3 详各子项节能专篇。
14.4 无障碍设施按《无障碍设计规范》（GB 50763-2012）执行。
14.5 按规范要求设置无障碍标识系统和信息无障碍设备和设施。

15. 本工程适用的国家有关建筑设计规范、规程和规定如下

15.1 中华人民共和国国家及 广东 省 广州 市现行有关规范、规程及标准
15.2 《建筑工程设计文件编制深度的规定》 （2006）版
15.3 《工程建筑建设标准强制性条文房屋建筑部分》（2002年版）
15.4 《民用建筑通用规范》（GB 55031-2022）
15.5 《建筑设计防火规范》（GB50016-2014）（2018年版）
15.6 《建筑内部装修设计防火规范》（GB50222-2017）
15.7 《无障碍设计规范》（GB50763-2012）
15.8 《建筑与市政工程无障碍通用规范 》（GB 55019-2021）
15.9 《住宅设计规范》（GB50096-2011）
15.10 《汽车库、修车库、停车场设计防火规范》（GB 50067-2014）
15.11 《车库建筑设计规范》（JGJ 100-2015）
15.12 《工业建筑节能设计统一标准》（GB51245-2017）
15.13 《公共建筑节能设计标准》（GB50189-2015）
15.14 《屋面工程技术规范》（GB50345-2012）
15.15 《地下工程防水技术规范》（GB50108-2008）
15.16 《火灾自动报警系统设计规范》（GB50116-2013）
15.17 《建筑防烟排烟系统技术标准》（GB51251-2017）
15.18 《建筑玻璃应用技术规程》（JGJ113-2015）
15.19 《铝合金门窗工程技术规范》（DBJ/T 15-30-2022）
15.20 《民用建筑热工设计规范》（GB50176-2016）
15.21 《建筑采光设计标准》（GB50033-2013）
15.22 《民用建筑隔声设计规范》（GB50118-2010）
15.23 《预拌砂浆应用技术规程》（JGJ/T 223-2010）
15.24 《铝合金门窗》（GB/T8478-2020）
15.25 《建筑防火通用规范》（GB55037-2022）
15.26 《消防设施通用规范》（GB55036-2022）
15.27 《建筑节能与可再生能源利用通用规范》（GB55015-2021）
15.28 《建筑与市政工程防水通用规范》（GB55030-2022）
15.29 其他现行的国家及地方有关规范、规程、规定

16. 其他施工中注意事项

16.1 图中所选用标准图中有预埋件、预留洞时，如楼梯、平台钢栏杆、门窗、建筑配件等，本图所标注的各种预留洞与预埋件应与各工种密切配合后，确认无误方可施工。
16.2 两种材料的墙体交接处，应根据饰面材质在做饰面前加钉金属网或在施工中加贴玻璃丝网格布，防止裂缝。
16.3 预埋木砖及贴邻墙体的木质面均做防腐处理，露明铁件均做防锈处理。
16.4 楼板预留洞的封堵：待设备管线安装完毕后，用 C20 细石混凝土封堵密实，管道竖井每层采用不低于楼板耐火极限的不燃烧体或防火封堵材料进行封堵。
16.5 本工程依据《预拌砂浆应用技术规程》（JGJ/T223-2010）使用预拌砂浆。禁止使用施工现场搅拌砂浆。
16.6 本工程要按照《房屋白蚁预防技术规程》（JGJ/T245-2011）实施白蚁预防处理。
16.7 施工中应严格执行国家各项施工质量验收规范。

17. 其他设计要求

17.1 施工中注意与其他专业图纸的配合，发现问题及时协调并解决。需变更设计时请与设计单位及时联系，不得随意更改。
17.2 预埋木砖需做防腐处理，露明金属件、护栏等均刷防锈漆一道，银粉漆二道。
17.3 其他有关建筑标准及建筑立面、色彩等，在施工中如需修改必须通知设计者同意后方可改变。
17.4 建筑色彩需在施工前做出样板，经甲方和设计者同意后，再做大面积施工。
17.5 地沟穿墙处过梁除结构图纸说明外，沟壁过梁均可照国标 95J331 《地沟及盖板》施工。
17.6 内外墙体均应按抗震构造措施设置拉筋，拉筋要求详结施图。
17.7 施工中严格执行国家现行有关设计及施工规范，特别是二次装修时选材要严格按规范要求选择 45°角对焊并磨光。（应为环保型）
17.8 施工中如遇与当地习惯作法不同时，可以地方标为准。
17.9 凡隐蔽工程与隐蔽部位施工完毕后应及时会同有关部门进行检查验收。本图未尽事宜按国家标准及有关施工验收规范和产品生产厂家的技术要求进行施工或在施工中与设计单位共同协商解决。
17.10 在土建施工过程中应与设备专业密切配合，尽可能减少相互间的矛盾。如出现不得已现象（如开洞等），应在设备就位后采取有效措施对土建工程予以弥补。
17.11 若建筑系用于储藏易腐食品，建筑物内所有内装修材料均应采用环保建材，并有国家权威监测机构出具的检测证明。

18. 预拌砂浆标准对应表

品种	预拌砂浆 标注	传统砂浆
砌筑砂浆	DM M5、WM M5	M5混合砂浆、M5水泥砂浆 Mb5混凝土块体（砖）专用砌筑砂浆
	DM M7.5、WM M7.5	M7.5混合砂浆、M7.5水泥砂浆 Mb7.5混凝土块体（砖）专用砌筑砂浆
	DM M10、WM M10	M10混合砂浆、M10水泥砂浆 Mb10混凝土块体（砖）专用砌筑砂浆 Ms10蒸压灰砂普通砖、蒸压粉煤灰镀铜砖专用砌体砂浆
	DM M15、WM M15	M15混合砂浆、M15水泥砂浆 Mb15混凝土块体（砖）专用砌筑砂浆 Ms15蒸压灰砂普通砖、蒸压粉煤灰镀铜砖专用砌体砂浆
	DM M20、WM M20	M20混合砂浆 Mb20混凝土块体（砖）专用砌筑砂浆 Ms20蒸压灰砂普通砖、蒸压粉煤灰镀铜砖专用砌体砂浆
	DM M25、WM M25	M25混合砂浆 Ms25蒸压灰砂普通砖、蒸压粉煤灰镀铜砖专用砌体砂浆
	DM M30、WM M30	M30混合砂浆
抹灰砂浆	DP M5、WM M5	1:1:6混合砂浆
	DP M10、WM M10	1:1:4混合砂浆
	DP M15、WM M15	1:3水泥砂浆
	DP M20、WM M20	1:2水泥砂浆、1:2.5水泥砂浆、1:1:2混合砂浆
地面砂浆	DS M15、WS M15	1:3水泥砂浆
	DS M20、WS M20	1:2水泥砂浆
	DS M25、WS M25	1:1水泥砂浆

备注：D=Dry-mixed=干拌、W=wet-mixed=湿拌、M=Msaonry=砌筑、P=Plastering=抹灰、S=Surface=地面

2022年版

×××××建筑设计有限公司

■建筑行业（建筑工程）甲级 ■城乡规划编制甲级 ■风景园林工程设计专项乙级 ■市政行业道路工程乙级 ■市政行业排水工程乙级 ■环境工程专项水污染防治工程乙级 ■公路行业(公路)乙级
地址：
电话： 传真：

会签栏 COUNTER SIGNATURE			
建 筑 ARCHI.		电 气 ELEC.	
结 构 STRUCT.		暖 通 HVAC.	
给排水 PLUMBING			

签章区 STAMP AREA

版次 NO.	修改内容 DESCRIPTION	日期 DATE

建设单位 CLIENT

项目名称 PROJECT

子项目名称 SUB-PROJECT

图纸名称 TITLE
建筑设计说明（一）

制 图 DRAWING BY		
设 计 DESIGNED BY		
校 对 CHECKED BY		
专业负责 SPECIALTY CHIEF		
项目负责 PROJECT CHIEF		
审 核 EXAMINED BY		
审 定 APPROVED BY		

图号 DRAWING NO. J-01a
业务号 JOB NO.
出图日期 DATE

专 业 DISCIPLINE	建筑	设计阶段 STAGE	建施
比 例 SCALE	1:125	规 格 SIZE	A1

条形码,二维码 BARCODE,QR CODE

2022年版

建筑设计说明（二）

楼地面

地骨:
1. 120 厚 C25 混凝土
2. 基土夯实, 压实系数≥93%

楼1: 面砖地面/楼面 （燃烧性能等级A级） 适用部位：楼梯间、前室、走道、消防控制室等
1. 8~10厚地砖铺实拍平，水泥浆擦缝（样式及规格业主定）
2. 25厚1:2水泥砂浆结合层
3. 素水泥浆结合层一遍
4. 钢筋混凝土楼板 | 4. 地骨

楼3: 面砖地面/楼面 （燃烧性能等级A级） 适用部位
1. 8~10厚地砖铺实拍平，水泥浆擦缝（样式及规格业主定）
2. 25厚1:2水泥砂浆或1:3干硬性水泥砂浆
3. 素水泥浆结合层一遍
- ☑ 3厚ALE隔声涂料 | ☑ 10厚聚合物水泥防水砂浆
4. 钢筋混凝土楼板 | 4. 地骨

楼4:√水泥砂浆地面/楼面（毛坯） （燃烧性能等级A级） 适用部位：卧室、客厅、餐厅等
1. 20厚M15或1:2水泥砂浆抹面压光
2. 素水泥浆结合层一遍
- ☑ 3厚ALE隔声涂料
3. 钢筋混凝土楼板 | 3. 10厚聚合物水泥防水砂浆；4. 地骨

楼5:√防水砂浆地面/楼面（毛坯） （燃烧性能等级A级） 适用部位：阳台
1. 20厚M15或1:2水泥砂浆抹面压光
2. 10厚聚合物水泥砂浆防水砂浆
3. 20厚1:3水泥砂浆找坡层抹平
4. 钢筋混凝土楼板 | 4、地骨

楼4:√下沉式卫生间防水地面/楼面 适用部位：卫生间
1. 8~10厚地砖铺实拍平，水泥浆擦缝（样式及规格业主定）
2. 20厚1:2水泥砂浆结合层
3. 刷素水泥浆一道
4. 2厚聚合物水泥防水涂料, 四周反起至完成面上300
5. 刷氯丁胶稀释液一道
6. 1:2.5水泥砂浆找坡
7. 1:6陶粒混凝土填充（安装洁具及管道后填充）
8. 20厚1:3水泥砂浆保护层 | 8、地骨
9. 2厚聚合物水泥防水涂料, 四周反起至完成面上300
10. 1:2.5水泥砂浆表面平整、补缺、四周抹小八字角
11. 钢筋混凝土楼板

顶棚

顶1:√毛坯顶棚 （燃烧性能等级A级） 适用部位：楼梯间、前室、走道
1. 满刮腻子找平
2. 钢筋混凝土板底面清理干净

顶2:√石灰砂浆（广西灰）顶棚 （燃烧性能等级A级） 适用部位
1. 石灰面层
2. 钢筋混凝土板底面清理干净

顶3: 乳胶漆顶棚 适用部位
1. 刷乳胶漆三道
2. 满刮腻子找平
3. 刷素水泥浆一道（内掺水重 5%的108胶）
4. 钢筋混凝土板底面清理干净

顶4:√防潮顶棚 适用部位：卫生间
1. 滚或喷防霉无机涂料3道
2. 满刮腻子找平
3. 3厚涂刮型聚合物水泥砂浆
4. 刷素水泥浆一道（内掺5%的108胶）
5. 钢筋混凝土板底面清理干净

内墙面

内1: 石灰砂浆墙面（无保温） （燃烧性能等级A级） 适用部位
1. 石灰面层
2. 5厚1:0.5:3水泥石灰砂浆
3. 15厚1:1:6水泥石灰砂浆, 分两次抹灰
4. 墙体（当为加气混凝土砌块时，专用界面处理剂一遍；当为混凝土墙时，素水泥浆一遍）

内2:√混合砂浆墙面（毛坯） 适用部位：楼梯间、走道
1. 5厚1:0.5:3水泥石灰砂浆
2. 15厚1:1:6水泥石灰砂浆, 分两次抹灰
3. 墙体（当为加气混凝土砌块时，专用界面处理剂一遍；当为混凝土墙时，素水泥浆一遍）

内3:√防水砂浆墙面（毛坯） 适用部位：卫生间
1. 5厚1:2水泥砂浆抹面压光
2. 15厚1:2.5抹压型聚合物水泥防水砂浆
3. 墙体（当为加气混凝土砌块时，专用界面处理剂一遍；当为混凝土墙时，素水泥浆一遍）

内4: 乳胶漆墙面 适用部位
1. 白色水性乳胶漆两道
2. 涂刷乳胶底漆一道
3. 5厚1:2水泥砂浆抹面压光
4. 15厚1:2.5抹压型聚合物水泥防水砂浆
5. 墙体（当为加气混凝土砌块时，专用界面处理剂一遍；当为混凝土墙时，素水泥浆一遍）

内5: 面砖墙面 适用部位
1. 4~5厚面砖，白水泥浆擦缝（样式及规格业主定）
2. 4~5厚1:1水泥砂浆加水重20%建筑胶镶贴
3. 15厚专用抹灰砂浆, 分两次抹灰
4. 墙体（当为加气混凝土砌块时，专用界面处理剂一遍；当为混凝土墙时，素水泥浆一遍）

内6: 面砖防水砂浆墙面 适用部位：卫生间
1. 4~5厚面砖，白水泥浆擦缝（样式及规格业主定）
2. 4~5厚1:1水泥砂浆加水重20%建筑胶镶贴
3. 5厚涂刮型聚合物水泥防水砂浆
4. 15厚1:3水泥砂浆
5. 墙体（当为加气混凝土砌块时，专用界面处理剂一遍；当为混凝土墙时，素水泥浆一遍）

踢脚

适用部位

踢1:√水泥砂浆踢脚（100高）
1. 10厚1:2水泥砂浆抹面压光
2. 15厚1:3水泥砂浆
3. 墙体

踢2: 面砖踢脚（100高） 适用部位
1. 8~10厚面砖，水泥浆擦缝
2. 3~4厚1:1水泥砂浆加水重20%建筑胶镶贴
3. 17厚1:3水泥砂浆
4. 墙体

外墙面

外1: 面砖外墙面（无保温） 适用部位：南、北向墙体（剪力墙、柱、梁）
1. 5~7厚面砖，陶瓷墙地砖胶粘剂粘贴，填缝剂填缝（样式及规格业主定）
2. 5厚1:1水泥砂浆加水重20%建筑胶镶贴
3. 1.2厚聚合物水泥防水涂料（Ⅱ型）
4. 20厚1:2水泥砂浆纤维防水砂浆（内掺改性聚丙烯纤维0.9kg/m³及水泥用量4%的防水粉），分两次抹灰
- ☑ 满挂ø1.0@20x20方眼热镀锌钢丝网, 膨胀钉间距500锚固
5. 墙体（当为加气混凝土砌块时，专用界面处理剂一遍；当为混凝土墙时，素水泥浆一遍）
6. 15厚1:1:6水泥石灰砂浆, 分两次抹灰

外2: 面砖外墙面（内保温） 适用部位：东、西向墙体（剪力墙、柱、梁）
1. 5~7厚面砖，陶瓷墙地砖胶粘剂粘贴，填缝剂填缝（样式及规格业主定）
2. 5厚1:1水泥砂浆加水重20%建筑胶镶贴
3. 1.2厚聚合物水泥防水涂料（Ⅱ型）
4. 20厚1:2水泥砂浆纤维防水砂浆（内掺改性聚丙烯纤维0.9kg/m³及水泥用量4%的防水粉），分两次抹灰
- ☑ 满挂ø1.0@20x20方眼热镀锌钢丝网, 膨胀钉间距500锚固
5. 墙体（当为加气混凝土砌块时，专用界面处理剂一遍；当为混凝土墙时，素水泥浆一遍）
6. 30 厚玻化微珠保温砂浆Ⅰ型(燃烧性能B1级)
7. 5厚抗裂水泥砂浆满挂ø0.9(±0.04)@12.7x12.7热镀锌钢丝网片
8. 15厚1:1:6水泥石灰砂浆, 分两次抹灰

外3:√涂料/真石漆外墙面（无保温） 适用部位：南、北向墙体（剪力墙、柱、梁）
1. 喷或滚刷面层涂料二遍 | 1. 涂饰面层涂料二遍
2. 喷或滚刷低涂料一遍 | 2. 喷涂主层涂料；喷涂底层涂料
3. 2厚聚合物水泥胶结粉
4. 1.2厚聚合物水泥防水涂料（Ⅱ型）
5. 20厚1:2水泥砂浆纤维防水砂浆（内掺改性聚丙烯纤维0.9kg/m³及水泥用量4%的防水粉），分两次抹灰
- ☑ 满挂ø1.0@20x20方眼热镀锌钢丝网, 膨胀钉间距500锚固
6. 墙体（当为加气混凝土砌块时，专用界面处理剂一遍；当为混凝土墙时，素水泥浆一遍）
7. 15厚1:1:6水泥石灰砂浆, 分两次抹灰

外4:√涂料/真石漆外墙面（内保温） 适用部位：东、西向墙体（剪力墙、柱、梁）
1. 喷或滚刷面层涂料二遍 | 1. 涂饰面层涂料二遍
2. 喷或滚刷低涂料一遍 | 2. 喷涂主层涂料；喷涂底层涂料
3. 2厚聚合物水泥胶结粉
4. 1.2厚聚合物水泥防水涂料（Ⅱ型）
5. 20厚1:2水泥砂浆纤维防水砂浆（内掺改性聚丙烯纤维0.9kg/m³及水泥用量4%的防水粉），分两次抹灰
- ☑ 满挂ø1.0@20x20方眼热镀锌钢丝网, 膨胀钉间距500锚固
6. 墙体（当为加气混凝土砌块时，专用界面处理剂一遍；当为混凝土墙时，素水泥浆一遍）
7. 30 厚玻化微珠保温砂浆Ⅰ型(燃烧性能B1级)
8. 5厚抗裂水泥砂浆满挂ø0.9(±0.04)@12.7x12.7热镀锌钢丝网片
9. 15厚1:1:6水泥石灰砂浆, 分两次抹灰

外5:√干挂石材外墙面（无保温） 适用部位：南、北向墙体（剪力墙、柱、梁）
1. 30厚石材板，用环氧树脂胶固定销钉；石材接缝宽5~8，用硅酮密封胶填缝（样式及规格业主定）
2. 按石材板高度安装配套不锈钢件
3. 墙体固定连接件
4. 1.2厚聚合物水泥防水涂料（Ⅰ型）
5. 15厚普通防水砂浆找平兼防水层
6. 墙体（当为加气混凝土砌块时，专用界面处理剂一遍；当为混凝土墙时，素水泥浆一遍）
7. 15厚1:1:6水泥石灰砂浆, 分两次抹灰

外6:√干挂石材外墙面（内保温） 适用部位：东、西向墙体（剪力墙、柱、梁）
1. 30厚石材板，用环氧树脂胶固定销钉；石材接缝宽5~8，用硅酮密封胶填缝（样式及规格业主定）
2. 按石材板高度安装配套不锈钢件
3. 墙体固定连接件
4. 1.2厚聚合物水泥防水涂料（Ⅰ型）
5. 15厚普通防水砂浆找平兼防水层
6. 墙体（当为加气混凝土砌块时，专用界面处理剂一遍；当为混凝土墙时，素水泥浆一遍）
7. 30 厚玻化微珠保温砂浆Ⅰ型(燃烧性能B1级)
8. 5厚抗裂水泥砂浆满挂ø0.9(±0.04)@12.7x12.7热镀锌钢丝网片
9. 15厚1:1:6水泥石灰砂浆, 分两次抹灰

外5: 干挂铝单板外墙 适用部位：所有见光面外墙
1. 白色3.0厚铝单板，铝板需考虑平整性及抗风抗震性，根据铝板分格尺寸考虑增加加强肋（样式及规格业主定）
2. 安装热镀锌钢骨架配套水平304不锈钢托板（按铝单板规格设固定点，M12×140膨胀螺栓，螺母点焊）
3. 5厚聚合物水泥防水砂浆抹面压光
4. 15厚1:2.5聚合物水泥砂浆找平
5. 墙体（当为加气混凝土砌块时，专用界面处理剂一遍；当为混凝土墙时，素水泥浆一遍）
6. 15厚1:1:6水泥石灰砂浆, 分两次抹灰

屋面

屋1:√Ⅰ级防水有保温层屋面 适用部位：有保温的上人屋面
1. 50厚C25配筋细石混凝土（掺减水剂，双向配Φ4@150，每3m设缝，密封胶嵌缝）
2. 干铺聚酯纤维无纺布一层
3. 100厚挤塑聚苯乙烯泡沫板(燃烧性能B1级)（倒置式屋面设计厚度为节能计算厚度1.25倍, 节能技术厚度为 78 ）
4. 1.5厚自粘聚合物改性沥青防水卷材, 返上结构面400
5. 1.5厚自粘聚合物改性沥青防水卷材, 返上结构面400
6. 2.0厚非固化橡胶沥青防水涂料
7. 20厚1:2.5水泥砂浆找平层
8. 30厚（最薄处）LC5.0轻骨料混凝土找2%坡（当结构找坡时此层取消）
9. 钢筋混凝土屋面板, 表面清扫干净

屋2:√Ⅰ级防水、无保温不上人屋面 适用部位：楼梯间、电梯机房
1. 20厚1:2.5水泥砂浆，分格面积宜为1m³
2. 干铺聚酯纤维无纺布一层
3. 1.5厚自粘聚合物改性沥青防水卷材, 返上结构面400
4. 1.5厚自粘聚合物改性沥青防水卷材, 返上结构面400
5. 2.0厚非固化橡胶沥青防水涂料
6. 20厚1:2.5水泥砂浆找平层
7. 30厚（最薄处）LC5.0轻骨料混凝土找2%坡
8. 钢筋混凝土屋面板, 表面清扫干净

屋3:√防水涂料屋面 适用部位：雨蓬或小面积屋面
1. 20厚1:2.5水泥砂浆，分格面积宜为1m³
2. 6厚聚合物水泥防水涂料上返300
3. 最薄15厚1:2.5水泥砂浆找2%坡坡向地漏或外侧
4. 钢筋混凝土屋面板, 表面清扫干净

道路

路1: 混凝土整体路面（560厚）（适用于室外货车行道、消防环道） 适用部位
1. 200厚C30混凝土面层（混凝土设置纵横缩缝, 纵向缩缝每3~6m设置一道, 横向缩缝每6~12m设置一道）
2. 180厚6%水泥稳定石粉基层
3. 180厚级配碎石垫层碾实
4. 路基碾压密实≥93%

路2: 混凝土整体路面（350厚）（适用于小车行道） 适用部位
1. 150厚C30混凝土面层（混凝土设置纵横缩缝, 纵向缩缝每3~6m设置一道, 横向缩缝每6~12m设置一道）
2. 200厚级配砂石垫层碾实
3. 路基碾压密实≥93%

坡道

坡1:√ 适用部位
1. 20厚1:2水泥砂浆抹面，15宽水泥金刚砂防滑条，中距150，凸出坡面5
2. 素水泥浆一遍
3. 120厚C25混凝土
4. 素土夯实

散水

散1:√混凝土散水（散水宽800） 适用部位
1. 120厚C25混凝土散水WS M25-GB/25181-2010水泥砂浆压实赶光，与墙体连接处，转折处及每6m设缝，缝宽20，密封胶嵌缝
2. 素土夯实，向外找坡4%

台阶

台1:√ 适用部位
1. 面层甲方定
2. 120厚C25混凝土
3. 素土夯实

油漆

漆1: 一般外露铁件 适用部位
1. 除锈后刷防锈漆二道
2. 白色磁漆二道

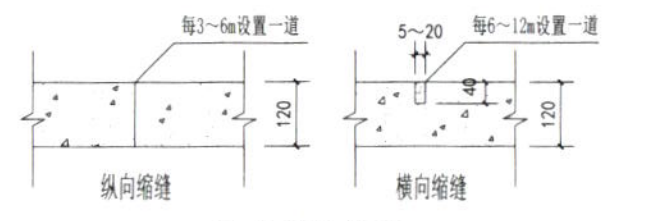

①纵横向缩缝 1:20

××××× 建筑设计有限公司

■建筑行业（建筑工程）甲级 ■城乡规划编制甲级 ■风景园林工程设计专项乙级 ■市政行业道路工程乙级 ■市政行业排水工程乙级 ■环境工程专项水污染防治工程乙级 ■公路行业(公路)乙级

地址:
电话: 传真:

会签栏 COUNTER SIGNATURE			
建筑 ARCHI.		电气 ELEC.	
结构 STRUCT.		暖通 HVAC.	
给排水 PLUMBING			

签章区 STAMP AREA

版次 NO.	修改内容 DESCRIPTION	日期 DATE

建设单位 CLIENT

项目名称 PROJECT

子项目名称 SUB-PROJECT

图纸名称 TITLE：建筑设计说明（二）

制图 DRAWING BY		
设计 DESIGNED BY		
校对 CHECKED BY		
专业负责 SPECIALTY CHIEF		
项目负责 PROJECT CHIEF		
审核 EXAMINED BY		
审定 APPROVED BY		

图号 DRAWING NO. J-01b

业务号 JOB NO.

出图日期 DATE

专业 DISCIPLINE	建筑	设计阶段 STAGE	建施
比例 SCALE	1:100	规格 SIZE	A1

条形码,二维码 BARCODE,QR CODE

居住建筑节能设计说明专篇

一、设计依据

1.《公共建筑节能设计标准》GB 50189—2015
2.《夏热冬暖地区居住建筑节能设计标准》JGJ 75—2012
3.《工业建筑节能设计统一标准》GB 51245—2017
4.《民用建筑热工设计规范》GB 50176—2016
5.《建筑采光设计标准》GB 50033—2013
6.《建筑幕墙》GB/T 21086—2007
7.《民用建筑供暖通风与空气调节设计规范》GB 50736—2012
8.《智能建筑设计标准》GB 50314—2015
9.《民用建筑电气设计标准》GB 51348—2019
10.《建筑照明设计标准》GB 50034—2013
11.《建筑给水排水设计标准》GB 50015—2019
12.《民用建筑节水设计标准》GB 50555—2010
13.《广东省居住建筑节能设计标准》DBJ/T 15—133—2018
14.《广东省公共建筑节能设计标准》DBJ/T 15—51—2020
15.《建筑节能与可再生能源利用通用规范》GB 55015—2021
16.《建筑碳排放计算标准》GB/T 51366—2019
17.国家、省、市现行的相关法律、法规、规范性文件

二、工程概况

项目名称：

建筑类型：□公共建筑 ☑居住建筑 □工业建筑　建筑功能：住宅

项目用地面积：720.60 m²

项目建筑面积：631.40m²，其中地上:631.40m²，地下：— m²

建筑高度：10.90 m，建筑层数：3　地上：3，地下：—

项目朝向示意图（群体建筑应有区域位置简图、所涉单体用灰度表示，建模栋应标注）：

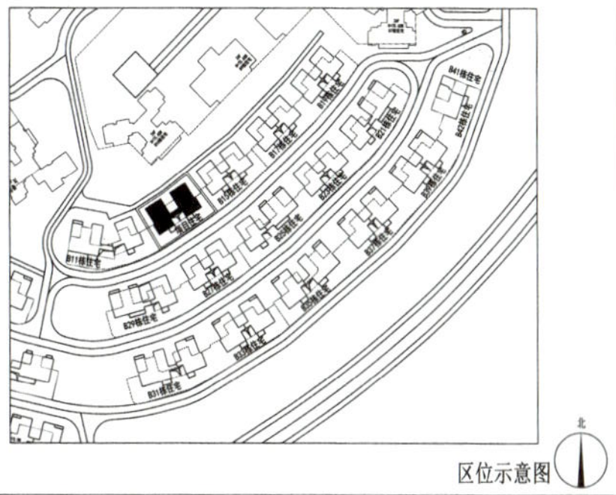

区位示意图

三、主要建筑节能设计说明

(一)节能评定结果

□ 符合规定性指标	——		
☑ 通过权衡判断，满足节能要求	评价指标	参照建筑	设计建筑
	空调采暖年耗电量	19.96	18.34
	空调采暖年耗电指数		

(二)建筑与建筑热工

1.屋面

平均传热系数K≤0.40W/(m²·K)，平均热惰性指标D= 3.68 。

(1) 隔热构造参数：

非透明屋面主要隔热材料	构造方式	主材厚度(mm) 计算值	主材厚度(mm) 施工值	密度* (kg/m³)	导热系数* [W/(m·K)]	抗压强度 (MPa)	燃烧性能等级*
挤塑聚苯乙烯泡沫板（XPS）(ρ=40)		78	100	40.0	0.030		

(2) 外饰面参数：

屋面饰面类型及颜色	太阳辐射吸收系数ρ		使用位置
	0.74		
热反射隔热涂料	修正前*	修正后	使用位置
	0.740	0.740	

注：热反射隔热涂料修正前太阳辐射吸收系数指用于产品性能的检测值，修正后太阳辐射吸收系数指用于节能计算的修正值。

2.外墙

公共建筑/工业建筑：平均传热系数K≤____ W/(m²·K)，平均热惰性指标D=____ 。

居住建筑：传热系数K 东 1.47 南 — 西 1.45 北 — W/(m²·K)，热惰性指标D 东 3.22 南 — 西 3.24 北 —

(1) 隔热构造参数：

外墙构造	材料类型、品种	厚度 (mm)	密度* (kg/m³)	导热系数* [W/(m·K)]	压缩强度或抗压强度* (MPa)	燃烧性能等级*	使用位置
填充墙	页岩实心砖	180	1900.0	0.810			
主要隔热材料	玻化微珠保温砂浆	30	350.0	0.070			

(2) 外饰面参数：

外墙饰面类型及颜色	太阳辐射吸收系数ρ		使用位置
	0.60		
热反射隔热涂料	修正前*	修正后	使用位置
	0.600	0.600	

注：热反射隔热涂料修正前太阳辐射吸收系数指用于产品性能的检测值，修正后太阳辐射吸收系数指用于节能计算的修正值。

3.底面接触室外空气的架空或外挑楼板（公共建筑填写）

平均传热系数K≤____ W/(m²·K)，隔热措施：____

4.外窗、屋顶透光部分

平均窗墙面积比= 0.14 ，屋顶透光部分面积比= 0.00 。

(1) 主要构造参数：

结构部位	窗框型材及玻璃种类	整窗传热系数*	玻璃传热系数*	玻璃遮蔽系数*	可见光透射比*	中空玻璃露点*	使用位置
外窗	隔热金属型材+ 6mm中透光Low-E+12mm空气+6透明	2.6	1.8	0.5	0.62		
透光幕墙							
屋顶透光部分							

(2) 各项综合指标：

朝向	窗墙面积比	传热系数	太阳得热系数	外遮阳系数最大值	该外窗编号	外遮阳措施
东	0.27	2.60	0.26	0.79	C2816	综合
南	—	—	—	—	—	—
西	0.32	2.60	0.26	0.80	透光门-M0924	水平
北	—	—	—	—	—	—

注：(1) 居住建筑应填写单一朝向最不利房间外窗（包括透光幕墙）相关数据。
(2) 公共建筑应填写单一立面外窗（包括透光幕墙）相关数据。
(3) 构件装置遮阳做法详《广东省居住建筑节能设计标准》DBJ/T 15—133—2018条文说明4.2.9表4.2.9-1及表4.2.9-2。

(3) 通风采光情况（居住建筑填写）

采光最不利的主要功能房间		通风开口面积最不利房间	
房间功能	书房	房间功能	楼梯间
房间位置	②轴交Ⓑ轴三层书房	房间位置	⑥轴交Ⓑ至Ⓒ轴二层楼梯间
房间窗地面积比	0.21	满足标准情况	外窗通风开口面积不小于房间地面面积的10%

注：主要房间（卧室、书房、起居室等）的通风开口面积应按不小于该房间地面面积的10%要求设计；厨房、卫生间、户外公共区域的外窗，其通风开口面积应按不小于外窗面积45%设计。

(三)供暖通风与空气调节

机组类型	性能指标（根据设备类型相应填写）						装机容量	台数
	COP	IPLV	SCOP	APF	SEER	能效比（2级）		

☑ 本项目不安装暖通空调系统。

(四)给水排水（公共建筑填写）

给水泵等级：____（不宜低于现行国家标准《清水离心泵能效限定值及节能评价值》GB19762规定的泵节能评价值，如未设置，无须填写）

(五)电气

1.变压器能效值：____（不宜低于现行国家标准《电力变压器能效限定值及能效等级》GB20052中能效标准的节能评价值，如未设置，无须填写）

2.照明节能控制措施：____。

3.公共建筑电能监测计量分项情况：☑照明用电 □插座用电 □空调用电 ☑动力用电 □特殊用电

(六)可再生能源利用

设计指标	太阳能热水	太阳能光电	空气源热泵	空调废热	其他
主要性能参数	集热板面积（m²）	总装机容量（KWP）	COP	回收利用	
建筑应用面积（m²）	16m²				
安装部位	屋顶位置				

注：(1) 太阳能系统需严格按相关规范进行土建、防水、管道等部位的施工安装，保证建筑物的结构和功能设施安全。系统性能调试和工程质量验收时，应检测相关参数及要求。
(2) 太阳能集热系统需进行定期检查和维护，保证其高效运行，具体做法可参照现行国家标准《民用建筑太阳能热水系统应用技术标准》GB 50364相关要求。
(3) 要求对可再生能源系统进行单独计量。

(七)建筑碳排放

1.本项目的碳排放强度在2016年执行的节能设计标准的基础上降低了____ $kgCO_2/(m^2·a)$。

2.降低碳排放措施：____。

(八)说明

1.本专篇仅供参考，设计人员宜根据项目实际情况进行填写和调整。

2.建筑节能工程进场材料应严格按照《建筑节能工程施工质量验收标准》（GB 50411）及《广东省建筑节能与绿色建筑工程施工质量验收规范》（DBJ 15-65）要求进场复验，其性能指标（包括但不限于专篇中带"*"的性能指标）应符合设计要求，并应在施工前由监理人员督促施工单位抽样送检合格并签字。外墙及屋面外饰面太阳辐射吸收系数小于0.6时须进行抽样送检。

×××××建筑设计有限公司

■建筑行业（建筑工程）甲级
■城乡规划编制甲级　■风景园林工程设计专项乙级
■市政行业道路工程乙级　■市政行业排水工程乙级
■环境工程专项水污染防治工程乙级　■公路行业(公路)乙级

地址：
电话：　传真：

会签栏 COUNTER SIGNATURE			
建筑 ARCHI.		电气 ELEC.	
结构 STRUCT.		暖通 HVAC.	
给排水 PLUMBING			

签章区 STAMP AREA

版次 NO.	修改内容 DESCRIPTION	日期 DATE

建设单位 CLIENT

项目名称 PROJECT

子项目名称 SUB-PROJECT

图纸名称 TITLE

居住建筑节能设计说明专篇

制图 DRAWING BY	
设计 DESIGNED BY	
校对 CHECKED BY	
专业负责 SPECIALTY CHIEF	
项目负责 PROJECT CHIEF	
审核 EXAMINED BY	
审定 APPROVED BY	
图号 DRAWING NO.	J-01c
业务号 JOB NO.	
出图日期 DATE	

专业 DISCIPLINE	建筑	设计阶段 STAGE	建施
比例 SCALE	1:100	规格 SIZE	A2

条形码,二维码 BARCODE,QR CODE

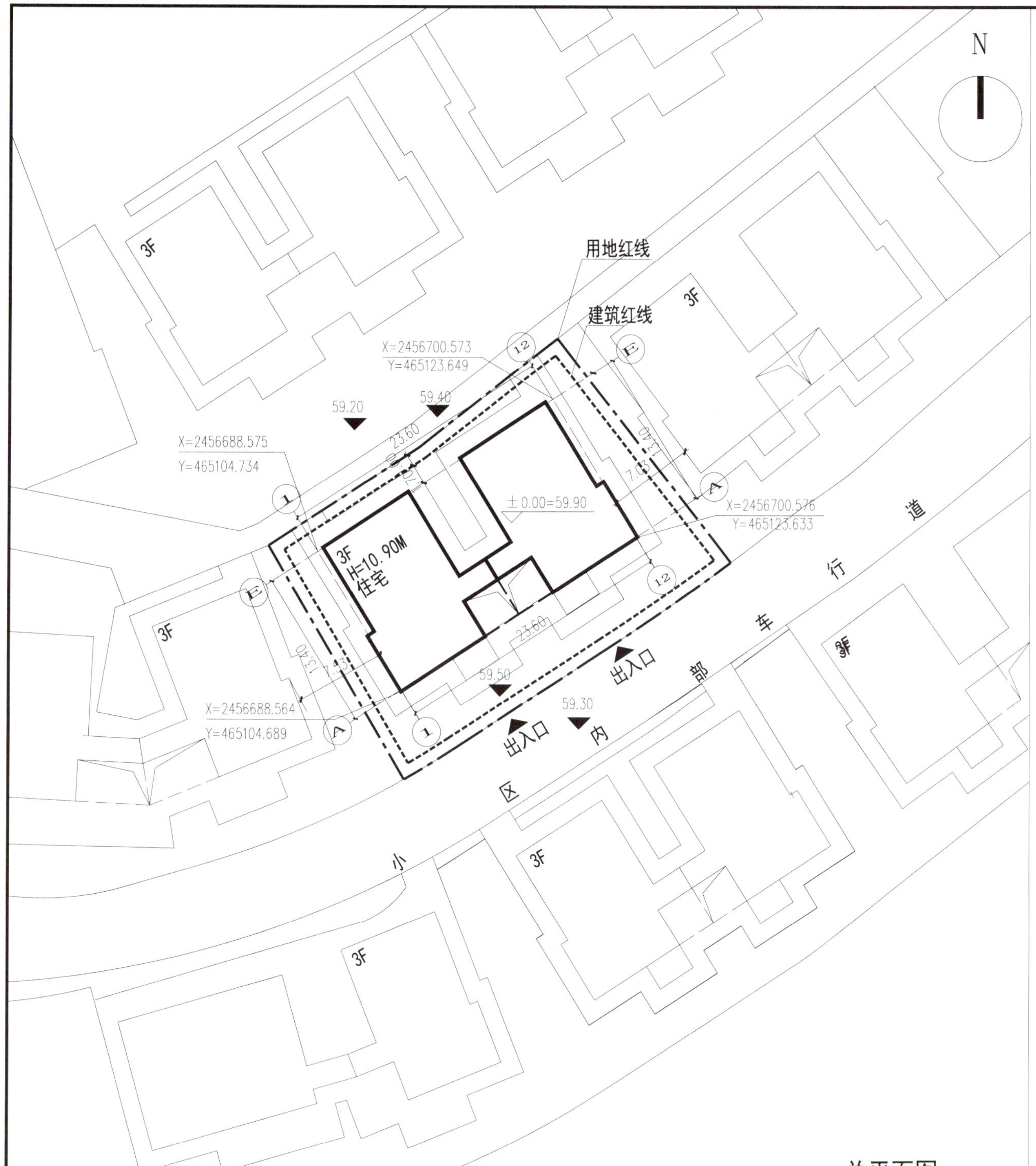

总平面图 1:250

技术经济指标表	
用地面积	720.60
建筑面积	631.40
占地面积	246.44
容积率	0.88
建筑密度	34.2%
建筑层数	3F
绿地率	30.6%

图纸说明：

1. 设计依据详见建施设计说明。
2. 本图所示尺寸单位为米（m）。
3. 本图所示建筑为外轮廓线。
4. 本图单体建筑中定位坐标均为建筑轴线交点坐标。
4. 本图所示建筑高度为室外地坪至女儿墙高度。
5. 本图所标建筑间距尺寸为建筑外墙完成面净距。
6. 坐标系为广州2000坐标系统，高程为黄海高程系统。
7. 本工程景观设计及竖向设计见景观设计图纸。
8. 本项目建筑面积、占地面积等指标依据省标《建筑工程面积计算和竣工综合测量技术规程》DB33/1152-2018，经计算后满足规划各指标要求。
9. 建筑间距及退让符合《广州市城市规划管理技术标准与准则》的要求。

2022年版

广东建筑艺术设计院有限公司
GUANGDONG ARCHITECTURAL ARTISTIC DESIGN INSTITUTE CO., LTD
地址：广州市天河区黄埔大道中309号自编3-09A
电话：(020) 38031603 传真：(020) 38031690

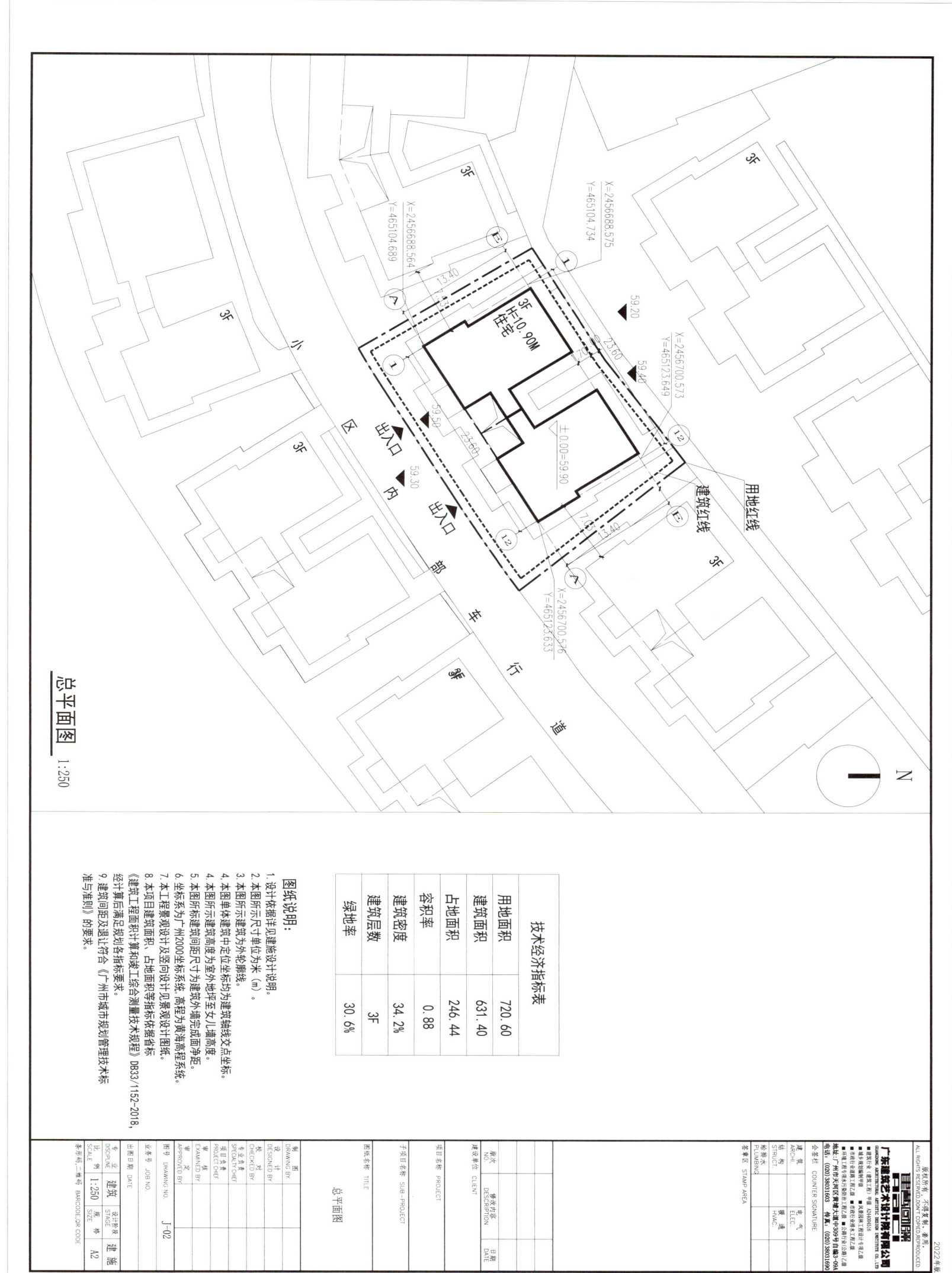

会签栏 COUNTER SIGNATURE
建筑 ARCHI. 电气 ELEC.
结构 STRUCT. 暖通 HVAC.
给排水 PLUMBING
签章区 STAMP AREA
版次 NO. 修改内容 DESCRIPTION 日期 DATE
建设单位 CLIENT
项目名称 PROJECT
子项目名称 SUB-PROJECT
图纸名称 TITLE 总平面图
制图 DRAWING BY
设计 DESIGNED BY
校对 CHECKED BY
专业负责 SPECIALTY CHIEF
项目负责 PROJECT CHIEF
审核 EXAMINED BY
审定 APPROVED BY
图号 DRAWING NO. J-02
业务号 JOB NO.
出图日期 DATE
专业 DISCIPLINE 建筑 设计阶段 STAGE 建施
比例 SCALE 1:250 规格 SIZE A2
条形码,二维码 BARCODE,QR CODE

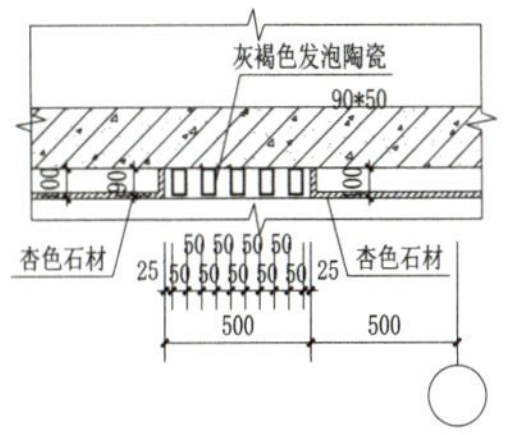

A 铝格栅造型 1:25

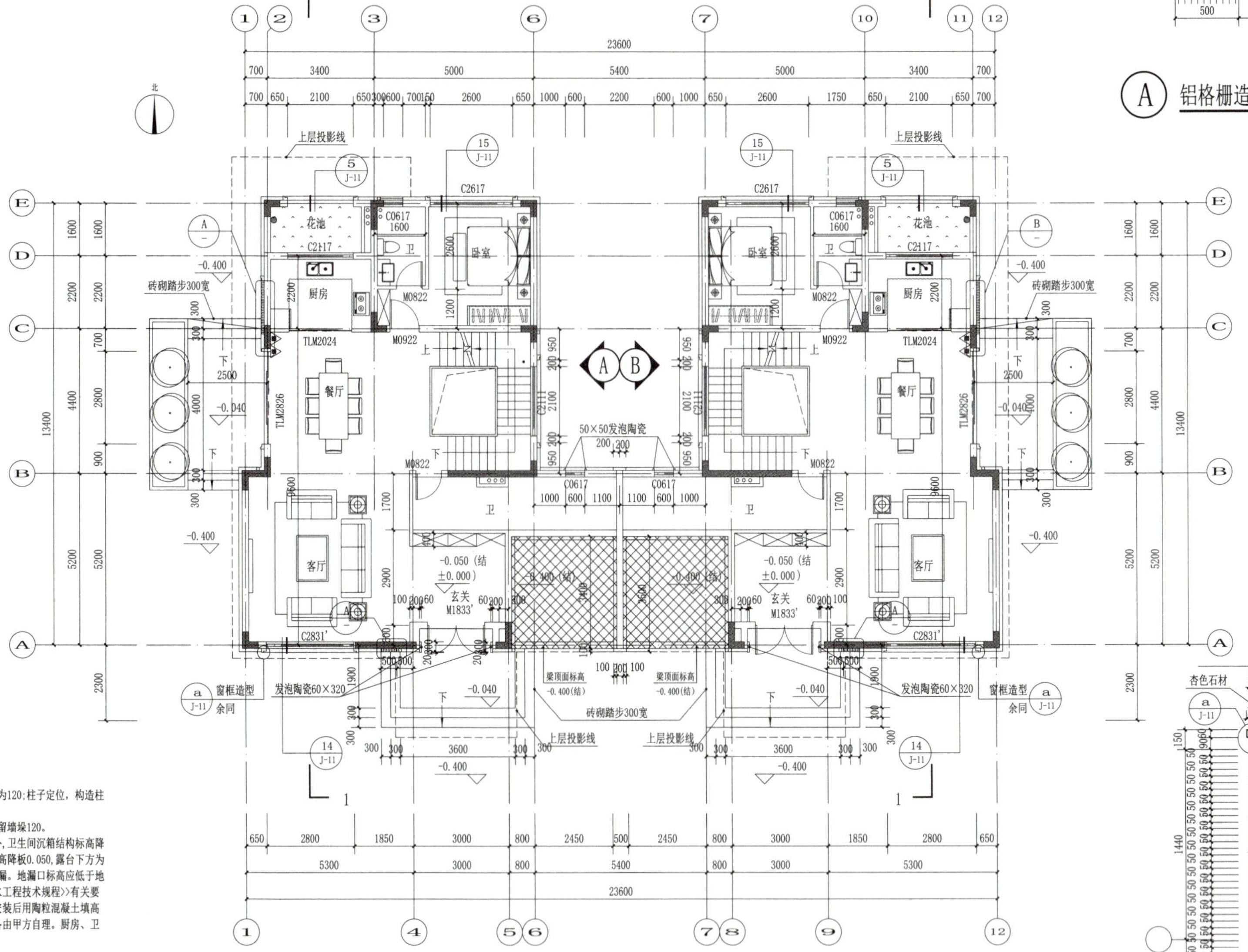

首层平面图 1:100

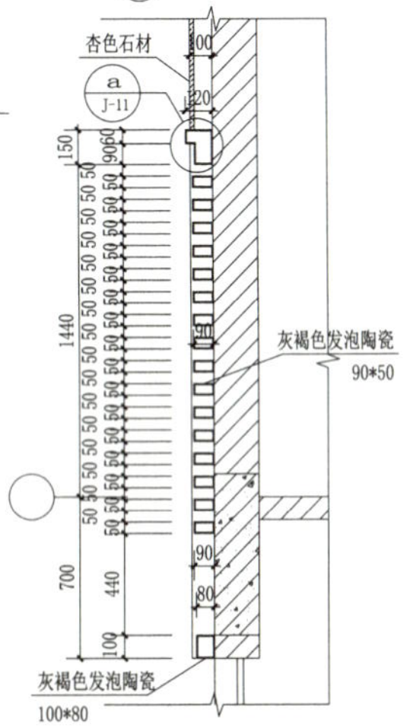

B 铝格栅造型 1:25

说明：

(1) 外墙，分户墙，梯间墙厚为180，其余内墙为120；柱子定位，构造柱配置参照结施图。

(2) 除注明外，门窗靠墙柱边开洞或居中或留墙垛120。

(3) 所有室内标高为H(建筑标高)，除注明外，卫生间沉箱结构标高降板0.350、结构外阳台和结构外露台结构标高降板0.050，露台下方为室内，结构标高降板0.150，找坡1%坡向地漏。地漏口标高应低于地面20。防水做法应按广东省标准《建筑防水工程技术规程》有关要求执行。各层卫生间坑位处待管道及洁具安装后用陶粒混凝土填高至图示标高。卫生间选用之洁具和水暖设备由甲方自理。厨房、卫生间及室外给排水参照水施图。

(4) ⊠⊠⊠填充部分结构标高降板0.350。

(5) 凡窗台高度低于900，加设950高护栏，做法按15J403-1 $\frac{H3}{C15}$。

(6) 地漏、雨水管、污水管详细设计见水施图。

(7) 凡没标注之尺寸参照已标注的；平面尺寸如与大样图不符以大样图为准。

(8) 图中挂石位置由有资质的专业公司设计及安装。

(9) 本项目立面所有外露管道刷与立面同色涂料。

(10)凡有立管包砌，应待立管安装完，试水合格后砌筑包封，尺寸及定位详水施图。

(11) 除注明外，构造柱位置及做法详见结施总说明。

(12) 本项目低层和多层居住建筑不设无障碍住房，无障碍住房设置在的高层住宅建筑中。

2022年版

XXXXX建筑设计有限公司

■建筑行业（建筑工程）甲级 ■城乡规划编制甲级 ■风景园林工程设计专项乙级 ■市政行业道路工程乙级 ■市政行业排水工程乙级 ■环境工程专项水污染防治工程乙级 ■公路行业（公路）乙级

地址
电话：　　传真：

会签栏 COUNTER SIGNATURE			
建筑 ARCHI.		电气 ELEC.	
结构 STRUCT.		暖通 HVAC.	
给排水 PLUMBING			
签章区 STAMP AREA			
版次 NO.	修改内容 DESCRIPTION	日期 DATE	
建设单位 CLIENT			
项目名称 PROJECT			
子项目名称 SUB-PROJECT	B13		
图纸名称 TITLE	首层平面图		
制图 DRAWING BY			
设计 DESIGNED BY			
校对 CHECKED BY			
专业负责 SPECIALTY CHIEF			
项目负责 PROJECT CHIEF			
审核 EXAMINED BY			
审定 APPROVED BY			
图号 DRAWING NO.	J-03		
业务号 JOB NO.	(23)-J-025		
出图日期 DATE	2023-07		
专业 DISCIPLINE	建筑	设计阶段 STAGE	建施
比例 SCALE	1:100	规格 SIZE	A2
条形码,二维码 BARCODE,QR CODE			

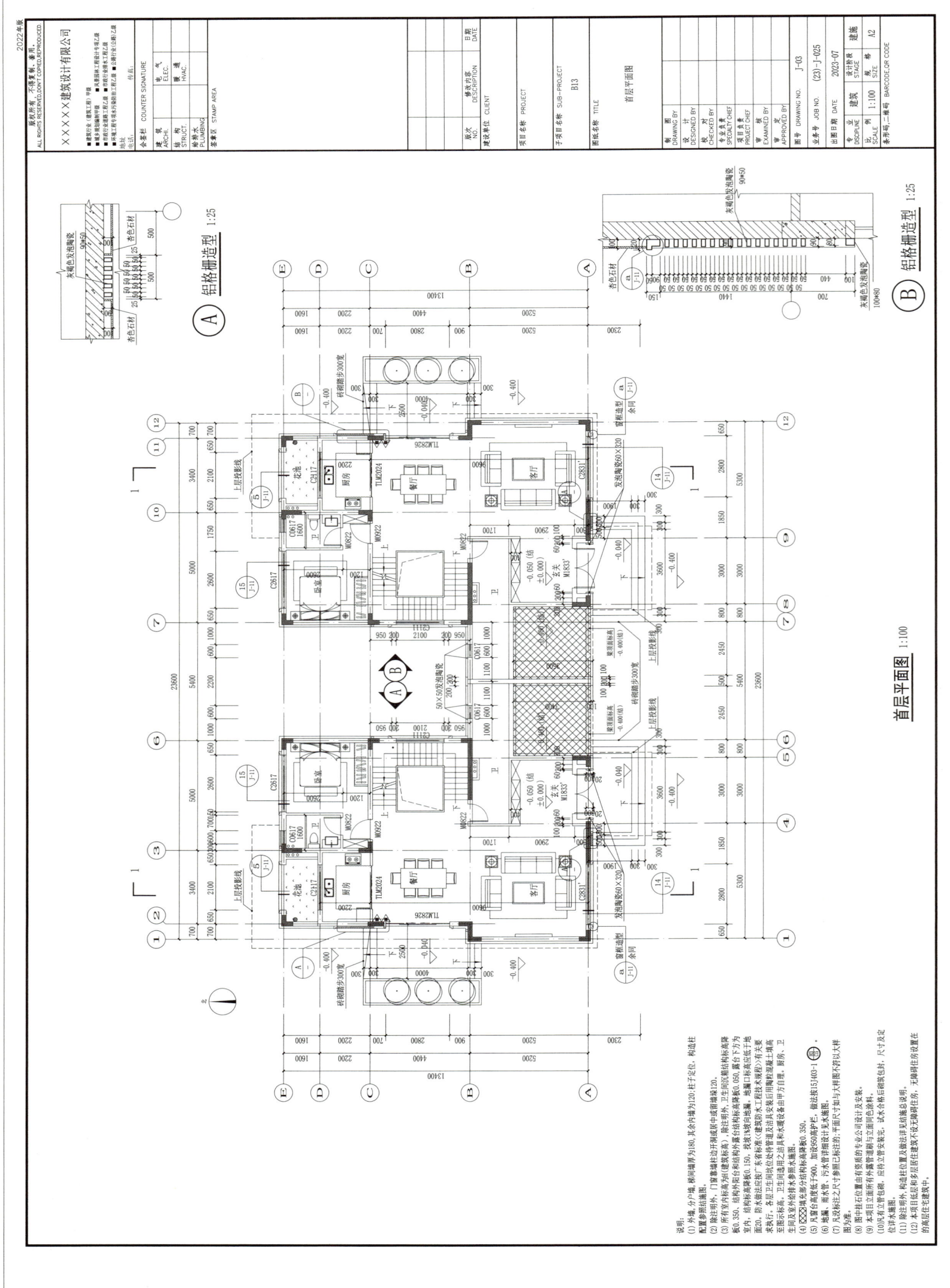

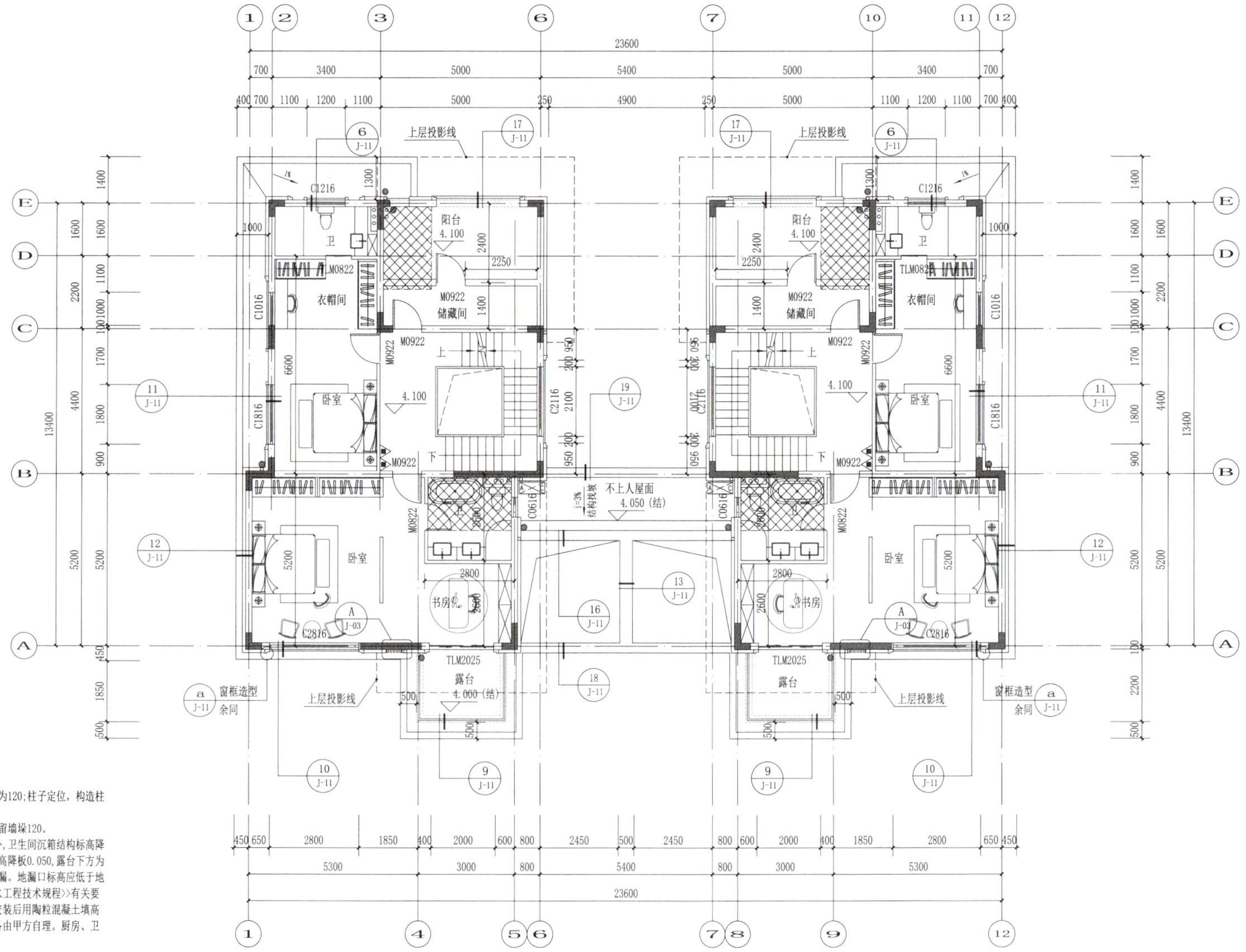

说明：
(1) 外墙，分户墙，梯间墙厚为180，其余内墙为120；柱子定位，构造柱配置参照结施图。
(2) 除注明外，门窗靠墙柱边开洞或居中或留墙垛120。
(3) 所有室内标高为H(建筑标高)，除注明外，卫生间沉箱结构标高降板0.350、结构外阳台和结构外露台结构标高降板0.050，露台下方为室内，结构标高降板0.150，找坡1%坡向地漏。地漏口标高应低于地面20。防水做法应按广东省标准<<建筑防水工程技术规程>>有关要求执行。各层卫生间坑位处待管道及洁具安装后用陶粒混凝土填高至图示标高。卫生间选用之洁具和水暖设备由甲方自理。厨房、卫生间及室外给排水参照水施图。
(4) ⊠⊠⊠填充部分结构标高降板0.350。
(5) 凡窗台高度低于900，加设950高护栏，做法按15J403-1 (H3/C15)。
(6) 地漏、雨水管、污水管详细设计见水施图。
(7) 凡没标注之尺寸参照已标注的；平面尺寸如与大样图不符以大样图为准。
(8) 图中挂石位置由有资质的专业公司设计及安装。
(9) 本项目立面所有外露管道刷与立面同色涂料。
(10)凡有立管包砌，应待立管安装完，试水合格后砌筑包封，尺寸及定位详水施图。
(11) 除注明外，构造柱位置及做法详见结施总说明。
(12) 本项目低层和多层居住建筑不设无障碍住房，无障碍住房设置在的高层住宅建筑中。

二层平面图 1:100

2022年版

×××××建筑设计有限公司

■建筑行业（建筑工程）甲级
■城乡规划编制甲级 ■风景园林工程设计专项乙级
■市政行业道路工程乙级 ■市政行业排水工程乙级
■环境工程专项水污染防治工程乙级 ■公路行业(公路)乙级
地址
电话： 传真：

会签栏 COUNTER SIGNATURE			
建筑 ARCHI.		电气 ELEC.	
结构 STRUCT.		暖通 HVAC.	
给排水 PLUMBING			

签章区 STAMP AREA

版次 NO.	修改内容 DESCRIPTION	日期 DATE

建设单位 CLIENT

项目名称 PROJECT

子项目名称 SUB-PROJECT

图纸名称 TITLE

二层平面图

制图 DRAWING BY	
设计 DESIGNED BY	
校对 CHECKED BY	
专业负责 SPECIALTY CHIEF	
项目负责 PROJECT CHIEF	
审核 EXAMINED BY	
审定 APPROVED BY	
图号 DRAWING NO.	J-04
业务号 JOB NO.	
出图日期 DATE	

专业 DISCIPLINE	建筑	设计阶段 STAGE	建施
比例 SCALE	1:100	规格 SIZE	A2

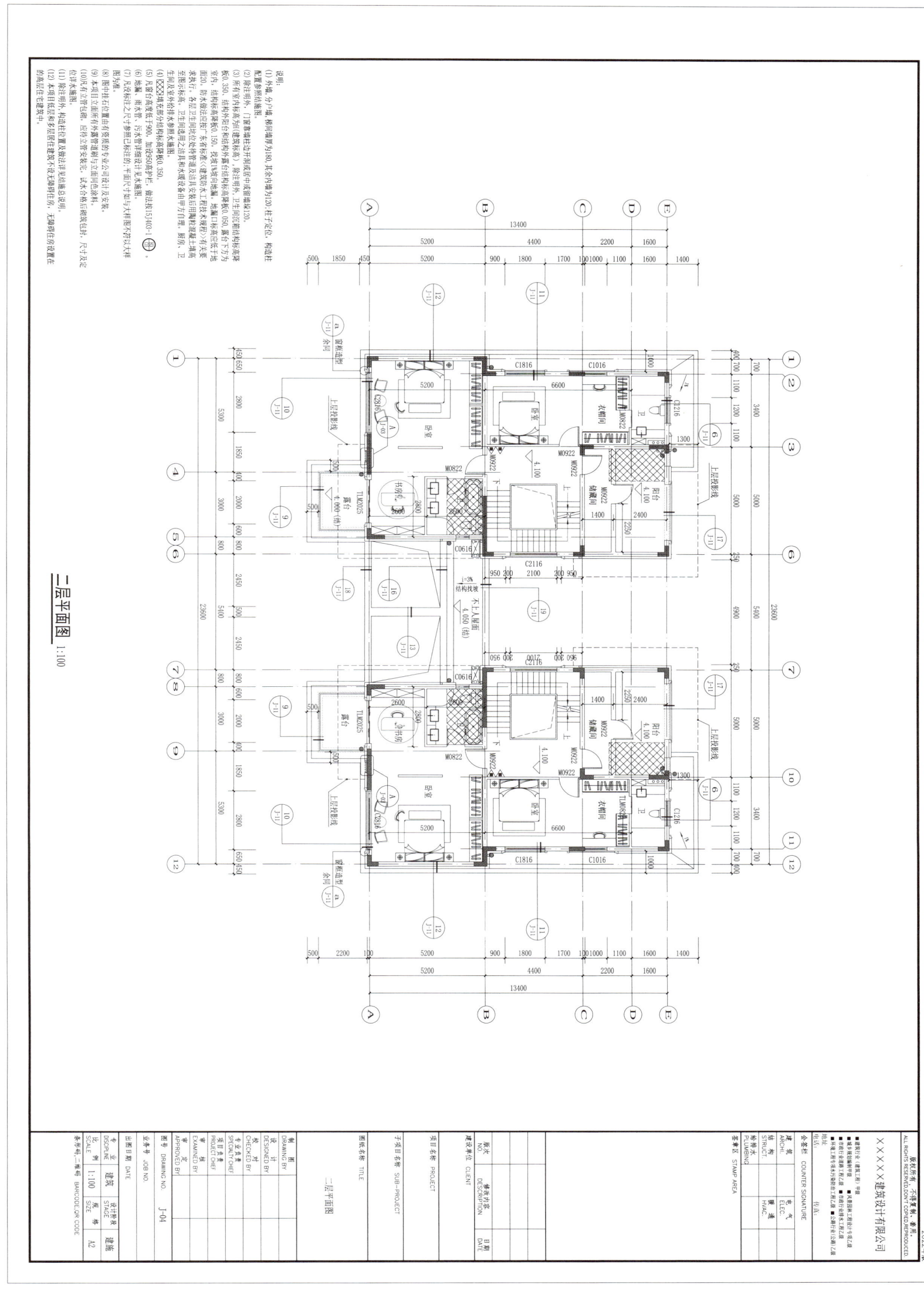

条形码，二维码 BARCODE,QR CODE

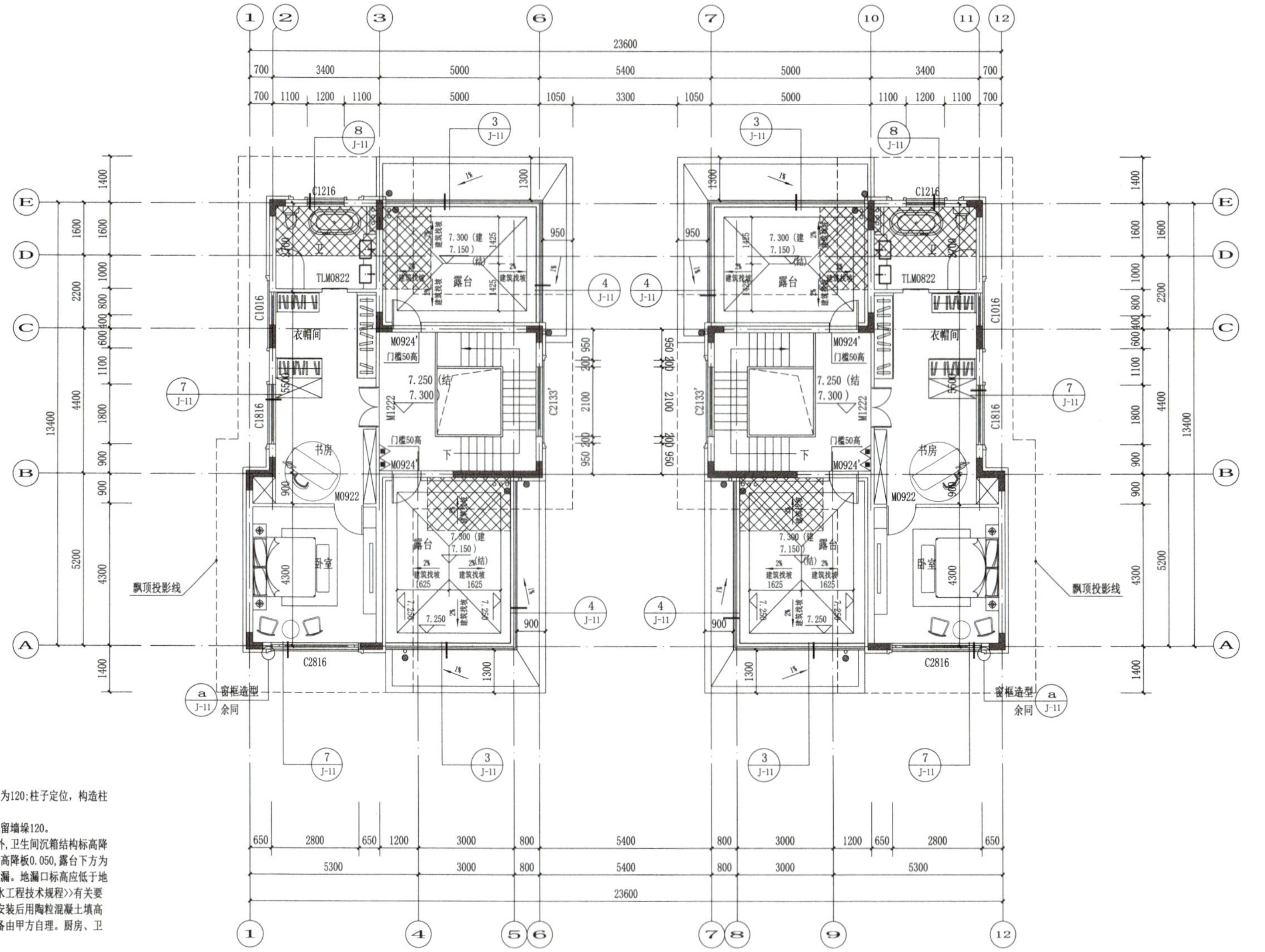

三层平面图 1:100

说明：

(1) 外墙，分户墙，梯间墙厚为180，其余内墙为120；柱子定位，构造柱配置参照结施图。

(2) 除注明外，门窗靠墙柱边开洞或居中或留墙垛120。

(3) 所有室内标高为H（建筑标高），除注明外，卫生间沉箱结构标高降板0.350、结构外阳台和结构外露台结构标高降板0.050，露台下方为室内，结构标高降板0.150，找坡1%坡向地漏。地漏口标高应低于地面20。防水做法应按广东省标准《〈建筑防水工程技术规程〉》有关要求执行。各层卫生间坑位处待管道及洁具安装后用陶粒混凝土填高至图示标高。卫生间选用之洁具和水暖设备由甲方自理。厨房、卫生间及室外给排水参照水施图。

(4) ⊠⊠⊠填充部分结构标高降板0.350。

(5) 凡窗台高度低于900，加设950高护栏，做法按15J403-1 (H3/C15)。

(6) 地漏、雨水管、污水管详细设计见水施图。

(7) 凡没标注之尺寸参照已标注的；平面尺寸如与大样图不符以大样图为准。

(8) 图中挂石位置由有资质的专业公司设计及安装。

(9) 本项目立面所有外露管道刷与立面同色涂料。

(10)凡有立管包砌，应待立管安装完，试水合格后砌筑包封，尺寸及定位详水施图。

(11) 除注明外，构造柱位置及做法详见结施总说明。

(12) 本项目低层和多层居住建筑不设无障碍住房，无障碍住房设置在的高层住宅建筑中。

2022年版

××××× 建筑设计有限公司

■建筑行业（建筑工程）甲级
■城乡规划编制甲级 ■风景园林工程设计专项乙级
■市政行业道路工程乙级 ■市政行业排水工程乙级
■环境工程专项水污染防治工程乙级 ■公路行业（公路）乙级
地址：
电话： 传真：

会签栏 COUNTER SIGNATURE			
建筑 ARCHI.		电气 ELEC.	
结构 STRUCT.		暖通 HVAC.	
给排水 PLUMBING			

签章区 STAMP AREA

版次 NO.	修改内容 DESCRIPTION	日期 DATE

建设单位 CLIENT

项目名称 PROJECT

子项目名称 SUB-PROJECT

图纸名称 TITLE

三层平面图

制图 DRAWING BY	
设计 DESIGNED BY	
校对 CHECKED BY	
专业负责 SPECIALTY CHIEF	
项目负责 PROJECT CHIEF	
审核 EXAMINED BY	
审定 APPROVED BY	
图号 DRAWING NO.	J-05
业务号 JOB NO.	
出图日期 DATE	

专业 DISCIPLINE	建筑	设计阶段 STAGE	建施
比例 SCALE	1:100	规格 SIZE	A2

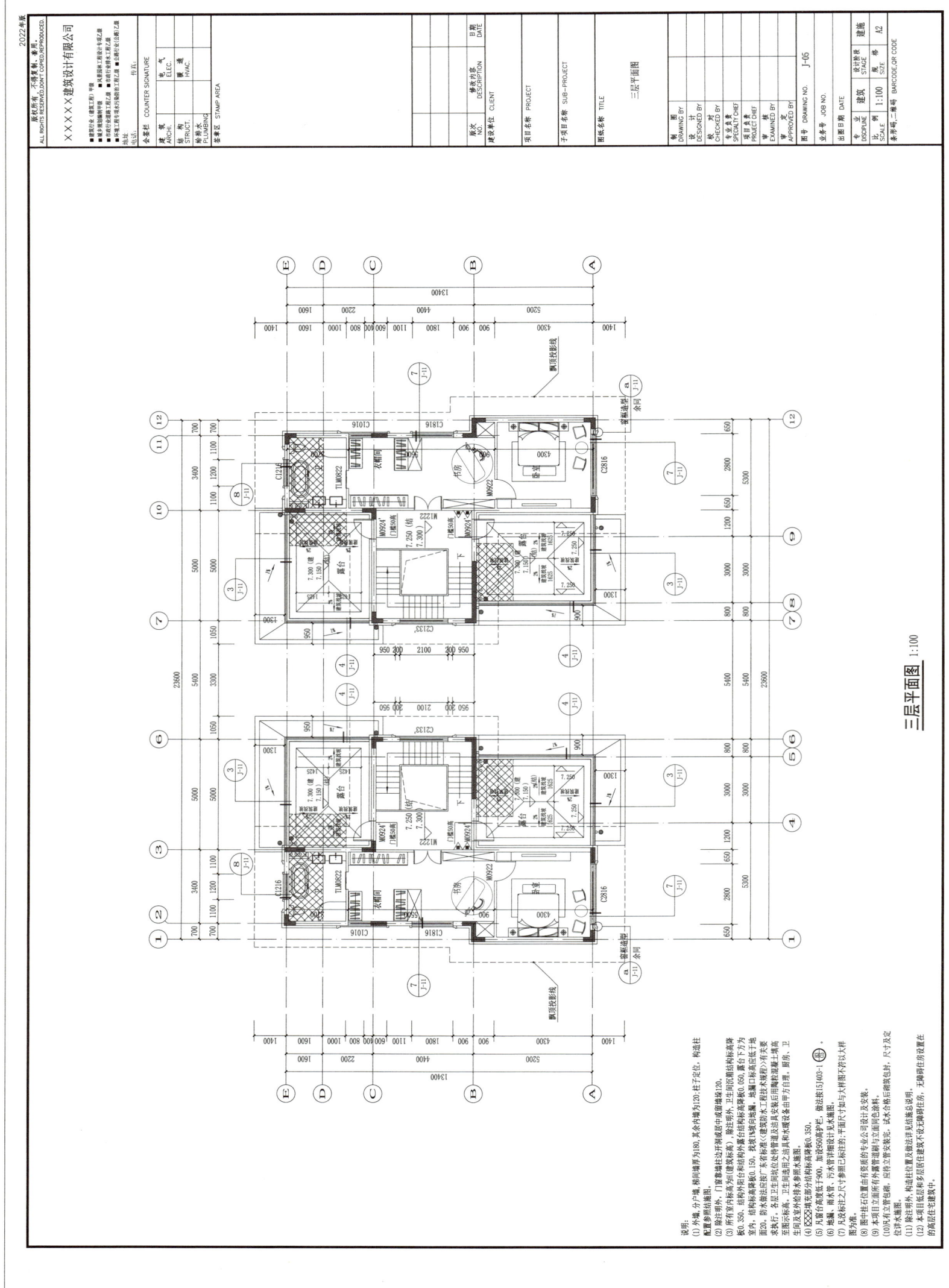

条形码，二维码 BARCODE,QR CODE

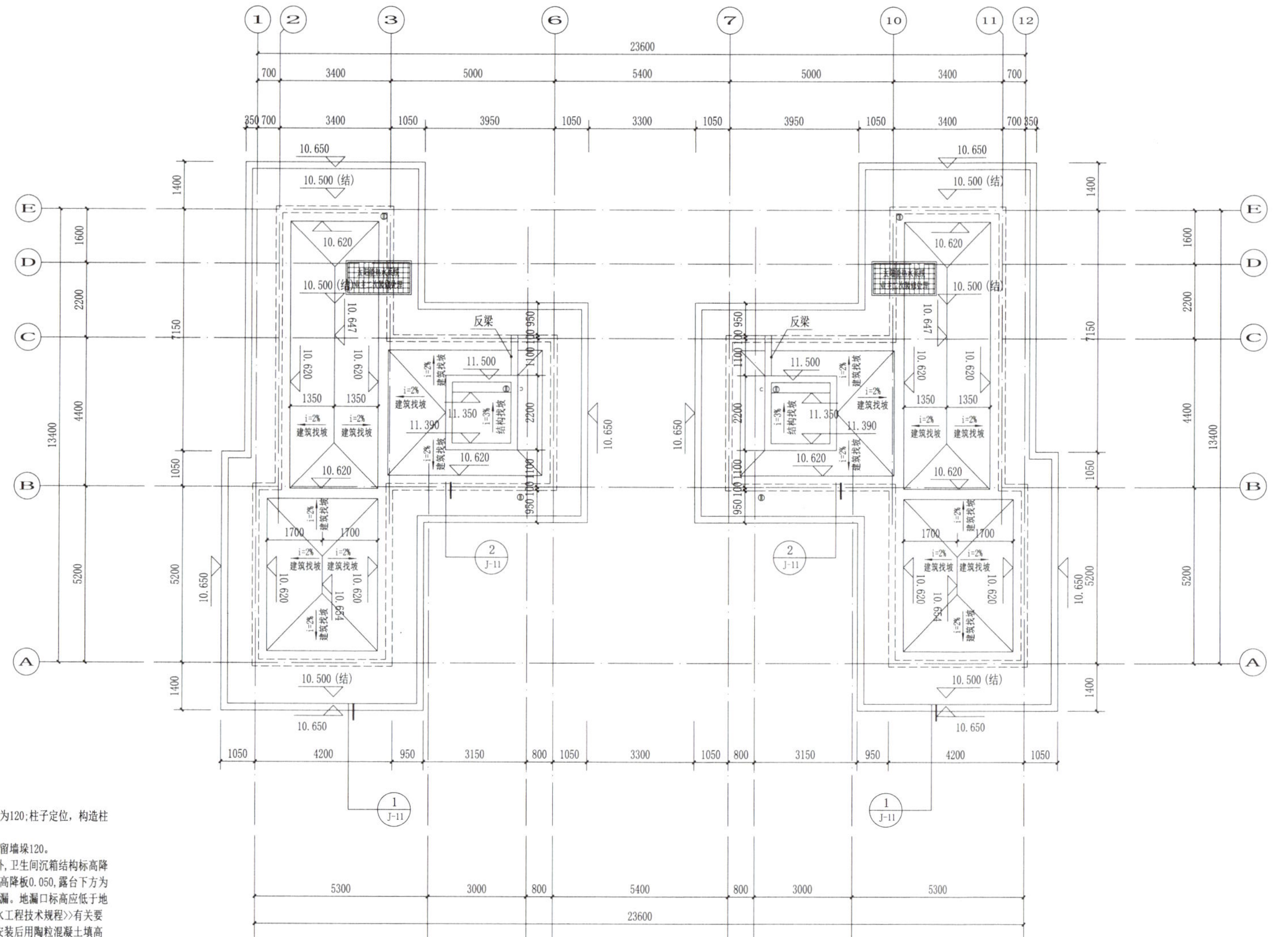

屋顶平面图 1:100

说明：
(1) 外墙，分户墙，梯间墙厚为180，其余内墙为120；柱子定位，构造柱配置参照结施图。
(2) 除注明外，门窗靠墙柱边开洞或居中或留墙垛120。
(3) 所有室内标高为H(建筑标高)，除注明外，卫生间沉箱结构标高降板0.350、结构外阳台和结构外露台结构标高降板0.050，露台下方为室内，结构标高降板0.150，找坡1%坡向地漏。地漏口标高应低于地面20。防水做法应按广东省标准《建筑防水工程技术规程》有关要求执行。各层卫生间坑位处待管道及洁具安装后用陶粒混凝土填高至图示标高。卫生间选用之洁具和水暖设备由甲方自理。厨房、卫生间及室外给排水参照水施图。
(4) ☒☒☒填充部分结构标高降板0.350。
(5) 凡窗台高度低于900，加设950高护栏，做法按15J403-1 (H3/C15)。
(6) 地漏、雨水管、污水管详细设计见水施图。
(7) 凡没标注之尺寸参照已标注的；平面尺寸如与大样图不符以大样图为准。
(8) 图中挂石位置由有资质的专业公司设计及安装。
(9) 本项目立面所有外露管道刷与立面同色涂料。
(10)凡有立管包砌，应待立管安装完，试水合格后砌筑包封，尺寸及定位详水施图。
(11) 除注明外，构造柱位置及做法详见结施总说明。
(12) 本项目低层和多层居住建筑不设无障碍住房，无障碍住房设置在的高层住宅建筑中。

2022年版

××××× 建筑设计有限公司

■建筑行业（建筑工程）甲级
■城乡规划编制甲级 ■风景园林工程设计专项乙级
■市政行业道路工程乙级 ■市政行业排水工程乙级
■环境工程专项水污染防治工程乙级 ■公路行业(公路)乙级

地址：
电话： 传真：

会签栏 COUNTER SIGNATURE			
建筑 ARCHI.		电气 ELEC.	
结构 STRUCT.		暖通 HVAC.	
给排水 PLUMBING			
签章区 STAMP AREA			
版次 NO.	修改内容 DESCRIPTION	日期 DATE	
建设单位 CLIENT			
项目名称 PROJECT			
子项目名称 SUB-PROJECT			
图纸名称 TITLE	屋顶平面图		
制图 DRAWING BY			
设计 DESIGNED BY			
校对 CHECKED BY			
专业负责 SPECIALTY CHIEF			
项目负责 PROJECT CHIEF			
审核 EXAMINED BY			
审定 APPROVED BY			
图号 DRAWING NO.	J-06		
业务号 JOB NO.			
出图日期 DATE			
专业 DISCIPLINE	建筑	设计阶段 STAGE	建施
比例 SCALE	1:100	规格 SIZE	A2
条形码，二维码 BARCODE,QR CODE			

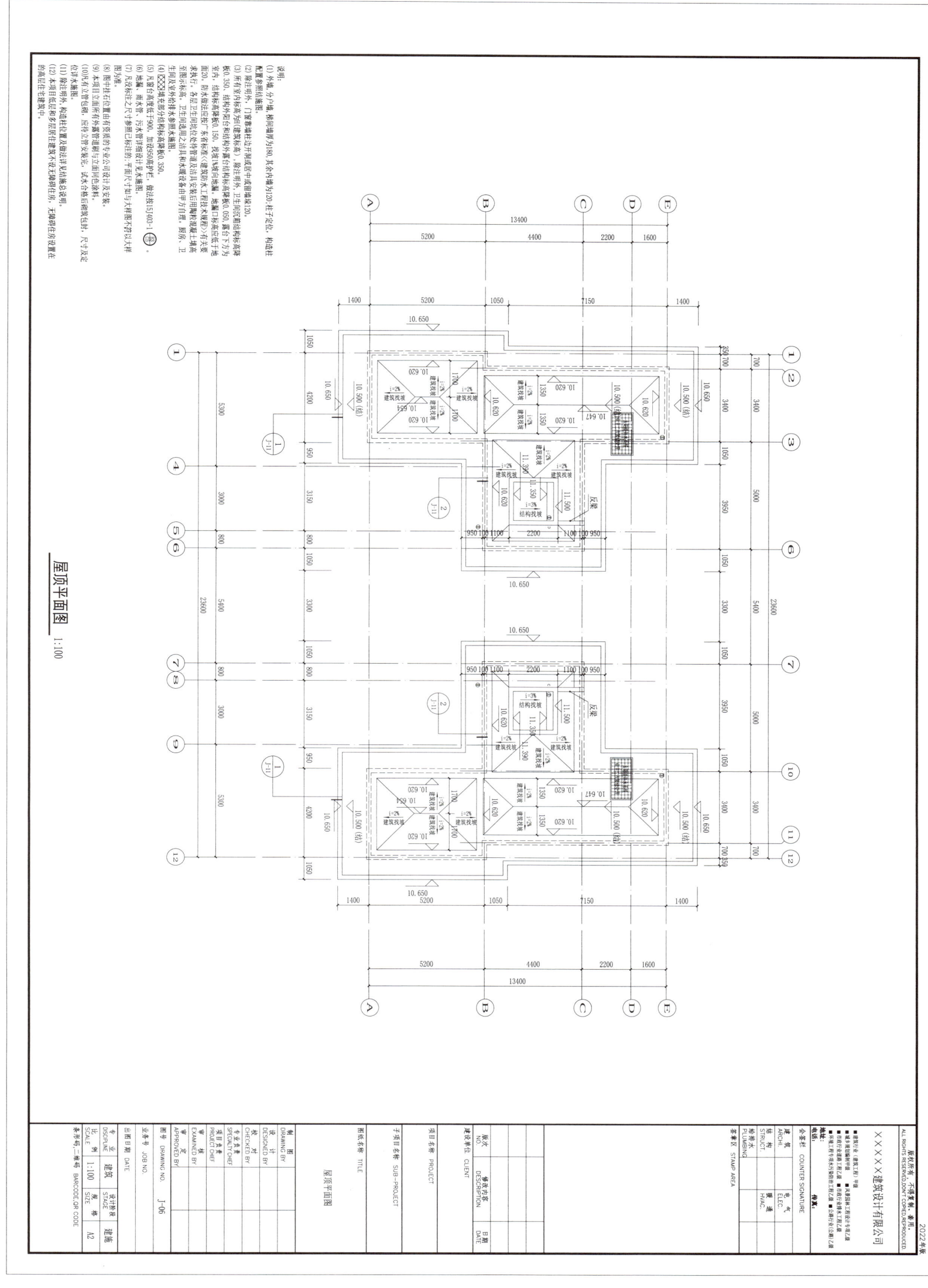

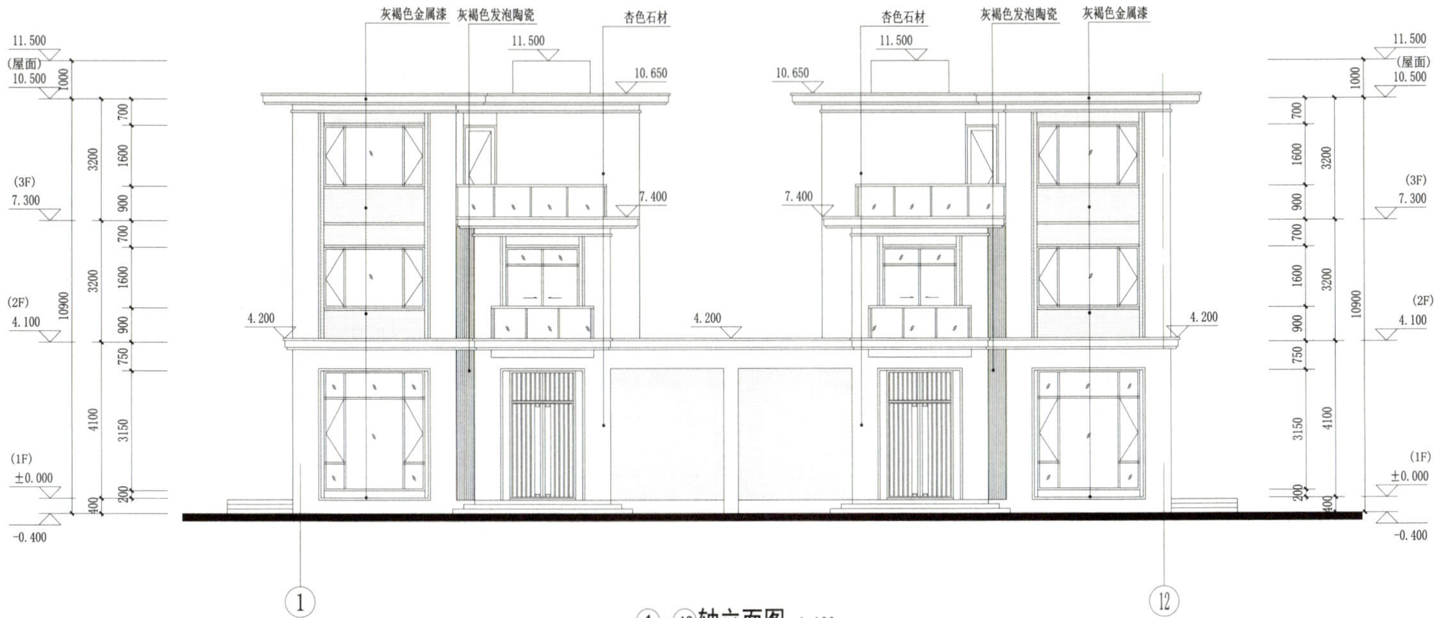

①-⑫轴立面图 1:100

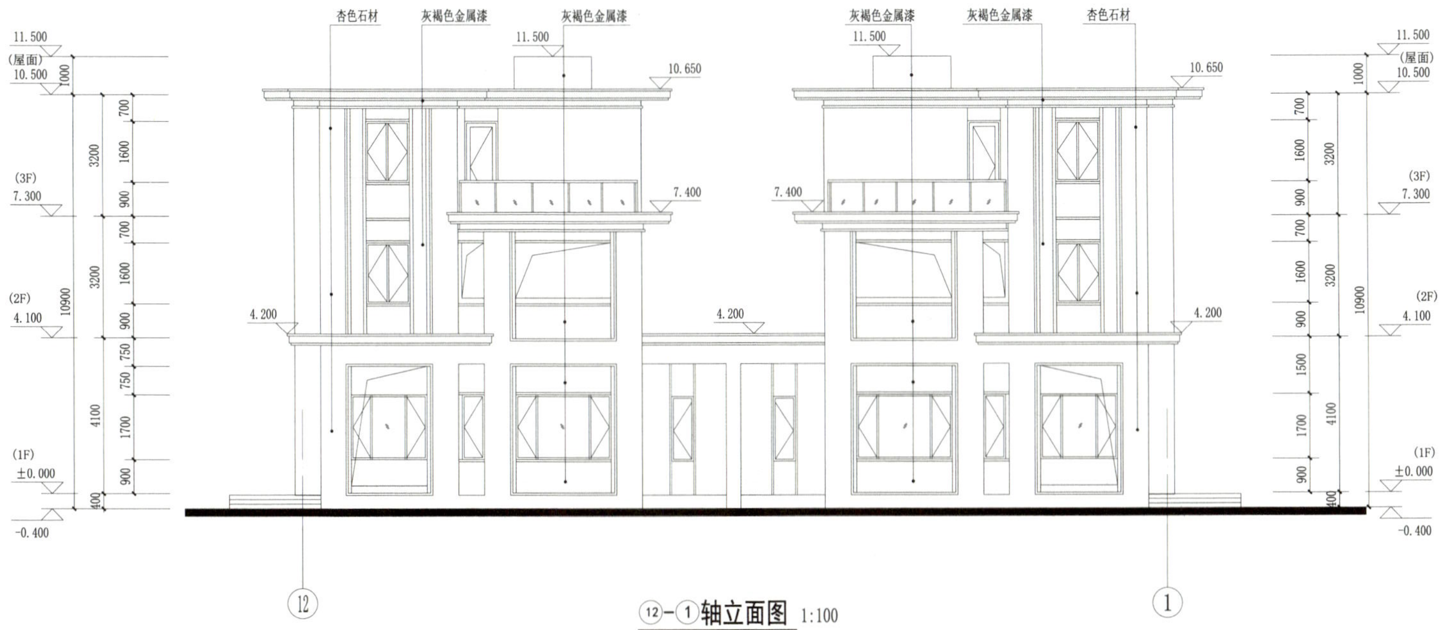

⑫-①轴立面图 1:100

2022年版

XXXXX 建筑设计有限公司

■建筑行业（建筑工程）甲级
■城乡规划编制甲级 ■风景园林工程设计专项乙级
■市政行业道路工程乙级 ■市政行业排水工程乙级
■环境工程专项水污染防治工程乙级 ■公路行业(公路)乙级

地址：
电话： 传真：

会签栏 COUNTER SIGNATURE			
建筑 ARCHI.		电气 ELEC.	
结构 STRUCT.		暖通 HVAC.	
给排水 PLUMBING			

签章区 STAMP AREA

版次 NO.	修改内容 DESCRIPTION	日期 DATE

建设单位 CLIENT

项目名称 PROJECT

子项目名称 SUB-PROJECT

图纸名称 TITLE

①-⑫轴立面图
⑫-①轴立面图

制图 DRAWING BY	
设计 DESIGNED BY	
校对 CHECKED BY	
专业负责 SPECIALTY CHIEF	
项目负责 PROJECT CHIEF	
审核 EXAMINED BY	
审定 APPROVED BY	
图号 DRAWING NO.	J-07
业务号 JOB NO.	
出图日期 DATE	

专业 DISCIPLINE	建筑	设计阶段 STAGE	建施
比例 SCALE	1:100	规格 SIZE	A2

条形码,二维码 BARCODE,QR CODE

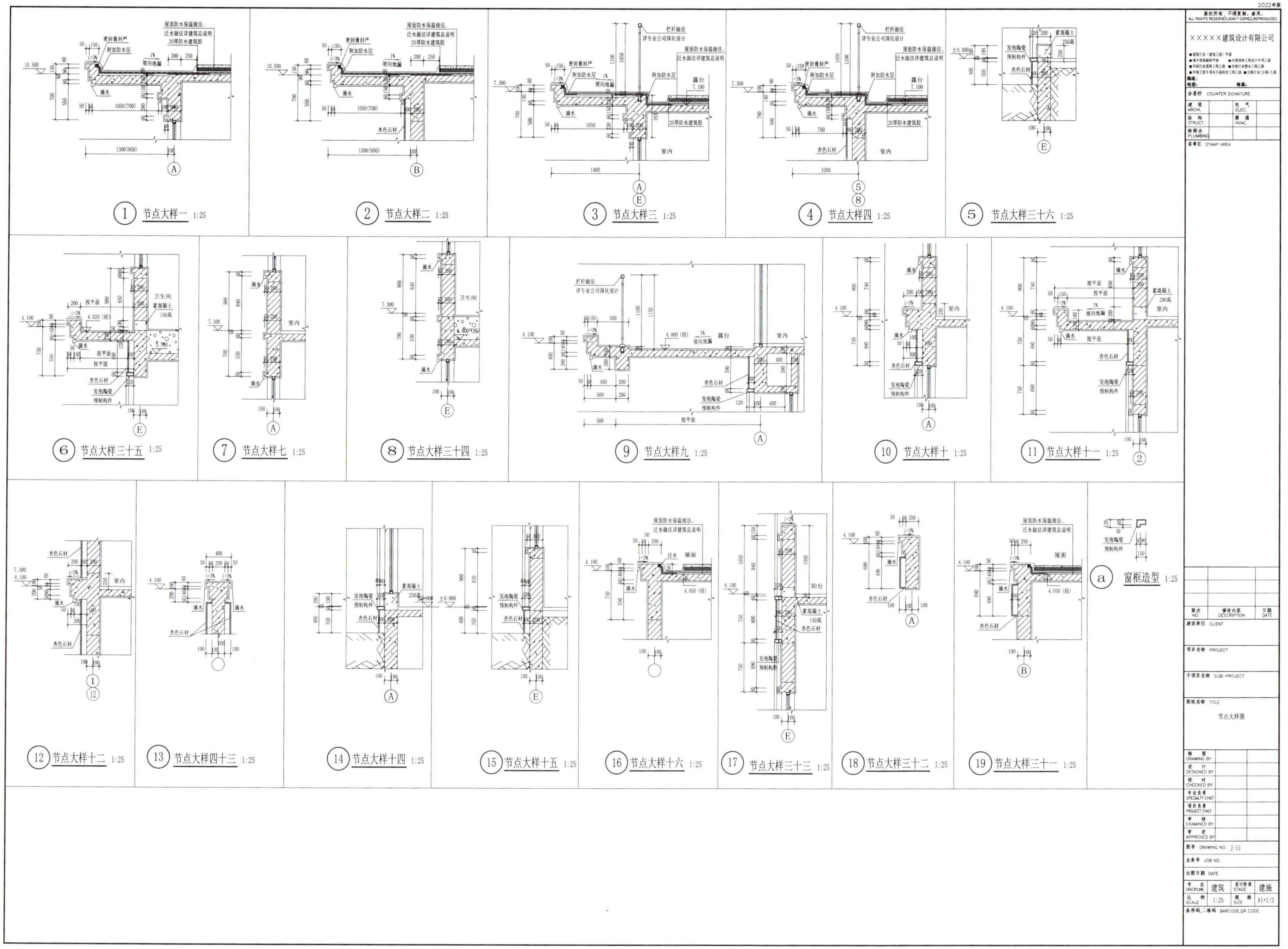

节点大样一 1:25
节点大样二 1:25
节点大样三 1:25
节点大样四 1:25
节点大样三十六 1:25
节点大样三十五 1:25
节点大样七 1:25
节点大样三十四 1:25
节点大样九 1:25
节点大样十 1:25
节点大样十一 1:25
节点大样十二 1:25
节点大样四十三 1:25
节点大样十四 1:25
节点大样十五 1:25
节点大样十六 1:25
节点大样三十三 1:25
节点大样三十二 1:25
节点大样三十一 1:25
窗框造型 1:25
2022年版
版权所有，不得复制、套用。
ALL RIGHTS RESERVED,DON'T COPIED,REPRODUCED.
×××××建筑设计有限公司
会签栏 COUNTER SIGNATURE
签章区 STAMP AREA
建设单位 CLIENT
项目名称 PROJECT
子项目名称 SUB-PROJECT
图纸名称 TITLE
节点大样图
图号 DRAWING NO. J-11
业务号 JOB NO.
出图日期 DATE
专业 DISCIPLINE 建筑
设计阶段 STAGE 建施
比例 SCALE 1:25
规格 SIZE A1+1/2
条形码、二维码 BARCODE,QR CODE

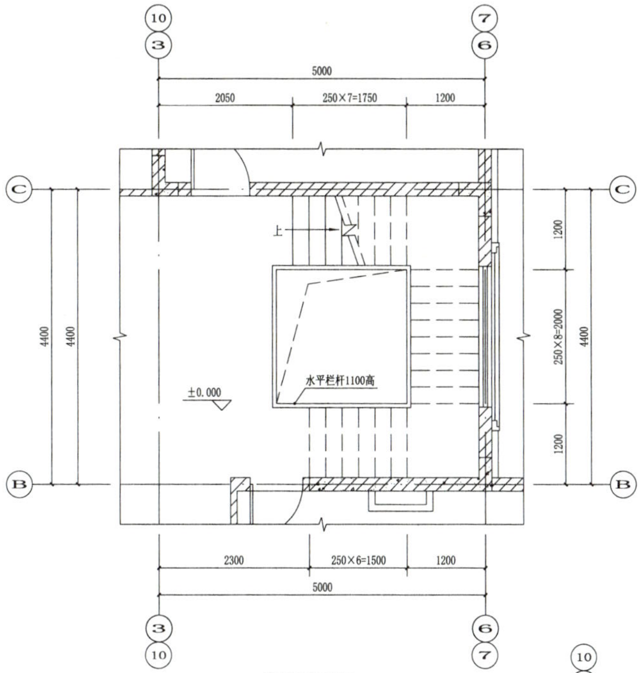

首层平面图 1:50

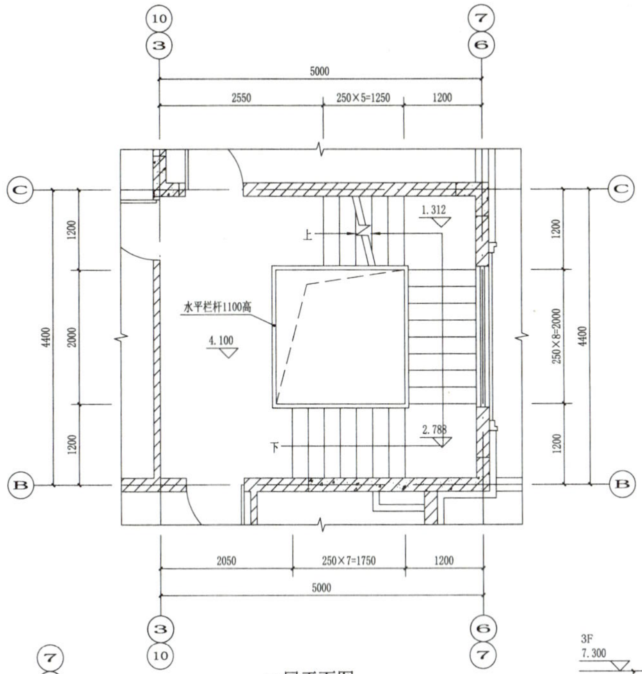

二层平面图 1:50

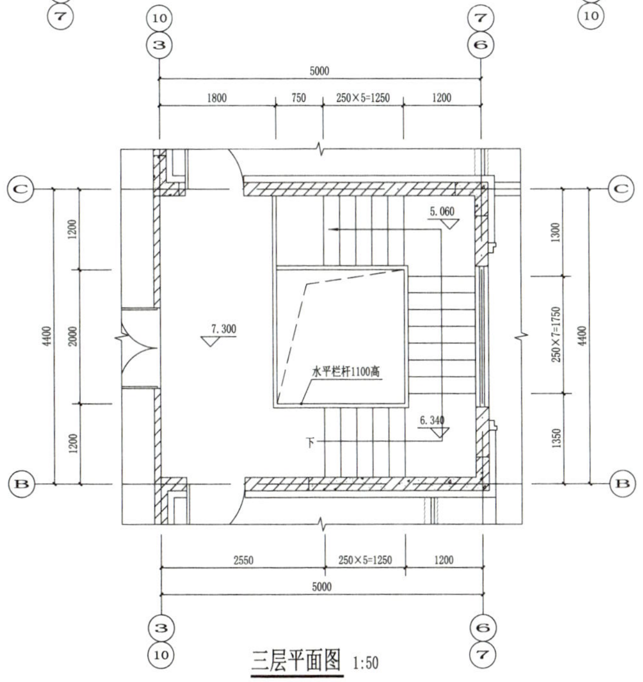

三层平面图 1:50

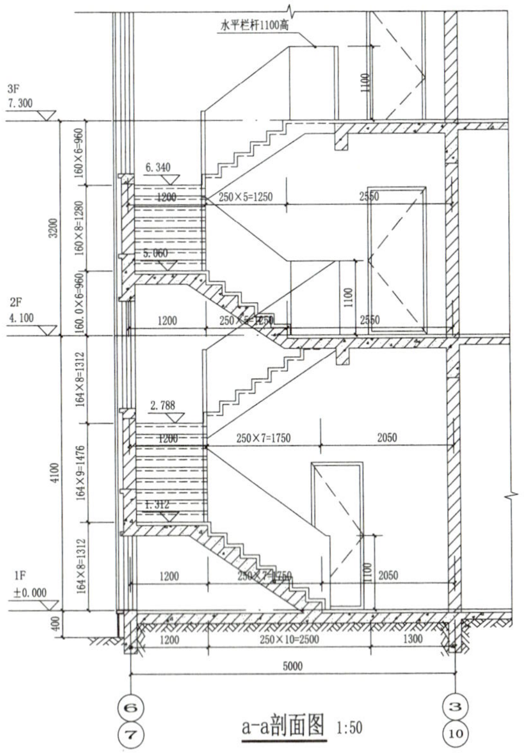

a-a剖面图 1:50

做法选用表			
部位	用材和做法	部位	用材和做法
楼梯栏杆	15J403-1	楼梯靠墙扶手	11ZJ401(1/36)(15/37)
栏杆预埋件	11ZJ401(8/42)	扶手末端与墙，柱连接	11ZJ401(4/42)(5/42)
楼梯栏杆扶手	11ZJ401(15/37)	护窗栏杆	11ZJ401(2/35)
踏步防滑	11ZJ401(1/39)		

注：楼梯栏杆和靠墙扶手均选用不锈钢材质。楼梯栏杆和靠墙扶手高度为900，临空栏杆净高为1100

2022年版

×××××建筑设计有限公司

■建筑行业（建筑工程）甲级
■城乡规划编制甲级 ■风景园林工程设计专项乙级
■市政行业道路工程乙级 ■市政行业排水工程乙级
■环境工程专项水污染防治工程乙级 ■公路行业（公路）乙级

地址：
电话： 传真：

会签栏 COUNTER SIGNATURE

建筑 ARCHI.		电气 ELEC.	
结构 STRUCT.		暖通 HVAC.	
给排水 PLUMBING			

签章区 STAMP AREA

版次 NO.	修改内容 DESCRIPTION	日期 DATE

建设单位 CLIENT

项目名称 PROJECT

子项目名称 SUB-PROJECT

图纸名称 TITLE 楼梯大样图

制图 DRAWING BY
设计 DESIGNED BY
校对 CHECKED BY
专业负责 SPECIALTY CHIEF
项目负责 PROJECT CHIEF
审核 EXAMINED BY
审定 APPROVED BY

图号 DRAWING NO. J-10

业务号 JOB NO.

出图日期 DATE

专业 DISCIPLINE	建筑	设计阶段 STAGE	建施
比例 SCALE	1:50	规格 SIZE	A2+1/4

条形码，二维码 BARCODE,QR CODE

附表 2-1　施工图常见错误汇总表（续）

序号	错误描述	正确表达
7	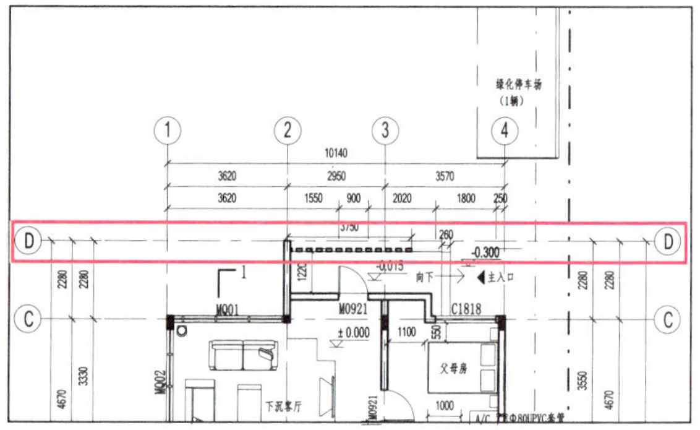 建筑中设置不必要的轴号	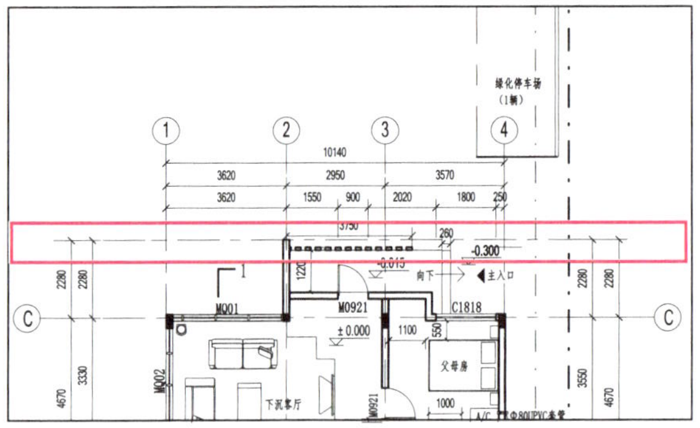 建筑轴号一般只设置在有结构柱或剪力墙的位置，没有柱或其他承重结构时不需设置轴号
8	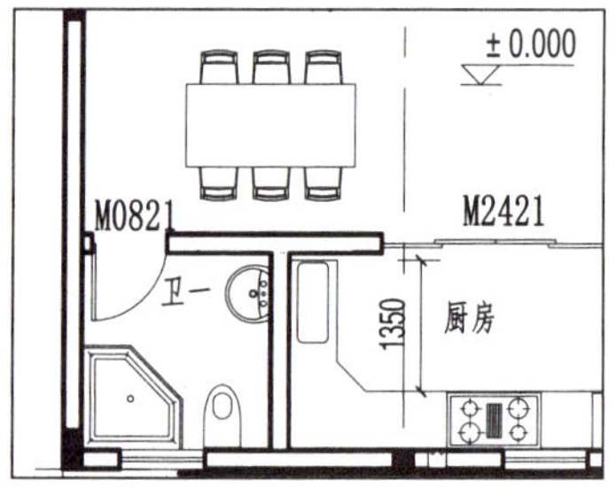 卫生间和厨房未标注标高及门口线	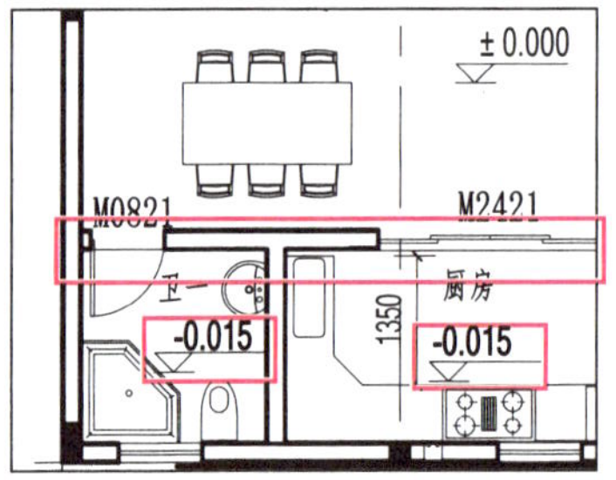 卫生间和厨房标高通常会比其他房间低，需要单独标注标高且门口处会看见门口线
9	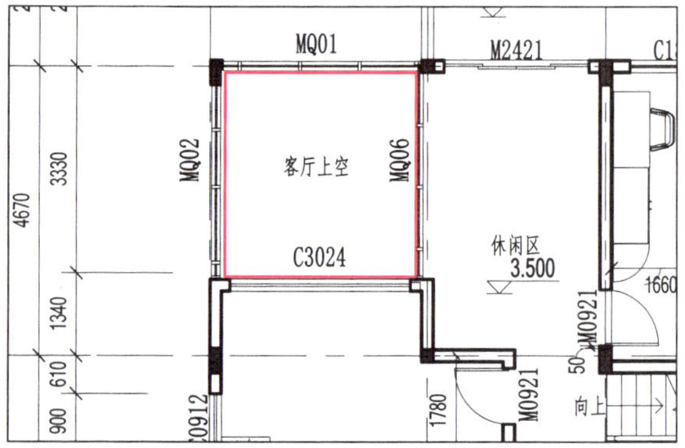 楼板镂空部分没有镂空符号	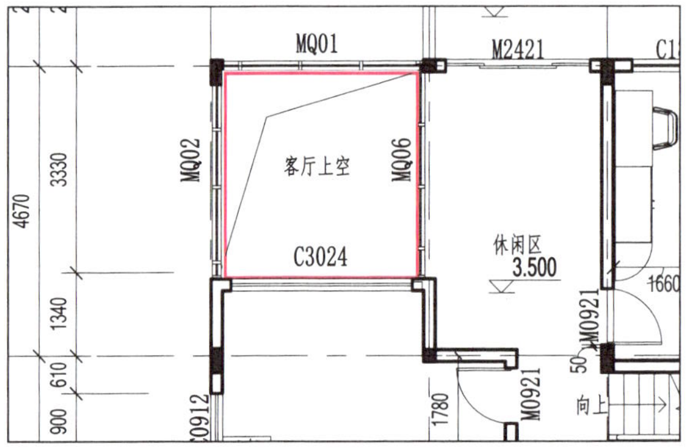 楼板镂空部分需要用折线符号表达镂空

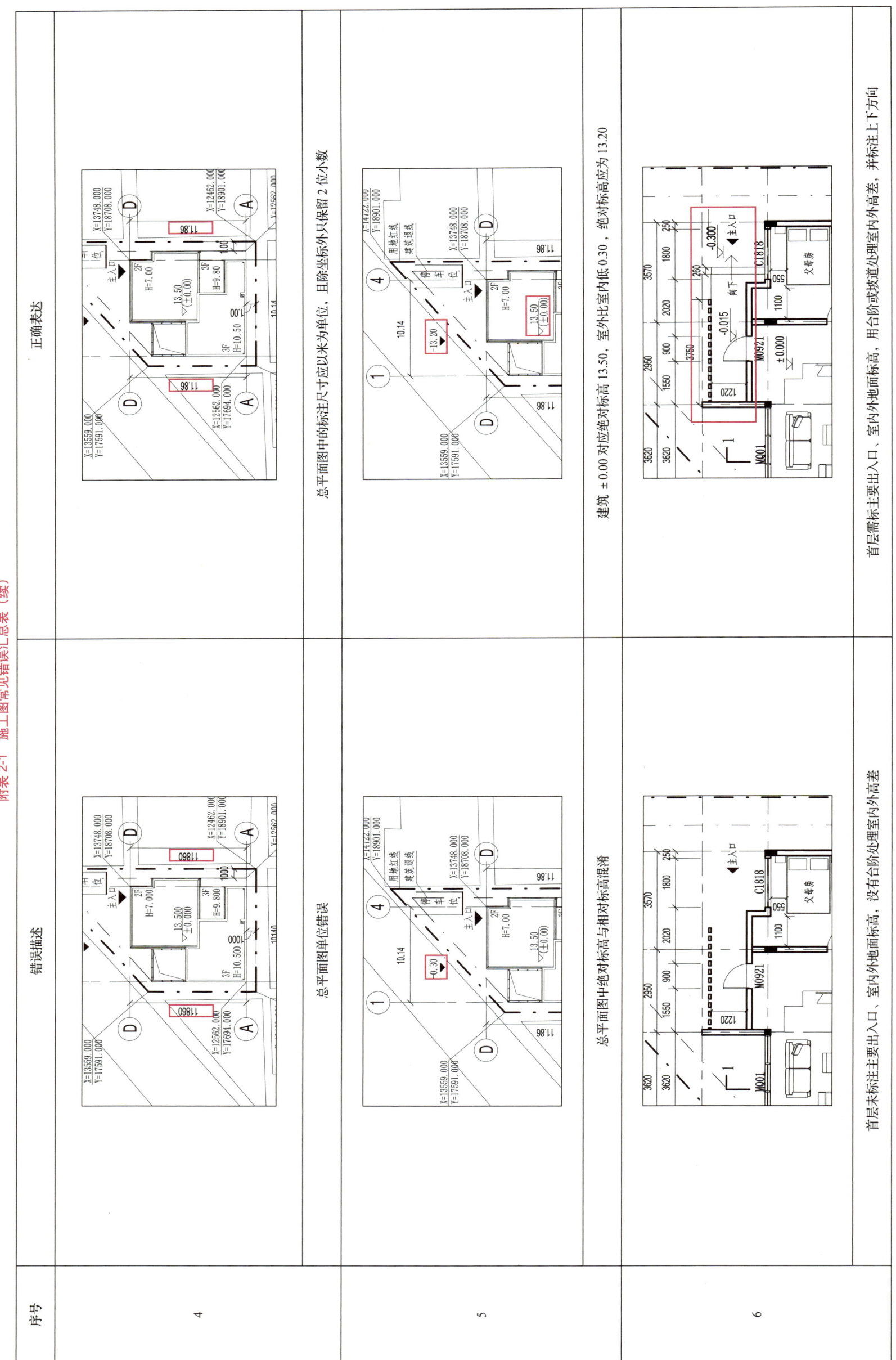

附表 2-1　施工图常见错误汇总表（续）

序号	错误描述	正确表达
4	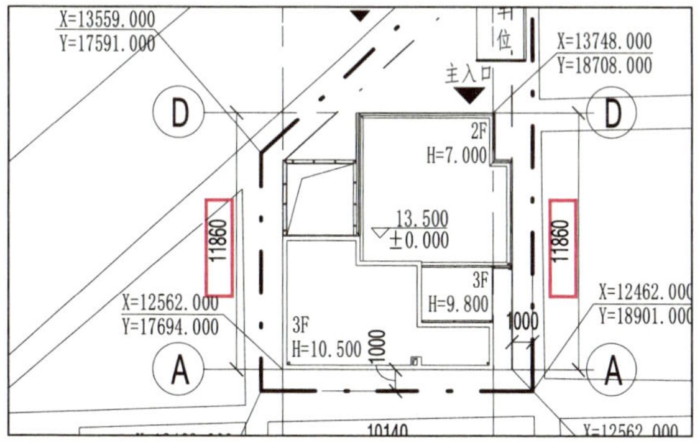 总平面图单位错误	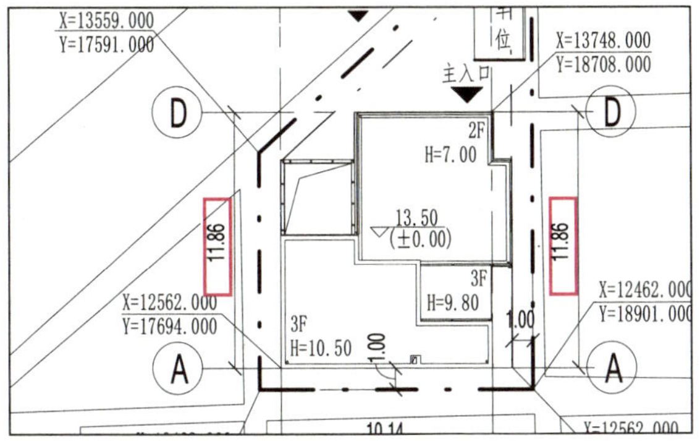 总平面图中的标注尺寸应以米为单位，且除坐标外只保留 2 位小数
5	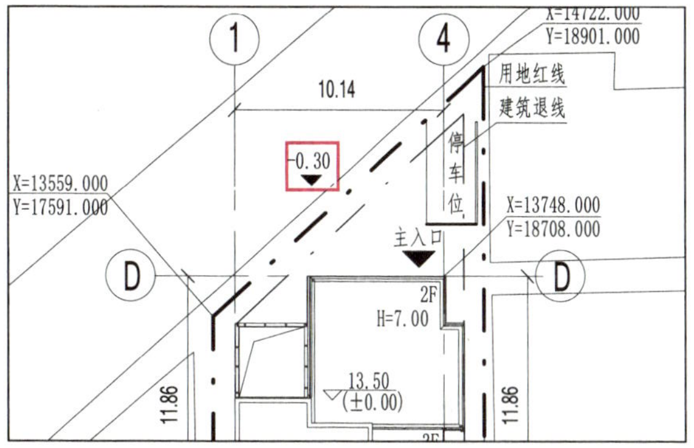 总平面图中绝对标高与相对标高混淆	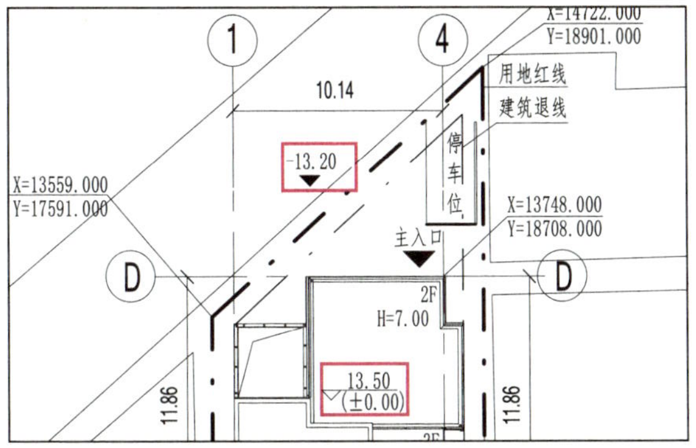 建筑 ±0.00 对应绝对标高 13.50，室外比室内低 0.30，绝对标高应为 13.20
6	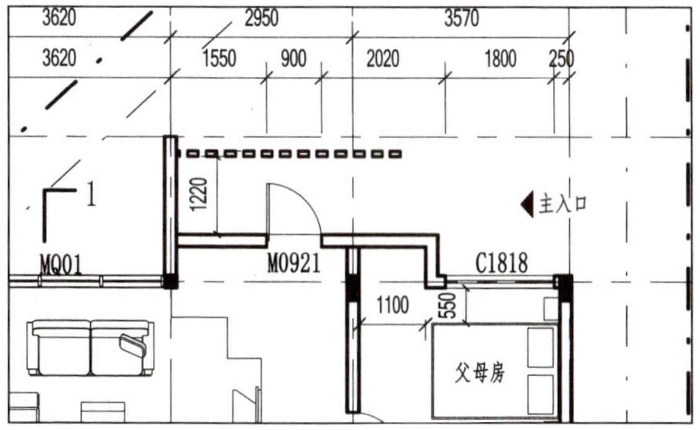 首层未标注主要出入口、室内外地面标高，没有台阶处理室内外高差	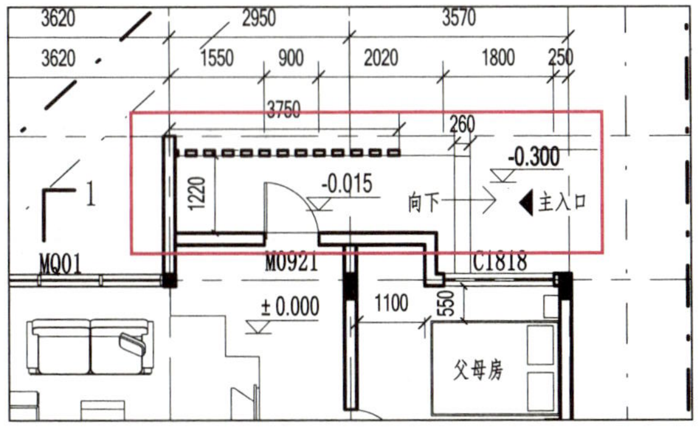 首层需标注主要出入口、室内外地面标高，用台阶或坡道处理室内外高差，并标注上下方向

附表 2-1　施工图常见错误汇总表

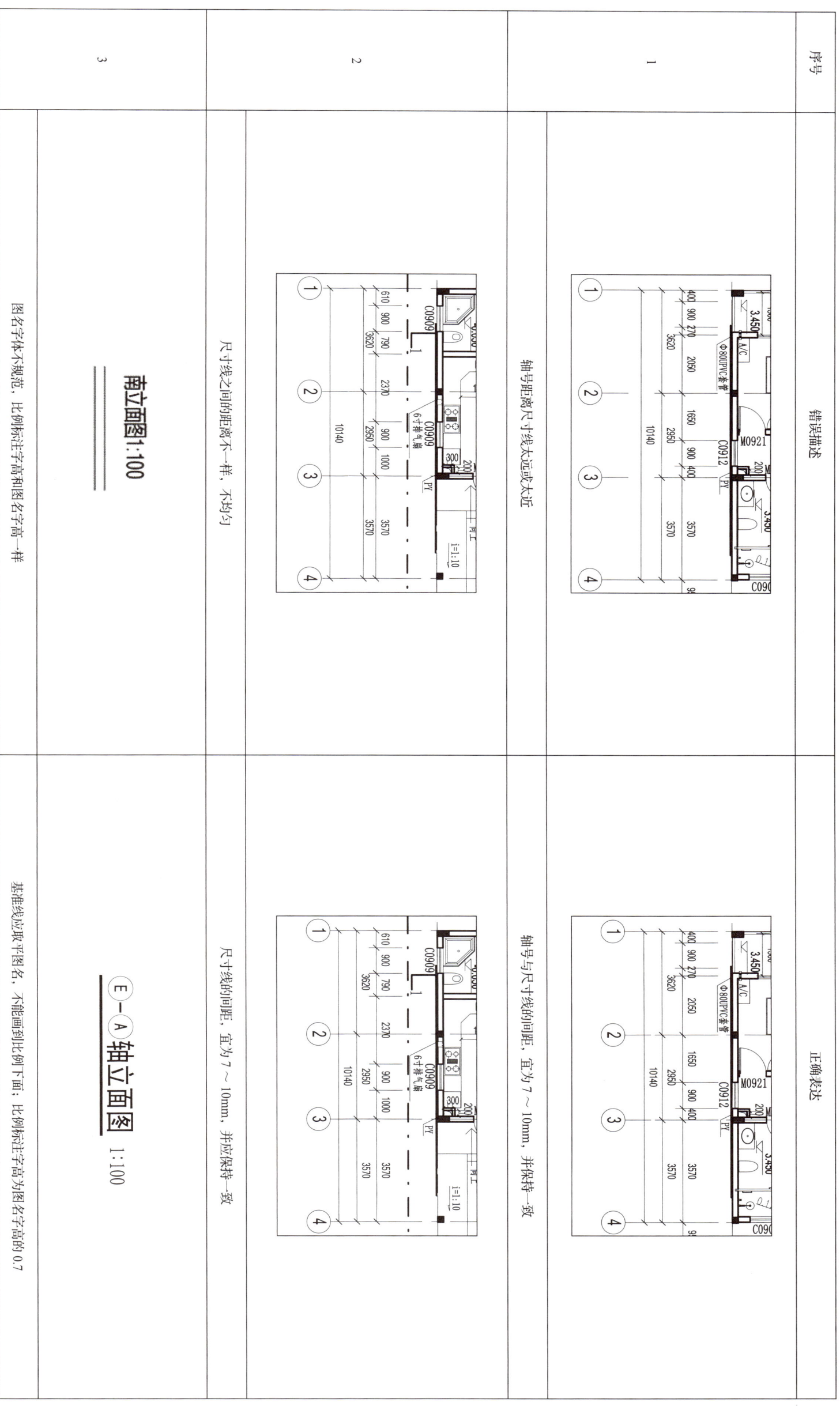

序号	错误描述	正确表达
1	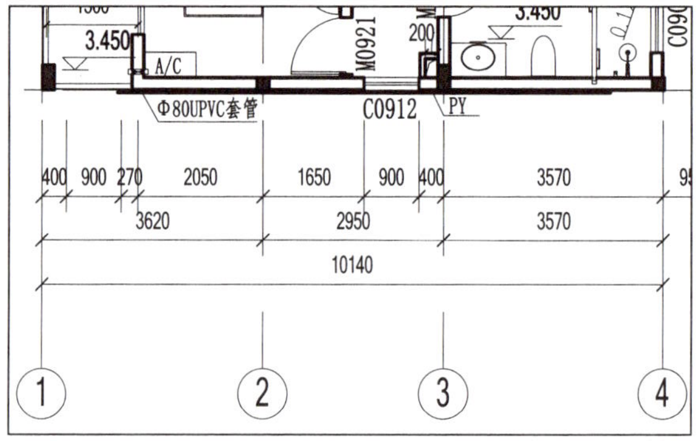 轴号距离尺寸线太远或太近	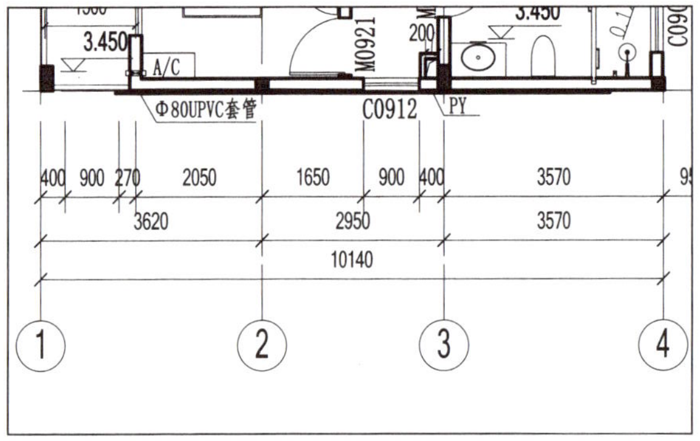 轴号与尺寸线的间距，宜为 7 ~ 10mm，并保持一致
2	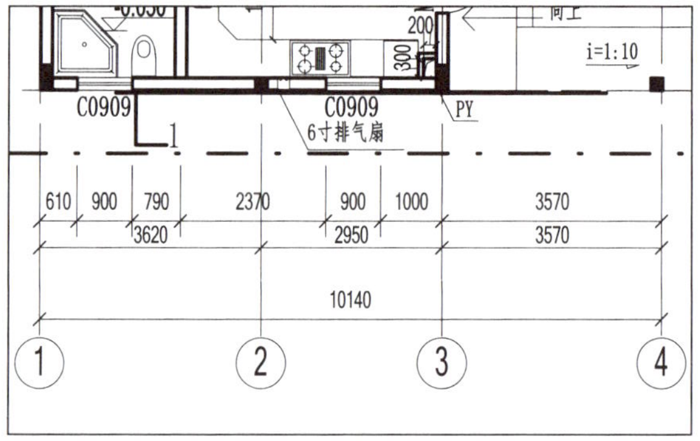 尺寸线之间的距离不一样，不均匀	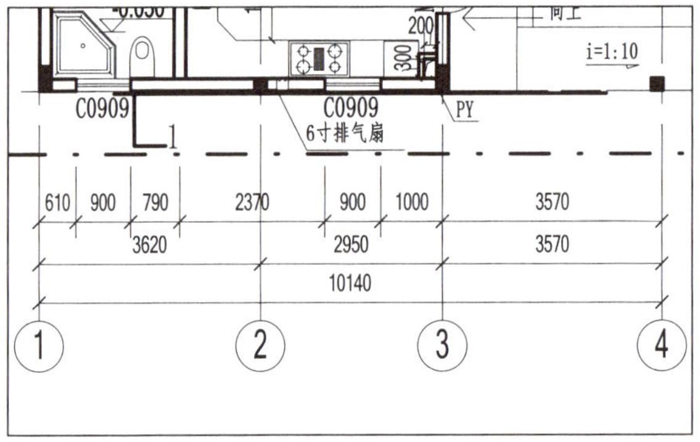 尺寸线的间距，宜为 7 ~ 10mm，并应保持一致
3	南立面图1:100 图名字体不规范，比例标注字高和图名字高一样	Ⓔ-Ⓐ轴立面图　1:100 基准线应取平图名，不能画到比例下面；比例标注字高为图名字高的 0.7

附录 2
施工图常见错误汇总表

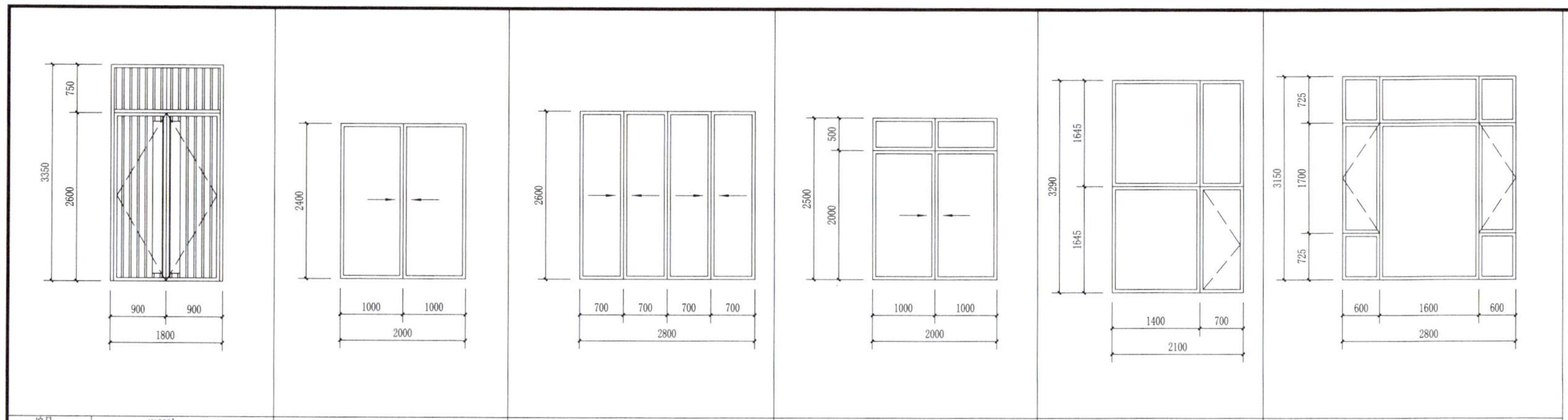

编号	M1833'	TLM2024	TLM2826	TLM2025	C2133'	C2831'
洞口尺寸（宽×高）	1800×3350	2000×2400	2800×2600	2000×2500	2100×3290	2800×3150
位置	首层	首层	首层	二层	三层	首层
数量	2	2	2	2	2	2
窗框材料	深灰色铝合金	深灰色铝合金	深灰色铝合金	深灰色铝合金	深灰色铝合金	深灰色铝合金
玻璃						
备注	双扇平开门	双扇推拉门	四扇推拉门	双扇推拉门	平开窗	平开窗

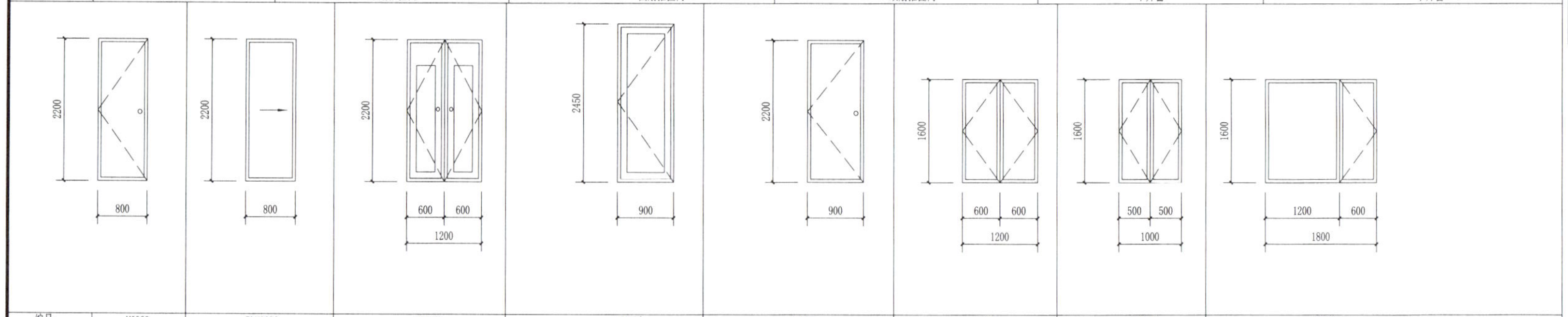

编号	M0822	TLM0822	M1222	M0924'	M0922	C1216	C1016	C1816
洞口尺寸（宽×高）	800×2200	800×2200	1200×2200	900×2450	900×2200	1200×1600	1000×1600	1800×1600
位置	首层 / 二层 / 三层	二层 / 三层	三层	三层	首层 / 二层 / 三层	二层 / 三层	二层 / 三层	二层 / 三层
数量	4 / 4 / 2	2 / 2	2	4	2 / 8 / 2	2 / 2	2 / 2	2 / 2
窗框材料	深灰色铝合金	深灰色铝合金	深灰色铝合金	深灰色铝合金	深灰色铝合金	深灰色铝合金	深灰色铝合金	深灰色铝合金
玻璃								
备注	单扇平开门	单扇推拉门	双扇平开木门	单扇平开门	单扇平开门	双扇平开窗	双扇平开窗	双扇平开窗

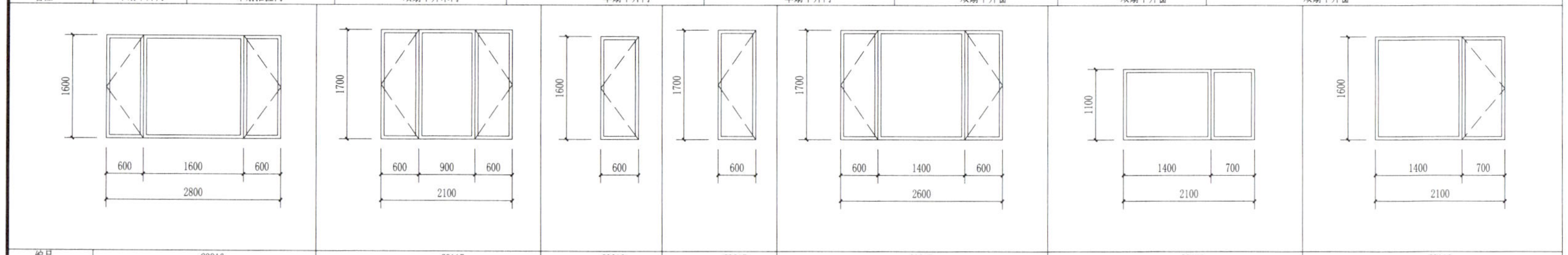

编号	C2816	C2117	C0616	C0617	C2617	C2111	C2116
洞口尺寸（宽×高）	2800×1600	2100×1700	600×1600	600×1700	2600×1700	2100×1100	2100×1600
位置	二层 / 三层	首层	二层	首层	首层	首层	二层
数量	2 / 2	2	2	4	2	2	2
窗框材料	深灰色铝合金	深灰色铝合金	深灰色铝合金	深灰色铝合金	深灰色铝合金	深灰色铝合金	深灰色铝合金
玻璃							
备注	平开窗	平开窗	平开窗	平开窗	平开窗	平开窗	平开窗

门窗说明：

(1) 所有铝合金门窗、塑料门窗、铝合金玻璃幕墙、天窗、采光顶棚、复合铝板幕墙、石材幕墙及钢结构均应由专业公司进行设计及施工，我司施工图只提供立面形式、分格、开启方式、颜色、材质和尺寸要求；

(2) 铝门窗每条边框与墙体的连接固定点数不得小于2，且间距不得大于0.7m；

(3) 连接组合铝门窗的通长樘料应与墙体连接固定；横向连接铝窗时，两窗之间应加设竖挺，竖挺应与墙体固定；

(4) 安装铝门窗应采用预留洞口的方法，洞口每边应预留安装间隙25mm；

(5) 木材：以珠江三角洲地区常用木材为主。一般选用一、二等红白松木和杉木，或材质相似的木材经干燥处理后，含水率达到下列要求方可使用。门窗框8%～12%，门窗15%～18%，门芯板12%～15%；

(6) 木门框的边框和中竖框框料的高度按所填尺寸一律加长40，为埋入地面的深度尺寸；

(7) 门框与墙体的连接可采用预埋木砖或铁脚两种方式，木砖或铁脚每边不小于三个；

(8) 安装木门应采用先立框后砌砖的方式，门窗外框尺寸等于洞口尺寸。木门为棕色油漆面或按室内装修设计图设计；

(9) 所有木门均须安装门框，门锁，门贴脸板；

(10) 所有铝合金门窗的制作及安装以及玻璃的选用均应严格遵守《广东省标准铝合金门窗工程设计、施工及验收规范》(DBJ15-30-2002)和国家建筑标准设计《铝合金门窗》-JH(9)及《建筑玻璃应用技术规程》(JGJ113-2015)；

(11) 所有门大样均为内立面，所有窗大样均为外立面；

(12) 低于0.9m的窗台增加防护措施；落地门在可视高度贴防撞警示条；

(13) 所有门窗及透明幕墙的气密性不应低于《建筑外门窗气密、水密、抗风压性能检测方法》GB/T7106及《建筑幕墙》GB/T21086的有关规定；

(14) 铝合金门窗主型材截面主要受力部位基材最小实测壁厚：外门不应小于2.2mm，内门不应小于2.0mm；外窗不应小于1.8mm，内窗不应小于1.4mm；

(15) 除注明外，所有铝合金平开窗型材采用50系列，铝合金门及推拉窗型材采用75系列，颜色为灰色粉磨喷涂，窗玻璃采用普通浮法玻璃；7层及7层以上建筑物外开窗，窗玻璃面积大于1.5m²或窗台低于0.9m的采用钢化玻璃。所有外开窗扇的单扇面积不应大于1.0m²。门玻璃均采用钢化玻璃，有框时厚度为8mm，无框时厚度为12mm。窗玻璃厚度的选用按照下面表格：

	厚度（mm）	面积（m²）		厚度（mm）	面积（m²）
普通浮法玻璃	3	0.1	钢化玻璃	4	2.0
	4	0.3		5	2.0
	5	0.5		6	3.0
	6	0.9		8	4.0
	8	1.8		10	5.0
	10	2.7		12	6.0

(16) 用于外墙的推拉窗应设置防止向外脱落的限位装置和防止从外侧拆卸装置；

(17) 该工程所有外门窗气密性能为6级：单位缝长指标值$3.0 \geq q_1 > 2.5$ [m³/(m·h)]

单位面积指标值$9.0 \geq q_2 > 7.5$ [m³/(m²·h)]

外门窗水密性能为3级：指标值$250 \leq \Delta P < 350$ (Pa)

外门窗抗风压性能为4级：指标值$2.0 \leq P_3 < 2.5$ (kPa)

玻璃幕墙气密性能为3级。开启部分气密性指标：$1.5 \geq q_1 > 0.5$ [m³/(m·h)]

整体气密性指标：$1.2 \geq q_A > 0.5$ [m³/(m·h)]

卷帘门抗风性能：$0.65 \leq P_3 < 0.8$ (kPa)

(18) 本项目的门窗围护结构的隔声性能满足国家现行标准《民用建筑隔声设计规范》中的低限要求。外窗隔声量大于30dB，户门隔声量大于30dB。

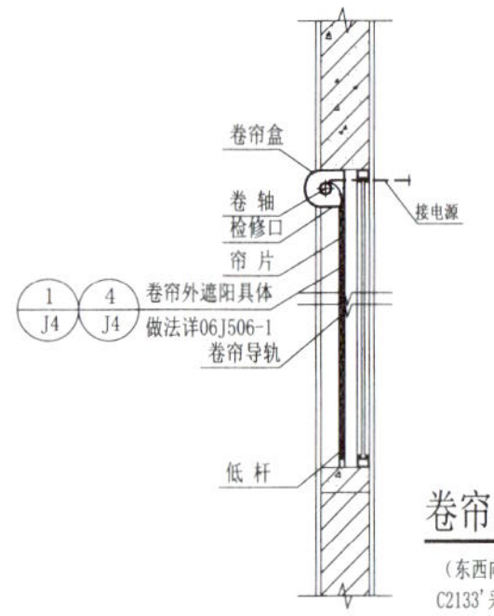

卷帘外遮阳大样 1:25

（东西向C2831'、C2617、C2116、C2133'采用此百叶外遮阳）

×××××建筑设计有限公司

地址：
电话：　传真：

会签栏 COUNTER SIGNATURE

建筑 ARCHI. | 电气 ELEC. | 结构 STRUCT. | 暖通 HVAC. | 给排水 PLUMBING

签章区 STAMP AREA

版次 NO. | 修改内容 DESCRIPTION | 日期 DATE

建设单位 CLIENT

项目名称 PROJECT

子项目名称 SUB-PROJECT

图纸名称 TITLE

门窗大样图

制图 DRAWING BY
设计 DESIGNED BY
校对 CHECKED BY
专业负责 SPECIALTY CHIEF
项目负责 PROJECT CHIEF
审核 EXAMINED BY
审定 APPROVED BY

图号 DRAWING NO. J-12

业务号 JOB NO.

出图日期 DATE

专业 DISCIPLINE	建筑	设计阶段 STAGE	建施
比例 SCALE	1:100	规格 SIZE	A2+1/4

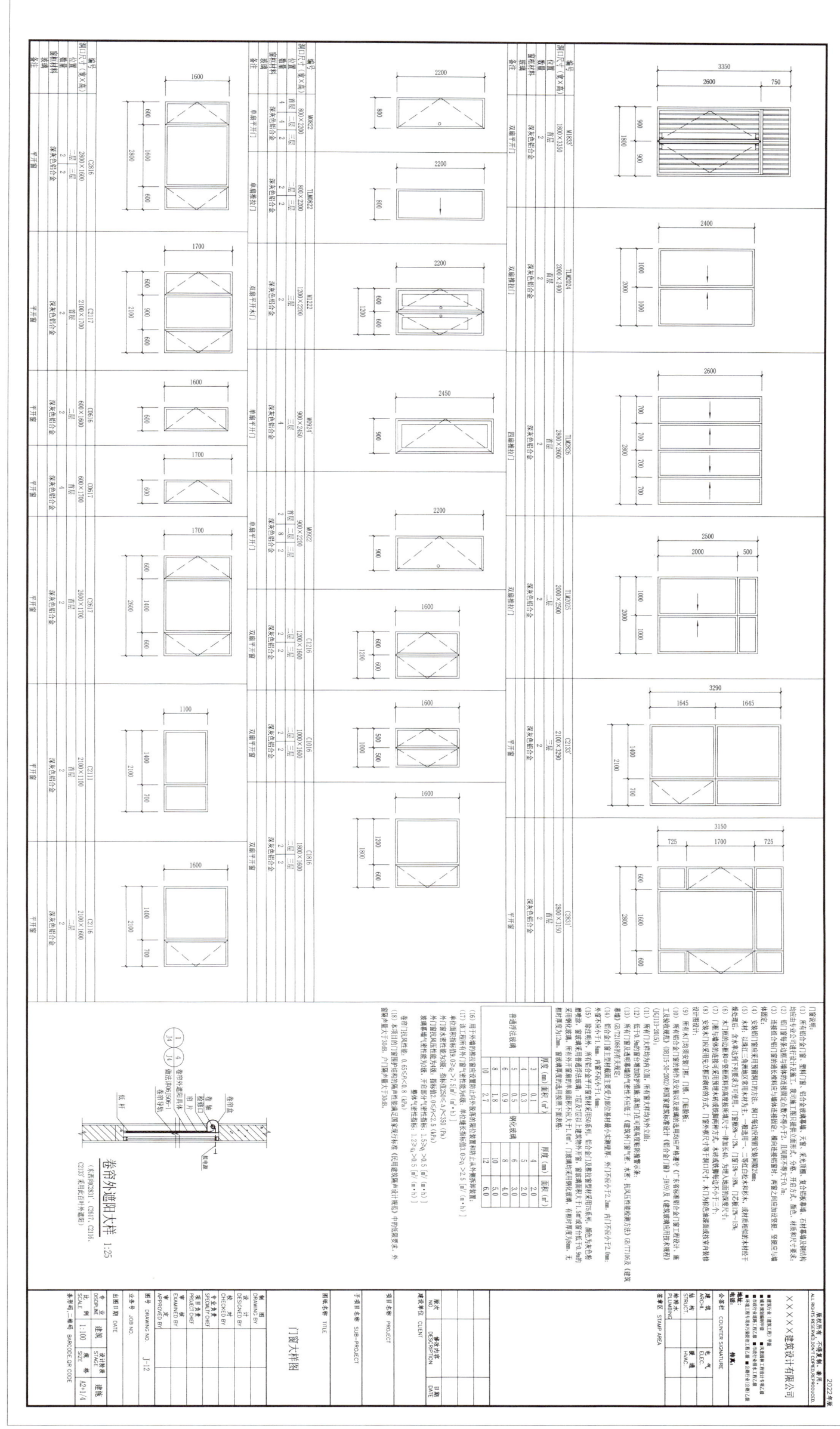

条形码,二维码 BARCODE,QR CODE